服装设计师技术手册

从服装设计到产品包装的技术全讲解

TECHNICAL SOURCEBOOK

FOR DESIGNERS

李 健　邵新艳　译

（美）杰尔·李（JAEIL LEE）

（美）卡米尔·斯蒂恩（CAMILLE STEEN）　著

东华大学出版社·上海

图书在版编目（ＣＩＰ）数据

服装设计师技术手册：从服装设计到产品包装的技术全讲解/(美)杰尔·李，(美)卡米尔·斯蒂恩著;李健，邵新艳译.——上海 ：东华大学出版社，2019.3
　ISBN 978-7-5669-1527-6

　Ⅰ．①服… Ⅱ．①杰… ②卡… ③李… ④邵… Ⅲ.①服装设计－手册 Ⅳ.
①TS941.2-62

中国版本图书馆CIP数据核字(2018)第297115号

本书简体中文版由 Bloomsbury Publishing Inc 授予东华大学出版社有限公司独家出版，任何人或者单位不得转载、复制、违者必究！

合同登记号：09-2014-658

责任编辑　谢　未
封面设计　王　丽

服装设计师技术手册：从服装设计到产品包装的技术全讲解
FUZHUANG SHEJISHI JISHU SHOUCE
著　者：（美）杰尔·李 （美）卡米尔·斯蒂恩

译　者：李健 邵新艳

出　版：东华大学出版社

（上海市延安西路1882号 邮政编码：200051）

出版社网址：dhupress.dhu.edu.cn

天猫旗舰店：http://dhdx.tmall.com

营销中心：021-62193056 62373056 62379558

印　刷：苏州望电印刷有限公司

开　本：889 mm×1194 mm 1/16

印　张：28

字　数：994千字

版　次：2019年3月第1版

印　次：2019年3月第1次印刷

书　号：ISBN 978-7-5669-1527-6

定　价：89.00元

前言

服装工艺以及服装产品越来越依赖于国际化产业，按规格采购逐渐成为服装产品制造的标准方式。所以，对于设计师和企划人员来说，有关工艺设计的知识和训练也越来越重要，它们已经成为了一种专业，一种更高的需求。

但是，目前几乎很少有服装教材能够满足这种需求，同时也很难覆盖所有的基础概念。2010年，此书的英文版 *Technical Soucebook for designers* 正式出版，其内容丰富，对设计过程具有历史性的预测与展望。

对于一个想进入服装企业工作的学生来说，本书是首选的一本教材。它全面汇编了目前服装生产实践的工艺设计过程以及原理。此书可以激发学生进一步探究工业化生产过程，去探究如何研发成功的产品。书中提供了一些工艺设计过程在服装生产中作用以及应用实例，包括如何设计和表达最初的设计；流行趋势、目标市场、预算、缝制等细节如何影响设计；最后，产品如何进行商业化运营来面对消费者。书中给出了如何培养一种技能的实际指南，如如何详细地说明原型并对原型进行修改，以及如何开展试穿论证会。本书满足了服装产业不同人员的需求，包括服装产品开发，服装质量评价，服装设计、缝制、试穿，服装CAD（计算机辅助设计），设计师的平面制图，以及规格说明书等。

为了使学生对服装生产商业化过程有一个全面的、系统的了解，本书融进了一些基础知识，包括学生已经从先前的缝制工艺、制板、服装设计、材料学、效果图，以及服装CAD等相关课程中获取的知识。而且，书中还设置了很多实际的练习，这些练习都是根据目前时尚产业设计师和其他专业人员使用的标准而设置的。

此书自2010年出版以来颇受欢迎，第二版中增加了一章新的内容：第8章 关于毛衣的产品开发。毛衣在服装产品市场上是非常流行的一个服装品类。在每个章节里融进了很多产业中实际使用的常识和练习，更加实用。

本书包含16个章节，按照一定的逻辑顺序阐述工艺设计师在服装产品工业化所有阶段的作用。第1章介绍现代服装产业的全球化特征以及服装从生产商到零售层面面对目标消费群的服装生产过程。此书也说明了对于设计师以及其他从业人员来说掌握工艺设计的重要性。第2章阐述服装生产者对工艺设计的理解有助于将设计概念转化成实际的服装产品，同时实现产品的时尚感，并在预算的范围内达到吸引目标消费者的目的。第3章解释了工艺包以及每个工艺包里所包含的每一项内容。

第4章、第5章和第6章集中讲述了工艺包中工艺设计师所要提供的图片与文字说明。第4章讲述了如何画服装平面款式图，教大家一步步按比例画各种服装产品技术图。第5章定义了一些与服装廓型和细节有关的工艺术语，并通过举例说明用在工艺图中的一些服装术语。第6章讲述了与服装造型有关的款式、结构线，以及细节内容。同时还介绍了一些与服装造型相关的工艺技术，并举例说明。

第7到13章讲述了设计决策的依据，包括面料的选择和设计细节，以达到预期的成本预算。第7章给出了各种面料的一些应用常识，并讨论了如何排版和裁剪。第8章包含了一个最重要和最普遍的服装品类：毛衣。此章讨论了毛衣的设计和织造，认识了毛衣和针织衫的区别，说明了毛衣的基本成分、毛衣结构的类型，以及如何制作毛衣的工艺包。第9章和第10章讲述了不同的收边需要的针脚和缝制设备，并结合实际情况进行说明，比如对于特定克重的面料应使用什么类型的接缝和边缘处理。第11章阐述了与设计细节相关的结构，设计细节包括口袋的选择以及加固线等。第12章介绍了用在各种设计细节上的底层面料以及支撑材料。第13章讨论了一些扣合件的选择，包括每种扣合件的选择依据和细节，以及如何撰写工艺包的工艺参数。

第14章、15章和16章，从样品尺码的原型开始讲，一直到服装的生产和营销。第14章解释了关于商标、吊牌、包装等上述信息的市场规范要求。第15章讨论了针对各种品类的服装如何去测量、定尺码和放码。第16章阐述服装的试穿和评价，说明了合体的设计、清晰地书写工艺包，以及试穿评价等在服装生产过程中的重要性。

此书的最大优势是其内容的宽泛性。为了便于学习这些复杂的内容，每个章节从一些重要术语开始阐述，有些术语也在书末的词汇表里列出并定义。此书覆盖了适合不同消费群的各种女装和男装品类。同时，为了说明产品说明书和面料的不同，此书包含了梭织和针织产品。

本书的第二大优势是它的实用性，作者将自己掌握的一些知识、经验，以及技能教给读者。设置的练习都是与时俱进的，与现代时尚产业标准一致，非常具有实操性。此书中虚拟了一个公司，XYZ 产品开发公司，便于学生理解。本书可以作为服装企业使用的工具书或标准，主要说明了面料、辅料、配饰，以及设计细节的重要性。每个章节的最后设置了检验学习成果的内容，使读者有机会去应用所学的知识和技能。

本书的第三大优势是在面料裁剪、排版、设计细节、工艺包的讲解过程中配置了大量的图例，能使读者了解服装企业用来交流的标准。

书中的附录 A 以及书里给出的一些公司网址也给出了一些参考资源；附录 B 包括一些服装品类完整的工艺包，可供读者参考和学习。在这个版次中增加了更多的企业中使用的工艺包，比如复杂的服装品类、压胶外套，以及一些新产品。

另外，公司的网址提供了两种软件（Adobe Illusttrator and CorelDraw）可以读取的款式样板库，读者可以互动学习，可以下载，并导入到他们要准备的产品工艺包的空白工艺包文档中。

使用这本教材，首先，学生可以掌握扎实的设计开发以及与其相关的知识。其次，学生可以掌握服装企业里应用的工艺设计过程。第三，他们将获取一些额外的工艺设计知识和技能，比如平面制图、测量、尺码、试穿、放码等。第四，他们能够将所学的知识进行应用，可以在公司的网站上建立自己的工艺包，从而也慢慢熟悉企业的计算机技术和一些与工艺设计有关的术语。第五，如果他们开始了自己的职业，也可以将掌握的知识和技能应用到实际中。最后，此书有助于读者培养批判性思维，提高解决问题的技能，从而最大限度地为客户服务。

特别说明：本书中保留了原版中的英寸单位，英寸和厘米的换算：1 英寸＝2.54 厘米。未标注单位的地方单位均为英寸。

目录

第 **1** 章

行业概述

本章学习目标

» 了解服装行业及其生产过程
» 了解服装产品类别
» 了解不同专业人员参与产品开发过程中各自的作用
» 对不同成衣企业进行调查
» 明确自有品牌在行业中的作用
» 了解新产品的开发过程和零售行业的趋势

自工业革命以来，服装行业一直是世界上最重要的产业。本章总体概述了当前服装生产过程和成衣服装行业的趋势。同时也介绍了服装产品的商品营销，以及行业内服装产品开发过程中主要的专业人员。

全球化的服装产业

欢迎来到全球化的服装行业。众所周知，从农场工人种植出棉花，到生产出纱线和织造织物给服装公司作为设计和生产销售的产品，服装产业是世界经济的重要组成部分，是世界经济的重要来源之一。纺织服装产业提供了最多的就业机会。

服装行业的生产制造不再局限于本国。虽然有些小规模的设计品牌仍然如此，但大多数服装产业目前在大规模生产，并将设计或制造业务外包。

服装行业是世界上最全球化的行业之一，在世界各地都可能有相关生产、营销、分销等不同的部门作为一个项目团队而工作。现在你检查你衣服的标签，你很可能看到世界各地不同国家的名字。服装行业独特的特点使其成为全球化的领导者。全球化是当代国家、政府和企业发展的趋势。全球化使世界各地的人们一起工作。生产流程的变化会影响整个服装行业。

全球劳动力

服装行业是劳动密集型行业，该行业的制造业不断转移到劳动力成本更低的地区。纵观历史，欠发达国家一般会选择发展纺织服装行业来提升经济。

更多的时尚潮流也可以通过服装产业带给那些生活在欠发达国家的人。在参与服装生产之前，欠发达国家的人很少能接触到服装的潮流信息。我们现在可以看到由服装业的全球化生产所带动的全球时尚潮流趋势。

高科技的可用性

服装行业也需要高科技辅助服装生产过程，如计算机辅助设计（CAD）。同时，网站、电子邮件和设计软件等促使服装企业在全球范围内开展业务成为可能。

全球协作制造

来自不同国家的制造商共同参与服装的生产过程。可能你现在穿的衣服已经走过了数千英里的路才到你的身上。

图1.1说明了服装的全球生产过程。例如，一套在美国设计的服装通过总部设在香港的代理公司完成生产过程。这件衣服的面料在泰国织造；版型在上海设计；在中国的另一个城市生产；成品运到旧金山，再用卡车运到内华达

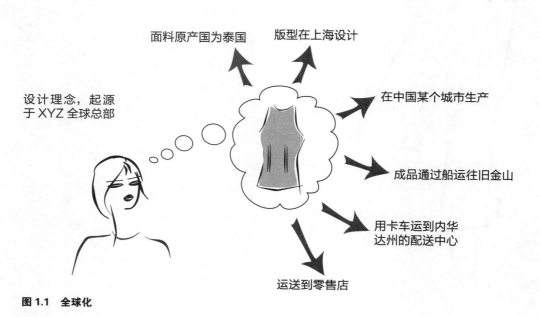

图1.1 全球化

州的配送中心，并发送到美国的各个零售店。

全球经济和政治因素的影响

当前的政治和经济因素也会影响服装行业的发展。迟滞的经济、交通成本上升、石油价格的上涨是不得不面对的问题。

考虑到时尚业周期短的特性，如何缩短产品从设计到销售的周期成为成功的关键。

成衣

在成衣生产开始前，衣服和鞋子是定制的，也就是说是根据客户特定尺寸制作的。成衣产业开始于 19 世纪早期，大规模批量服装生产始于 19 世纪 50 年代。在过去定制的年代，下层社会的人无法负担得起定做服装的成本。缝纫机发明之后，降低了服装的生产成本，从而使多数人可以接受。

随着军装尺寸标准化和对个人体型的较少关注，男装在成衣服装市场开创了潮流，女装和童装紧随其后。19 世纪中期已经可以买到男装成衣，到 19 世纪晚期，拓展到了女装成衣产业。

当今服装产品主要可分为两类：成衣和高级时装。成衣——在法语和意大利语的意思是准备穿的，现成的。这意味着客户可以购买基于标准化尺寸生产的服装产品。高级时装是为客户专门定制的，高级时装要确保用最好的面料，由最熟练的技术人员设计创作。在 20 世纪 50 年代有超过 100 家公司或设计品牌被法国高级时装工会认定为高级时装协会会员。成为这样的会员，要求在法国有店铺，雇佣至少 20 个全职员工，且每年两次发布至少 50 套原创设计。高级定制店都有自己的固定客户，为他们定制的费用是很高昂的。同时，很多高级时装协会会员都会将业务扩展到成衣，即价格较低的品牌，成衣服装通过百货公司出售，一个很好的例子是圣洛朗和它的成衣产品系列 Rive Gauche。

成衣品牌类别

成衣品牌可通过生产商和零售商间的关系区分。

批发类品牌

许多品牌都是由批发商向零售商销售的。

内衣品牌，包括海纳斯（Hanes）和其他品牌店被一些零售商买手熟悉，但不被大众熟知，也属于这一类。大多数公司开始通过这种方式增加销量，也可能会开自己的零售店，推广自己的品牌，即使零售可能不是他们主要的商业模式。

一个例子是哥伦比亚运动服装公司，一个非常成功的批发商，它在俄勒冈设有旗舰店，就在其总部附近。旗舰店能够展示该公司完整的产品系列。

商业计划变化不断，公司可能会根据商业环境和他们的营销策略新建或关闭零售店。

品牌既是批发商也是零售商

有些品牌有自己的专卖店，也在其他店铺出售。他们使用双渠道分销，既通过自己的专卖店销售他们的产品，也在其他品牌百货商店售卖。这种方式使他们可以通过其他渠道接触

图 1.2　设计师汤米·希尔费格

更多的消费者。自己的专卖店是展示公司产品的最佳途径。

一些品牌获得了进入独家百货公司的渠道。一个案例是汤米·希尔费格（Tommy Hilfiger）（图1.2），该品牌在2008年签署了与全美约800家梅西百货的入驻合同。作为协议的一部分，该品牌不能进入其他百货公司，如梅西的竞争对手迪拉德百货公司。

独家销售的自有品牌

公司创造自己的产品，并通过他们自己的店铺独家分销，被称为自有品牌。这些知名品牌都有专属的设计和品牌形象，通过他们独有的商店布局，以及广告推广活动，建立消费者的广泛认知度，树立他们的品牌形象。盖普（GAP）、维多利亚的秘密（Victoria's Secret）、泰勒安妮（Anne Taylor）都是这一类的例子。

GAP有限公司，旗下包括Old Navy，GAP和Banana Republic几个品牌。所有的服装都是自己的设计团队设计的，并通过他们自己的零售店出售。虽然这些商店是GAP自己的商店，但不同品牌的产品不能交叉。例如，你不能在Banana Republic买到Old Navy的产品。

零售商开发的自有品牌

一些零售商开发了自有品牌，或者说，他们自己的品牌产品和其他品牌产品一起销售。梅西作为一个百货零售商，创建了I.N.C.，并将这个品牌在梅西百货中和其他品牌一起销售。诺德斯特龙百货公司是另一个拥有自主品牌的例子。这种模式的好处在于顾客可以将对百货公司的忠诚度转嫁到自有品牌。

所有这些自有品牌都有自己的设计和产品研发团队。品牌负责监督生产过程，产品的生产过程外包。

与零售店名称相同的自有品牌

一些公司不生产他们自己的商品，而是从批发商购买商品，贴上他们自己的品牌。Forever21是一个有代表性的案例，该品牌不制造产品，而是从批发商采购他们需要的产品。

Forever21拥有自己的零售店，从多个供应商采购商品，并贴上自己的品牌名称，然后通过Forever21的零售渠道销售产品。

一些公司主要通过互联网和目录销售，即便如此，他们也常拥有一些零售店或工厂店。

无品牌产品

与自有品牌不同，这些产品被卖给零售商和批发商。这样的产品不具备自己的商标名称。零售商或批发商采购这些商品后，会贴上自己的品牌卖给消费者。

商品细分

服装类别的细分方式多种多样。有的基于价格区间划分，有的根据目标消费者的性别或年龄等特征划分。

价格范围

批发价格是一个很好的区分不同成衣公司以及产品的指标（图1.3～图1.5）。

许多服装公司在不同的价格范围内增加了新的服装系列，以扩大他们的消费人群。王薇薇，顶级婚纱设计师，将其业务拓展到了女性成衣领域，并在中档商场设置店铺。

Forever21是快时尚的领导者，代表了"快速时尚，廉价时尚"。自1984年成立以来，该服装公司在过去的10年里有了惊人的增长。这个零售巨头保持不断增长，产品覆盖了男性、女性及幼儿产品。它著名的营销策略是要迎合整个家庭而不是集中在青少年或时尚女性。产品目录中还包括鞋类、内衣、化妆品（图1.6）。

作为一家私人控股公司，Forever21持续扩大旗下品牌Forever21，诞生了Forever21，XXI Forever，Love21，21Men，Heritage 1981，Faith21，Forever21 Girls，Love and Beauty产品线，这些品牌直营店遍布整个北美、美洲、亚洲、中东、欧洲、墨西哥和拉丁美洲以及电子商务网站（http://www.forever21.co.kr/Company/AboutUs.aspx）。Forever 21以较快的势头，在6周内迅速地诠释着时尚，而如Marc Jacobs可能需要6个月。

图 1.3　高价格区品牌商标

图 1.5　翠西费斯为塔吉特（Target）百货设计
"Go"International" 设计师合作系列

图 1.4　Guess 是一例中档价格品牌

性别和年龄

商品分类取决于目标消费者的特征，尤其是目标消费者的性别和年龄。许多公司的多个品牌涉及各类消费者。正如前面提到的 GAP 有限公司，公司拥有 Banana Republic、GAP、Old Navy。每个下属品牌都有其不同的价格范围和独特的风格以适合自己的目标消费者。

基于这些分类，服装产品大致分为男装、女装和童装。在过去，女性产品是该行业的主要焦点，然而，随着时间的推移，男性日趋关注服装风格。许多服装企业通过增加更多的副线品牌来拓展业务。服装公司发现很容易拓展业务，因为他们有自己的技术和产品的开发及分销渠道。例如，Abercrombie & Fitch 计划每两年增加一个新的服装系列。Hollister，Ruehl No.925 都是公司的新增产品线。该公司的主要理念是覆盖各类客户群。成长起来的 Abercrombie 童装的顾客可以转移到 A & F 的少年装，这些客户在 30 多岁时，会继续购买 Ruehl No.925。

产品类别

服装产品是基于最终用途分类的。根据性别、年龄划分，可分为男装、女装、童装。还可以这样分类：

图1.6　Forever 21 为大众品牌案例之一

图1.7　过去的设计过程

- 外套：外套、夹克、背心
- 礼服
- 衬衫
- 毛衣
- 裙子
- 套装
- 针织 T 恤
- 泳装
- 运动装：高尔夫服、网球服、滑雪服、
  瑜伽服

- 晚间正装
- 新娘和伴娘礼服
- 孕妇服装
- 制服
- 内衣：文胸、束腰带，其他塑型服装
- 睡衣和居家服
- 配饰、包
- 鞋子
- 帽子、围巾和手套
- 袜子
- 皮草
- 皮革

一般而言，一家服装公司专门生产其中的几类。

服装产品生产和销售的专业人员

要在这个行业中取得成功，重要的是了解行业结构，包括生产、零售等多方面，以及了解市场和产品的最新趋势。

规范过程

在过去，整个设计制作过程通常都在公司内部完成（图1.7）。设计师少量生产其设计作品，生产过程更像是服装定制的过程。后来，设计方案交由本公司自己的工厂生产。现在，大规模生产成为主流，并已开始将生产过程转移到其他国家。

美国的大多数公司没有自己的生产设备。这意味着一个公司必须与代理商和工厂共同合作生产产品；在多数情况下，这些代理商和工厂都是海外的。公司指定生产工艺，提供设计标准，并规定材料和设计细节。一方面，服装企业付钱给代加工厂来制造符合要求的产品；另一方面，由服装企业决定款式和产品的规格参数。

工艺单是特定款的设计指南，包括所有与生产相关的特定信息。因为工艺单是设计团队和生产商之间的沟通工具，因此将工艺单标写清楚非常重要（见第3章关于工艺单的更多信息）。

贴牌生产有多种优势，首先公司可以集中

精力创建自己的品牌形象，使用广告、标牌及其他形式宣传。Polo、GAP，A&F 和大多数服装公司都属于这一类。

其次，它很容易创建或解散企业，因为它不需要投资设立一个实际的制造工厂。设计公司可以很容易地找到加工厂来完成它的订单。

第三，公司不必担心人员问题。工人受雇于代理商或加工厂，而不是由该公司直接负责。然而，生产商雇佣童工问题和血汗工厂引起了越来越多的关注，服装公司有责任挑选负责任的厂家。

横向一体化与纵向一体化

在服装行业中有 2 种不同的企业形式。一种是纵向一体化，即公司拥有生产设备，员工从管理层到一线员工可以在一个屋檐下工作。这种方式有几个优点：容易控制生产过程，因为所有人员可以当场检查生产过程；沟通便利；较少的物流时间和成本。西班牙的 ZARA 公司（中等价位品牌）是一个很好的例子（图

1.8）。公司掌控从设计到生产的所有环节，包括供应链，甚至是分销。ZARA 生产的服装产品 50% 来自于西班牙；26% 来自欧洲其他地方的工厂，24% 来自亚洲国家的工厂和世界其他地区。ZARA 通过将交货时间缩短至 2 周来战胜竞争对手（产品从设计到店铺销售所需的时间）（www.tx.ncsu.edu/ jtatm/volume5issue1/Zara_fashion.htm）。对于其主打产品，例如基本款 T 恤，在货架上售卖时间较长，ZARA 就会外包给低工资地区，如亚洲国家和土耳其。

在时尚行业，考虑到时间的重要性，那些将生产外包给亚洲的其他公司通常需要九个月的供货期，根本无法与 ZARA 竞争。

Saint John 作为一个高端服装品牌是另一个很好的例子。公司位于加利福尼亚的尔湾，拥有从纱线生产到产品缝纫的所有制造设备，便于生产过程中涉及的所有专业人员的沟通和检查进度。

另一种公司类型是横向一体化，即生产过程的每一方都相对独立。这意味着所有的环节，

图 1.8　一个因纵向一体化管理模式而知名的品牌

如面料处理、服装加工、包装等都是由不同地区的不同工厂分别完成的。它适用于大多数品牌，如 Ann Taylor，Abercrombie & Fitch，以及 Banana Republic。这个过程的缺点是每个环节之间的沟通不方便，可能需要更多的时间来完成整个生产过程。然而，考虑到服装业是劳动密集型行业，相比在美国完成所有环节，如果公司可以利用海外廉价的劳动力，这将是一个实用的方法，适合没有大量资金进行投资的初创公司。

主要专业领域

进入这个行业之前，前瞻性的时装设计师了解生产过程中的三种群体的作用是很重要的。总体来说，专业人士主要参与分销过程、产品生产过程或产品开发过程。

分销过程

零售商创建自有品牌，并成立自己的设计团队。然后，他们雇用供应商生产自己的产品。供应商负责生产，确保产品符合设计团队所设定的质量标准。在海外的工厂，工人们通常不懂英语，需要有懂双语者沟通生产过程。

生产过程

产品跟单员的工作职责包括协调生产过程和处理合同信息及货品交付。产品跟单员与代理商或生产商协作。下表中工作职位描述 1 是一个中等规模的自有品牌公司产品跟单员的工作。

受雇于服装公司的产品跟单员的职责是确保承包商按照技术规范生产产品。承包商实际管理或拥有工厂。世界上最大的国际承包商之

职位描述 1

职位名称：生产助理

汇报对象：生产计划专员、各个部门

主要目标：初级职位，使对生产和业务有兴趣的员工广泛接触整个生产过程。这个职位的员工将被分配项目，相应的工作职责将使他们熟悉公司的产品管理流程。这个职位实行轮转，工作第一年需要至少在 2 个不同的部门工作。

主要职责：

· 计算机数据输入；维护和协调生产及合同信息，文件编码，合同录入和修改，发货通知
· 生产问题记录、跟踪、反馈
· 订单跟踪
· 物料跟催、物料清购
· 监督生产部各部门完成本部职责范围内的各项工作任务
· 通过电话、电子邮件、传真等与代理商（国际和国内）和内部客户（分配、客户服务、运输和销售）沟通
· 按部门要求执行特殊项目和任务

任职资格

· 至少一年生产计划、库存控制、采购经验，或其他办公室相关工作经验，最好是在服装行业
· 数据录入经验，每分钟最少录入 45 个字
· 较好的个人计算机技能，能熟练操作 Word 和 Excel
· 所学专业为商科、服装或纺织品，同等工作经验大专以上学历优先
· 优秀的书面和口头沟通能力
· 独立工作的能力，有较强的组织能力，有能力分析和处理关键信息，能处理多项任务，并能保证工期
· 能适应业务变化，具备在高压下工作的能力

一是 Youngone 公司，总部设在韩国。

产品开发过程

商品企划师通过分析市场情况，回顾过去的畅销款式等工作，为设计人员提供方向。在

很多公司中，商品企划师与设计师合作，他们对客户有着敏锐的直觉，知道什么样的风格将被接受和获得成功。他们作为买家和设计师之间的桥梁，负责解释下个季度需要什么款式、流行什么颜色等相关的流行趋势。商品企划师

需要花时间进行预算和销售数据的分析。沟通技巧和对趋势的批判性分析都是商品企划师必须具备的能力。根据销售数据和自己的经验，他们负责制定每一季的产品计划，即本季度要生产的所有款式的概要。请参阅第 2 章表 2.1 中产品线的案例。职位描述 2 是一个中等规模的自有品牌公司商品企划师职位的例子。

服装设计师设计具体的款式。他们的设计远远提前于交货时间（从产品设计开发直到货物到达零售店，通常需要半年至一年时间）。服装的设计是基于对过去和当前趋势的深入研究。在开始新一季的设计之前，他们经常去不同的地方获取灵感，包括纺织品贸易展览。

设计师这个职位要求了解文化的多样性，并能与海外工人进行交流。职位描述 3 是一个中等规模的自有品牌公司的助理设计师职位的例子。

在大公司里，技术部门和设计部门是分开的。工艺设计师的职位职责包括审查工艺单、撰写合体度评语等。工艺设计师密切指导生产

职位描述 2

职位：助理商品企划师

汇报对象：产品线经理

部门：服装

主要目标：通过系统维护、采购支持、样品管理、战术执行等支持销售部门提高销售盈利。

主要职责：

· 每周准备销售会议
· 产品简介中的所有款式的详细内容设置
· 制作价格牌、吊牌等
· 照片和样本分类登记
· 外出时代理业务跟单

关键的联系人：

· 产品线经理
· 采购经理
· 企划
· 工艺师
· 设计师

任职资格：

· 营销专业和 / 或具备同等业务经验
· 无论独自工作或是团队合作，都具备良好的沟通能力
· 熟练应用 PC 系统中的 Windows，Excel，Lotus，Word
· 有零售业从业经验者优先

职位描述 3

职位：助理设计师，男性梭织产品

汇报对象：高级设计师，男装系列

主要目标：协助男装部的设计工作和开发产品，重点是梭织衬衫产品系列。

主要职责：

· 根据需要帮助和支持其他产品系列
· 协助设计团队选择色彩、造型、面料、开发工艺单
· 协助设计团队在 Illustrator 中制作面料、色彩、印花、工艺图
· 协助准备样品。跟踪、维护和执行设计工作
· 向国内外的承包商提供精准和完整的文档信息

· 了解男装市场的流行趋势和消费习惯
· 国内外商务旅行
· 完成被分配的特殊任务和项目

任职资格：

· 服装商科或服装设计专业学士学位，或同等的工作经验，最好在现代男装领域
· 熟练使用电脑和 Photoshop 图像处理软件，包括微软的 Word 和 Excel，有较强的组织能力和对细节的关注能力
· 优秀的书面和口头沟通能力
· 出色的协作和独立工作的能力，并能不断地自我激励

过程。好的服装作品需要创造力和解决问题的能力，并使服装符合质量标准。因为大多数生产外包海外，与承包商合作过程中的一个最重要的问题是文化的敏感性。理解多样的文化将有助于缓解工作压力，并避免与工厂的工人出现交流不畅的问题。工作职位描述4是一个自有品牌中工艺设计师助理职位的例子。

平面设计师负责设计服装产品的包装、标签、刺绣图案、标牌。这项工作要求有一定的创造性和批判性分析能力，并需要具备色彩和设计方面的艺术背景。

纺织品设计师：为服装产品设计新面料。要掌握包括色彩、图案设计、印刷技术、纤维和织物结构，以及计算机辅助设计等方面的知

职位描述 4

职位：**工艺设计师助理**

汇报对象：**高级工艺设计师**

主要目标：目前，我们正在寻找一个充满活力并富有激情的人加入我们的团队！一个优秀的工艺设计师助理将能协助构建合理的产品架构。

主要职责：

· 协助保持一致的尺寸规格、推档规则和公差
· 保持质量标准
· 与技术设计团队协作解决问题
· 筹备和参与会议

· 协助开发准确的工艺单
· 尽可能准确地理解和解释设计
· 与品牌团队协同工作
· 熟练使用办公软件
· 跟踪产品开发工作日程
· 与国内外合作伙伴建立和保持良好的关系

任职资格：

· 服装及纺织相关专业学位
· 有服装或纺织行业经验者优先
· 有面料图案设计经验者优先
· 优秀的计算机技能：Excel，Word 和 Outlook

识。纺织品设计是一项重要的工作，特别是对梭织男装及女装。为保持在特定市场的引领地位，拥有独一无二的面料至关重要。

醒目的色彩通常是吸引客户的首要元素。每个季度都会有新的流行色，色彩预测公司通过色彩设计师作品、市场色彩状况等，研究色彩的流行趋势，并开发色板。颜色通常根据目标市场取了诗意的名字。设定每一季的色彩故事时，每一个新颜色都要去实验室染到织物上试样。实验室颜色样本要按照色卡染色（例如潘通色卡就是一种广泛使用的标准色彩，由潘通公司创建）。配色师负责管理这个过程。职位描述5是一个大型自有品牌公司对纺织品印花设计师和配色师的职位要求。

职位描述6是原材料开发职位。需要处理新面料、新的辅料，并与工厂协调工作。一些公司的面料开发师和调色师的职责（见职位描述5）可以合并。在此它们被分成两个不同的职位。

样板师：如果一家公司有自己的样板房，它将拥有样板师、裁床工、样衣工等。样品部门人员将设计的款式做成样衣。一般情况下，小的样板房，样板师既是打板师也是裁床工，这样的优点是能节省产品开发时间。有的公司将制造过程外包给工厂，使用工厂样板师的优点在于样板能够紧密地结合工厂的实际生产工艺。职位描述7是样板师的职位。

样衣工：样板师在打完板之后，样衣工做出第一件样衣。很多企业没有自己的样板室，打板和样衣制作通常由生产商完成。工作分工更利于保障质量，并便于处理产品质量问题。要有专业人员负责货品的质量，了解相关的产品信息，如服装洗涤的各种质量问题，是这项工作的重要组成部分。

质量保证人员：与设计团队密切合作，其中沟通技巧至关重要。职位描述8是一个中等大小的自有品牌公司质保助理的职位。

纺织实验室技术员：通常是质保部的员工，负责测试用于服装产品的纺织品面料的性能。尺寸稳定性是用于描述加工或洗涤过程中面料

职位描述 5

职位名称： 纺织品印花设计师 / 配色师

汇报对象： 设计经理

主要职责：

· 提供与色彩和艺术品有关的专业支持
· 运用 CAD 工具创建基于印刷色彩的配色
· 通过建立颜色标准配色
· 为产品生产建立精准的色板
· 评估实验室色样，以达到预期的色彩效果
· 关注新技术
· 与品牌团队 / 供应商合作，运用现代技术，以减少交货时间
· 维护色彩库
· 采购会上协助色彩展示
· 负责打样，以确保样品被审核通过并投产
· 协助团队完成采购

· 根据需要承担其他工作

任职资格

· 能跟踪从设计到生产的所有环节
· 能够用色彩标准跟踪所有出现的色彩问题

出色的配色能力

· 审定颜色和图形布局的能力
· 调控多重色彩的能力
· 将艺术概念解读为产品的能力
· 能保证交货期
· 艺术、服装、纺织或相关专业优先
· 有纺织媒体经验者优先
· 会使用计算机辅助设计系统
· 具备使用以下程序 / 工具的能力：Excel，Word，Outlook 微软应用，Ned 图形、PS 图像处理软件、Illustrator、颜色测试

职位描述 6

职位名称： 原材料开发员

汇报对象： 采购总监

主要目标： 与供应商紧密合作，为客户提供产品的趋势和色彩趋势。与设计、采购和生产部门紧密结合。

主要职责：

面料方面的主要职责：

· 研究面料发展方向，为产品开发团队提供帮助
· 协调面辅料采购，并负责质量检验
· 协调工厂，以确保生产过程顺利进行
· 与供应商协调色样和批样
· 纺织品的价格谈判
· 管理所有面料检测和审批状态

配色方面的主要职责：

· 完整地了解纺织品配色科学，并懂得如何有效评估
· 与产品线经理和成本分析师合作，确认纺织品面辅料布匹并确定产品定价
· 开发和维护内部物料、在线纺织品库
· 根据需要，参加面料展示、研究，与所有产品团队交流流行趋势

· 确保所有纺织品采购发票的准确性
· 确保产品符合国家海关要求

任职资格：

· 具备纺织工程、印染、后整理等方面的全面知识
· 对天然纤维和合成纤维的全面了解
· 必须了解现有的纺织厂及联络方式
· 必须有高度的自我激励能力，并具有团队合作精神，有紧迫感
· 必须具备优秀的口头和书面沟通技巧
· 了解多元文化
· 具有良好的组织和统筹能力，包括在限期内处理多重工作的能力
· 具有较强的谈判和分析能力，包括较强的数学技能和准确度
· 必须具备良好的电脑操作能力，会使用 Word、Excel
· 必须愿意学习 PDM 系统以完成工作要求
· 必须仪表端正，能展示公司的良好形象
· 在需要的时候，必须愿意并能够加班和出差
· 具备设计或技术专业方面的学士学位或同等学历，时装设计 / 企划或纺织专业优先
· 至少五年的设计和 / 或纺织品企划经验

职位描述 7

职位名称：**板师**

汇报对象：**产品经理**

主要目的：**建立和维护纸样库，为供应商的版型开发提供技术支持**

主要职责：

- 组织和管理特定部门的版型库
- 保留精确的细节，根据需要及时更新，并定期向技术人员提供信息
- 与供应商沟通有关版型的更新
- 订购面料来建立内部版型库
- 在系统中保持版型持续更新
- 版式编号或重要规格变化时，及时更新

- 向服装工艺师和设计师建议合适的纸样原型，以达到预期的合体效果
- 管理数字化绘图设备的软硬件
- 发送和接收来自供应商的版型设计电子文件

根据需要将版型数字化

- 辅助服装工艺师使用 e-pattern 系统，必要时提供技术支持

任职资格：

- 五年纸样制作／版型开发和设计经验
- 优秀的书面表达和口头沟通能力
- 对设计、开发、版型制作和生产有全面了解
- 有服装设计的学位或获奖证书者优先

职位描述 8

职位名称：**质保助理**

汇报对象：**质保经理**

主要目的：**根据制定的标准和容差，负责来料和产品的质量审核。报告结果并帮助保持准确的审核记录和建立准确的参考资料库**

主要职责：

按以下几方面标准检查出货样品

- 色彩
- 结构
- 包装和标签
- 规格
- 工艺
- 织物／材料
- 测量服装，记录规格，计算偏差
- 标明尺寸超出量

- 识别弊病、瑕疵
- 根据需要分类并重新包装
- 协助培训新员工和临时工作人员

任职资格：

- 服装专业大专及以上学历
- 能够读懂工艺单
- 能用英语交流
- 准确的计测能力
- 区分色彩的能力
- 具有服装结构方面的知识
- 具有织物结构方面的知识
- 注重细节和准确性

我们是充满智慧和创意的团队。我们崇尚努力工作，希望你准备好迎接挑战。我们将提供丰厚的报酬，包括医疗补贴、内部折扣、带薪休假等。

拉伸变形的术语。纺织品面料必须满足一些重要指标，包括张力、弹性、耐磨度、光色牢度和水洗色牢度等。对纺织品性能进行评估，是这个工作的核心。

产品线经理（PLM）：负责监督整个开发过程，并负责全部产品的生产流程。职位描述 9 是产品线经理的职责。

互联网和电子商务是巨大的销售市场，电子商务经理负责直接面向消费者的网站建设以及相关的移动网站和社交媒体。与管理、产品开发、销售、客户服务和信息技术（IT）等部门的紧密合作是这个职位取得成功的关键。职位描述 10 是一个真实的招聘案例。

品牌经理：主要工作是品牌战略规划，通过开发满足消费者不断变化的需求和欲望的产品为公司创造收入。品牌经理要与营销设

计团队密切合作，以最终达成目标，并建立品牌影响力和提升销售。职位描述11为品牌经理职位。

设计部门简介

设计部门有不同的构建方式，这取决于公司的规模和类型。

小型到中型公司

从部门的设置来看，小公司的设计部包含更多类型的工作。例如，在一家小公司，一个设计师要处理所有类别的女性产品，另一名设计师处理所有类别的男性产品。他们承担多个角色，参与生产的整个过程。在一个中等规模的公司，如 Union Bay，设计师可能要决定季

职位描述 9

职位名称：*产品线经理*

汇报对象：*产品总监*

主要目标：

负责整个品类规划和产品的创造过程。引导、督促并传达实现财务目标的产品和经营策略，最大限度地提高盈利能力，扩大市场份额。

我们正在寻找一个有创意思维并且喜欢户外运动的人来制定和执行产品规划。职位的主要职责是及时并成功地将产品推向市场并获得盈利。该职位需要与品牌经理、营销和销售人员紧密合作，需要很强的市场理解和执行能力。作为产品经理，您将与主要的管理和研发部门合作设计符合产品理念的产品，并与市场营销等部门协调合作，以在规定时限内完成项目。

作为产品经理你将发现在多个市场发展是多么令人振奋，并期待拓宽产品范围。这个机会正在等待能看到业务增长趋势的人，这个机会将使他们能运用自己的才智和能力打造事业。

产品经理将负责国内市场。这个职位负责向产品总监和负责产品开发的副总裁汇报。

主要职责：

· 通过市场渠道专业知识推动产品的市场渗透力
· 根据公司的营销策略和目标制定和执行产品计划
· 制定并提出全面的产品规划建议
· 与终端用户接触，并参与活动、获得消费者意见
· 通过参加展会、消费者活动、行业网站、拜访零售商等，及时了解市场情况、消费者偏好，了解具有竞争力的产品和当前的流行趋势，保持知识的不断更新
· 研究消费者需求、新技术发展，与团队分享调查结果
· 不断推动新产品开发，包括根据市场调查结果，提供对新产品的设计、材料、市场策略、销售预测、价格结构等的建议

· 与外部设计团队或供应商合作，以确保新产品按时开发并保证质量、价格。开发产品简介以便设计师跟进，包括造型、色彩、制作建议和样品试制、产品检验和测试
· 管理开发进程包括成本核算、质量评价、面辅料等
· 协调和指导产品开发会
· 发展和维护产品生产过程
· 制定年度营销目标和战略，与长期业务战略保持一致。制定适当的经费预算
· 与市场经理协作，监督营销执行，包括目录、广告、购买地点、吊牌、推广材料
· 参加销售会议和活动，获取市场趋势和现状。会议和活动包括财务报告会和市场展示活动。推动新产品线，支持销售经理在销售和营销方面的活动，确保消息传递的连续性

任职资格：

· 具有丰富的与服装品类和分销渠道直接相关的管理经验
· 产品介绍和产品线延伸的能力
· 具有品牌建设的成功经验
· 强大的项目管理能力，注重细节
· 较强的书面和口头表达能力
· 准确提供有效信息的能力
· 解决问题的能力和谈判技巧
· 具有创造性思维
· 相关领域的学士学位
· 五到七年的产品管理经验
· 具有流程设计和开发的知识
· 熟练使用办公软件（如 Word，Excel 和 PowerPoint）
· 对相关活动有浓厚兴趣并积极参与
· 愿意出差

我们将提供有吸引力的薪酬和福利待遇，包括医疗、保险、假期福利。

职位描述 10

职位名称: 电子商务经理

汇报对象: 商品经理

主要目标: 该职位负责管理本公司直接面向消费者(D2C)的网站和相关的活动。负责监管日常运作,包括生产和网站的内容,以及战略规划,制定和执行营销计划,预算管理,品牌管理,性能分析,指导整体工作流程。这一岗位需要与多个团队合作,包括销售、销售运营、创意服务、产品开发、财务、客服和IT等部门,并监督电子商务团队以及战略供应商和合作伙伴的关系。

主要职责:

· 监督日常的D2C通道,包括网站功能、网站的改进、品牌执行、整体产品战略/组合,客户体验和业绩
· 监督预算和预测,并评估渠道绩效
· 识别客户细分和购买目的,建立战略信息和营销方案,并推动其发展和部署
· 确保所有与客户接触的部分传递的信息都是一致的
· 负责谈判和管理与供应商和合作伙伴的关系
· 优化网站,根据需要建立和展示商业案例
· 倡导实用性、功能性和最佳客户体验

　　进行D2C渠道的促销活动,遵循企业的降价时间表,撰写并提交提案给执行团队,并与内部相关者进行恰当的沟通

· 确保D2C通道政策的准确性,包括隐私权、条款和条件、运输和退换货信息等都应是最新的
· 监督网站上产品的上传

任职资格:

· 五年以上在线或者软件开发项目经验
· 五年以上多渠道消费者直销活动经验
· 三年直接面向消费者的网站经验
· 具有制定经营策略和营销计划,并提高网站的可用性和功能性的能力
· 通过数据分析,提升运营效率和提出更有效的营销策略
· 对创作过程、网络营销和电子商务有深刻理解
· 卓越的领导才能,出色的沟通、表达和人际交往能力
· 优秀的组织能力和项目管理能力
· 在高压环境和时间限制内独立并且有效率地完成工作
· 具有指导大型复杂项目的能力
· 较强的文字功底
· 懂得如何巧妙地沟通
· 减轻团队冲突和减少沟通问题的能力
· 灵活机敏、坚韧的心态,有寻求新的成长机遇的抱负
· 有服装行业工作经验者优先
· 熟练使用Office和Adobe PS软件
· 学士学位或相关经验,MBA优先

职位描述 11

职位名称: 品牌经理

职位摘要: 这项工作通过领导产品经理团队来获得成功,包括完成年度目标销售额。通过发展自有品牌计划,提升财务绩效,重视客户,指导产品生产开发。指导和管理自有品牌定位、市场营销、销售、系列开发、财务规划。与产品经理团队、设计团队以及其他部门团队协调合作。

· 筹划并实施一至五年的品牌规划
· 与产品开发副总裁合作,根据企业和品牌战略目标和财务、市场及行业发展趋势制定专卖店财务目标
· 识别重点市场、生活方式和产品趋势,发展品牌,以抓住市场机遇
· 通过研究销售潜力、市场规模、品类需求和相

关的品牌,制定新的品类发展计划
· 与产品经理协作,制定战略,确保品牌的准确定位,在生产过程中,确保跨部门工作的同步
· 与品牌经理合作,制定一到五年的产品规划,并与各部门分享
· 制定并组合跨部门的服装系列、故事和主题,制定产品的推广方案
· 提供营销计划、公关和销售渠道所需的内容与品牌故事
· 确保品牌创意、定位和差异化
· 制定品牌销售人员的培训方案及配套材料内容
· 为自有品牌制定策略,为客户和品牌之间的沟通提供支持,包括市场调查、社会媒体和零售活动

节色、打造面料印花图案和服装风格、制定工艺单、参与产品生产过程。他们负责多个生产过程，从设计裁剪直到最后完成服装。每家公司都有自己的结构。在一个规模较小的公司中，一个有抱负的新设计师可以得到一个与设计部门更接近的职位，诸如技术能力等将会得到提升。

大公司

大公司的部门分得更细。例如，一个设计师负责全部的女士职业装或全部男士梭织休闲裤。另外，配色师、纺织品设计师、创意设计师和成衣技术人员都明确分工。在一家大公司，如 Nordstrom，每个部门都有部门工作的细致描述，员工分工明确。刚毕业的学生在大公司得到第一份工作，可以学到生产过程的更多细节，将在特定的领域更加专业。但是该工作无法让他接触到服装生产过程的多数环节。大企业的新员工需要作其他准备，全面发展，避免在职业生涯中被限制在一个领域。

图 1.9 是 XYZ 公司产品研发团队的组织架构图，以及公司各部门是如何运作的。

开始服装设计生涯

要取得成功，获得时尚潮流和设计生产的最新信息是非常重要的。各种网站对于研究这些非常有用。专业机构提供行业和学术界专业人士交流的机会。国际纺织品和服装协会（ITAA）是首个专业的服装和纺织品协会。ITAA 赞助服装设计大赛，颁发奖学金，并提供其他机会了解这个行业。服装和纺织品专业的学生也可以申请成为学生会员，会员享受与业内专业人士交流的机会并赢得奖学金。对于流行趋势的研究，WGSN 是时尚预测网站中的佼佼者（www.wgsn.com）。这个总部位于伦敦的在线公司给就读服装和纺织品课程的在校大学生提供免费会员。Style sight 是另一个颇受欢迎的此类网站（HTTP：// WWW.stylesight.com/），通过互联网提供服务。此网站以其尖端的全球流行趋势研究闻名。另外，女装日报（WWD）是全球最领先的潮流刊物之一，为读者提供时尚界的最新风向。

时尚界目前的趋势

全球采购和制造成为行业的一种常态。全球采购是指全世界范围内采购用于产品开发的材料，包括面料、拉链、缝线、纽扣在内的所有材料。但是，全球采购也意味着在全球范围内的工厂生产服装产品。随着贸易法规和标准的迅速变化，了解各个市场的竞争优势，已经成为零售商的主要关注焦点。

社会责任

强调社会责任已经成为一个重要的议题。服装和纺织产品开发和零售过程中的每一步都需要对社会负责。包括拒绝选择雇佣童工的工厂和血汗工厂，选择环境友好材料，选择生态包装，通过营销和零售产品的高效运作以减少碳排放和碳足迹。

众包

众包是一种新的方式，创意可能来自与公司无关的人。互联网技术已经使公司能够从网络社区征求意见。在时尚产业，已经有几个流行网站，例如在 www.designcrowd.com 上，消费者可以直接参与设计和制造产品，如 T 恤。

产品开发的技术进步

消费者期待更高水平的创新产品，具有更多的选择，获得更好的质量，以及更少的支出。因此，服装公司给他们的产品团队越来越大的压力，既要提高利润和降低成本，又要同时缩短交货期。与此同时，越来越多的产品在全球范围内与供应商合作开发，政府对材料成分、检测、回收利用等都提出了越来越多的要求。

技术的发展加速了快时尚现象。产品生命周期管理软件和 3D 虚拟试衣程序都加快了服装业的发展。

产品生命周期管理（PLM）

越来越多的公司采用产品生命周期管理（PLM）系统，以帮助他们更好地管理产品的整

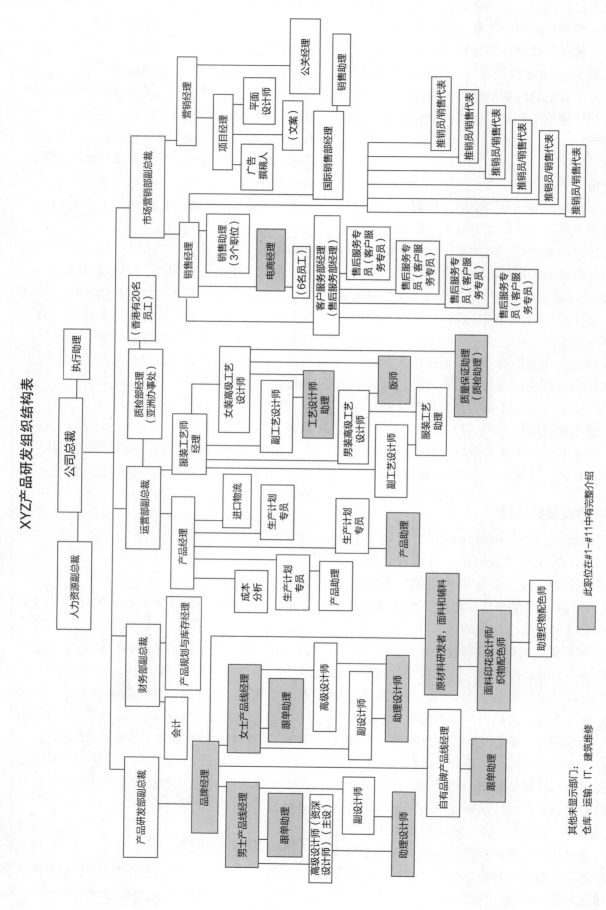

XYZ产品研发组织结构表

其他未显示部门：
仓库、运输、IT、建筑维修

此职位在#1–#11中有完整介绍

图 1.9 XYZ 公司组织架构图

服装设计师技术手册：从服装设计到产品包装的技术全讲解

个生命周期。PLM 系统更精准，有助于实现更快的产品创新，减少错误，缩短上市时间和降低产品成本。这也让全球产品团队共享数据、日程安排，并实时更新产品信息。

　　PLM 是全面的工具，可以成为一个公司整个产品开发过程的中坚力量。采购员可以创建季节性计划。设计人员和开发人员可以制定工艺单，包括设计细节及选用的材料等，并与供应商管理产品和抽样审查。材料开发人员可以跟踪材料的质量，以及材料测试相关环节。采购和生产团队可以与供应商和工厂管理成本和生产进度，以确保订单准时交货。PLM 系统也可以与其他公司的系统连接，包括销售、采购订单等，进行无缝的企业数据共享。

3D 虚拟试衣程序

　　Opti Tex（http://www.optitex.com/）和 CLO（HTTP：// www.clo3d.com）正在开发服装产品的虚拟试衣程序（图 1.10）。

　　这两个程序创建了三维虚拟模型、虚拟仿

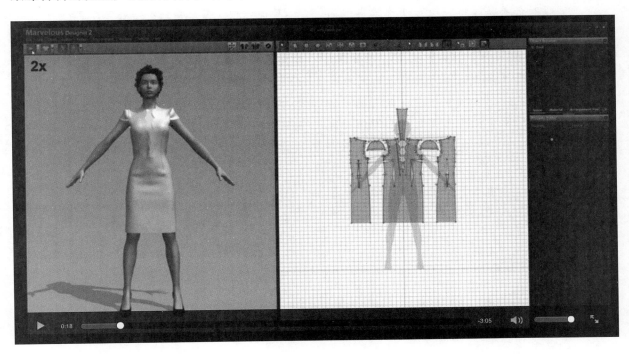

图 1.10　CLO 3D：服装 CAD 和 3D 模拟软件

真面料。设计师可以直接在软件上看到服装的虚拟效果，可以大大节省时间。有不满意的细节可以直接在软件上调整，减少了与加工厂沟通的时间，使服装产品进入市场的速度提升。

　　虽然 3D 试衣软件程序还不尽如人意，但可以在一定程度上提高效率，缩短周期，从而提高效益。

总结

　　本章介绍了服装行业的概况和产品开发过程。包括不同类型成衣公司的服装类别、各类自有品牌及行业发展趋势。不同价格区间、性别、年龄消费人群的市场细分以及行业招聘案例。

有用的网站

专业组织

· 国际纺织服装协会：www.itaaonline.org/

· 美国家庭和消费者科学协会：www.aafcs.org

· 纺织化学和染色协会：www.aatcc.org/

· 国际时尚集团有限公司：http://newyork.fgi.org/index.php

其他链接

· 全球风尚网（WGSN）：www.wgsn.com/

· 每日新闻（DNR）：www.dnrnews.com

· 时尚：www.fashion.net

· 时尚中心 - 纽约市：www.fashioncenter.com

· 第一视觉：http://firstview.com/

- 风格：www.just-style.com
- 女装日报（*WWD*）：www.wwd.com
- 服装搜索：www.apparelsearch.com
- 面料大学：www.fabriclink.com/University.html
- 纤维世界：www.afma.org/FiberWorld/fiber.html

思考问题

1. 访问两个女性服饰公司的网站，比较两家公司的产品目录。列出公司名称、价格区间、他们提供的产品目录。他们的产品目录有什么不同吗？如果是这样，为什么你觉得他们的目录不同？

2. 在报纸上找到一条与服装行业相关的新闻。这篇文章包含直接或间接与行业未来发展相关的影响因素。例如股市、进出口问题、全球变暖。思考文章的主题是什么？为什么这个主题与服装行业相关？未来它会如何影响服装行业？

3. 比较两个服务于相同年龄和性别目标消费者但价格区间不同的零售商。列出每个品牌的名称和网址。列出目标消费者的特征和价格范围。选择两个零售商都在销售的两件类似服装，检查产品属性。哪些因素影响了价格？检查服装是哪里制作的，考虑劳动力成本是否是影响零售价格的一个因素。你觉得还有哪些其他因素？

4. 选择一件服装并进行检查，并列出三个特点，你作为一个制造商或零售商，愿意牺牲掉哪个以降低成本。同样的三个特点，你作为一个消费者，愿意牺牲哪个特点降低价格。两种选择相同吗？是什么造就了异同？

检查学习成果

1. 什么是成衣？什么是时装？
2. 为什么服装行业需要全球化？
3. 你对服装制造业的未来预测是什么？
4. 服装行业的全球化有什么优缺点？
5. 工艺设计师在服装设计过程中的作用是什么？

第 2 章

服装产品开发过程及工艺设计

本章学习目标

» 熟悉服装设计流程表
» 在服装设计流程表中检查相关的生产流程
» 了解生产样衣的各个步骤
» 明确工艺设计
» 了解涉及造型技术的工艺设计原则

此书中，产品开发指的是设计新的服装并投入生产。每件新款服装的设计过程都包含各个不同的阶段，从最初灵感的获取到产品完成和交货，每个阶段都有特定的步骤。通过本章学习，可以了解到服装生产过程的各个步骤。

设计开发

制作服装的第一阶段是设计开发过程。设计开发流程表通常简短而紧凑。大多数女装最少分为 4 季，也可能多达 6 季。每一季通常分多次交货，以确保商店每个月都可以陈列新货。设计师通常在完成第一季设计的同时，进行着第二季的工作，并策划着第三季，因此具备同时完成多任务的能力也是设计师成功的关键。

团队合作对于服装生产尤为重要，那团队成员都有哪些呢（参看第 16 页图 1.9 的组织结构图）？

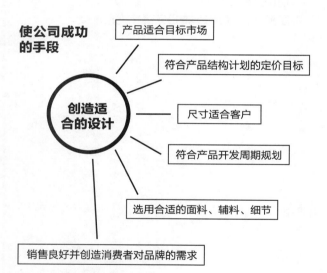

图 2.1 设计师的作用

通常，最初的设计方向来自领导者，即设计总监、产品经理或高级设计师。

设计师的工作就是一个不断创造性地解决问题的过程。如果一个设计能很好地满足顾客需求，又能找准价格定位，并符合品牌整体的要求，那这就是一个成功的设计。设计师的工作就是创造符合需求的好产品（图 2.1、表 2.1）。

大多数设计师的职业生涯都始于助手的角色，如设计师助理。这个工作需要了解生产流程和截止日期，并有紧迫感，积极完成所有要求。各类常规任务，如核准标签及与代理商或工厂沟通细节等很可能都是工作的一部分。大多数工作任务都很重要但单调乏味，服装设计也不例外。从另一方面来说，每天都是新的一天，每天都有新的挑战。此外，如同在体育运动中，成为优秀团队中的一员也是非常有益的。

产品经理的角色

产品经理负责整体产品规划和产品生产过程。这份工作主要是带领设计团队生产产品、制定经营策略以达到每一季度的目标，并占有一定的市场份额。在每一季的开始，产品经理都会制定一个初步框架，从中开发出适合公司的内容。经过研究制定生产规划，通常包含此季所有的款式及其价格。生产规划也是一个销售计划，预估每一款的销售量。

目标市场

服装公司通过掌握目标客户以往的购买记录，可以更好地为顾客服务，并提高销售成功率。在过去，销量更多取决于服装品牌的影响力和宣传力，而现在年轻的消费者则更多依赖于口碑、网上评论、朋友的建议。

下面列出服装公司需重点关注的客户的四个方面。

目标消费者的年龄，号型范围和性别

消费者的年龄、号型和性别是很重要的考虑因素，这些因素之间彼此联系。号型尤其需要不同的设计方法，例如适合青少年的号型系列就完全不同于 50 岁的中年人。年龄也是一个很重要的因素，女士的考虑因素就不同于男士，女士身体的某些特定部位需要强调，有些部位需要掩盖。例如男士衬衫通常比女士衬衫宽松，因为女士更关注对体型的塑造。顾客的需求是最应被关注的。

生产符合目标客户对功能性、舒适性和美观性要求的服装产品是非常重要的。当年龄已经成为品牌标识的一部分，任何偏离它的设计都应该谨慎处理。

表2.1　设计师的主要任务，很多任务需要各个部门协调合作

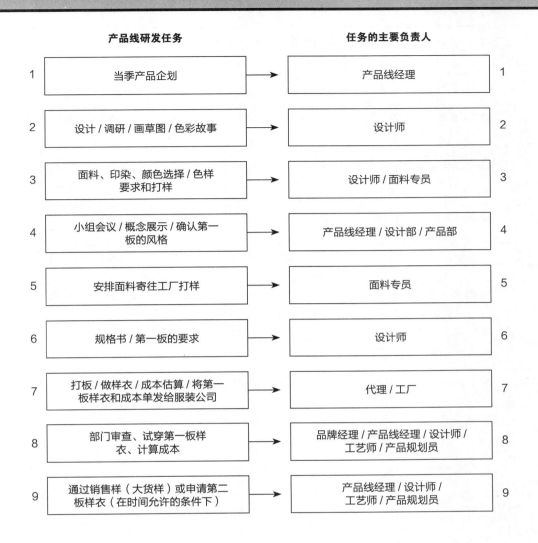

产品线研发任务		任务的主要负责人
1	当季产品企划	产品线经理 1
2	设计 / 调研 / 画草图 / 色彩故事	设计师 2
3	面料、印染、颜色选择 / 色样要求和打样	设计师 / 面料专员 3
4	小组会议 / 概念展示 / 确认第一板的风格	产品线经理 / 设计部 / 产品部 4
5	安排面料寄往工厂打样	面料专员 5
6	规格书 / 第一板的要求	设计师 6
7	打板 / 做样衣 / 成本估算 / 将第一板样衣和成本单发给服装公司	代理 / 工厂 7
8	部门审查、试穿第一板样衣、计算成本	品牌经理 / 产品线经理 / 设计师 / 工艺师 / 产品规划员 8
9	通过销售样（大货样）或申请第二板样衣（在时间允许的条件下）	产品线经理 / 设计师 / 工艺师 / 产品规划员 9

　　一些公司已经意识到想要获得更年轻、新潮的顾客就必须舍弃他们现有的思想保守的顾客。更换目标顾客是可以实现的，但它需要另一个新的品牌来支撑，一个新的营销模式，包括一个新的品牌形象来吸引新的客户，而且很可能需要一个全新的产品开发团队。A & F 就是一个成功变身的例子。多年来它服务于上流社会并以狩猎装为主，而现在它的目标顾客已经转变为青少年和 20 多岁的年轻人。

价格区间

　　每个公司都有特定的价格区间对应不同的消费者，消费者了解每个公司的产品特点以及它的价格。低端企业生产的高端服装不会卖的好，不管做的多好，因为这不是它的买家以及

顾客所需要的。此外，为了实现最大化的利润，低端市场必须提高销量，其风格需要吸引更加广泛的客户群。对于这种类型的品牌，走专业化趋势来迎合高端顾客是不合适的。同时，设计师和企划师应该在合适的价格区间内生产产品。例如，在表 2.2 中，裙 1 的批发价是 34 美元，裙 2 的批发价是 56.75 美元，造成这种价差的原因是买家类型不同，所有的产品价格都必须与生产线所定的目标价格相符。

目标消费者的生活方式

　　设计师应根据每个目标消费群体的不同生活方式来设计产品。如果目标消费群体的生活方式很休闲，那运动和舒适的服装更能得到买家的青睐，而正装和裙裤则不会。此外，若服

表2.2 户外装系列款式结构规划表

XYZ 女职业装产品规划，20XX 春季，户外装系列									
品类（新品或过时商品）	面料	颜色	尺码范围	预计产量	离岸价	抵岸价格（w/税，船运）	单件批发价	零售价	批发总价
短裙 1 A 字裙 （过时）	弹性斜纹布 " "	薰衣草色 翠竹色 黑色	2-16 " "	2600	$12.75	$17.00	$34.00	$68.00	$88 400.00
短裙 2 （新）	丝绸平针织物 " "	蜂巢色 白色 黑色	2-16 " "	1850	$23.41	$31.21	$56.75	$113.50	$104 987.50
短裙 3, 围裙（新）	圆点印花	多色印染	xs-xl	900	$22.05	$29.40	$49.00	$98.00	$44 100.00
连衣裙 1 （过时）	绉纱 "	翠竹色 黑色	2-16 "	3100	$18.56	$24.75	$49.50	$99.00	$153 450.00
裤子 1 （过时）	绉纱 "	蜂巢色 黑色	2-16 "	2900	$21.14	$28.19	$51.25	$102.50	$148 625.00
夹克 1 （过时）	弹性斜纹布 " "	薰衣草色 白色 翠竹色	2-16 " "	2200	$26.33	$35.10	$67.50	$135.00	$148 500.00
夹克 2 （新）	绉纱 "	黑色 蜂巢色	2-16 "	1200	$30.73	$40.98	$74.50	$149.00	$89 400.00
上衣 1, 领带衬衫 （过时）	巴厘纱印花 "	蜂巢色 唇色	xs-xl "	1250	$12.68	$16.91	$29.15	$58.30	$36 437.50
上衣 2, 毛衣背心 （过时）	大孔眼织物 " "	唇色 蜂蜜色 黑色	xs-xl " "	1800	$13.46	$17.94	$34.50	$69.00	$62 100.00
上衣 3, 针织背心 （过时）	丝绸平针织物 " " " " "	浅唇色 浅蜂巢色 白色 浅薰衣草色 浅蜂巢色 浅翠竹色 黑色	xs-xl " " " " "	4000	$12.56	$16.74	$31.00	$62.00	$124 000.00

总批发价　　$1 000 000.00

装干洗或清洗后需要熨烫，会让消费者感觉不易打理。未婚消费者往往更加追随潮流，并且有更多可自由支配的资金用于购买服装。有孩子的家庭会有更多服装预算来购买儿童服装，大学生有更大的自主权来选择自己喜欢的服装，但一旦进入职场，就需要穿符合职场的服装。比如一个爱运动的人，每个周末都去骑山地车、远足或进行其他运动，通常选择活动性好的休闲服，以及在某部位有支撑作用的耐穿的服装。一个成功的公司一定懂得消费者的生活习惯，以便有效地为他们服务。

形象

消费者的生活方式与公司形象密切相关。传统服装可以高端也可以低端。服装的特性必须符合品牌形象。成功的公司会创建与自己一致的品牌形象来吸引顾客。公司的产品应该符合人们对整个公司的期望。服装公司汤米·巴哈马（Tomny-Babana）创造了一个虚构的人，汤米先生，让他来树立公司的形象，并不断引导顾客知道自己是谁（包括如何安排时间和休闲）和该穿什么。

一个人的上进心会促使他们选择符合理想生活方式的服装风格和品牌。在吸引和影响特定目标消费者时，品牌形象扮演了重要的角色，鼓励消费者通过穿他们的衣服来达到品牌所塑造的生活方式。

设计工具

预测公司是专门研究色彩和潮流趋势的组织，提前 18～24 个月预测潮流趋势并撰写流行指南。服装企业经常会雇佣预测公司来做报告，预测未来的潮流。有的服装公司也会有自己的时尚顾问，来协助解读当前的流行趋势。这些公司也有内部的图书馆，包括一些报纸、杂志和趋势报告，以及面料色卡、纽扣和辅料，为公司员工提供灵感。设计人员讨论设计规划，并定义符合公司的潮流趋势。设计规划表是每一季的重要文件。

为目标市场设计

根据从各处收集来的灵感信息，设计师开始设计工作。每一季的时尚都会受到很多因素的影响。研究，研究，研究！目前大量对流行趋势的研究都来自时尚街拍、服装发布会、媒体资讯、娱乐生活（比如电影、音乐等）和其他来源。比如，年轻男性的服装流行趋势主要受著名体育明星的影响。如同嘻哈音乐一样，体育明星、滑板和滑雪运动对时尚有很大的影响力。然而理解每个公司特定的目标市场和其产品特征是很重要的。每个公司都要迎合特定的消费者和市场，因此不是每个趋势都是适合的。例如设计师为年轻群体设计外套时，就会加上装 Ipad 的口袋，而为年长年龄段消费者设计时则不会。

基本的季度规划

生产规划图包括一组相关的产品。规划图是通过研究趋势以及整合团队成员和行业其他人员的市场分析来完成的。表 2.2 是在 XYZ 产品研发时，生产规划图制作过程中的一些经典案例，我们将通过这些规划来完成产品开发。

这个规划表是 XYZ 品牌 20XX 年春季女职业装的产品计划表，又被称为"户外"系列。从表中可以得知，目标客户是 25～45 岁的女士，是购买中等价位服装（合理消费）的上班族。如表所示，经典款式和半紧身款式最畅销。下面来了解一下产品计划表是如何一步一步实现的。很多步骤之间的关联程度，以及与主要开发人员的关联程度都取决于公司的工作风格。

市场调研

企划人员对趋势进行解读，分析销售数据，提出产品计划。它基于部门的预算和预计销售额，如表 2.2 的"户外装"系列。

设计团队从预测公司（如 Promostyl）那里得到信息，并将色彩和流行趋势结合。

色彩故事

产品开发的第一步就是确定一个流行色系。根据色彩预测公司提前 1～2 年预测的流行色，设计师和配色师要从中选择颜色。色彩预测包括一套面料、色卡，或是纱线排列组成的色组或色系。色系是一组色板，并紧扣设计主题。

色彩预测公司制作季度流行报告，并销售给行业内需要色彩趋势的人。需要色彩预测的客户包括汽车制造商、室内设计师、化妆品公司和家具设计师，还有服装公司。纽约的美国色彩协会制作色彩流行趋势预测。这些色彩预测师从杂志、英国设计师的色彩选择、时尚设计者的色彩选择，以及销售数据中消费者的颜色偏好中汲取色彩灵感，以此决定未来的流行色板。

色彩被选中后，根据每一季的主题和顾客的成熟程度来命名。例如，有的公司可能命名一个颜色为铁锈色，而另一个公司则称为氧化铁色。童装色彩名称往往古怪又好玩，男童装色彩可能更多的与机械设备有关。有相同明度的绿色根据产品线风格可能被称为黄绿色、翡翠绿、叶子绿，鹦鹉绿，这一季的苹果可能是绿色，另一季可能是红色。这取决于这一季的主题和如何更好地吸引买家。

户外的含义是"发生在户外",所以20××年春的主题有春天的感觉——新鲜、娇媚和花卉。色彩名称则为唇色、翠竹色、薰衣草色、蜂巢色、黑色和白色。这一组色彩是经典和时尚的搭配,薰衣草色、翠竹色和蜂蜜色是本季的新色彩;白色和黑色每一季都会使用,偶尔也有变化;唇色是重复使用色,在上一季中获得好评,因此再一次采用。上一季的唇色服装"大卖",这个颜色在零售中也有很高的"销售量"。"唇色"这个名字不太符合户外的主题,但是因为这个面料很受消费者喜欢,改名容易使面料加工厂混淆,因此保留下来。前几季使用的流行色也会被公司密切追踪,以观察它们是否真正遵循流行趋势。

印花

另一个步骤是为面料设计印花。印花每一季都由公司内部面料设计师设计或者从专门从事面料印花的公司购买(如 PN 纺织品公司)。一些服装市场,如泳衣,在每一季中使用的印花较多,而如外套,则相对使用较少。在一些大公司里,一般都有专门的印花设计师,而在一些中小型企业中,设计印花则是设计师的责任。为春夏户外系列设计印花时,一些员工会提供很多意见,其中一些符合目标客户需求,但大部分不符合。列举一些本季的流行色彩和印花趋势,有黑底白花、复古热带植物、围巾印花、复古印花、规则波点、边饰印花、佩斯利印花、软绸图案、格子、纹理图案、蜡染、数码印花、几何点、镂空图案、水彩效果和商标印花。

面料

面料开发是一个重要的步骤,在设计规划中,确定面料流行趋势也是一个要素。设计师和企划师可能会参加一些国际面料展览会,如德国展会或巴黎的"第一视觉"展会,在这些展会上可以看到大量面料流行趋势和颜色信息。另一个信息来源是销售代表(织物代表),他们为面料厂工作,并带着面料样卡去拜访公司的设计部门。还有其他来源,例如纺织贸易杂志、报纸如每日女装(*Women's Wear Daily*)

和 *DNR*,以及趋势报告。设计师通常也会有面料小样的文件夹——从杂志剪下来的面料图片——他们也会把自己的草图笔记本作为灵感源(见第 4 章)。

若想某种面料在一个季度成为独家,需要有一个专门定制印花的工厂。如果面料不是现有的,那必须投入额外的时间来完成生产。对于一个特定的独有印花,若没有其他公司购买,服装企业必须仔细计算印花面料的需求量,因为印花厂一般都会有最低起订量,例如 1 000 m。

设计师和企划师通常在研究过市场导向后,对面料进行选择,选择一种新的面料,它可以与之前的面料搭配,既吸引目标客户,又符合产品价格区间。

面料趋势信息,通常都能用描述性的文字来表达这一季服装的流行趋势,如两种色调的效果、柔软的手感、面料触感或磨砂表面。有趣的是,梭织和针织面料是不同的,通常遵循不同的趋势。

梭织面料的流行趋势可能着重强调有珍珠般的光泽、方格图案、色织条纹、花条纹、镂空式条纹、绉纱、薄纱和印花薄纱、雪纺、水洗麻、亚麻棉混纺、弹性亚麻、工作服、"牛仔"亚麻,手织和躺椅帆布条纹。表 2.2 显示了户外装系列选择的一些面料。

廓型

第四步是设计出本季的服装廓型,廓型指的是服装的外形,尤其指出哪个部位紧,哪个部位松,哪个部分覆盖身体,哪个部分裸露身体。

流行报告通常针对特定的市场,比如运动型,通常从体育运动中获得流行方向;年轻男士的服装通常从音乐和街头获取流行元素,诸如此类。流行报告粗略地展示了流行廓型,通常包括世界各地时装店、零售橱窗中的图片。世界街头潮流地主要有东京、巴塞罗那和圣特鲁佩斯,当然还有美国和欧洲的首都城市等。

对于女装,潮流趋势和廓型通常参考高级时装,这主要取决于目标客户所能接受的程度。举例来说,如果巴黎和伦敦街头流行的一种收腰的夹克并不适合每一个普通消费者。然而一季或两季以后，如果这种款式还存在，这件夹克可能会设计成垂直缝来达到收腰的效果，而不是过分地收腰。

每个女人的服装品类——如上衣、下装、裙子、外套——都有特殊的廓型。20××年春女装廓型的预测信息有一个大主题，如礼服、简洁、强调结构、复古60年代、西班牙弗拉门戈、淑女、活泼，以及不对称的细节。

女装类别的流行趋势如下：

- 裙子：吉普赛裙、翻折宽摆裙、铅笔裙、紧身裙、百褶裙，以及有褶皱细节的裙子。
- 裤子：两侧口袋、骑行裤、短裤、有运动细节的紧身裤。
- 衬衣：新浪漫主义衬衫、丝带细节、领带、卷袖及细节处理。
- 连衣裙：雪纺裙、裙长很长或很短、透明薄织物、外搭上衣以及领子细节。
- 套装和夹克：睡袍式夹克、大外套、小夹克、不匹配的套装、短夹克配长裙。
- 细节：军装式、活褶和死褶、缝住的扣子、领带、高领、企领、对比纽扣、结构缝、隐藏的扣合件、最新的金属色铜色。

其中有些术语可能永远不会使用，很多术语也许明年会使用。图2.2显示了适合顾客这一季的选择。图2.3显示了被认可的系列。

概念板

在流行趋势发布会上，设计师将根据自己的研究和对本季的感想进行阐述。如果他们的想法不同于企划师准备的最初的大纲，这正是他们表达自我想法的时候，因为可能根据需要增加一些其他款式，或者对一些设计点进行删减或修改。

设计师的想法通常会用概念板来展示，每个展示板上都展示了这一季的制作草图、色板和其他灵感。泡沫板在这时候最受欢迎，因为它轻薄结实。图2.2展示了一个初级概念板。这种类型的概念板包括了服装效果图和色彩，还可能包含灵感图片、面料小样、绘制或印制的印花样本，以及辅料小样、纽扣或缝纫细节。

它不会展示出所有细节和款式，但它会展示出最具代表性的那个。

产品经理会审查概念板，并通过概念板与设计师沟通设计。产品设计将基于上一季度的销售情况和未来的趋势。在这里使用的样品和物件（指的是所有较小部件，而不是面料）都是用于组成整件服装的，例如拟选用的纽扣和一些缝纫细节部分，目的是帮助理解设计想法，并表明设计师已不仅仅是勾勒出了草图，并已经开始着手解决所有与设计相关的实际问题。概念板有助于设计小组沟通想法并提高效率。它也向我们展示了如何沟通协商并使用其他手段来完成一件服装。

汇报

汇报是设计工作一个重要的组成部分，概念板是一个重要的工具，用来讨论接下来的产品开发计划。在制作初期，设计师就要将想法展示给商品企划，随着时间的推移，将会有一些后续的正式或非正式的会议。学会倾听别人的想法是一个重要的能力，了解与时尚和服装有关的专业术语也非常重要。汇报的一部分是用来讨论设计是否符合流行趋势以及公司理念，以及能不能吸引目标客户。对于一个新设计师来说，认识到自己的设计是一件商品，而不完全是个人的表达是一个需要学习的过程。听到同事对一个好设计提出修改意见时，应考虑采纳，以便达到整体利益最大化。如果一个特殊的款式在某种程度上超出了成本价，并且不适合目标顾客，没有顾客购买它，那就需要重新设计。

每一个设计在规划时都需要一个设计理由和可行的逻辑思维。如果设计理念没有准确地传达给产品经理，那这一季的某些设计可能不会被采纳。生产过程中，团队的其他成员也需要理解设计并且知道需要什么，反过来，设计师也需要了解员工在按时交货并保证产品质量的过程中所面临的挑战。

图2.3是完成的户外装产品系列。其中的一些变化有助于提升产品的销量，并加强了产品之间的联系。例如图2.2的上衣，在边缘处有很多褶，但最终并没有像原先计划的那样选择不

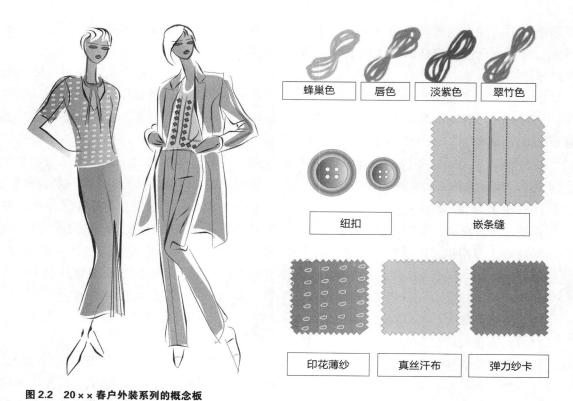

| 蜂巢色 | 唇色 | 淡紫色 | 翠竹色 |

| 纽扣 | 嵌条缝 |

| 印花薄纱 | 真丝汗布 | 弹力纱卡 |

图2.2　20××春户外装系列的概念板

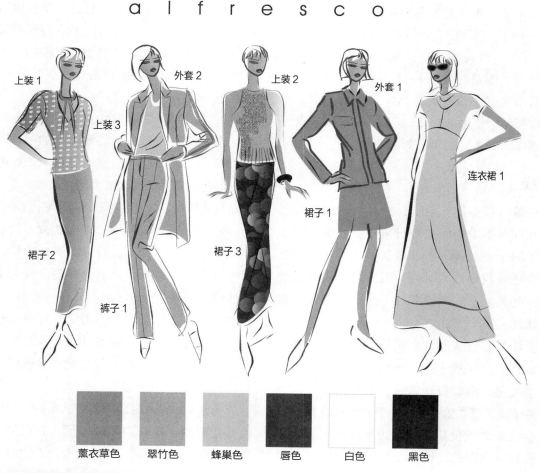

a l f r e s c o

上装1　上装3　外套2　上装2　外套1

裙子2　裤子1　裙子3　裙子1　连衣裙1

| 薰衣草色 | 翠竹色 | 蜂巢色 | 唇色 | 白色 | 黑色 |

图2.3　完成的户外装产品系列

实用的褶。外套 2 上的嵌条缝也被修改成了三行明线，因为袖子是曲线的，在曲线上，嵌条缝不好制作。三行明线也被用在了裤 1 的腰带上，使得这两件服装在视觉上有统一感。夹克和裤子将使用对比色，因为很少会有人喜欢从头到脚颜色都是同色的搭配。

产品结构计划

产品结构计划是一个大的拼图，设计是拼图的一部分。所有款式都需要互相搭配，以保证最大的销售量，并成功地完成规划。

产品结构概述

产品结构计划与设计风格息息相关。每一季都会有很多新款式。表 2.2 是户外系列的产品结构计划（进行了简化），一个产品结构可以看做一个大谜题，里面包含很多更小的谜题。解决这个大谜题的答案是已知的：这一季的销售目标是 1 000 000.00 美金。更小的谜题是：如何卖这么多？设计什么？有多少颜色？每一个款式用什么颜色？所有预期的品类加起来的销售额必须有 1 000 000.00 美金，它代表着必须达到多少收入才能支付公司的支出，以及日常开销和实现利润。当然，卖出的越多，这一季度的利润就越大。

产品结构计划中有固定的上衣、下装数量，这个数量通过一个计算方法获取，以确保实现最大限度的销量。例如，表 2.2 中的夹克 2 是一种用绉纱做的新款式，搭配裤子 1，一样的面料，相似的细节，一样的颜色，它引导消费者同时购买这两件，作为一整套来穿着。

产品结构计划表中列举了各种各样的商品和营销策略，遵循品牌销售历史上被证明过的销售原则，比如下装通常使用更少的颜色，因为人们更喜欢自然和颜色深的裤子；在春季，白色的夹克卖得更好，各种颜色的箱型大衣也卖得很好。

每种类型的服装都需要紧跟潮流，以获取盈利。产品结构计划表将成本分成多个部分。产品报价包括面料、裁剪、缝纫、制作、包装、发送货物到港口的运费。它不包括海运费、关税、运送到目的地仓库的运费，这些需要分别计算。包含所有成本的价格被称作抵岸价格。

库存单位和产品结构计划

另一种追踪产品结构计划的方法是根据库存单位（SKU）。库存单位代表商品库存量，它是由配色数量（一款衣服的不同颜色）与提供的服装号型数相乘得来的。例如，规划的第一项是裙子 1，一共提供了 8 个号型（2，4，6，8，10，12，14，16），三个配色（薰衣草色、翠竹色和黑色），所以库存单位是 24。

在商业化过程中，产品结构计划是一个重要的框架，所有的款式需要符合这个框架，这样，公司就可以避免太多或太少的品类。当概念板被认可之后，设计师就会将注意力转移到每个系列的工艺设计环节，为生产服装创建工艺流程表。

服装设计过程中的工艺设计

工艺设计在产品化过程中是一个重要元素，它包含设计分析，设计细节，绘制 CAD 技术图，了解服装如何合体，与工厂沟通并了解他们需要什么，确认所有的细节，并在产品完成之前为工艺单把好关。

产品开发过程中最关键的是工艺设计的专业术语。通常都有自己的语言，但服装设计必须与合作的工艺师的语言一致，才能知道如何获取他们想得到的工艺帮助，否则无法实现设计预期。

在特定时间里（或许只是很忙的一天），设计师可能会思考一些问题，比如：

- 应该在袖窿处使用绷缝线吗？
- 裤腿的开口应该多少厘米？
- 这件上衣应该加胸省或育克褶吗？加多少褶才能相当于加一个省？
- 如何能使这些 T 台上的高端时装适合平均身高的消费者呢？
- 有没有物美价廉的，可以替代 100 美元 1 m 的意大利双面羊毛呢面料呢？
- 当老板要求我设计一件有珠饰和羊腿袖

的斯宾赛夹克时，我能明白他真正所想要的款式吗？我能知道如何设计吗？

· 还有一个永恒的问题，我有时间另做一件样衣吗？

总之，产品生产过程中的工艺设计可以定义为：

· 绘制服装设计图，也就是说，比例准确的款式图，包括前后视图和细节图。
· 根据设计确定面料用量。
· 评估样衣。第一件实际完成的样品应包括工艺要求、服装合体度分析，并根据需要跟进。
· 就需要修正和调整的问题与服装厂详细沟通。

完成设计概念和设计外观是第一个步骤，第二步是写出所有的指令并复制它们，即工艺单，发给生产商使用。生产商也许在地球的另一边，工艺单要能确保生产商做出与要求相符的产品。

工艺设计的知识可以帮助我们有效率地完成设计项目，并知道是什么造就了一个成功的服装风格，还能够采用尽可能少的样衣来完成设计。因为大多数生产过程的执行都是通过聘请制造商，工艺单应该尽可能简洁、精确、易书写，以便有效地沟通（有关更多信息，请参见第 3 章的工艺单）。在产品开发的这个阶段，工艺单就该发送出去了，以便第一件样衣可以完成并修改。

制作样衣

在工艺单准备好并发送给代理商之后，第一件样衣就完成了并返回给设计团队。代理人的职责之一是作为制造商的中间人，在合同规定的期限内，一般 2～3 周，返还制作好的样衣。大多数情况下，制造商都是海外的，他们通过特快专递或快递服务将产品送达，如联邦快递。

关于样衣标签

产品开发的每个阶段都有不同名字和用途的样品，当新样衣送来时，要小心翼翼地注上

日期和相关信息。一些公司会给样衣分配一个特殊的标识号，还会贴上条形码。为了生产出高质量的服装，从第一件样衣（称为原型）到最终的样衣，每个阶段的检查是很重要的。因此，在每个产品制作阶段，准确地记录每件样衣的情况是非常关键的。

图 2.4 展示了 XYZ 服装股份有限公司的实际样衣标签，并展示了卡片上大量的识别信息。

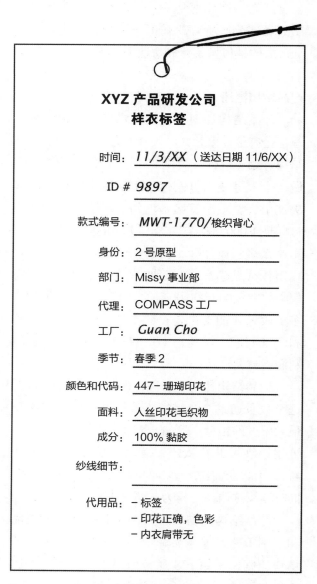

图 2.4　XYZ 公司样衣标签

以下信息是工厂应该注意的，并应附加在服装上：

· 样衣送达时间——样衣工也应该标注收到日期。
· ID——每件服装都应有独有的编号，用

于评估和记录。

- 款式编号——款式编号整合了很多重要信息，是将工艺单存档到电脑上的编号方法。出于这个原因，名称和描述是不够的。在这里列举的例子是"智能"款式编号，MWT 代表女梭织上衣（Missy Woven Top），其他工艺说明按照严格的系统分配数字，如最后一部分的数字，1770。

- 身份——在生产过程中样衣在哪里？最终可能会有很多不同风格的版本，每一个只在尺寸和细节上稍有不同，因此对它们进行识别和区分至关重要。如图2.4 中的样衣身份是2号原型。前一个样衣是1号原型，如果批准生产，那下一个样衣就是即将销售的成衣。

- 类型名称和产品品类——休闲男装、职业女装、少女装、睡衣裤、男孩外套都是不同的类型，每个类型又分不同的产品品类，如针织上衣、毛衣等，不是每一个类型都包括所有的品类。

- 代理和工厂名称——每一个代理可能分别在不同的国家代理很多工厂，因此工厂的名称很重要。此外，某些工厂专门从事特定的工作，所以工厂的名字可以帮助确认一些事情，即这些工厂是不是最适合生产这些服装款式。

- 销售季节（春、夏、返校季、假期等）——关注季节是很重要的，因此，此条目有助于区分上一季的款式。

- 颜色和代码——每一季的颜色和色调都在变化，因此必须用代码来记录。

- 面料和成分——面料的成分需要标注，面料供应商和染色商也应该标注。对于毛衣来说，纱线信息是非常重要的。

- 纱线细节——尤其是毛衣，每件的重量需要标记出来，用来确保最终成衣的质量。图2.4 是一件梭织服装，因此这一项是空白的。

- 代用品——如果某个服装附件还不能进行小样生产，那么工厂应在标签中标出以表明部件缺失并不是由于工厂的疏忽，

因此让工厂标记出所有代用品是非常重要的。

样衣的种类

下面是样衣产生的过程，所有的样衣都可能经历整个商业化过程，直到最后制作完成，运送到商店并出售。

首先有一个奇妙的创意，然后想方设法实现它。

首样

有了创意之后（图2.5），然后进行开发，演译成类似图2.6这样的工艺单，再发送给工厂做成一件样衣。有时无法找到一致的面料，特别是定制的面料，类似独家印花。在这种情况下，相同厚度和垂感的面料可以做为替代面料，用于生产第一件样衣。

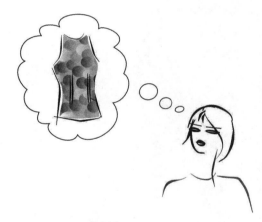

图2.5　始于一个创意

图2.6展示的工艺图是完全不同于服装效果图的绘画风格（称为款式图），在第4章中能看到更多这样的绘画风格，并了解它们的差异和用法。图2.6显示了生产第一件样衣的基本要求，是工艺单的第一页。

工厂收到工艺单，然后制作第一件样衣（图2.7）。图中是一件无袖波点印花上衣。图2.7的后视细节图和前视图一样，都有四道省。领口封闭，脖子后面的位置有一颗材质与衣服面料相同的纽扣。这件衣服在腰处比较合身，衣身左侧有一条拉链。

工厂的职责是在2～3周内返回第一件样

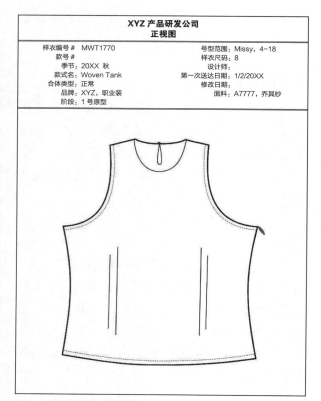

XYZ 产品研发公司
正视图

样衣编号 #：MWT1770	号型范围：Missy, 4-18
款号 #：	样衣尺码：8
季节：20XX 秋	设计师：
款式名：Woven Tank	第一次送达日期：1/2/20XX
合体类型：正常	修改日期：
品牌：XYZ，职业装	面料：A7777，乔其纱
阶段：1 号原型	

图 2.6 第一件样衣的工艺单

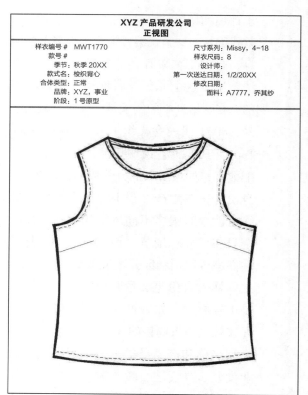

XYZ 产品研发公司
正视图

样衣编号 #：MWT1770	尺寸系列：Missy, 4-18
款号 #：	样衣尺码：8
季节：秋季 20XX	设计师：
款式名：梭织背心	第一次送达日期：1/2/20XX
合体类型：正常	修改日期：
品牌：XYZ，事业	面料：A7777，乔其纱
阶段：1 号原型	

图 2.8 调整后的第二件样衣的工艺单

图 2.7 用代用面料制作的第一件样衣

衣，当公司收到样衣时，通常在很短的时间内检查样衣质量和测量合体度，一般 2～3 天。在检查期间，服装由产品开发团队（如设计师、工艺师、业务员）评估，以确定这件样衣是否符合整体规划，是否吸引目标顾客，在预期的价格上能否畅销。将这件上衣穿在人台或模特身上检查合体度，所有的因素都要进行检查及修改。人台试衣经常用于检查衣服合体度的阶段，然而使用真人模特来检查合体度以及确保服装的舒适性和功能性非常重要（见第 16 章）。

在这个案例中，XYZ 公司确定风格之前，有太多的可变因素。这件衣服没有达到预期价格，因此开发团队调整了设计。相应地，对这件衣服做出了一些修改，将垂直的省道改成了 2 个胸省，改变了整体尺寸，还去掉了拉链以及脖子后面的纽扣，以便衣服能轻松地套头穿。此外，颈部和袖窿处用斜纹布条包边，而不是贴边，减少布料的使用，所有这些变化都降低了成本。

所有这些必要的修改都纳入了工艺单中，修改后的版本会写在一张"样衣评估意见"（简化为"意见"）单上，并附在第一件样衣上，然后运送到工厂，再要求生产制作第二件样衣（图 2.8）。所有的意见在样衣上都进行了标注，包括之前的合体度，在下一件样衣修改前都被补充到工艺单里。

与制造商沟通时需要系统的方法，这个方法能帮助他们理解问题并做出必要的修改。公司有一个供应商手册，它会发送到所有代理商手上，它代表不同部门间的协议，包括航运、质量审核，以及其他问题。在产品开发领域，它包含缝纫标准和专业术语、缩写、关键文件的样本、测量的说明，以及其他重要的问题

（见第 14 章）。它是代理商的重要工作之一，以确保所有的工厂都能理解和遵守。

第二件样衣

　　根据修改后的工艺单，第二件样衣就要用成品面料来做了。衣服尺寸也被修改了。衣服的合体度将变得"宽松"而不是"修身"，并且可以从头上套穿（见 15 章关于服装合体度的更多信息）。

　　第二件样衣（图 2.9）送来后，像第一件样衣一样仔细测量和检查。因为经过了良好的规划、仔细地复核、良好的沟通和精准的测量，因此制作出来的样衣就批准成为销售样衣了（图 2.10）。

图 2.9　第二件样衣

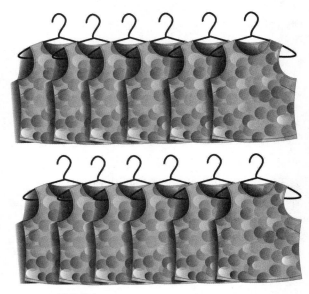

图 2.10　销售样衣

销售样衣

　　销售样衣的数量和销售代表的数量有关。用这种方式，可以收集有关新产品的有价值的信息，在生产之前，不成功的款式会被剔掉，订单生产量取决于实际的订单量而不是靠猜测。因为这个款式已小批量生产（图 2.10 中的销售样衣），制造商就有机会检查一下制作工艺。

销售款

　　当一个款式在展会展示过或被买手选中，那它的销售量就可以预测出来，它就进入了可供采买的状态，这意味着它将投产。

　　如果工艺部门是独立的，在进行了有关设计的确认会议后，产品生产的准备工作就交给工艺师了。如果没有单独的部门，设计师将审查结构细节。设计师也需检查衣服的所有细节（包括缝份、商标等），做一切能确保服装顺利生产的工作。

样衣尺码

　　到目前为止，样衣都采用同一个尺码，女装的尺码一般是 M、7 或 8 号，男装上衣一般是 L，下装是 34 号，最终的销售款式和合体度都确定之后，就需要决定号型了。所有样衣的号型（女装是 4，6，8，10，12，14 和 16）或代表性的号型如 4、8、12、16（图 2.11）都将投入生产，并在模特上试衣，仔细检查以确保尺寸和细节与每个号型匹配。对于越修身的衣服，这一步越发重要。每个公司都有自己的号型标准，但是针对某些细节也会有例外。例如，胸

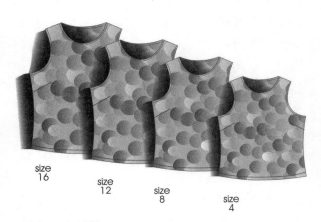

size 16　size 12　size 8　size 4

图 2.11　分号样衣

部位置的贴袋通常使用一样的尺寸，但是夹克底部的口袋就需要随号型变化尺寸，以确保整体比例。通常基于视觉因素考虑决定口袋是否随着号型的增大而增大。

试制样衣（红色标签样衣）

工厂发送样衣（又称试制样衣）给服装公司。这件样衣（图2.12）必须要让最终确定的工厂来生产，并且还要全部使用最终的成品面料、辅料、服装细节、工艺、包装、标签等（预生产这个术语有时用来表示生产前发生的一切，在这里有些牵强地指样衣提前生产），在这个过程中只能做出很小的修正。如果通过了，样衣就可以打上红色的标签，制造商就可以开始生产。

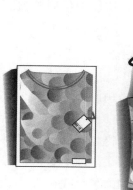

图2.12　预生产样衣（红色标签样衣）

头批样或船头样

质检部门将有红色标签的样衣与头批样衣进行比较。头批样是从生产线上第一批生产出的服装里抽取的样品。质检部门将测量和检查这批头批样，与之前的预生产样品（红色标签样衣）进行比较，来决定是否批准这批货物装船。这两类样衣在细节上应该是相同的。图2.13展示了折叠后用塑料袋包装起来的衣服，条形码贴在左下角（穿着者的角度），还可以看到用来扫描的标签，接下来就准备装船了。质检部门根据更新过的准确的工艺单的指示，对面料、色彩样板以及修剪细节进行比较，质监部门也会根据容差值来审查。衣服可以偏离规格表，偏大或偏小，只要偏差控制在一定范围

图2.13　船头样及交付包装

内，就可以审查通过。这个过程设计部门不再直接参与，除非质检部门需要一些建议。在这个阶段，生产几乎完成，所有款式不再变化。

交货期

公司有不同的样品交货时间。产品生产过程的各个阶段都要控制在这个时间内。表2.3是XYZ公司的案例。交货期从工艺单被送出算起，到货物离开公司为止。因为公司发送和接收来自国内外的货物，因此交货期不同。从表2.3可以看出，某些特定的服装类型需要更长的制作时间。这些款式必须优先保证在约定时间内全部完成。确认并调整运输时间也是很重要的，因为样品可能因为航运或海关检查的原因而延误。

当一大批货物到达美国后，它们必须遵循一些规定。在另一方面，存在某些特殊的规定，允许它们以更简便的方法进入美国。有三种类型的样品：（1）做标记的样衣；（2）残缺的样衣；（3）限额样衣。标记过的样衣都贴有"样衣"的标签，用不可消的笔写在里面，字至少有1英寸高。残缺的样衣里面有2英寸的洞，而且"样衣"两个字写在了衣服外面且不可消。这两种方法看起来像是在浪费，但这么做可以防止不合格的样衣被售卖，从而避免违反海关章程。如果想要收到没有标记和损坏的样衣，比如给顾客展示的样衣，那就需要进口限额样衣，这需要遵循美国海关的相关规定。这种进口方式需要更长的交货时间，因此出于这个原因，通常选择标记样衣和残缺样衣。样衣在国内流通则没有这样的问题。

表2.3 交货期

XYZ 有限公司产品交货期			
产品目录	来源	首样周数	第二件样衣周数
针织上衣	海外 国内		
下装	海外 国内		
外套	海外 国内		
毛衫	海外 国内		

服装生产过程

服装生产过程取决于服装公司是通过销售代表将设计卖给其他公司还是为公司的顾客生产商品。这两种情况之间是有差异的。

通过销售代表销售

图 2.14 显示了一个公司的情况，通常是一些中小型企业。销售会议通常在公司总部举行。这些代表知道顾客需要什么，并将信息反馈给生产部门。有些产品在销售会议上可能被淘汰。例如，如果有两件针织上衣——同样适于销售且价格相同——它们将吸引同样的顾客，避免两者竞争的最好办法是淘汰其中一款，然后加大另一款的产量。销售代表会根据服装的款式提供有价值的信息。

如果在销售会议上，被淘汰或认为"不好"的款式占大多数，那就需要指出策划问题。由于生产新产品的时间有限，因此制定准确的规划，并准确预测买家和目标客户的需求很重要。

顾客越保守，那下一季的情况越好预测，因为每一季的变化更小更稳定。如果这个市场时尚新奇，比如青少年市场，那在色颜、面料、廓型、价格方面不够新潮的风险就越高。

在国内展会的热销季，每个公司都会在摊位上展示自己的服装。贸易展会在室内展示了最新的服装款式，并帮助公司发展潜在的顾客。展销会由服装市场、有影响力的公司和行业协会赞助。销售代表参加展销会，会见客户，并向客户展示新的产品系列，提供其他的颜色，还有可能会作出更新和修改。

美国加州男装协会展（MAGIC）是行业展

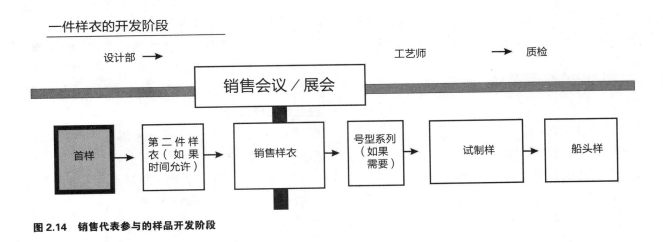

图2.14 销售代表参与的样品开发阶段

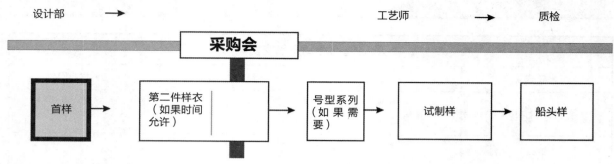

图 2.15　公司为内购生产产品

会之一。另一个是户外零售商展（OR），在盐湖城举办，主要是户外活动（如徒步旅行、登山和山地车）服装公司和装备公司参加。贸易展主要是提供一个场所，供买家寻找新款式，参加时装贸易展览协会举办的促销活动，以及参加竞赛、名星见面会。这些展销会给企业提供了机会，使他们可以用更多有趣的方式来推广产品，而不仅仅在货架上展示。这些展销会仅仅是行业会，不向公众开放。

这些公司通常雇佣对当地市场比较了解的销售代表，销售代表在这个区域商务旅行，每一季都给他或她的零售商介绍新产品，讲解它的特征与优势，处理发货问题，并与零售商保持愉快的合作关系。

有的代表是作为员工由公司支付工资，而有的代表是独立的，他们负责的地区卖出多少商品，他们就从中拿取多少佣金。销售代表每一季提供新的产品，在展销会之前就把新产品展示给零售商。因此每一款都只生产很少的量，每个代表只有一件样衣，额外的留给展销会和其他销售途径，或发给杂志社发表出来。

参加展销会有很多好处，可以与顾客交流，观察竞争者的情况，还可以了解市场的走向。

公司为内购生产产品

图 2.15 展示了一个公司的案例，这个公司有自己的买手，他们每一季都会进行采购。在这种情况下不需要销售样衣。一般这样的公司都是规模很大的公司，如 Abercrombie & Fitch，Gap 和 Polo，而且公司还有商品企划师帮助买手做决定，就像百货公司销售自己的品牌一样。

当买手购买了某个款式以后，这个款式就纳入生产计划中，经历与其他产品一样的生产步骤（号型设置、预生产和头批样）。大公司的买手了解自己的市场情况，可以承担跳过销售样衣这一步骤的风险，直接参加展销会。

总结

本章介绍了服装行业产品的开发过程。介绍了制造商和零售商之间的关系。探讨了目前业内的发展趋势，针对在行业内起主要作用的专业人士的重要作用和分工进行了探讨。并通过实际案例展示了一个真实的服装产业。

思考问题

1. 设计开发过程中的关键要素是什么？为什么重要？什么是设计？
2. 为有销售代表的公司样衣开发的各个阶段命名（例如首样、销售样、号型系列等）。为公司内部制作标牌的各阶段命名。
3. 解释服装产品开发过程。
4. "户外装"的产品线受到流行趋势预测哪方面的影响（印花、面料廓型）？
5. 什么是概念板以及它是如何使用的？概念板中应包括哪些信息？

检查学习成果

1. 产品开发中为什么理解目标消费者的需求是非常重要的？
2. 解释在服装产品开发过程中样衣的不同信息。
3. 设计一件带有嵌线的斯宾塞夹克。

第 **3** 章

工艺单

本章学习目标

» 为服装生产准备一份详细的工艺单
» 确定产品开发所需的信息

在整个服装生产过程中所使用的文件叫工艺单，或者叫技术规格包。这个文件在不同的公司有不同的名称。我们这里使用工艺单这个术语，无论名字叫什么，它都是一个给制造商提供整个产品开发过程中所有细节的资料文件。

工艺单的功能

工艺单是品牌设计师和制造商之间主要的沟通手段，工艺单需包含以下信息：

- 明确的制作方法
- 具体的面料、辅料和配件
- 每个款式的配色
- 合体规格和放码原则
- 标签、吊牌，以及服装的其他附属信息
- 包装信息

在商业化过程中，制作工艺单前，会要求制造商提供一个准确的成本估算和准确的样衣。这个文件是某个服装品类生产的标准，同时也是一个合同，合同对方同意以一定的价格按照生产工艺单上的要求生产某件货品（这就是为什么有时将服装制造商称为承包商）。因此，影响服装成本或质量的任何问题，必须由产品开发团队在早期阶段决定，从一开始就要规划得非常清楚，以确保报价的准确。

工艺单内容

业内各公司都有自己的工艺单格式，一般工艺单的格式如下：

- 前视图
- 后视图
- 细节图
- 样本规格 / 测量点
- 推码页面
- 材料清单
- 制作方法
- 标签和包装
- 试穿记录、样品评价意见

用一款大家比较熟悉的服装为例，比如男士牛仔裤。5口袋牛仔裤是一个经典的传统款式，自从1873利维施特劳斯专利应用以来，男士牛仔棉布工装裤持续流行了很多年。牛仔裤是经典款中的一个很好的例子。设计师通常稍微改变一下现有的款式，就会使它在下一季成为时尚流行。通常情况下，牛仔裤最明显的变化在于后袋的装饰设计。后整理也不同，可能包括套染、漂白、酶洗等，服装的后整理步骤称为水洗。

近些年流行的牛仔风格包括（排名不分先后）：低腰、高腰、喇叭裤、宽松、紧身、弹力、褶裥和翻边等。在这个例子中，按照男装Levi's传统的细节，在前裤片上加入高技术的焊缝工艺。其他的标准牛仔裤细节和装饰方法是：手工口袋铆钉、腰带环、牛仔纽扣、带拉链、右侧的铆钉硬币口袋、后育克、立裆、裤内缝均为对折缝，用链式缝纫机缝合。

款式总结

每一页的上部是款式总结（图3.1），里面有很重要的标识信息，包括款号、季节、面料、尺码信息、款式完成的日期、最后修改的日期、样品状态，以及开发阶段等，所有的工艺单页面大致相同。

原编号　SWB1778是这个款式开发过程中用的临时编号（图3.1a）。在这里，SWB是Sport Woven Bottom（分类标签）的缩写，代表运动梭织裤；1778是这个款式的精确顺序编号，款号也可以包含性别信息，但在这里，因为体育公司XYZ产品只开发男装，所以没有必要特别指明。

款号　某个款式一旦被正式选中进行生产，会被分配一个编号，并且告知工厂（图3.1b）。在初期阶段，款式没有款号，而只有原始编号。这个款号会在订购后和生产前添加进去。在整个服装生命周期中，产品开发系统保持相同的编号，无论生产与否。

季节　指的是这个款式上市的时间，例如20××年秋季，通常从开发到上市要3～6个

a	原编号 # 分类标签（SWB）1778	尺码范围：男士 30-42	h
b	款号 #	样品尺码：34/32	i
c	季节：20XX 年秋季	设计师：莫妮卡·史密斯	j
d	款式名称：男裤	第一次发送日期：1/2/20XX	k
e	匹配类型：标准的 5 口袋牛仔	修改日期：	l
f	品牌：XYZ 运动	再加工（翻板）：11 盎司粗斜棉布	m
g	状态：原型 -1		

图 3.1 款式总结信息

月（图 3.1c）。季节到来前的工作非常紧迫，要以最快的速度到达零售店，高街时装类款式的流行周期可能很短，所以有时是在几周内生产出来的。

款式名称 可以是明确的款式，也可以是一个产品系列（图 3.1d）。一组少女系列产品的名字可以是："毛绒绒的"、"异性相吸"、"混杂"，或任何名称，只要产品部门认为适合本季即可。

合体度类型 是由设计师或企划师选择的，指的是整体的廓型所需什么样的版型或原型来达到预期的效果（图 3.1e）。有人说"标准的 5 口袋牛仔裤"，它是指 XYZ 产品开发公司的测量标准，不是一个工业标准，没有标准可以适用于所有公司。重要的是如何通过公司的标准，更轻松地将不同的风格变得相似。越一致和理想的合体度，就越能获得更多的忠实顾客。

品牌 公司常常有不同的级别划分，并按照不同品牌名卖给不同的顾客（图 3.1f）。

状态 服装在不同时间周期经历不同的变化，状态则用来表明它处在整个过程的哪个阶段（图 3.1g）。一个全新的款式将从原型 -1 开始开发。

尺码范围 尺码范围是很重要的信息，它直接影响到成本，并且需要与后期的放码匹配（图 3.1h）。另外，还有可能有些销售记录会使零售店采购员忽略一些尺寸，例如，最小和最大尺寸。此外，从一开始就要决定使用尺码的方式，是用 S-M-L（称为阿尔法大小），还是采用 30-42（称为数字大小）。

样品尺码 样品的尺码是由公司和每个品牌每个季节根据已有惯例而定的（图 3.1i）。如男装款式，样衣尺寸为 34/32，指的是腰围 34 in，裤内缝 32 in。样品尺码不要频繁更换，例如少女装样衣一个季是 8 码，下一个季是 6 码或 10 码，这样会降低效率，因为所有样品的板都是基于一套设定参数。

设计师 该工艺单的制作者。把他或她的名字标在这里，工厂通过邮件或其他方式与其联系并解决后续问题（图 3.1j）。

第一次发送日期 这个日期是工厂第一次收到工艺单的时间，这有助于后期跟踪其进展情况（图 3.1k）。

修改日期 表示提示工厂有修改，他们需要注意所有的新信息（图 3.1l）。

再加工（翻板） 仅供参考，有助于解释草图（图 3.1m）。

前视图和后视图

前视图（图 3.2）是衣服在正确比例下的正面平面图，包括缝迹线和其他细节，如纽扣等。同样，后视图（图 3.3）是衣服在正确比例下的背面平面图，包括缝迹线细节。如果需要还会有侧视图。

公司通常会保留几乎没有任何标记的前后视图，这方便工厂在上面标记或者添加注解。附加的详细记录和草图在随后的页面中标注。

细节图

细节图（图 3.4）中要包括所有的细节尺寸、服装缝纫工艺、款式结构图，以及一些品

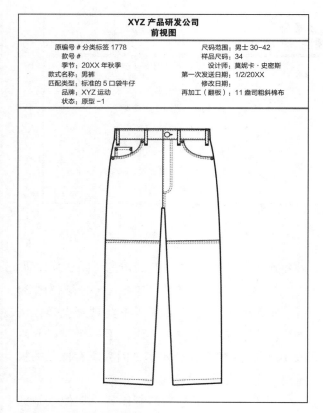

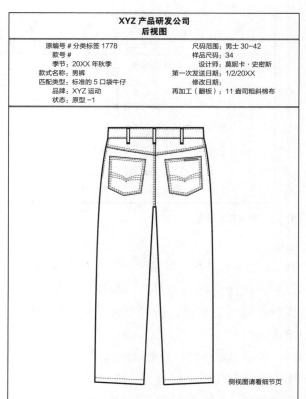

图 3.2　工艺单，前视图

图 3.3　工艺单，后视图

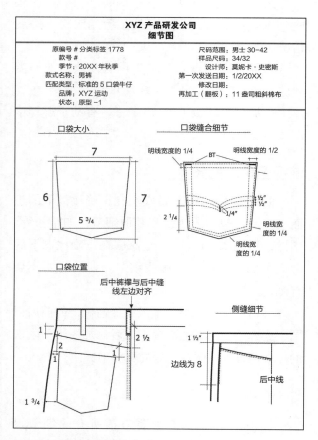

图 3.4　工艺单，细节图 1

质细节。如果需要附加页，可以在这里添加（图 3.5）。非常复杂的款式可能需要 6 或 7 页的细节页面。缩写用 CF 表示前中线，CB 表示后中线，BT 表示闩止缝，加固缝合一般用于需要额外加固的地方。口袋和其他细节需要标注具体尺寸、针距细节，以及在服装上的确切位置。

样品的测量点

图 3.6 是样品成品的测量，测量的尺寸将直接决定产品是否合适。对于第一个原型，只生产号型为 34 的样品。每个放码的尺寸将会在这个尺寸基础上进行添加。图 3.6 包括带测量点的测量参考图，或 POM（点的测量）（第 4 章进一步讨论 POM）。很多公司都会描述如何进行手工测量的方法，并详细说明每个尺寸规格如何测量。这里的围度测量是整个一周或全围度测量（区别于半围度测量），这种方法适用于大多数梭织服装产品。测量的点通常按测量顺序进行排列，一般是从服装的顶部到底部（更多测量信息在 15 章可以找到）。

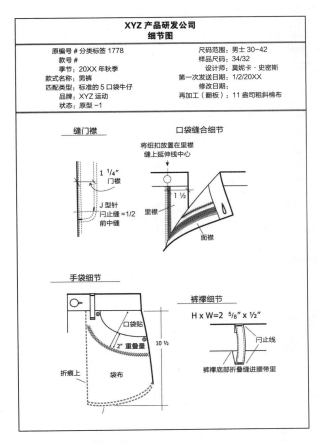

XYZ 产品研发公司
细节图

原编号 # 分类标签 1778 尺码范围：男士 30-42
款号 # 样品尺码：34/32
季节：20XX 年秋季 设计师：莫妮卡·史密斯
款式名称：男裤 第一次发送日期：1/2/20XX
匹配类型：标准的 5 口袋牛仔 修改日期：
品牌：XYZ 运动 再加工（翻板）：11 盎司粗斜棉布
状态：原型 -1

缝门襟　　　　口袋缝合细节

将纽扣放置在里襟
缝上延伸线中心

1 ¼" 门襟
J 型针
门止缝 =1/2
前中缝

里襟
面襟

1 ½

手袋细节　　　裤襻细节

H x W=2 ⅝" x ½"

口袋贴
2" 重叠量
10 ½
折痕上　　袋布

门止线
裤襻底部折叠缝进腰带里

图 3.5　工艺单，细节图 2

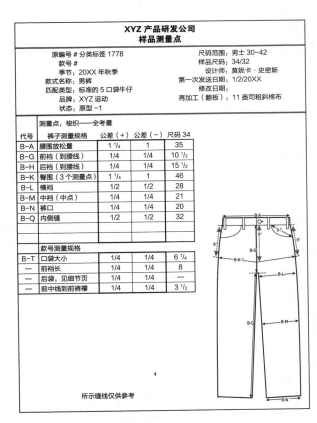

XYZ 产品研发公司
样品测量点

原编号 # 分类标签 1778 尺码范围：男士 30-42
款号 # 样品尺码：34/32
季节：20XX 年秋季 设计师：莫妮卡·史密斯
款式名称：男裤 第一次发送日期：1/2/20XX
匹配类型：标准的 5 口袋牛仔 修改日期：
品牌：XYZ 运动 再加工（翻板）：11 盎司粗斜棉布
状态：原型 -1

测量点，梭织——全考量

代号	裤子测量规格	公差（+）	公差（−）	尺码 34
B-A	腰围放松量	1 ¼	1	35
B-G	前裆（到腰线）	1/4	1/4	10 ½
B-H	后裆（到腰线）	1/4	1/4	15 ½
B-K	臀围（3 个测量点）	1 ¼	1	46
B-L	横裆	1/2	1/2	28
B-M	中裆（中点）	1/4	1/4	21
B-N	裤口	1/4	1/4	20
B-Q	内侧缝	1/2	1/2	32
	款号测量规格			
B-T	口袋大小	1/4	1/4	6 ¼
—	前裆长	1/4	1/4	8
—	后袋，见细节页	1/4	1/4	
—	前中线到前裤襻	1/4	1/4	3 ½

所示缝线仅供参考

图 3.6　工艺单，样品测量点

如果一个细节尺寸有多种定义方式，那么这个尺寸的具体明确化是极为重要的。一个很好的例子是立裆长的测量，它可以测量到腰带接缝（腰带的底部），也可以测量到腰带上部。立裆不能很宽松，过于宽松也会不舒服。如果裤子的腰头宽度不符合规格要求（正面和背面），那么将会很不合身。为避免混淆，要简化明确每个测量点，一旦产品开始开发，就不要再修改。测量点越标准，工厂越不容易出错。

　　容差　是规格尺寸与实际样品之间允许出现的差异值。请注意这里包括正容差和负容差，差值不一定相同。

放码规则

　　放码单参见图 3.7，描述了将样品的尺寸转换为所有可销售的尺寸的精确方式，便可以批量生产。放码也会影响到工厂的成本支出。例如，如果尺码范围是 4 至 14，而不是 4 至 18，这就意味着可以节省面料，从而影响整个生产成本。

　　图 3.7 案例是比较每个尺寸与样品尺寸的大小（不是与之前的比较）。容差数据在第三和第四列显示。如上所述，正负差值可以是不同的。例如，在腰部，正差值为 1.25 英寸，负差值为 1 英寸。有时，根据裤子的款式特点，容差小比大更为糟糕。

　　对于服装上小的细节上的容差一般要比较小，如腰带高度（⅛ 英寸）。超过 ⅛ 英寸的规格，这个腰带看起来比例会不协调。围度的容差通常是放码尺寸的一半，因此，如果放码尺寸为 1 英寸，容差通常是半英寸。

　　每个公司依据其目标消费群的特征，都有自己的尺码范围和放码规则。不是所有的点都要放码，例如腰头高，腰头高是一个设计点，所有尺码的腰头高尺寸都相同，所以它不用放码。

　　图 3.8 是按照图 3.7 的推码规则进行放码，放码页面包含了所有数据。很多放码页面为自动计算出准确数据，当样品尺寸的数据在减小，该页面将自动修改，测量点代码根据需要进行测量设定。一些测量点没有代码，因为它们仅仅针对某种风格款式。内缝 32 英寸是常规尺

XYZ 产品研发公司
放码页面（单位：in）

原编号 # 分类标签 1778　　　　　　　　　　　　　尺码范围：男士 30-42
款号 #　　　　　　　　　　　　　　　　　　　　　样品尺码：34/32
季节：20XX 年秋季　　　　　　　　　　　　　　 设计师：莫妮卡·史密斯
款式名称：男裤　　　　　　　　　　　　　　　　 第一次发送日期：1/2/20XX
匹配类型：标准的 5 口袋牛仔　　　　　　　　　　 修改日期：
品牌：XYZ 运动　　　　　　　　　　　　　　　　 再加工（翻板）：11 盎司粗斜棉布
状态：原型 -1

测量点，梭织——考量细则及公差

代号	裤子测量规格	公差（+）	公差（-）	30	32	34	36	38	40	42
B-A	腰围放松量	1 1/4	1	-4	-2		+2	+4	+6	+8
B-G	前裆（到腰线）	1/4	1/4	-1/2	-1/4		+1/4	+1/2	+3/4	+1
B-H	后裆（到腰线）	1/4	1/4	-1/2	-1/4		+1/4	+1/2	+3/4	+1
B-K	臀围（3 个测量点）	1 1/4	1	-4	-2		+2	+4	+6	+8
B-L	横裆	1/2	1/2	-2	-1		+1	+2	+3	+4
B-M	中裆（中点）	1/4	1/4	-1	-1/2		1/2	+1	1 1/2	+2
B-N	裤口	1/4	1/4	-1/2	-1/4		+1/4	+1/2	+3/4	+1
B-Q	内侧缝	1/2	1/2	0	0		0	0	0	0
	款号测量规格									
B-T	口袋大小	1/4	1/4	0	0		0	0	0	0
—	前裆长	1/4	1/4	0	0		0	0	0	0
—	后袋，见细节页	1/4	1/4	—	—		—	—	—	—
—	前中线到前裤襻	1/4	1/4	-1/4	-1/8		+1/8	+1/4	+3/8	+1/2

图 3.7　工艺单，有放码规则的放码页面

XYZ 产品研发公司
放码页面（单位：in）

原编号 # 分类标签 1778　　　　　　　　　　　　　尺码范围：男士 30-42
款号 #　　　　　　　　　　　　　　　　　　　　　样品尺码：34/32
季节：20XX 年秋季　　　　　　　　　　　　　　 设计师：莫妮卡·史密斯
款式名称：男裤　　　　　　　　　　　　　　　　 第一次发送日期：1/2/20XX
匹配类型：标准的 5 口袋牛仔　　　　　　　　　　 修改日期：
品牌：XYZ 运动　　　　　　　　　　　　　　　　 再加工（翻板）：11 盎司粗斜棉布
状态：原型 -1

测量点，梭织——考量细则及公差

代号	裤子测量规格	公差（+）	公差（-）	30	32	34	36	38	40	42
B-A	腰围放松量	1 1/4	1	31	33	35	37	39	41	43
B-G	前裆（到腰线）	1/4	1/4	10	10 1/4	10 1/2	10 3/4	11	11 1/4	11 1/2
B-H	后裆（到腰线）	1/4	1/4	15	15 1/4	15 1/2	15 3/4	16	16 1/4	16 1/2
B-K	臀围（3 个测量点）	1 1/4	1	42	44	46	48	50	52	54
B-L	横裆	1/2	1/2	26	27	28	29	30	31	32
B-M	中裆（中点）	1/4	1/4	21	21 1/2	22	22 1/2	23	23 1/2	24
B-N	裤口	1/4	1/4	19 1/2	19 3/4	20	20 1/4	20 1/2	20 3/4	21
B-Q	内侧缝	1/2	1/2	32	32	32	32	32	32	32
	款号测量规格									
B-T	口袋大小	1/4	1/4	6 1/4	6 1/4	6 1/4	6 1/4	6 1/4	6 1/4	6 1/4
—	前裆长	1/4	1/4	8	8	8	8	8	8	8
—	后袋，见细节页	1/4	1/4	—	—		—	—	—	—
—	前中线到前裤襻	1/4	1/4	3 1/4	3 3/8	3 1/2	3 5/8	3 3/4	3 7/8	4

图 3.8　放码页填充

服装设计师技术手册：从服装设计到产品包装的技术全讲解

寸，在所有尺码里都相同。有些牛仔裤可以有很多长度可供选择，但是如果这种款式的计划生产量比较小（如 2000 件），它只能用一种长度；如果生产量较大的款式，可能会提供三种内缝长。例如，短内缝（30 英寸），一般长度内缝（32 英寸）和长内缝（34 英寸）。

材料清单

材料清单（BOM，图 3.9）主要是用来确定一件服装产品所需要的各种组件。所有的构成部分，包括面料、服装辅料（服装上除了面料以外的所有东西）等都要在材料清单页面里列出。首先列出主要面料，然后再列出衬或其他织物，其余所有辅料随后列出。面料在此处不用列出具体的使用量，因为面料的计算是成本核算过程的一部分，它由工厂和生产部门基于面料的幅宽计算。因为当前页描述的是一件服装所使用的组件，线的数量也不必列出，因为它是另一种由工厂计算的费用。线的质量非常重要，面料的厚度要和线的粗细相匹配。在这个例子中，较粗的线（TEX90）经常被用来作为装饰线，或者是作为加固线（像牛仔裤）。对于其他款式，如果用在弹力面料上，就要使用特殊的弹力线，这会影响到成本核算，所以需要注意材料的使用。非服装的部件，如吊牌和包袋，也同等重要，在标签和包装页将会看到，它们共同构成了材料成本。

材料清单也为配色提供信息。服装的配色包括所有装饰颜色。服装配色细分到装饰线是什么颜色。在这里，洗黑牛仔用银色明缝线，深色牛仔用古铜色明缝线，都用铜纽扣和铆钉（配色术语，也用于描述格子面料和印花面料的色彩组合，如本章末尾的图 3.15 和 3.16）。

缩写 DTM 意为色彩搭配，通常用于描述颜色匹配，特别是线的配色。纽扣和其他辅料也可指定 DTM。

缝制细节

缝制细节页面（图 3.10），包括折边、接缝和针脚的说明，帮助生产商制造出质量达标

XYZ 产品研发公司
材料清单

原编号 # 分类标签 1778	尺码范围：男士 30-42
款号 #	样品尺码：34/32
季节：20XX 年秋季	设计师：莫妮卡·史密斯
款式名称：男裤	第一次发送日期：1/2/20XX
匹配类型：标准的 5 口袋牛仔	修改日期：
品牌：XYZ 运动	再加工（翻板）：11 盎司粗斜棉布
状态：原型 -1	

产品 / 描述	成分	部位	供应商	宽度 / 重量 / 尺码	后整理	数量
靛蓝单宁，32/2x32/2,116x62	100% 棉	大身	Luen Mills UFTD-9702	58" 可缩减，11.04 盎司	衣物水洗，60 min	一
口袋	65% 聚酯 35% 棉，45dx45d,110x76	手袋	K.Obrien 公司	58"	防缩处理	一
接口，非织造黏合	100% 聚酯	腰带，襟	PCC	款号 246	一	一
拉链	4TGC，铜齿	门襟	日本 YKK	6 1/2"	见下文	1
纽扣，拷纽	一	前中腰带	Schneider 纽扣，款号 w345t	27L，柄长 =1/4"	铜 C-21	1
铆钉	一	手袋 x2 表袋 x2	Zupan 辅料	9 mm	铜 C-21	6
缝线 – 大身配色	100% 聚酯纤维	缝合与锁边	A&E	tex30		
缝线 – 商标配色	100% 聚酯纤维	后袋	A&E	tex30		
缝线 – 对比（CONTRAST）	100% 聚酯纤维	明线	A&E	tex90		
色彩设计总结						

色号 #	大身主色	拉链类型	拉链后处理	明线
477	水洗黑一酶	580	古铜色处理	A-448
344B	深丹宁一酶	580	金黄铜色处理	R-783

图 3.9 工艺单，材料清单

原编号 # 分类标签 1778	尺码范围：男士 30–42
款号 #	样品尺码：34/32
季节：20XX 年秋季	设计师：莫妮卡·史密斯
款式名称：男裤	第一次发送日期：1/2/20XX
匹配类型：标准的 5 口袋牛仔	修改日期：
品牌：XYZ 运动	再加工（翻板）：11 盎司粗斜棉布
状态：原型 –1	

裁剪信息：同一方向，经向

匹配水平面：NA

匹配垂直面：NA

匹配，其他：NA

每英寸针数（SPI）缝合 11+/–1, 锁边 8+/–1

部位	类型	缝合线型	缝纫后处理	明线	里衬
背育克，后腰，内侧缝	缝合与锁边	平缝	平缝	平缝	—
前腰，里襟	缝合与锁边	锁式线迹	平缝	双针锁式线迹（与平缝匹配）	—
侧缝	缝合	五线安全缝	五线安全缝	1/16（局部）	—
腰带	折叠 & 缝合	双线链式线迹	—	1/16	可熔
腰带	收边	锁式线迹	—	1/16	—
裤襻	排列 & 后处理	1/4"双底线包缝			—
套结	详见细节图	—	—	—	—
表袋, set	详见细节图	锁式线迹	—	1/16 ～ 1/4	—
表袋	折边	链式线迹	—	1/2"	—
手袋，前侧	掌面，与袋布相连	1/4"双明底线包缝			—
手袋袋布	在底部法式缝	锁式线迹	—	1/4"	—
裤口	折边	锁式线迹	—	—	—
扣合件					
纽扣，腰带	拷纽	铆接	—	—	—
扣眼	扣眼，锁眼	—	—	—	—
襻，J 型线	—	锁式线迹	—	两行, 1/4"	—
门襟线	—	—	三线包缝	—	—
门襟止口线	前中边，明线	锁式线迹	—	1/16	可熔

图 3.10 工艺单，缝制页面

的服装。具体的每英寸的针数（SPI）也包含在内，如 11 加或减 1，意味着 10 SPI，11 SPI，或 12 SPI 是可以接受的，+/– 标志表示容差（针距、接缝缝头、缝制等更多细节信息将在第 4 和第 5 章讲述）。

吊牌与包装

标签和价签是重要的销售工具，也是服装总成本的重要因素。不同的工厂，标签常常是从统一的供应商采购，保证其颜色和质量一致。关于标签尺寸类型的信息包括：放置位置和缝合方式，以及关于折叠说明都包含在标签和包装页面（图 3.11）。所有的标签和吊牌的信息都包含在标签页面。折叠说明通常放在一个单独的手册中，但包含在图 3.11 里以供参考。所以这里所展示的短裤不是特定牛仔风格，而是从 XYZ 折叠说明书中所选取的普通裤子的款式图。

原编号 # 分类标签 1778			尺码范围：男士 30-42			
款号 #			样品尺码：34/32			
季节：20XX 年秋季			设计师：莫妮卡·史密斯			
款式名称：男裤			第一次发送日期：1/2/20XX			
匹配类型：标准的 5 口袋牛仔			修改日期：			
品牌：XYZ 运动			再加工（翻板）：11 盎司粗斜棉布			
状态：原型 -1						

产品 / 描述	图片	部位	供应商	宽度 / 重量 / 尺码	后整理 / 描述	数量
编织对折标，#IDS15	#1	后中腰带内侧	标准标签，工厂来源	标准尺码	永久定型	1
两端折叠标，#IDS14	#2	右后袋	标准标签，工厂来源	标准尺码	永久定型	1
产地标（原产国）	#1	后中腰带内侧	标准标签，工厂来源	标准尺码	永久定型	1
保养方法标	#1	后中腰带内侧	工厂来源	恰当的，详见标签指南	永久定型	1
吊牌 – 运动装	#3	—	Phimpela 吊牌公司	详见标签指南	可移除的	1
条码贴纸	#3	塑料袋 1，吊牌 1	Nakanishi 编码系统	详见标签指南	黏在吊牌反面	1
零售牌	#3	标准位置，详见标签指南	Nakanishi 编码系统	详见标签指南	可移除的	1
吊牌绳	#3	详见标签位置指南	工厂来源	详见所寄样品	黄铜色	1
塑料袋（扁平封装袋子）	#3	—	工厂来源	H x W =18x13	自行黏贴，在底端闭合	1

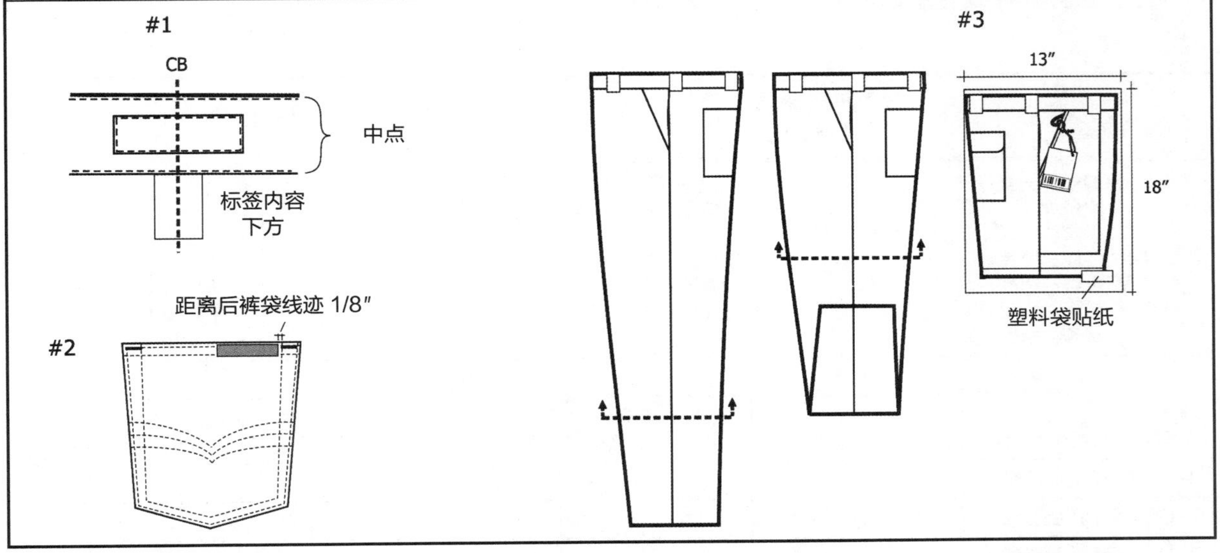

图 3.11　工艺单，标签与包装页面

试穿记录

　　在工艺单的最后一页是试穿记录（图 3.12）和样品的评价意见（图 3.13）。大多数工艺单在采样过程中不会改变，除了改变品类或明确细节。相比之下，试穿记录和样品评价的意见（我们称之为评论页）在每个新版本中都会更新。

　　因为本工艺单是为新款式设定的，所以没有任何试穿记录。试穿记录页面用来记录每个后续样品的测量结果。它将和实际原型的规格进行比对，以确定每个测量点是否与规格或相关规格一致（参见第 16 章内容）。

样品评价意见

　　样品评价意见页面（图 3.12）可以添加注释、记录更改、确认细节和作出修改。工厂会仔细阅读评价并运用于下一个样品。最新样品信息会添加在页面的顶部。这个案例对每种状态有一个简短的描述，从第一个原型到生产的样品，但实际生产中的评价意见可能长达几页。这个案例展现的是最少的样品，但通常不会这样。

特殊面料开发规格

大部分面料从可用的标准风格中进行选择，但有时也会开发特殊的面料。当进行特殊印花或者格子图案的设计时，应该有自己的产品说明书，规定出哪些地方使用什么配色。

例如，图 3.14 展示的色织格子男装，共开发了 3 个配色（配色 A、B、C），每种配色有 5 种色阶穿插在格子图案的设计中，见图上的分色，并且每个颜色的位置也给出了说明。

每种颜色的具体颜色深浅称作颜色的标准。这个标准也将与纱线染色的标准一致。标准可以是样片、涂料样片或者潘通色卡。色卡一般由那些可以提供色彩预测的机构提供；工厂将会做小样，尤其是那种手摇织机样片的染色和梭织样片，并将它们发送给设计师来进行选择确认。

印花是通过一种或多种方法把图案转印到面料上的过程。全尺寸的原始图稿，经常是手绘的，将会与颜色标准一起发送到印染厂。如图 3.15 的表单中显示出每一种配色以及每一个颜色所在的位置。

工厂将为每个配色生产大样（大约半码左右），这个过程称为打样。这个案例中的每个配色方案有 5 种颜色，并有两种配色方案正在开发中。

定制印花和纱线染色需要相当长的时间来开发，通常也需要比标准面料更多的最低起订量。然而他们可以呈现一个独特的风格，将季节、色彩和故事联系在一起，并以此区别于其他竞争对手的风格。

XYZ 产品研发公司
试穿记录

原编号 # 分类标签 1778
款号 #
季节：20XX 年秋季
款式名称：男裤
匹配类型：标准的 5 口袋牛仔
品牌：XYZ 运动
状态：原型 -1

尺码范围：男士 30-42
样品尺码：34/32
设计师：莫妮卡·史密斯
第一次发送日期：1/2/20XX
修改日期：
再加工（翻板）：11 盎司粗斜棉布

代号	身体测量规格	容差(+)	容差(−)	规格	第一板测量	差异	标注	修改规格，第二板	第二板测量	差异	标注	新规格
					日期：							
B-A	腰围放松量	1 1/4	1	35								
B-G	前裆（到腰线）	1/4	1/4	10 1/2								
B-H	后裆（到腰线）	1/4	1/4	15 1/2								
B-K	臀围（3 个测量点）	1 1/4	1	46								
B-L	横裆	1/2	1/2	28								
B-M	中裆（中点）	1/4	1/4	21								
B-N	裤口	1/4	1/4	20								
B-Q	内侧缝	1/2	1/2	32								
	款号测量规格											
B-T	口袋大小	1/4	1/4	6 1/4								
—	前裆长	1/4	1/4	8								
—	后袋，见细节页	1/4	1/4	—								
—	前中线到前裤襻	1/4	1/4	3 1/2								

图 3.12　工艺单，试穿记录

XYZ 产品研发公司
样品评价意见

原编号 # 分类标签 1778	尺码范围：男士 30-42
款号 #	样品尺码：34/32
季节：20XX 年秋季	设计师：莫妮卡·史密斯
款式名称：男裤	第一次发送日期：1/2/20XX
匹配类型：标准的 5 口袋牛仔	修改日期：
品牌：XYZ 运动	再加工（翻板）：11 盎司粗斜棉布
状态：原型 −1	

日期	
样本类型 /ID#	
状态	批准生产
细节	

日期	
样本类型 /ID#	尺码设置
状态	批准预生产，使用生产标准的面料和辅料
细节	

日期	
样本类型 /ID#	销售样本
状态	批准设置尺码，范围为 32～40
细节	

日期	
样本类型 /ID#	原型 −1
状态	批准销售样本，拓板
细节	

日期	
样本状态	第一板的要求

图 3.13　工艺单，试穿记录

XYZ 产品研发公司
色织要求

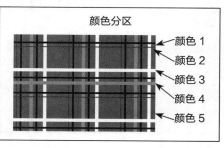

	季节：20XX 年秋季
	样式名称：格子布
	工厂 ID#:yd9897-Ar5-F
	供应商：W.O.S.Mills
	成分：100% 棉
	交货日期：12/22/200XX
	评价：将原始的设计和颜色标准分开呈现

颜色分区

颜色1
颜色2
颜色3
颜色4
颜色5

	颜色 1	颜色 2	颜色 3	颜色 4	颜色 5	颜色 6	颜色 7
配色 A	大西洋蓝	棕褐色	骨白色	暮色	深蓝		
配色 B	棕褐色	黄褐色	白色	深蓝	骨白色		
配色 C	松木黄	骨白色	深蓝	棕褐色	黄褐色		
配色 D							

图 3.14　色织要求单

XYZ 产品研发公司
印花和染色要求

	季节：20XX 年秋季
	品名：色织格子
	工厂 ID#:sil-18777
	供应商：BA Myers
	成分：100% 棉
	交货日期：12/22/200XX
	评价：将原始的设计和颜色标准分开呈现

颜色分区

颜色 1　花瓣
颜色 2　花的轮廓
颜色 3　叶子
颜色 4　叶子轮廓
颜色 5　底色

	颜色 1	颜色 2	颜色 3	颜色 4	颜色 5	颜色 6	颜色 7
配色 A	红色	口红色	叶绿	松木黄	白色		
配色 B	口红色	浅紫色	竹绿	柳绿色	蟹灰色		
配色 C							

图 3.15　印花要求单

总结

　　总之，一个包含确切标准文件的工艺单是服装生产的必备工具。设计师应该通过有详细款式图的工艺单清楚地传达设计的细节。了解工艺单的每个细节是成功生产的关键。

思考问题

1. 什么是工艺单？列出所有使用它的人，并解释如何使用。

2. 只看测量点页面的测量（图 3.6），哪个是腰围（周长）的测量？

3. 找到一条 34 码的男士 Levi's 牛仔裤，与本章工艺单中的牛仔裤相比较。查看每一页，他们有什么相同和不同？

4. 在放码页面找到 40 码（图 3.8），观察腰围加大了多少？比 28 码、36 码大多少？比样品 34 码大多少？比 32 码大多少？

5. 什么是容差，它如何确保质量？男士牛仔裤腿围容差是多少？为什么腿围和腰头的容差值不同？

6. 图 3.16 的每套配色的主色是什么？

检查学习成果

1. 为什么工艺单的使用贯穿整个服装生产过程中？

2. 工艺单主要包含哪些信息？

3. 为什么开发生产线过程中了解目标消费者很重要？

4. 解释样品在服装生产各个阶段的工艺。

第 4 章

绘制平面款式图

本章学习目标

» 制作一个灵感本
» 了解不同风格的工艺图
» 探究典型的个人设计过程
» 了解绘制工艺图的规则
» 知道如何按比例绘制工艺图
» 了解与工艺图有关的专业术语
» 了解如何绘制工艺细节图

设计师们每天都在与各种各样的草图和平面图打交道，这也成为设计过程的一部分。通过绘制从铅笔草图到精准比例的工艺图，设计师要及时与团队成员准确地交流设计思想与灵感，以产生兼具功能与审美的服饰产品。由于时尚产品从设计到生产周期时间的加快，快速草图的绘制技能是工业生产中必不可少的竞争力之一。因为服装产业的全球化，具备向国外专业人员传达设计想法的能力也很重要。绘图是人们普遍理解的语言，对不同类型的设计图的理解能力在高效的沟通中非常必要。

各类服装设计图

设计和开发新样式的过程涉及许多不同的创意绘图过程，可分为灵感图、服装效果图、款式图（呈现在技术包中的绘图类型）。

灵感图：个人设计草图

个人设计草图是灵感图的一种，通常个人设计草图是一种手绘草图。设计师会使用笔记本来记录他们的想法，对于创作来说这是一个重要的工具。这些灵感笔记本包含收集的图片和草图，这些都是设计灵感的关键来源。它不一定是完整设计的集合，但却是一个收集想法、细节、元素、感知和各种随机视觉记录的地方，这里面的任何东西都可能会有用。如图 4.1 是个人灵感笔记本中的一页，包括色彩创意、正面和背面视图，以及服装各个细节的造型。

每个设计师都有自己快速记录服装款式和

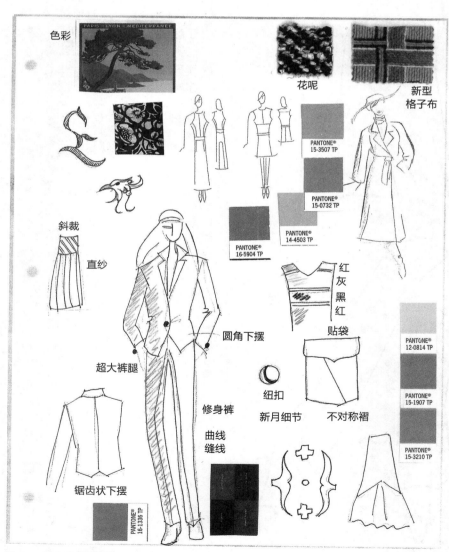

图 4.1　个人灵感笔记本中的一页

细节的方法。记录方式对每个人来说都是独有的，一些设计师使用电脑绘图，还有的善于手绘。速写本可以帮助设计师回想起记忆中的设计细节。速写本中的草图、创意、图片、插画，并不一定能被除了创作者之外的人所理解。这些可以是拼贴画、游记、日记的一部分。博物馆、电影、艺术书籍和杂志都是新想法的一般来源，都可被记录在灵感笔记本中供以后使用。

在申请设计师的职位时，个人灵感笔记本在面试中是必不可少的，此外还需要作品集、样品展示板等。灵感笔记本作为一个重要的窗口很好地展示了设计师的创作过程。

设计展示图：时装效果图和款式设计图

这两种不同类型的绘图都属于展示图，一种是时装效果图，另一种是款式图。

时装效果图是一种用来展示产品的人物绘图，有很重要的功能。时装效果图也可称为时装插画。它带来一种态度，即客户是谁，针对什么样的细分市场，如何将项目推广到市场，以及哪种季节主题符合时尚潮流。

设计展示图可以帮助一个有抱负的设计师在设计领域找到一份好工作。市场上有很多介绍如何制作作品集的书籍，如果你希望你的作品集直击人心，请记住以下三点：

① 要具备绘制工业款式图和细节图的能力，以展示你对设计过程的理解。

② 需要有充足的灵感，每种服装类别要包含多种款式。

③ 了解营销，懂得系列内产品的依存关系，并知道如何互相促进，增加收益。

如图 4.2 是一个服装系列设计案例，称为"沙滩印象"，设计图展示了春夏和度假的主题，图中有动态人体，有饰品、首饰、发型等，非常符合目标顾客形象（沙滩上穿着高跟鞋的消费者）。这种类型的效果图一般被钉在展板上。

图 4.2　时装效果图，"沙滩印象"

第二种类型的设计展示图被称为款式图（一般称为平面款式图）。款式图不画人体，只画简单的服装款式。这种绘图也被用来展示以及推销服装。由于款式图不是直接呈现在人体上的效果，所以一般用作系列设计的辅助信息。这些款式图可以显示服装的颜色、图案、纹理和服装的悬垂度，而且与实物比例相同。如图4.3的款式图是用来展示第二章中"户外装"的案例（见图2.3），以达到图文并茂的效果。

款式图是服装效果图的补充说明，它可以帮助顾客知道流行色，以及在商品运送之后如何将商品在商场里销售展示。这种款式图可以展示出服装的搭配效果，并促进服装销售。它显示了设计者对于营销的思考以及对买家关注点的了解，协调的品类搭配是促进销量的关键。顾客一开始到店里只打算买条裤子，但如果服装的搭配很有吸引力，他最后可能会买走搭配的服装，比如与裤子配套的上衣或饰品。通过款式图的清晰传达，顾客可以快速了解展示的服装。

平面款式图和效果图在一些设计大师的发展下成为一种速写，为了加快绘画的速度，速写可以展示不同的设计细节。还有另一种手绘方法是用描图纸覆盖在人体上画出款式。

图4.3展示了多个服装的色彩系列，设计过程中设计师使用了同一个人体形态绘制衣服款式，设计速度也明显提高了。这个过程与CAD系统类似，设计师可以通过CAD储存不同系列的设计草图，并将流行色添加到这些草图上，还可以添加同比例的印花和格纹。速写对设计过程本身也有益处，并能够帮助设计师将精力集中于设计，而不是人体比例。一个系列的速写一般包括正视图和后视图、各种形态的人体或服装造型，然后打印多份以备将来使用。在款式调研的过程中，这种绘图方法经常被用来快速记录个人想法。

如图4.4是男子户外服装系列的展示板，这是一种印制在册子中的效果图，可以在交易会上呈现给买家。

这种宣传册再次证明了服装效果图和款式图是相辅相成的，左边是服装穿在人体上的效果图，它向人们展示了顾客穿上服装并搭配手套、靴子、滑雪板之后的效果。右下角的位置是色彩板，它展示了本季的色彩主题。这一系

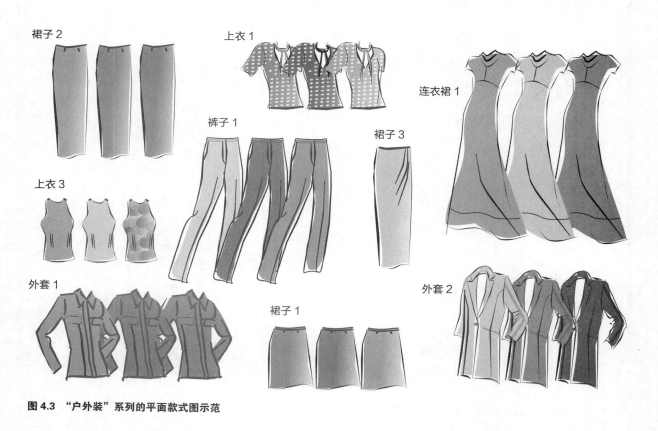

图4.3 "户外装"系列的平面款式图示范

图 4.4　平面款式图示范：滑雪服系列

列作品为了方便展示而简化了。真正的完整系列应该包括 10 ～ 12 套服装，甚至更多。并介绍不同的价格策略，类似于第 2 章中提到的。

如同效果图一样，款式图也可以有不同的风格，有的包括人体，有的不包括。款式图是用来向顾客介绍服装信息的。在图 4.5 中，设计师就用不同的风格展示了各式各样的服装款式。

不同类型的款式图也可以放在同一张展示板上它们可以用来展示色系（图 4.5c 和 4.5d）、质地（图 4.5c）、图案（图 4.5d），还可以展示运动元素、比例和姿态等。图 4.5f 和 4.5g 是展示同一种款式的两种不同方法。4.5f 展示的是穿着在动态人体上的服装（有时被称为"隐形人"风格），而 4.5g 用另一种方法展示了同一条裤子，这种方法呈现的款式更加平整，但局限于二维平面，需要标注。局部标注可以清晰地展示出服装细节，比如带拉链的裤腿或褶裥口袋。

规格制图：平面款式图或工艺图

平面款式图是一种二维的制图方式。本书所有的平面款式图的案例都是用电脑绘图软件制成的。绘图软件能帮你构建一个完整的技术参数包，其中比较受欢迎的三个软件是 Adobe Illustrator，Corel-DRAW 和 Micrografx Designer。例如简单的表格软件 Excel 能用来制作工艺单的表格信息部分。还有许多产品信息管理（PDM）系统，如 Gerber PDM 和 Lectra 都是用来制作工艺单的软件，这些软件通常都能导入和导出设计图。而一些基于网页的产品信息管理系统也越来越受欢迎（Web-PDM systems）。鉴于设计细节的频繁改动，设计师们通过这些系统让世界另一头的工厂通过网络看到最新版本的工艺单，所以设计师们不用再寄出更新的工艺单了。通过电脑软件制图的优点是更加方便修改和存储，制图工具可以轻松地放大细节，通过镜像创建后视图，按比例制图，制作电子草图和通过网络邮件发送设计图。还可以将手绘设计图扫描成电子工艺单。目前服装业逐渐倾向于所有沟通过程的电子档案化，而且通过电脑绘图节省了很多步骤。

计算机辅助设计（CAD）是一个常用术语。非常复杂的 CAD 软件帮助设计师通过三维图像来观察一件设计作品，或将印花布虚拟穿着在

图 4.5　用来展示服装色彩、质地、细节的平面款式图

带弹性的后腰

大贴袋

插角

拉链脱卸裤腿

计算机中的三维人体形象身上。这些软件还有许多其他优点。一些公司期望未来买家可以通过在电脑屏幕上看到的虚拟样品来选择产品。重要的是要记住，虽然网络并不是最常用的交易平台，但是工艺单和产品设计图以及所有的技术信息依然是在商品制造和运输过程中所必须的资料。

假设一下你的效果图和概念板让你和产品线经理以及产品开发团队的会议很成功。很多属于你的设计被选出投入生产，现在需要将你的设计理念画成细节图，以做成工艺单，完成初样（详见第 2 章和第 3 章）

用于生产目的而绘制的这类图被称为工艺图。工艺图是一种规范化的作图，类似于蓝图。参见第 3 章的牛仔裤案例，工艺图要按比例绘制，并包含缝纫和制作的信息。工艺图并不要求呈现服装穿在人体上的状态。三维立体效果会使服装显得比较短和宽，而平面款式图更像是把衣服平铺在桌子上。平面款式图的比例与服装的平面样板比例更接近。

平面图交代具体细节，比例精确，是制作样板和样衣的进一步说明。在设计被选定投产之后，每个款式的信息都将被转换成产品工艺单。首先要绘制一系列的图示——平面款式图，包括前视图（图 3.2）、后视图（图 3.3）和细节图（见图 3.4 和图 3.5）。

比较图 4.6a 和 4.6b，图 4.6a 更能吸引买手或顾客，而图 4.6b 将被用在工艺单中作为制作样衣的参考图。图 4.6b 不需要展示面料材质及图案印花，除非这些是样板设计的一部分。例

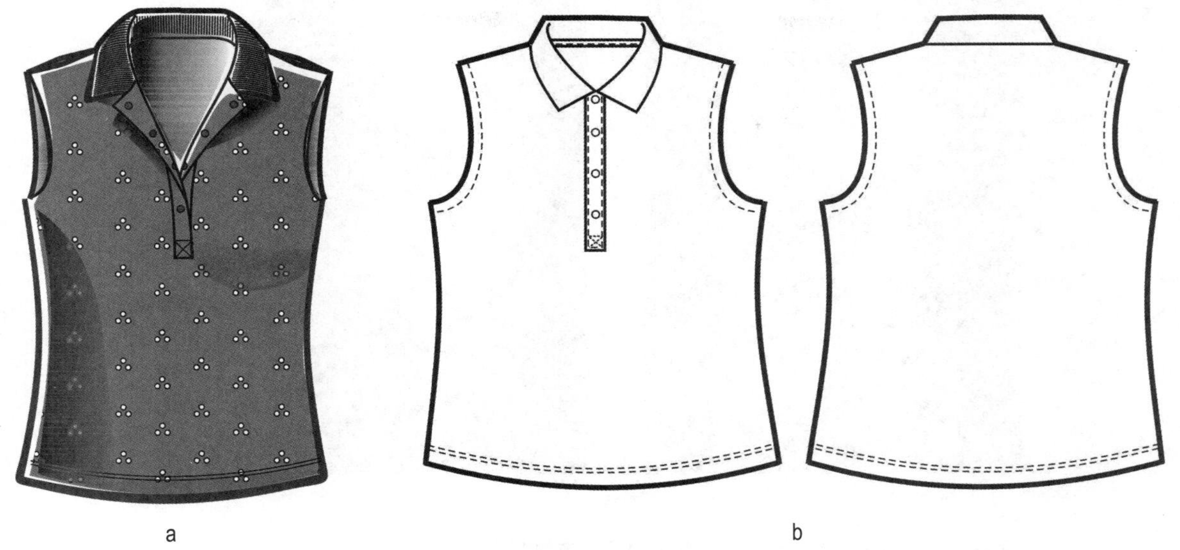

a   b

图 4.6　平面款式图和工艺图

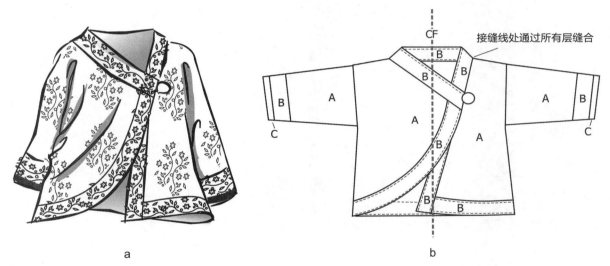

a   b

图 4.7　两种平面图对比

如在样板上需要确认条纹方向时，就要将材质或图案绘制到工艺图上。

　　与平面款式图相比较，图 4.7 是另一种款式图。图 4.7a 中花纹的位置展示了服装的视觉效果和比例，供制作成品服装参考。然而图 4.7a 留下了许多未解的问题。袖窿应该在哪？它是蝙蝠袖还是和服袖？用了几种面料？在什么地方用的？袖口的剪裁是包边、拼接还是贴花？服装有内衬吗？很显然这款服装是非对称的，但是这种非对称是怎样构成的？因为这些因素都将影响到成本、规格及样板绘制，在制作工艺单和设计样板前，设计师要解决这些问题。

　　图 4.7b 可以回答图 4.7a 提出的所有问题。

我们可以从图中看到一个方形、落肩袖、运用了三种布料（标记为 A、B 和 C），而袖口的细布条实为拼接部分。我们还能看到这件衣服要有内衬、领边、门襟缝明线，边缘带状缘饰在下部边缘和内衬一起车缝明线。图中已标注中心线（标记为 CF），我们可以看到左右两边的形状以及它们是怎样连在一起的。领子有两层并在里层处理了毛边。图中还展示了更多细节，所有这些都是制板师在产品开发前必须清楚的问题。

　　图 4.8 展示了盖肩袖女上衣的两种不同状态。

　　图 4.8a 中，上衣是穿在一个人体模特上，所以是以三维的视角来看它。图 4.8b 中同样的

a   b

图4.8 服装穿在模特身上（a）和平铺（b）状态对比

 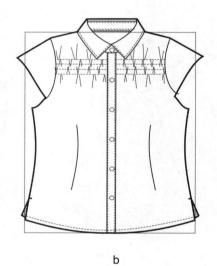

a   b

图4.9 平铺的上衣（a）和平面款式图（b）

一件衣服平铺在桌面上等待测量尺寸，衣服看起来与前一张图片差别很大，因为这并不是我们常用的视角。图4.8b是绘制平面款式图最好的比例。

图4.9将平铺的上衣和它的平面款式图作比较。平面款式图能显示出更多照片所不能表现出来的细节。例如需要多少抽褶量等。平面款式图更接近样板，并能帮助款式的进一步开发。

了解服装的专业术语

为了更好地开发款式工艺图，很有必要了解那些用于服装产品的专业术语。产业的全球化需要使用标准化的专业术语与来自不同国家的服装生产团队的专业人员交流。

无论何时，服装细节都要被呈现在工艺单中。这些细节在服装的左边还是右边由穿着者的视角判断。服装的细节位于右边时，指的是位于穿着者的右侧，即在观察者的左边。这是规则，除非特殊情况，一般不需标注。

在绘制平面款式图时，我们有时需要明确一些主要部位，常用一些专业术语的缩写标记这些部位。例如在绘制背心、长袖衬衫和裤子的工艺图之前，会先查阅这三种款式的一般术语。

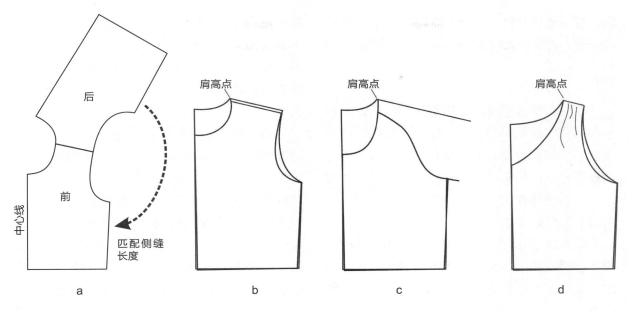

图4.10　基本上衣的肩高点

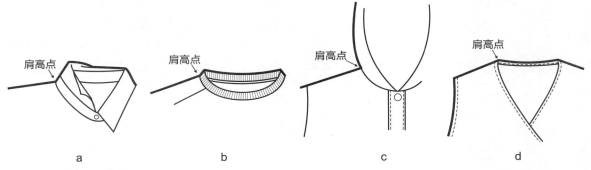

图4.11　不同细节设计的肩高点变化

　　肩高点（HPS）是上衣常用的定位点，如夹克、衬衫、连衣裙。在说明一个服装尺寸时，确定一个通用于不同服装款式的最开始的测量点是很重要的。对于长度、领口相关尺寸和其他的服装尺寸，这个点就是肩高点。

　　在定义肩高点时，从样板上考虑会很有帮助，因为当衣服侧缝对合时，肩高点是一个在折叠图形上的点。图4.10a展示了前后片肩缝对合后的形状，图4.10b展示了当侧缝对合后肩部重叠的部分。需要重点说明的是肩高点不等同于肩缝。比较图4.10b和图4.10c，在图4.10b中肩缝处有1/2英寸向前走势的量。而在图4.10c中肩高点是插肩袖的一部分，但两图中肩高点的位置都是一样的。如图4.10d所示，领宽很宽，且领口造型不同，但肩高点仍然是衣服折叠后形成的样板上的一点。因为合体度和款式

的原因，一些服装的肩线会靠前，比如像插肩袖这样的款式是没有肩缝的，但是确定肩高点的方法却是不变的。

　　肩高点会因细节设计的不同而略有变化。图4.11展示了不同细节设计的肩高点的变化，从图4.11a到图4.11c，肩高点都在颈根处接缝，图4.11d没有接缝，肩高点在领口边缘。

平面款式图的绘图惯例

　　平面款式图有明确的制图标准，可以帮助看图者明白图中传达的内容。在绘制不同的平面图时，绘图方法要保持不变。每个公司都有特定的方法或绘图惯例，以便于绘制不同的元素，例如接缝、明线等。这些标准使得制图和细节更易理解。制图惯例在各公司之间略有不

同。接下来我们将利用绘图惯例来进行 XYZ 产品开发。首要考虑的因素就是字体和线宽。

字体

在所有技术平面图上用于技术图纸说明和标注的文字样式保持不变，这就是我们所谓的字体。字体的选择必须简单且易于阅读。无论选择哪种字体都应该用于所有制图。图 4.12 列举了一些字体样式，需要注意的是所有用于制图的字母都要大写。

图 4.13 展示了不同字体使用的细节特点。用在插图编号上的大多数字体为 10 号，最小 9 号。需要注意的是字体不要太小，因为当文件以电子版方式查阅的时候会限制它的可读性。如图 4.13，款式图名称和细节说明的标题都有下画线。标题的字体大小一般为 12 号。

线宽

通过制定用于服装轮廓、边缘和细节处的标准化的线条粗细（称之为线宽），使看图者更容易读懂服装工艺图。图 4.14 提供了各种线宽的信息，各种线宽在绘图上的一致性有助于看图者的理解。例如服装外轮廓线一般是 2 pt 的实线。

不同的线宽用来表示不同的细节。缉面线，（即缝在衣服外面的明线）用 0.5 pt 的虚线表示。

连接某一区域插图编号的线（这是一个对特征的标注、描述和解释）称为标注线，标注线使用 0.5 pt 的实线。有固定的线宽以避免混淆。避免太细的线（小于 0.5 点的线）是很重要的，因为当以电子版方式发送时，这些线可能会看不见。接缝处以及其他的边缘细节（如袋盖）用 1 pt 的线表示。服装外轮廓用 2 pt 的实线表示。如图 4.14，2 pt 的灰色虚线（一个被称为 50% 黑度的阴影）用来表示假想线，例如要求测量的位置或者中心线。同样的方法也可以用来标示内视图，例如口袋的形状，这实际上只能从里面看到。内视线不能与明线混淆。

图 4.12　字体示范

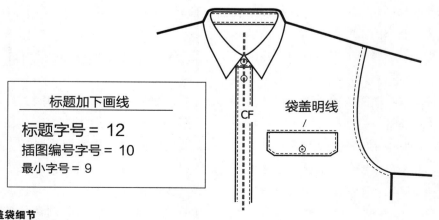

图 4.13　盖袋细节

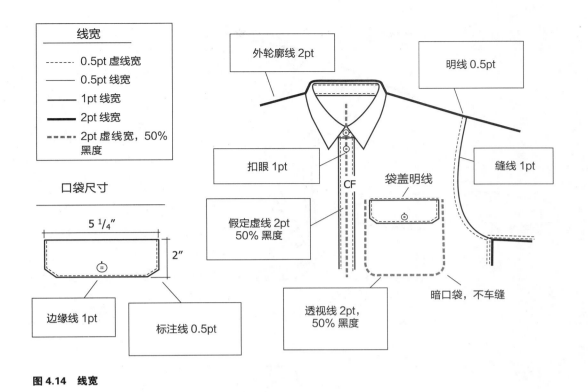

图 4.14　线宽

平面款式图中的比例制图

请记住，平面款式图是按比例绘制的，它是实际衣服尺寸的可视化表示。大部分工艺制图都是 1∶8 的比例，即实际尺寸的 1/8。例如，1 英寸长的线表示的是 8 英寸的长度。工艺制图中通常用 1∶8 的比例图来画成人服装，用 1∶4 的比例来画童装。图 4.15 说明了用 1∶8 的比例来画婴儿装和童装会使制图显得太小的道理。用 1∶4 展示的婴儿装、童装视图效果更好。图 4.15 展示了正确比例的女士和儿童夹克的工艺图。女士套头衫的胸围量是 40 英寸，侧缝到侧缝之间的前面部分是 20 英寸，因此在 1∶8 的比例图中为 2.5 英寸。

虽然绘制工艺图的尺寸应该准确，但是也没有必要将数字标在工艺图上，因为最终完成的衣服尺寸会在工艺单中的参数页面清晰地标示。如果工艺图在尺寸上有变动，例如为了适合某个页面尺寸，那它就不再是原来的比例了。所以，平面款式图一开始的时候就应按比例绘制。此后，它可以放大到 1∶7，也可以缩小至

1∶12376（或任何其他比例），它都会保持相同的比例。

比例制图还有其他的用途，它有助于设计过程，还尤其有助于检查细节部位的比例，如贴袋。如果一个口袋在图纸上看起来又长又窄，那它在实际服装上看起来也会如此。一些小的部位如标签、口袋、吊牌实际上可以用 1∶1 的比例（真实比例）绘制、打印、剪裁出来，可将其放在一件真实的衣服上以检查它的比例关系。

图 4.16a 和图 4.16b 展示了一个与口袋完全不合比例的袋盖的例子。如图 4.16c，通过使用 CAD 绘图工具的比例功能，或者通过在坐标纸上绘图，你可以看到完成后的口袋外观是怎样的，还可以详细说明它们的数据。当然有些人可能更喜欢图 4.16a 和 4.16b 这样的比例。如果是这样，他也可以得到这两个图的比例数据。

如图 4.16c 所示的测量值是对贴袋和袋盖的详细标注。

为了规范制图，可以在绘图过程中制定规则，并严格执行。绘图软件有专门的工具和标尺提供帮助。

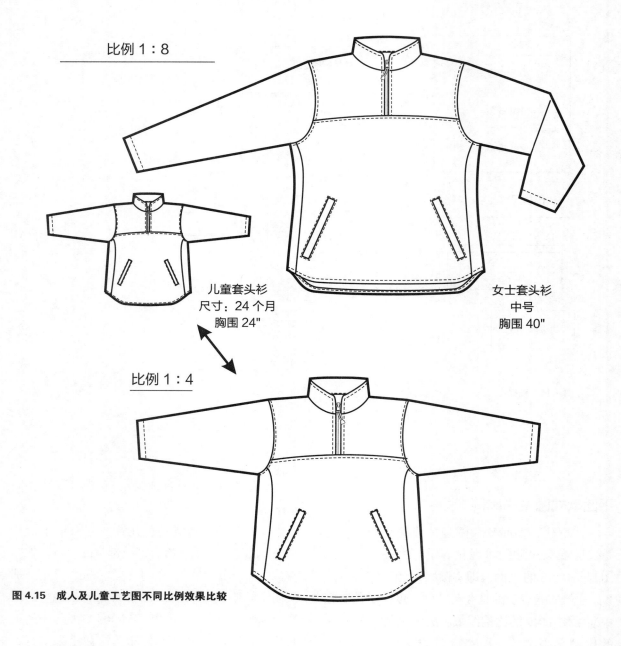

比例 1：8

比例 1：4

儿童套头衫
尺寸：24 个月
胸围 24"

女士套头衫
中号
胸围 40"

图 4.15　成人及儿童工艺图不同比例效果比较

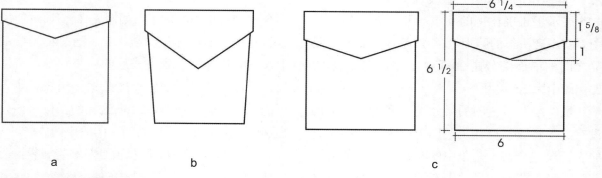

a

b

c

6 1/4

1 5/8

1

6 1/2

6

图 4.16　按比例绘制的口袋

按步骤绘制平面款式图

绘制比例准确的平面款式图，每个步骤都很重要。每种产品类型都有其独有的特点。下面逐步绘制一些基本的服装品类。这里讲解三个绘制案例—— 一件女士无袖衫，一件男士长袖衫，一条女士长裤。

绘制一件女士无袖衫

第一个例子是一件非常简单的女士无袖衫，制图原则与所有上衣类型都相同。因为工艺图是对服装规格（尺寸）的一种视觉演绎，绘图前的尺寸测量必不可少。给出的测量表是从工艺单中选取的。在开始按比例绘制一件背心之前，让我们先回顾一下常见的缩写，图4.17列举了一些在工艺款式图中常用的缩写，包括：

- HPS = 肩高点（图4.10）
- FND = 前领深，定义了前领最低点
- BND = 后领深，定义了后领的最低点
- CF = 前中心线，前面的中心线
- CB = 后中心线，后面的中心线

绘制测量点就像在绘图纸上绘制一个点，每个点都有水平和垂直的坐标，一个表示高度，一个表示宽度。如图4.18绘制背心先要绘制出一些关键点，再把这些点连接起来。为了确保绘制的图是对称的，我们先绘制出右半身，再像镜面反射一样对称画出左半身。

绘图之前先明确服装类型（针织或梭织、款式、尺寸），并确定前中心线和所有的关键点。在图4.18中标明了绘图顺序，从点1到点7先画，接着是点8，后中心线上的后领深最后画。

肩高点是绘制多个部位的参考点，纵向深度的绘制都是从肩高点开始向下画（如袖窿

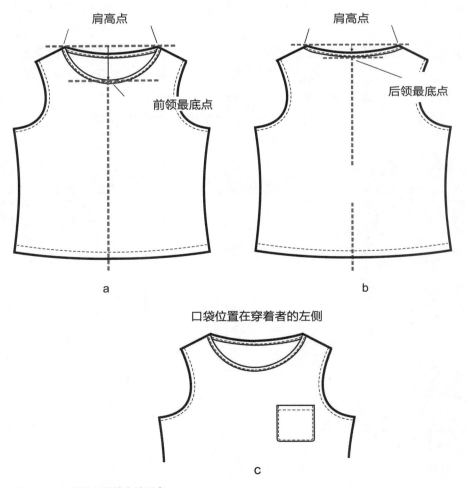

肩高点　　　　　　　　肩高点

前领最底点　　　　　　后领最底点

a　　　　　　　　　　b

口袋位置在穿着者的左侧

c

图4.17　女式背心的基本计测点

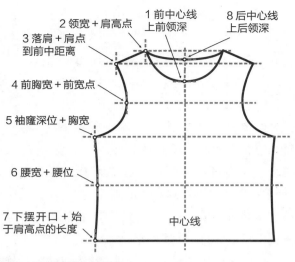

图 4.18　女士背心测量点

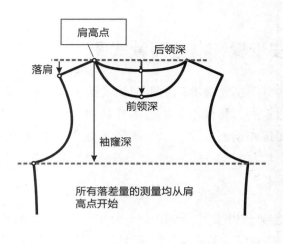

图 4.19　落差测量

深）。最常见的落差量绘制方法如图 4.19 所示。

开始制图

在绘图程序里打开一个新的页面（图 4.20），设置一个 1∶8 比例的页面，然后画一个矩形作为辅助框。这个矩形将被视作服装的长度和宽度。

图 4.21 提供了这件衣服的尺寸规范。胸围的尺寸（18½ 英寸）决定了矩形的宽度，从肩高点往下的长度（23 英寸）决定了衣服的长度，所以这个矩形尺寸应该是 18½ 英寸 × 23 英寸。

垂直基准线定位在矩形的正中间，水平基准线在矩形的顶部位置。

矩形辅助框并不是最终完成图的一部分，当款式图完成时，这个辅助框就会被删除，或者程序允许的话，可以画在一个单独的图层里。

首先在矩形的中间（前中）画一条辅助线，如图 4.21，我们将在矩形的右侧制图。如前所述，我们所说的右侧，指穿着者的右侧。在图上只绘制右半部分的尺寸数据，并显示在图 4.21 表格的"从中心线开始的右半身"。绘制基准框的数据用黑体标示。

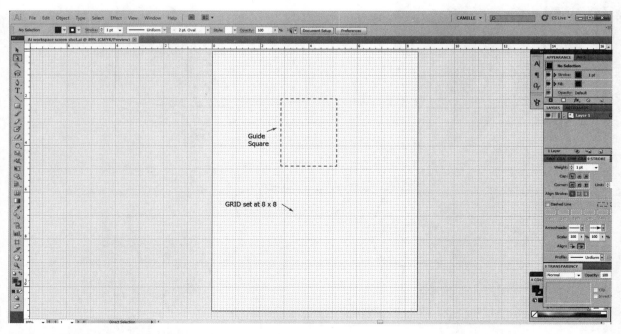

图 4.20　绘制女式背心——CAD 工作界面

测量点（单位：英寸，下同）	数值	从中心线开始的右半身数值
左右两个肩点距离	15	7 1/2
落肩	1 3/8	
前胸宽	13	6 1/2
后胸宽	14	
始于肩高点的袖窿深	8 1/2	
袖窿深位宽	**18 1/2**	9 1/4
腰位宽	17 1/2	8 3/4
始于肩高点的腰深	15 1/2	
下摆开口	18 1/2	9 1/4
始于肩高点的前身长	**23**	
始于肩高点的后身长	24	
前领深	5	
后领深	1	
领宽	8	4

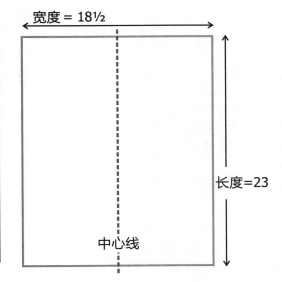

图 4.21　绘制辅助框

　　图 4.22 分别提供了垂直方向和水平方向数据的预览图，有助于我们了解什么尺寸需要测量以及如何测量。这是一个测量点位置的列表，也是我们用来绘制平面款式图的实际数据列表，这个列表非常有助于我们检查制图步骤。由于我们只绘制了衣服的右半部分，因此水平方向的数据只有 ½。当右半部分绘制完成时，我们将镜面出另一部分，使整幅图完全对称。

　　第 1 步，找第一个点，从前中心线向下 5 英寸，即前领深。在辅助框里找到右肩高点，即从中心线往左 4 英寸。图 4.23 显示领宽为 4 英寸。画一条线连接这两点，调整其弧度使之弯曲，便是领口线。图 4.23 的第 2 步的小圆圈是辅助点，不是最终完成图的一部分。

　　第 2 步，标记肩点。落肩量为 1⅜ 英寸，画水平线；肩点到前中距离画垂线，两条线的交点为肩点。连接肩点和肩高点就是肩线。

　　第 3 步，从水平辅助线向下 8½ 英寸画袖窿深线，相交于图 4.24 的辅助框上。

　　第 4 步，绘制一条沿辅助框垂直到底端的线段（图 4.24）。

　　第 5 步，连接到中心线，完成最后一条

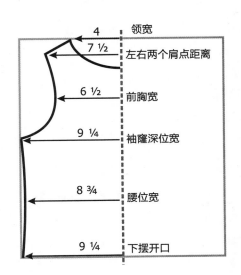

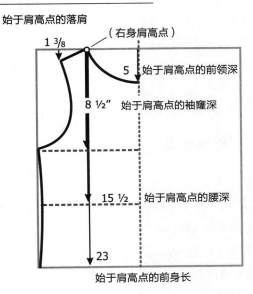

图 4.22　垂直方向和水平方向尺寸图

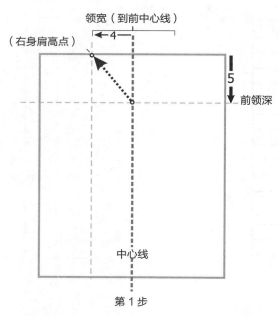

领宽（到前中心线）

（右身肩高点）

← 4 —

5 ↓ 前领深

中心线

第 1 步

肩点到前中距离

← 7 ½ —

1 ³/₈ ↓ 落肩

中心线

第 2 步

测量点（单位：英寸）	数值	从中心线开始的右半身数值
前领深	**5**	7 ½
前领宽	8	**4**

测量点（单位：英寸）	数值	从中心线开始的右半身数值
落肩	**1 ³/₈**	
肩点到前中距离	15	**7 ½**

图 4.23　绘制领口线和肩位

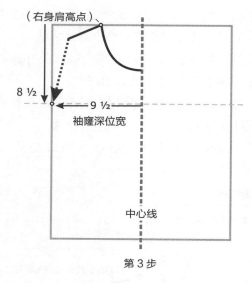

（右身肩高点）

8 ½ ↓

← 9 ½ —
袖窿深位宽

中心线

第 3 步

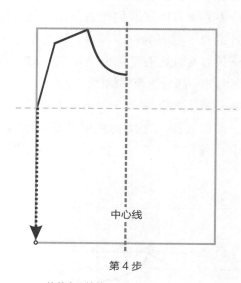

中心线

第 4 步

测量点（单位：英寸）	数值	从前中开始的右半身数值
始于肩高点的袖窿深	**8 ½**	
袖窿深位宽	18 ½	**9 ¼**

图 4.24　绘制袖窿，第 3、4 步

线段。

第 6 步，根据前胸宽尺寸（6½ 英寸）画袖窿弧线，然后再画稍弯曲的侧缝线（图 4.25）。腰线的位置为肩高点向下 15½ 英寸。侧缝线根据腰围的尺寸（8¾ 英寸）弯曲。最后画后领深，为水平辅助线向下 1 英寸，见第 6 步（图

4.25）。

第 7 步，如图 4.26，检查肩线与袖窿以及领口的角度是否是直角，用同样的方式对合检查侧缝、下摆等处。检查标准是缝合处线条光滑。平面款式图应该用同样的方式对合检查，以使板师清楚如何绘制样板。图 4.26 展示了用

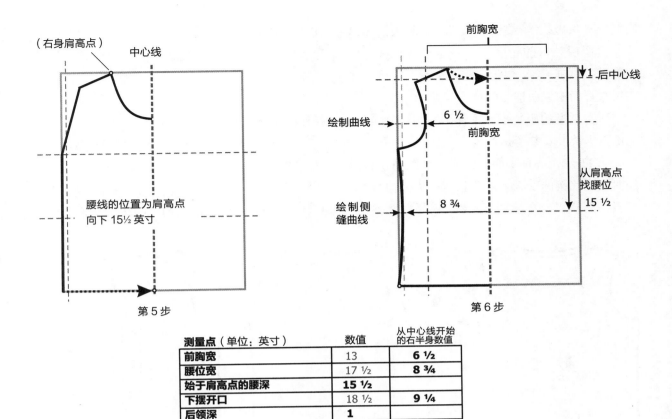

图 4.25 完成半身绘图，第 5、6 步

测量点（单位：英寸）	数值	从中心线开始的右半身数值
前胸宽	13	6 ½
腰位宽	17 ½	8 ¾
始于肩高点的腰深	15 ½	
下摆开口	18 ½	9 ¼
后领深	1	

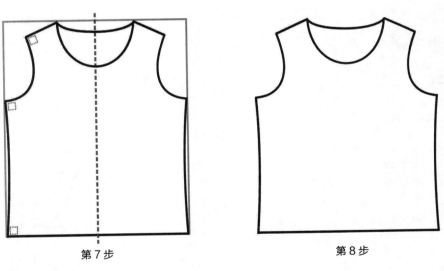

图 4.26 完成外轮廓绘制，第 7、8 步

一个小正方形校准肩部、领部、袖窿形状的方法。对合检查应在做镜像图之前完成。

通过镜像原理用右侧部分对称画出左侧部分（图 4.26）。它将刚好能放入辅助框内。

第 8 步，删去辅助框和中心线（图 4.26），外轮廓就完成了。

第 9 步，比例准确的平面图完成之后，应

该检查细节并加上缝线，以完善平面图。应该根据图 4.14 列出的标准绘图惯例来选用线宽。外轮廓线用 2 pt，内部线条用 1 pt，前领围和后领围的边缘线用 1 pt，领部、袖窿以及下摆上的明线用 0.5 pt 的虚线。至此前视图便完成了。

第 10 步，下一个步骤是绘制后视图，拷贝衣服的正视图，然后删去前领线细节（一条

实线，一条虚线）。绘制后领口线，删去前领口线，只留后领口的轮廓线和一条虚线。这样后视图就完成了。款式图一般会放入工艺单，并在尺寸页面中说明样品的尺寸数据。

所有类型的服装平面图都会按照尺寸绘制，无论是男装、女装还是童装。

第11步，一旦平面图完成，可以用在其他任何相同比例的衣服上。此款特征为无袖衬衫，有省、侧开衩、车缝明线。细节部分只会绘制

在穿着者的右侧，镜像对称出另一半，而不是重新绘制。纽扣直接绘制在前中的位置，最后绘制。

按比例手绘

一幅好的平面图可以使用方格纸手绘出来（图4.28）。

手绘的方法也是一样的，一开始也是在1：8的方格纸上绘制。使用绘图程序制作方格

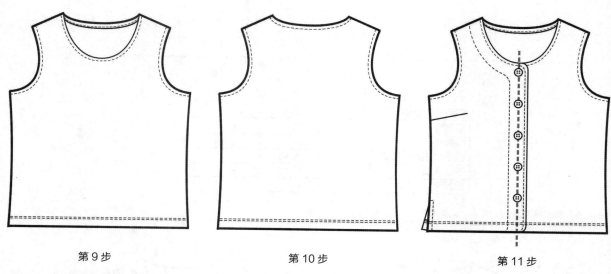

第9步　　　　第10步　　　　第11步

图4.27　完成细节绘制，第9~11步

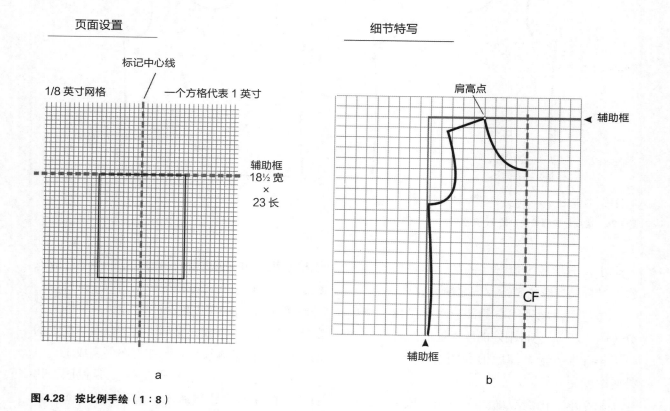

a

b

图4.28　按比例手绘（1：8）

纸很简单，需要做的就是在绘图程序中画一张铺满 1/8 英寸方格的页面，一个方格代表 1 英寸。

在方格纸上画一个辅助框，长是 23 个小方格的长度，宽是 18½ 个小方格的宽度。每个纵向辅助线到中心线的宽度为 9¼ 个小方格（图 4.28a）。然后将描图纸覆盖在方格纸上，继续像图 4.23 第 1 步和第 2 步那样的方法来绘制。图 4.28b 是绘制过程中的一个特写图。先绘制右半身，再完成左半身，直至完成到第 11 步。对于第一次尝试，建议先用铅笔绘制最初的形状，然后再用黑笔完成最后的平面图。

还有一些与平面图相关的其他有趣的问题需要我们思考。测量点应该使用没有争议的测量值。虽然看起来好像所有的测量点都注意到了，但是还有一些部位没有被测量，如侧缝长度（图 4.29）。侧缝长度并不是规定的测量点，但如果由于某些原因（如侧缝的特殊设计细节）需要计算它，就要测量侧缝长度。对于这里所画的款式来说，侧缝的长度就是从肩高点（23 英寸）减去袖窿深（8½ 英寸）的长度（图 4.29）。

同样的原则也适用于其他部位。例如肩宽。肩宽与左右两侧肩点距离和领宽有关，是两者的差量，不需包括在测量部位里。若同时给定肩宽尺寸，容易相互矛盾。对于大多数款式来说，左右两个肩点距离和领宽更重要，肩宽通常不需测量。在图 4.29 中，肩宽是左右两个肩点距离减去颈宽的长度再除以 2。

图 4.29 避免相互矛盾

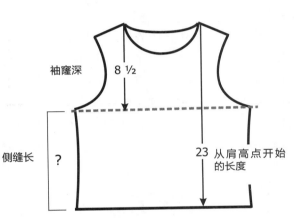

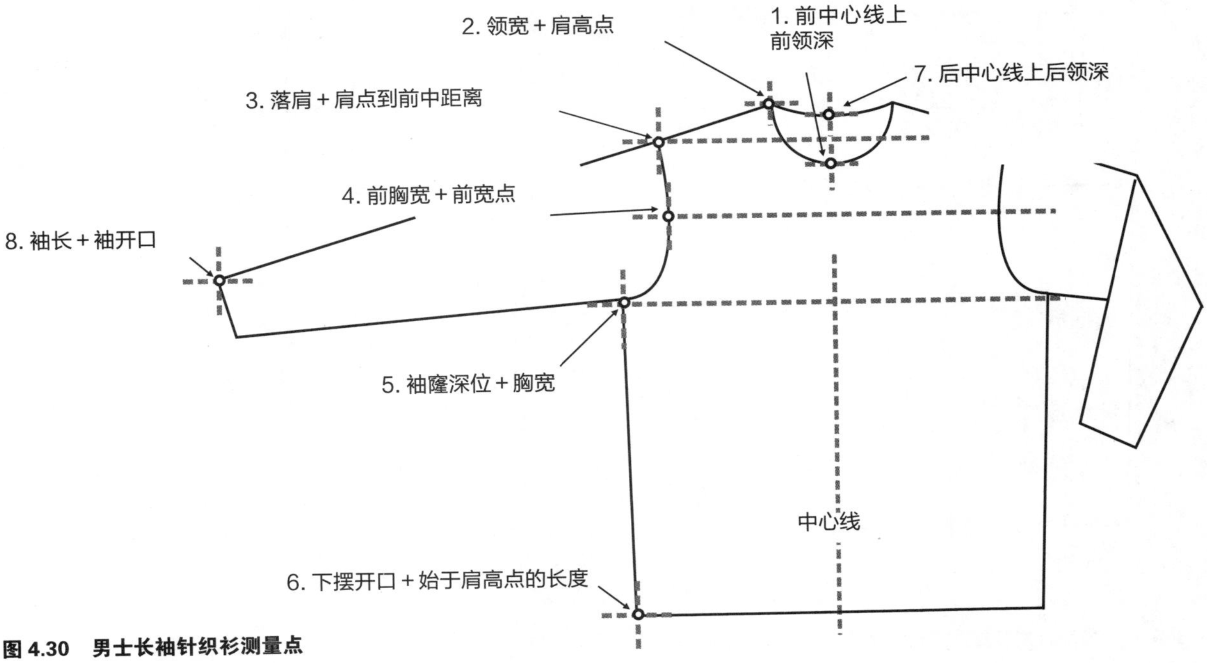

图 4.30　男士长袖针织衫测量点

回顾图 4.29，然后计算一下用问号标记出距离的尺寸，以便确认绘图是否准确。

绘制男士针织长袖衫

男士针织长袖衫的测量点和女士背心的测量点是一样的，只是多了一个袖子的测量尺寸（图 4.30）。当然实际的测量值不同，因为男士的尺寸要大一点，实际的衣服也要更大一些。

用图 4.32 的数据开始作图，半身的尺寸应该事先计算好，根据长和宽绘制一个辅助框，然后再转换成 1：8 的比例。对于宽度应该用胸围（而不是下摆）。绘图顺序和女士背心一样，从领口到下摆按逆时针方向在右侧作图。

开始绘制

像绘制女士上衣的步骤一样，先画一个 23 英寸宽、29 英寸长，比例为 1：8 的辅助框。分别表示的是胸围和衣长。

回想一下哪些是水平方向的尺寸，哪些是垂直方向的尺寸。如图 4.31 是一个重要的说明，它列出了各个方向的尺寸，这样绘图的时候会更加方便。

第 1 步，针对前领深和领宽创建一条水平的辅助线。确定肩高点的位置。根据规格表（图 4.32）画出前领弧。

第 2 步，画肩点距离和落肩辅助线，两条线交点为肩点，连接肩点和肩高点，即是肩线（图 4.32）。

第 3 步，肩线画好后继续画出袖窿。

第 4 步，画出侧缝线和下摆线再连至中心线。需要注意的是，对于这种款式，下面要稍微往里缩小一点（胸围要比下摆更大一些），这也是男士针织衫的特点。

第 5 步，画后领弧线（如图 4.33 中步骤 3 ~ 5）。

第 6 步，对称出左半身，去掉辅助框，但留下中心线，它将用于确定袖子的位置（图 4.34）。

第 7 步，绘制右侧的袖子，图 4.35 展示了如何绘制一条水平方向的袖子辅助线（长度为起始于后中线的袖长）。为了节省空间，附图中的制图都是局部的。这条辅助线应该从中心线处水平地延伸，并经过肩高点。以肩高点为轴旋转直至与肩线重合（图 4.35b）。然后再删掉

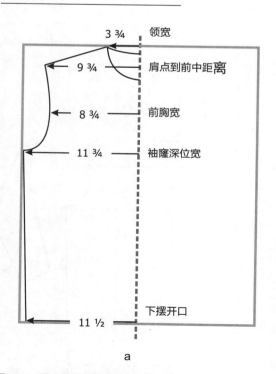

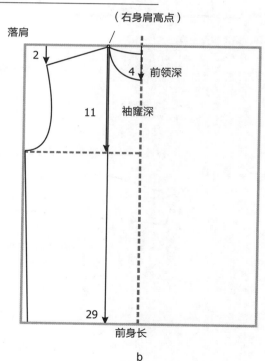

图 4.31 男士长袖衫垂直方向和水平方向尺寸图

测量点（单位：英寸）	数值	从中心线开始的右半身数值
左右两个肩点距离	19 ½	**9 ¾**
落肩	**2**	
前胸宽	17 ½	8 ¾
后背宽	18 ½	
始于肩高点的袖窿深	11	
袖窿深位宽	**23 ½**	11 ¾
腰围	23	
始于肩高点的腰深	18	
下摆开口	23	11 1/2
始于肩高点的前身长	**29**	
始于肩高点的后身长	29	
始于后中的袖长	35	
袖口	3 ¾	
前领深	**4**	
后领深	3/4	
领宽	7 ½	**3 ¾**

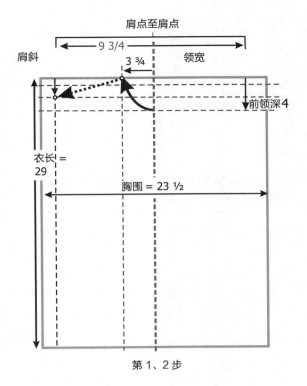

第 1、2 步

图 4.32　绘制男士长袖衫：第 1、2 步

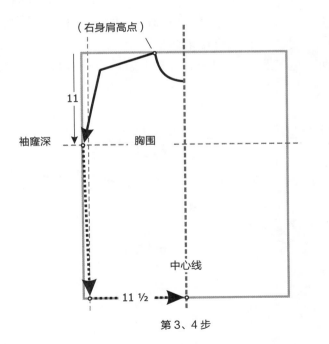

第 3、4 步

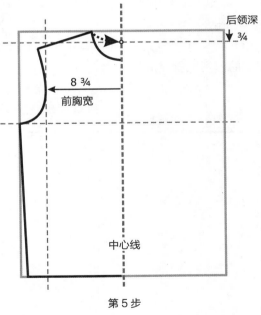

第 5 步

测量点（单位：英寸）	数值	从中心线开始的右半身数值
袖窿深	**11**	
下摆开口	23	**11 ½**

测量点（单位：英寸）	数值	从中心线开始的右半身数值
前胸宽	17 ½	**8 ¾**
后领深		**3/4**

图 4.33　绘制男士长袖衫：第 3 ~ 5 步

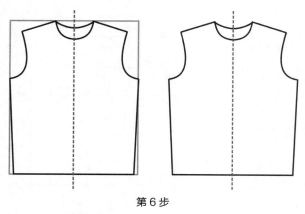

第6步

图4.34　镜像拷贝左半身

与肩线重叠的部分。这条线是袖子的上边缘线。再画出3¾英寸的袖口（图4.35b）。确保袖口处的夹角是直角。完成袖子的下边缘线，并将其连接至衣身。连接点3和点4时不用遵循特定的尺寸（图4.35b）。

　　第8步，如图4.36a所示，左衣袖从肘部位置镜像对称，然后旋转至如图4.36b的位置，避免袖子与侧缝重叠。袖子可以旋转得多些，也可以少点儿，精确的数据并不重要。图4.36c展示了在肘部的哪个位置添加折叠线，图4.36d展示了哪些线段应该去掉，以使最后的款式图与图4.36e相同。

　　第9步，加上领边和细节部分，男士长袖针织衫的前视图就完成了（图4.37）。

第10步，后视图由前视图镜像出来，所以穿着者的左袖仍然是弯曲的（图4.38）。袖子的方向可以通过移动细节图中的两条线来调整。最后去掉前领，留下后领，后视图就完成了。

绘制裤子

　　准备绘制裤子平面图之前，一定要熟悉工艺单中用来传达服装信息的术语，在这之后设计师可以开始准备和绘制平面图。

专业术语

　　有特定的术语描述裤子的缝份和细节。图4.39展示了我们将要绘制的男裤的专业术语。观察这条裤子并识别所有的部位术语。

绘制前的准备工作

　　如果衣服严格按照比例绘制的话，裤子上会有一定的区域出现扭曲。因为这是裤子的实际形态，大腿围必然会出现重叠部分。图4.40a展示了一条尺码为8号的女裤。

　　如图4.40b，做出了一些修改，并在尺寸和外观上取得平衡。前裆比标准的规格多了1英寸，大腿处也做了调整。相同的原则和修正方法也同样适用于男裤和童装裤。因为裤子的形状，并不适合像上衣一样使用辅助框。因此先

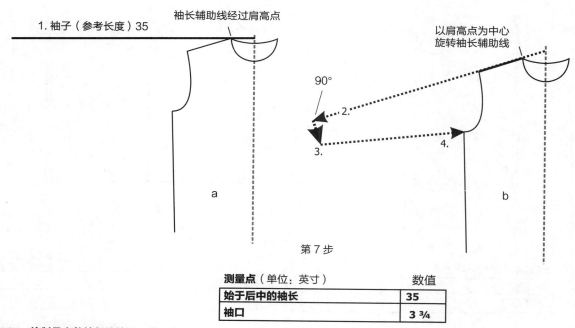

测量点（单位：英寸）	数值
始于后中的袖长	35
袖口	3 ¾

图4.35　绘制男士长袖衫的袖子：第7步

第 8 步

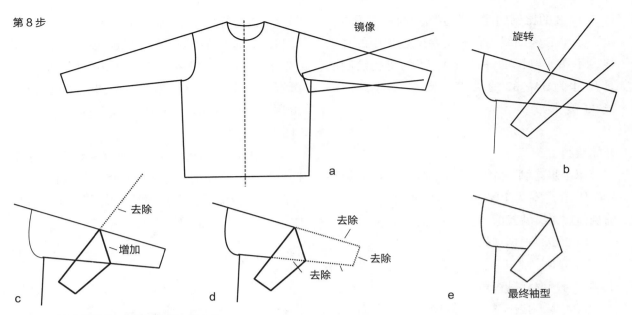

镜像

旋转

a

b

去除

增加

c

去除

去除

去除

d

最终袖型

e

图 4.36　男士长袖衫，穿者的左袖：第 8 步

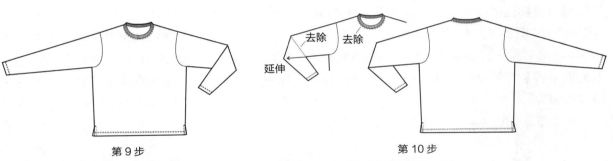

第 9 步

去除　去除

延伸

第 10 步

图 4.37　完成男士长袖衫：第 9 步

图 4.38　男士长袖衫后视图：第 10 步

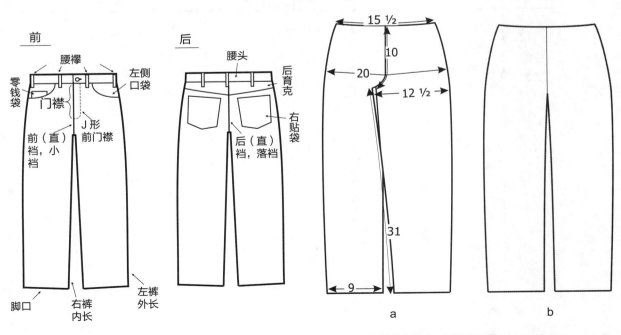

前

腰襻

零钱袋

门襟

前（直）裆，小裆

J 形前门襟

左侧口袋

脚口

右裤内长

左裤外长

后

腰头

后育克

右贴袋

后（直）裆，落裆

15 ½

10

20

12 ½

31

9

a

b

图 4.39　裤子专业术语

图 4.40　女裤基本尺寸，尺码为 8 号

按照 1 : 8 的比例创建一个绘图页面，然后再创建一条中心辅助线（它只是绘图过程中的辅助线，不属于绘图的一部分）。我们将要绘制的是尺寸为 34 / 32 的男裤（腰 34 英寸，裤内缝 32 英寸）。

开始绘制

第 1 步，画一个矩形表示腰头，尺寸如图 4.41 所示，宽为 17¾ 英寸，腰头高 1½ 英寸。前裆值加 1 英寸找前裆位，并画裆线。

第 2 步，根据规格（32 英寸）画出裤内缝。

第 3 步，画裤口（9¾ 英寸），它可以轻微上弯，与裤内缝呈直角。

第 4 步，接下来是外侧缝，它没有固定的绘制规格，而是由裤口到腰头边缘处连接形成。

第 5 步，稍微弯曲一下臀部位置的外侧缝，然后镜像对称出另一半裤腿。这便是基本裤型（图 4.42）。拷贝一份用来绘制后视图。

第 6 步，加上右侧插袋细节：插袋缉明线，右侧有零钱袋，铆钉和腰带襻。加上裤内缝和裤口的明线。

第 7 步，如图 4.42，镜像出另一半的细节部分（去掉零钱袋）。加上 J 形前门襟、腰头明线和其余的细节部分。裤子的前视图就完成了。

第 8 步，在规格里，后视图并没有很多测量点，因为比起语言描述，用图表述更清楚。步骤 8 绘制基础轮廓和步骤 5 的方法一样（图 4.43）。

第 9 步，如图 4.43，添加背面细节。对于这种款式，背部细节主要有育克、贴袋和腰襻。实际的口袋位置、尺寸和细节应该绘制在细节图中，这也是我们接下来要做的。

绘制细节图

细节图的绘制包括正视图和后视图，被称作技术图，细节图是非常准确且详细的。细节图对于尺寸、针脚细节、布局、结构和其他产品特点的详细描述是非常必要的，可以确保生产出的产品达到公司质量标准。

绘制服装细节图的线宽与绘制平面图遵循同样的规则。例如服装外部轮廓线用 2 pt，缝合线用 1 pt 等。我们刚刚完成了牛仔裤口袋的细节图绘制，还有些其他信息需要说明。

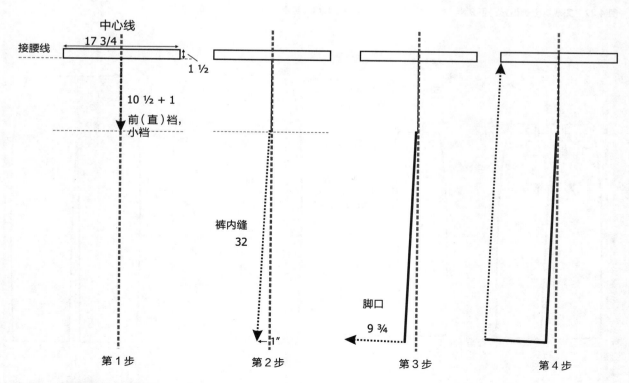

中心线

接腰线

17 3/4

1 ½

10 ½ + 1

前（直）裆，小裆

裤内缝

32

1"

脚口

9 ¾

第 1 步　　　　第 2 步　　　　第 3 步　　　　第 4 步

图 4.41　按比例绘制女裤：第 1 ~ 4 步

　服装设计师技术手册：从服装设计到产品包装的技术全讲解

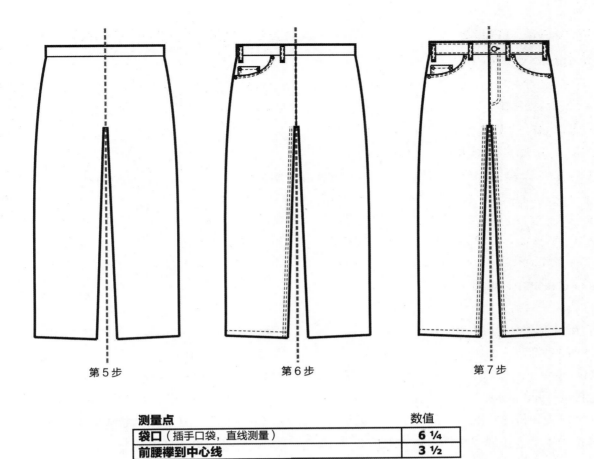

测量点	数值
袋口（插手口袋，直线测量）	6 ¼
前腰襻到中心线	3 ½

图4.42 绘制整条裤子：第5～7步

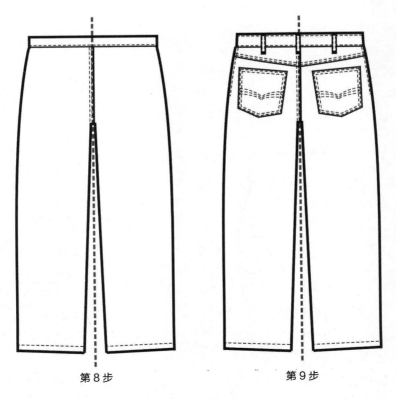

图4.43 男士牛仔裤，后视图：第8～9步

扣子中心位于裤子叠门线

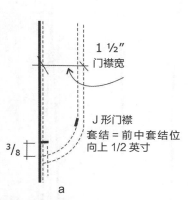

1 ½″
门襟宽

J形门襟
套结＝前中套结位
向上 1/2 英寸

³/₈

a

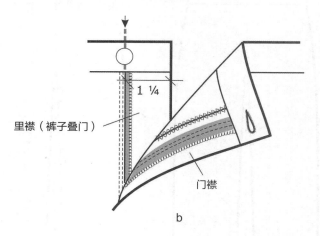

1 ¼

里襟（裤子叠门）

门襟

b

图 4.44　细节图：门襟细节

开始绘图

门襟细节　如图 4.44 展示了门襟细节。图 4.44a 展示了门襟拼接尺寸和套结位置。图 4.44b 是拉链打开的视角，展示了拉链和纽扣的位置。

口袋和裤襻　图 4.45 展示了口袋的深度和结构等细节，还展示了袋口接缝处的 2 英寸的重叠。这样设计的原因是当穿着者要从口袋里掏东西出来时不会把口袋内白色的里衬带出来。图 4.45b 包含了裤襻的尺寸和结构信息。你会注意到扣襻的缝线在图 4.45a 和 4.45b 中并未显示。

这些图是标准细节图，很多公司都将这些相同的细节描述用在各类服装款式上。这种简化的图形是要表述它们需要什么，以及不需要

什么。如图 4.45 的裤襻，与之相关的细节和明线都包括在图中了，其他细节不用表述。这样的细节图可以与单明线、双明线的腰头结合使用，也可以与完全没有明线的腰头结合。

细节图平衡了图的信息太多或太少的问题，要注意避免与其他制图发生矛盾。

口袋位置和侧缝　图 4.46 展示了后视图和口袋位置细节，如图 4.46a 接缝并不在后中裤襻的正中间，后中裤襻在后裆明线稍稍偏左的地方，这是为了在外观上看起来是正中。

如同大多数牛仔裤一样，贴袋的顶部与后育克缝线实际上不是平行的，而是有一个角度。

图 4.46b 展示了另一种常规牛仔裤的细节，

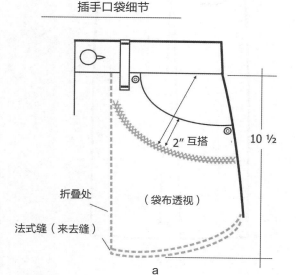

2″ 互搭

10 ½

折叠处

（袋布透视）

法式缝（来去缝）

a

裤腰襻

高 × 宽　＝2 ⁵/₈″ x ½″

固缝

裤襻底折叠进裤腰缝

b

图 4.45　细节：口袋和裤襻

口袋位置

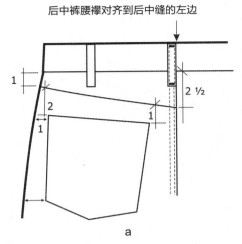

图 4.46　口袋位置（a）和侧缝（b）

即侧缝缉明线。侧缝和后中被标记出来，其他细节不需标注。

后贴袋尺寸和明线　因牛仔裤样式较经典，通常牛仔裤的后口袋最能凸显出服装的特色。

图 4.47a 展示了口袋的外形尺寸，图 4.47b 绘出了缉缝的明线细节。明线宽度不常在缩略图中出现，但是当明线宽度不同时需要标注，例如底部明线宽度为 1/4 英寸，而侧面明线宽度为 1/2 英寸时，需要标注清楚。

平面图中的其他细节

侧视图

由于正视图和后视图的特点，衣服侧面的结构和细节可能不会很清楚。如果是这样，就

侧缝细节

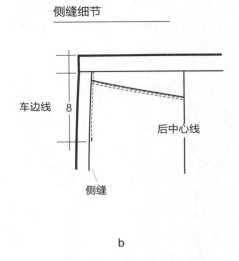

应绘制侧视图。一般情况下，图的边缘应是接缝线，但是也有可能是卷边缝。如图 4.46a，与多数裤子一样，腰头的左边缘线是卷边缝，而裤身部分的左侧边缘线是接缝线（外接缝）。图 4.48a 是一件基本款短上衣，图 4.48b 展示了哪些线是卷边缝，哪些是接缝。肩部的缝线轻微前倾，常用卷边缝。因为侧缝下端有一开衩，所以侧缝应是接缝。

图 4.49 中的上衣不太清楚。侧边缘可能是接缝、偏向前的接缝或者侧面嵌条。这种情况下，后视图可以提供准确信息。图 4.49b 可能是一条没有侧缝的 4 片裙，但边缘也可能是侧缝，因此必须明确说明。裙子上有腰头，这种情况通常没有侧缝，但由于设计或版型的原因，可

口袋尺寸

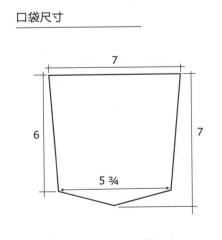

a

口袋车线细节

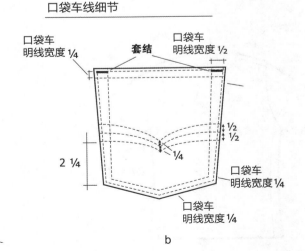

b

图 4.47　细节图口袋尺寸和缉线

能也会有侧缝。所以需要明确说明。

图 4.50 展示了一件短上衣的正视图和后视图，图中标示了边缘没有缝合缝。图 4.50 很明显地显示出没有侧缝和肩缝，并展示了标记的方法。可以看到，上衣肩部是一个育克。

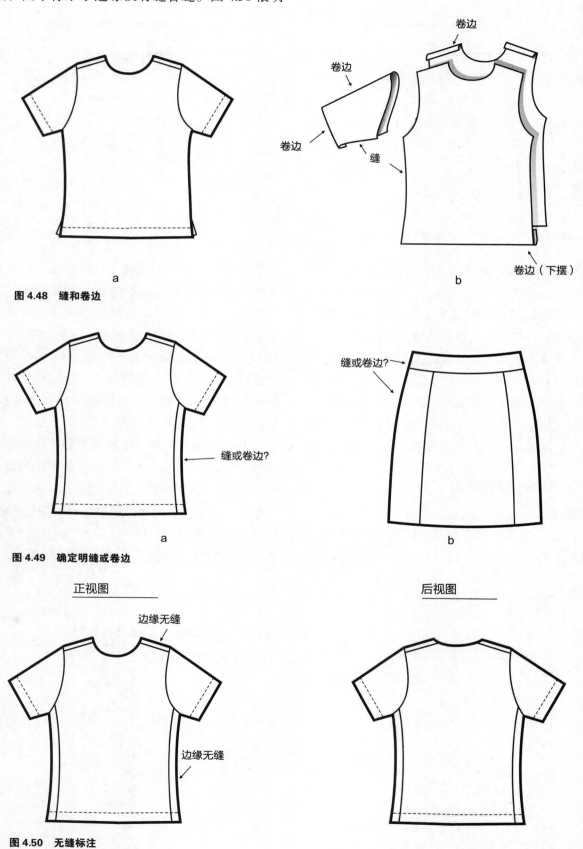

a

图 4.48 缝和卷边

b

a

图 4.49 确定明缝或卷边

b

<u>正视图</u>

<u>后视图</u>

图 4.50 无缝标注

服装设计师技术手册：从服装设计到产品包装的技术全讲解

虚构位置

如果不存在实际的侧缝，但是要在那里放置一些细节，就需要虚构的侧缝（图 4.51）。这里添加的侧视图表明没有侧缝，并指出了口袋的位置。

常见的缝线类型都有标准的表示方法，可以回顾之前关于线宽小节中图 4.14 的明线。图 4.52 是一些特殊的缝合方式，包括绷缝、包边和多针缝。很多线迹正反面不同，款式图要明确地标示出服装的外观，其他信息可以在工艺单中找到。我们将在第 9 章中更多地了解这些线迹。

图 4.52 是各种缝线的细节。绷缝是一种实用且流行的表面装饰，一般用在针织服装上，常作为边饰运用在 T 恤的袖口和下摆处。

图 4.53 展示了如何标记面料的反面，比如在细节图上使用标准的灰色阴影。图 4.53b 是一幅细节图，它展示了有多层缝份的后育克的结构。同时也展示了在图上表示省略的方法，因空间有限，不能展示全部衣片结构。

图 4.54a 是衣褶的款式图。褶一般用在衬衫的前身或伞裙的腰部。袖口部分还展示了表示塔克开口方向的方法，用来区分塔克细节是接缝还是褶。图 4.54b 展示了绘制罗纹装饰的方法

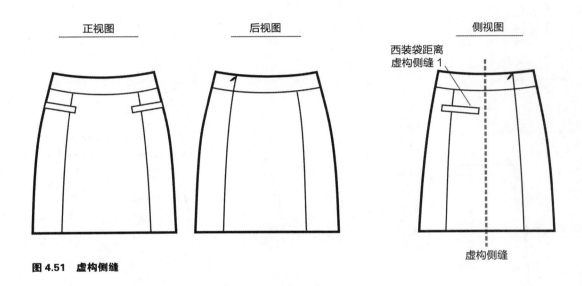

正视图　　　后视图　　　侧视图

西装袋距离
虚构侧缝 1

虚构侧缝

图 4.51　虚构侧缝

在外侧滚边或贴边，锁式线迹或链式线迹

双针底边绷缝
或
双针锁式线迹

内侧贴边，
缉线

三针底边绷缝
或
三针锁式线迹

双针上下绷缝

三针上下绷缝

一排"X"，
连接上、中、
下排缝线

一排"X"，
连接上中下排
缝线

图 4.52　缝线细节

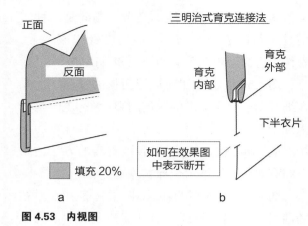

三明治式育克连接法

正面

反面

填充 20%

a

育克内部

育克外部

下半衣片

如何在效果图中表示断开

b

图 4.53　内视图

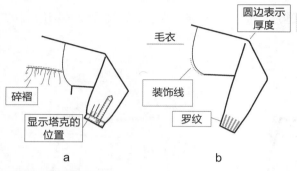

毛衣

圆边表示厚度

碎褶

显示塔克的位置

装饰线

罗纹

a

b

图 4.54　衣褶款式图

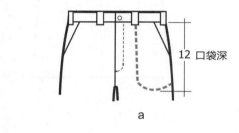

12 口袋深

a

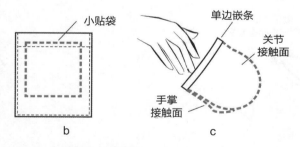

小贴袋

单边嵌条

关节接触面

手掌接触面

b

c

图 4.55　口袋细节，透视图

和线宽。

　　由于口袋在衣服的里面，所以经常用一些内视线来表示口袋的位置和尺寸，就像观察者可以透过外层织物看到内部一样。图 4.55a 标示了口袋深。图 4.55b 展示了贴袋下的一个小贴袋，可能用来当做安全袋。图 4.55c 展示两层分开的口袋。这个口袋从衣服的外面是看不到的。

总结

　　绘制平面款式图需要精准，在刚开始绘制的时候，集中注意力在衣服的细节上并不是一件简单的事情。当你对衣服的缝线、侧缝、规格和其他要素熟悉后，这将会成为一个有趣的过程。工艺设计要求设计的创意能力，并且注重细节、批判思维能力，以及问题解决能力。

思考问题

1. 将一件针织上衣、一件毛衣、以及一双鞋子平放在桌上，然后从它们的正上方拍张照片。接下来拍摄穿在人体或模型上的立体状态的照片。比较这两张照片，看它们有什么不同？每个服装类别的平面图有什么不同？需要注意的是平面图是比例正确的衣服的再现。

2. 从你的衣柜里选择一件基本款背心，测量这件衣服的基本尺寸（参考图 4.21）。按照 1：8 的规格用正确的线宽绘制平面图。如果不能用 CAD 软件绘制，就用铅笔绘制，要确保绘图比例正确。

3. 为你的背心或其他衣服绘制一个实际比例（1：1）的口袋，把它裁剪下来钉在样品衬衫或其他衣服上面，并通过试穿，在镜子里确定位置。根据需要调整尺寸、位置和细节，再重新绘制。根据试样时确认的口袋位置，在工艺图上加上口袋的细节，比例变成 1：8。确保图中包括尺寸、缝线细节和位置等信息。

4. 从你的衣柜里选择一条基本款裤子，根据图 4.39 中的尺寸来测量，按照 1：8 的比例用正确的线迹来绘制平面款式图。如果不能用 CAD 软件绘制，就用铅笔绘制，要确认绘图的比例，平面图应该比例准确。

5. 比较女士背心和男士衬衫的整体比例。
   a. 如果只是简单地将男式衬衫的尺寸由大变小，那相同的款式可以用在女士衬衫上吗？
   b. 如何修改使款式变得更时尚？
   c. 哪些测量点会改变，会变成什么测量点？
   d. 如何改变女士背心的规格使其适合制作男士背心？

6. 绘制一套泳装的时装画。画出一套女装、一套男装和一套童装（3～5岁）的正视图和后视图，每种类型画两个款式。

7. 如果只能使用 CAD 系统，画一件带腰头的褶皱裙，用正确的线宽画外轮廓、内接缝和褶皱。找一个口袋（比如运动夹克上的），标明口袋的手掌接触面和关节接触面。

检查学习成果

1. 什么是技术图？

2. 服装效果图和工艺图有什么不同之处？有什么相同之处？

3. 用于 T 恤的基本尺寸是什么？

4. 裤子的基本尺寸是什么（人体尺寸相对于服装尺寸）？

第 5 章

服装廓型与细节的工艺术语

本章学习目标

» 定义与服装廓型和细节有关的工艺术语

» 了解不同服装的廓型和细节

» 通过使用书面和口头的工艺术语来表达服装的廓型和设计细节

» 通过分析服装廓型和设计来确定流行趋势

» 在创作过程中使用多种设计特色

这一章介绍了与服装设计相关的专业术语，使你能够清楚地了解服装的廓型和设计细节。在每部分细节设计中，也增加了工艺说明，以便更好地了解设计细节的使用及如何与工艺设计联系起来。

服装专业术语

设计师在设计服装以及沟通款式、合体度和制板信息时会用到某些专业术语。服装的某些部件在不同的国家和地区有不同的名称。但有一个重要的原则就是，必须制定长期使用的术语，并且生产团队中的所有成员在沟通交流时都要使用，不管这些成员是在办公室里还是几千里之外的工厂。在规范的过程中，从工艺单到样衣制作过程，再到试穿评价，掌握工艺术语是必须的。

第4章中介绍过有关针织上衣和裤子的基本术语，这些术语与工艺款式图有关。本节包括裤子的附加术语以及其他服装类别的工艺术语，如梭织衬衫、连衣裙、外套、裤子和帽子。

衬衫术语

衬衫通常带袖子和衣领，男士或女士衬衫通常有两种不同类型的开襟——装有纽扣的前门襟，以及袖克夫处的袖开襟。图5.1是一件有后背育克的衬衫，这是一种能提高舒适感的设计，对于这种款式，一般会加入后背褶皱设计。女士衬衫会使用相同的术语表示相同的特征。

使用领座可以帮助领子自然地立起来，并且在脖子处塑造出伏贴的造型。如图5.1所示的女士衬衫，通常有一个短而宽的袖山以增加活动量。

如图5.1，前门襟扣合方式按照男款左身在上，女款右身在上的规则。另一种记忆方法为女款右上，男款左上。套装和外套均遵循相同规则。

领面有时又被称为面领，但因为这两个术语是指服装的同一个部位，我们为了避免有两个术语，所以就使用领面这个术语。就像大多数衬衫和其他很多款式一样，肩缝稍微向前倾。

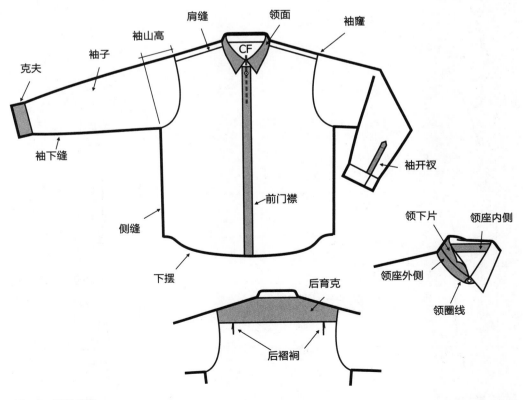

图5.1　衬衫术语

连衣裙术语

连衣裙是整件式的女装，它可以覆盖躯干和腿。衣身是女装的一部分，位于肩和腰之间（图5.2）；腰以下的部分称为半裙，图5.2中的两个例子都有育克，这是用来塑造款式和合体度的水平缝线。图5.2a有一个臀部育克，图5.2b的育克在上衣身。这两个例子中衣身都分片，用于塑造体型。

图5.2b中的上衣身有公主线，是一种接缝而不是省道，且没有腰围分割线。接缝从上衣身一直延伸到下摆，塑造了一个修长的轮廓。

如5.2所示，袖山是袖子上的一部分，在这个图上它要比衬衫款式（图5.1）更高更窄。袖窿缝也被称为袖窿或袖弧。图5.2b突出了三角形的衬布，称为插片，它用来增加下摆的宽度，塑造裙子的合体度。

外套术语

量身定制的服装在领子和驳头的周围有很多传统元素的设计细节，对整件服装的外观产生较大的影响。图5.3a展示了一件戗驳领和公主线分割的外套。

在工艺款式图方面，要注意扣子的中心要在前中的位置，且在与翻领连在一起的地方。断点的位置在翻领从衣服的边缘翻折过来的地方。经典的西装外套在实际有侧缝的地方没有侧缝。更确切的说，是一个衣片延伸跨过侧缝。这是一件高档的衣服，因此更加合体。正如第4章指出的，如果衣服的一侧有侧缝，观察者是看不出来的，因此需要在工艺图中标注出来。

下摆上的后开衩是为了在坐的时候更舒适，袖口的开衩在历史上有一段时间是为了打开袖扣，形成卷起的翻边。这种情况现在很少见了，袖口开衩和袖扣现在都是一种装饰。如图5.3b，后开衩在外套的后中位置，有时还有另一种可选择的位置，就是有两个开衩，分别在后背公主线的底部。图5.3c详细说明了翻领的术语。

裤子术语

图5.4展示了一条裤子，以及接缝和裤片的术语。同样的术语适用于男裤、女裤和童裤。我们将使用这些术语来描述制作方法和细节。一条裤子通常包括四个裤片——两个前片和两个后片。竖直方向的长接缝有特殊的名称——内侧缝和外侧缝。前面的开口叫做门

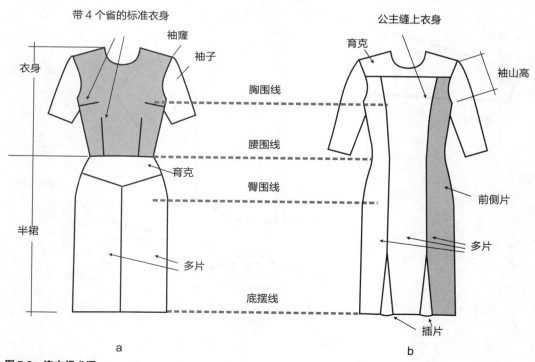

图5.2　连衣裙术语

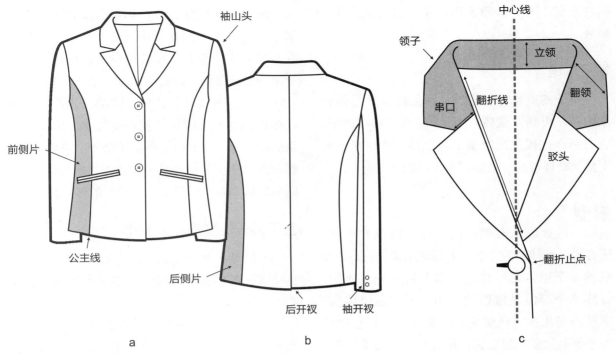

图 5.3　外套术语

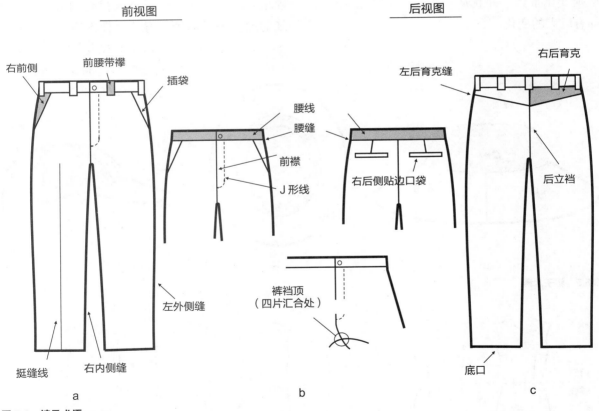

图 5.4　裤子术语

襟，上面缝制的明线叫做 J 形线，因为它的形状像 J（图 5.4a 和 b）。男裤的门襟开在右边，女款可开在左边也可开在右边，因为它们有时遵循男裤的规则，但男裤在缝制门襟时从不遵循女裤的规则。

西裤通常会压折裤中线，休闲裤子则没有（图 5.4a）。在工艺款式图中通常使用 0.5 号的线来绘制，以便与接缝区分开来。口袋也有不同的款式。图 5.4a 和 5.4b 展示的口袋款式称为插袋。

帽子术语

帽子的款式有很多种，从传统的毛毡帽到编织帽，再到贝雷帽。图 5.5 展示了拼接帽子，它的制作过程包括绘制平面纸样，然后在布料上按照纸样剪裁，最后用机器缝制。

廓型

一件衣服的廓型指的是外轮廓线或形状，还有另一种理解的方法，就像之前提到过的：衣服的哪个地方是合体的，哪个地方是宽松的，身体哪个部位是覆盖的，哪个部位是裸露的。廓型的变化在风格演变以及潮流创新过程中是一个重要元素。男装廓型的变化要比女装缓慢，但也仍然在变化中。相比之下，女装的时尚廓型则变化很大，并且从长到短，从宽松到合体都有巨大的变化。

时尚潮流的变化持续影响着廓型，但有些廓型会一次又一次地重新流行。高级时装廓型在形状上更加夸张。新的廓型要根据不同的市场来调整或简化，以便适应每一个细分市场。

也有一些明显的特例。腰部一直是女士连衣裙的焦点，腰线的位置在女装廓型中是一个重要的元素，如图 5.6 是裙子造型，在本章中，将对连衣裙、半裙和裤子的廓型进行详细说明，同时也讲到基于不同裙长和裤长的各自分类。

基于腰线位置的廓型变化

不同的名称用来表示不同的廓型，女士基本连衣裙的廓型是由腰线位置和合体度来决定的（图 5.6）。

· 紧身裙——图 5.6a 和 5.6b 中腰线在自然位置，第一件有实际的腰线接缝，而第二件的腰部形状是由省道来塑造的。随着沙漏形状廓型的流行，图 5.6a 的连衣裙受到追捧，即纤细的腰，丰满的胸、臀。这件衣服有一个窄口

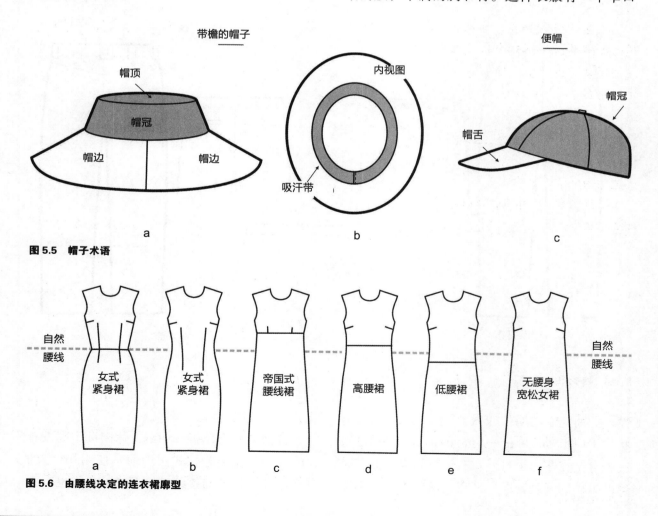

图 5.5 帽子术语

图 5.6 由腰线决定的连衣裙廓型

的下摆，底边围度要比臀围窄。这进一步突出了臀部的曲线。

- 帝国式腰线裙——这种连衣裙在胸围以下有接缝或款式分割线（图5.6c）。
- 高腰裙——这是一种过渡性的腰线位置，这时的腰线有种向上的趋势（图5.6d）。
- 低腰裙——经常搭配紧身胸衣，低腰也用在没有合体腰围的女士连衣裙上（图5.5e）。
- 无腰身宽松女裙——这是一种没有腰身的直筒型款式（图5.6f）。

按廓型分类的经典女士连衣裙

一些比较经典的廓型可以按形状来定义，不一定要考虑其他造型细节（图5.7）。不管是长袖还是短袖的梯形裙都叫梯形裙。所有这种款式的裙装可以有各种各样的袖子和衣领，但是它们仍然叫梯形裙。但有一个例外，就是套头裙，它是无袖的，穿着时要套在另一件衣服的外面。

帐篷式连衣裙是一种A字廓型的连衣裙，是由巴黎世家在1950年作为外套推出来的，并用在裙装和外套上。梯形连衣裙是一种及膝的帐篷形的连衣裙，1958年由伊夫·圣洛·朗推出，这是一种宽松的连衣裙，有收窄的肩膀和逐渐增大的下摆。虽然这两种款式在工艺上不同，但它们造型很相似，如图5.7a，都属于下摆宽大的金字塔形连衣裙。

丘尼克裙（5.7b）是两件式连衣裙，有单独的窄长裙，和一件式连衣裙有相似的外观。

套头式女裙，一般搭配长袖针织衫、衬衫或毛衣（图5.7c）。它几乎可以有任何一种形状。

公主线连衣裙（5.7d）通过竖直的分割线来达到合体效果，而不是省道，通常没有腰部分割线。

娃娃裙（图5.7e）是一种短款连衣裙或者是一种从育克处延伸出很多褶裥的背心款式，为女孩和妇女穿着。这个词在20世纪初指的是儿童和婴儿的服装款式。

斜叠襟连衣裙（图5.7f）也被称为围裹裙，通常重叠很多层，在侧身有很多密褶，相同的外观在没有底衬的情况下也可以实现。

基于设计细节的连衣裙廓型变化

另外，还有一些经典形状，在风格上变化不大，但是版型却一次又一次反复流行。这些款式不仅仅用形状定义，也通过细节定义。图5.8的前三幅图来自西方传统礼服，后两幅来自其他文化。

图5.8a这件衬衣式连衣裙是在经典定制衬衣基础上设计的，其中有很多相似的细节，比如有领座的衣领、袖口，以及前门襟。它通常由梭织面料制成，腰部束带。一个相似的款式就是马球裙，在马球衫基础上设计的休闲针织衫，有一个与图5.29a款式相似的领子。

开襟明纽女式长外套（图5.8b）通常有双排扣，这种版型有从其他外套和风衣上借鉴的细节（肩章、腰带等）。吊带裙（图5.8c）一般夜晚穿着，它从内衣上借鉴了细节，如细肩带、

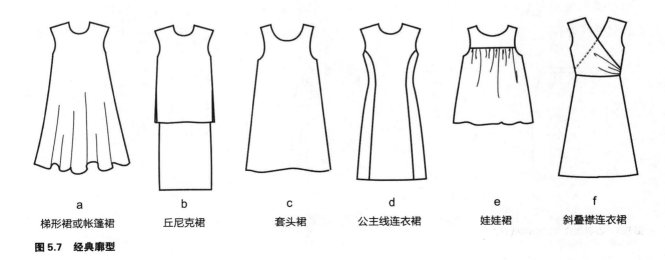

a	b	c	d	e	f
梯形裙或帐篷裙	丘尼克裙	套头裙	公主线连衣裙	娃娃裙	斜叠襟连衣裙

图5.7 经典廓型

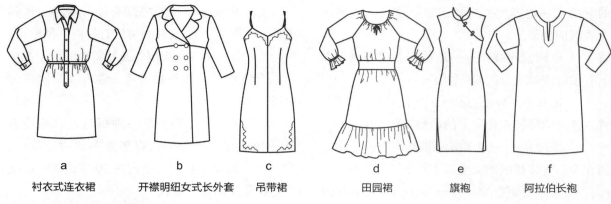

a	b	c		d	e	f
衬衣式连衣裙	开襟明纽女式长外套	吊带裙		田园裙	旗袍	阿拉伯长袍

图 5.8 基于设计细节的服装廓型

花边装饰、轻质柔软的面料。它通常采用斜裁法。其他经典的连衣裙款式还有猎装裙，由带有腰带和多个贴袋的非洲旅行夹克衍生而来，由伊夫·圣洛·朗推出，并广为流行。这种短袖夹克经常搭配太阳裙或无袖上衣、长裙。

田园裙（图 5.8d）有带褶皱的领口和袖口。图中所展示的裙子在下摆处也有褶皱，但是这种款式通常有很多层，就像三层裙一样。旗袍（5.8e）是一种修身的服装，起源于中国，有立领、斜襟和开衩。阿拉伯长袍（图 5.8f）是一种领口有花边装饰的长款宽松服装，它有时会作为日常休闲服在男士服装中流行。

根据造型和细节来定义半裙廓型

半裙是一种覆盖腰部及以下部位的圆柱形服装。在一些文化中男子也穿类似裙子的服装，如苏格兰短裙，以及南太平洋半岛的一种叫做 Lava lava 的围裹服装。但在西方文化中半裙是一种典型的女性服装。在任何情况下，对于廓型来说，半裙都是一个重要的元素，不管是否搭配紧身上衣。

半裙的廓型会根据当时对身体某个部位的关注而变化。如果要强调细腰丰臀，就可以采用下端收紧的款式，因此褶皱造型的裙子因为臀围线处的丰满度而倍受欢迎。图 5.9～图 5.11 展示了多种半裙的廓型。

基础直筒裙（图 5.9a）合体修身，在自然腰线位置有一条笔直的腰带，且有前后省道。裹裙（图 5.9b）在一定程度上可以调整围度，以适应不同的人体尺寸。

苏格兰式短裙（图 5.9c）是一种带褶裥的服装，最早起源于传统的苏格兰男士裙子。拼接裙（图 5.9d）是将腰部省道转移到下摆部位，使裙子呈喇叭形。拼接裙可以由 4, 6, 8, 10, 12 或其他数量的布拼接而成，是一种经典的款式。牛仔裙（图 5.9e）通常使用厚重的丹宁布料，这种款式一般都剪裁修身。较轻薄的牛仔裙在下摆位置可以有更多开口。

纱笼裙（5.10a）也叫做沙滩裙，起源于围裹和系扎的简单款式。现代纱笼裙做了调整，用悬垂柔软的布料塑造不对称的外观，且不需要调整。抽褶裙（5.10b）是一种直筒或腰部有

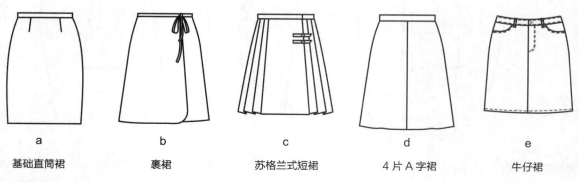

a	b	c	d	e
基础直筒裙	裹裙	苏格兰式短裙	4 片 A 字裙	牛仔裙

图 5.9 半裙廓型 1

褶裥的裙子。这种裙子更加适合边缘有设计的面料，最早来源于提洛尔人的乡村风服装。锥形裙（5.10c）的臀围要比下摆围更大，通常需要在底部有开衩或开口，以便于活动。蓬松裙（图5.10d）是一种具有夸张廓型的服装，通常在晚会或特殊场合穿着，因为它不方便进行正常的活动。

裤裙（图5.10e）是一种开衩的裙子，是裤子和裙子的完美结合；再长一点的叫做加乌乔牧人裤（图5.15d）。裙裤有一个有趣的历史故事。裙裤最早发明是由于自行车运动的流行，这种体育活动需要穿着裤裙，在那时也有长的款式。当然，这是体育运动影响时尚的比较早期的例子。

图5.11展示了四条长裙的廓型。由于穿着长裙的历史已有几个世纪，因此关于长裙的戏剧和历史故事有很多。稍长的裙子有时会作为日常装，其长度和旗袍差不多，但实际上，拖地长裙都在特殊场合穿着。

喇叭裙（图5.11a）很实用，和芭蕾舞裙的长度一样。随着裙子长度的增长，需要在膝盖的位置展开裙摆，以便有足够的宽松度来行走。塔裙（图5.11b）是一种有密集褶裥的长裙，在好几个世纪里，它都被看作是一种乡村服装，尤其是在东欧地区。在20世纪70年代，这种风格因为其朴素特质开始流行，并掀起了回归乡村的怀旧风潮。

霍布尔裙（图5.11c），在第一次世界大战时产生，在脚踝处变窄。最初的版型下摆很紧窄，只允许迈很小的步子。现代的款型做出了调整，裙身处有开衩，以便于行走。缩褶大摆裙（图5.11d）通常被认为是克里斯汀·迪奥的经典款型，在二战之后开始流行。那个时期的裙子通常使用15码甚至更多的布料缝制在挺阔的裙撑上，用来增大裙子的体积。这种巨大的裙子是战争时期的女性对压迫的一种反抗，她们渴望自由。

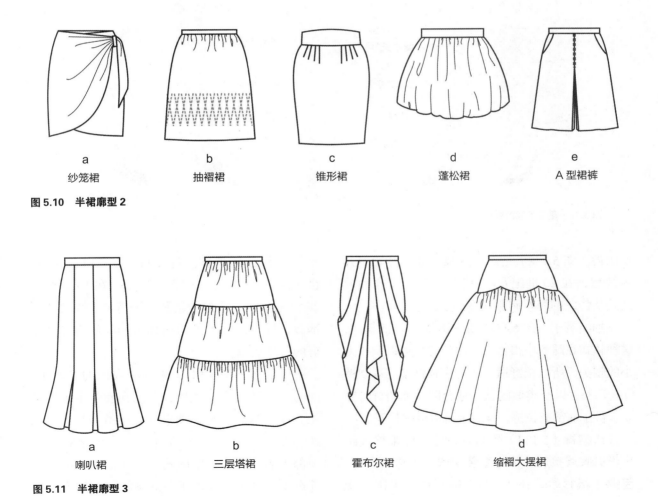

a	b	c	d	e
纱笼裙	抽褶裙	锥形裙	蓬松裙	A型裙裤

图5.10　半裙廓型2

a	b	c	d
喇叭裙	三层塔裙	霍布尔裙	缩褶大摆裙

图5.11　半裙廓型3

根据衣长定义的廓型

衣长是廓型的关键元素。图5.12a和b展示了所有裙子和裤子的长度及各自的名称。随着新的潮流和廓型进入市场，这些服装的名称和长度也随之改变。因此，很多经典的长度都有好几个名称。几十年来，不管裙子长度是长还是短，它都是造型的重要组成部分；1947年，随着迪奥"新风貌"的出现，街头出现了反对新长度的抗议，底摆的改变也成了头条新闻。如今裙子长度不再是一个争议的话题，而且裙子从长到短的变化周期也比过去更快。

按造型和细节来定义的裤子廓型

裤子有两个裤筒。最早期的女裤是灯笼裤，一种在脚踝处有缩褶的长裤，19世纪由阿米利亚·布尔姆设计发明。在之前好几个世纪的西方文化中，女人能否穿裤子是有争议的。在二战时期，电影明星曾在制作工厂里穿着裤子工作，在这之后的整个20世纪30年代，裤子受到追捧。在过去的几十年里，裤子已经成为衣橱必备品。在1960年之后又发生了转变，当时美国的餐厅不允许女性穿着裤子进入。

牛仔款式适合任何身高和体型的女子穿着。

裙长

← 超短
← 迷你
← 及膝长
← 小腿中长
← 芭蕾舞裙长
← 及踝
← 脚面

a

图5.12　基于长度的廓型

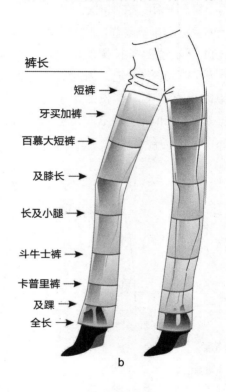

裤长

短裤 →
牙买加裤 →
百慕大短裤 →
及膝长 →
长及小腿 →
斗牛士裤 →
卡普里裤 →
及踝 →
全长 →

b

喇叭裤（图5.13a）是一种从膝盖处就开始展开的裤型，在20世纪60年代非常流行。这种款式是从传统的海军制服演变而成的。

抽绳裤子（图5.13b）是一种很流行的款式，这种款式在睡衣中很常见。由于它有可以调整大小的腰头，所以很舒适，适合多种体型。运动裤（图5.13c）以及类似的款式适合跑步和骑行时穿着。裤子底部有拉链，穿着者可以将它拉开。

造型裤（5.13d）腰高且合体，好莱坞式腰头没有腰线接缝。佐特套装中的裤子造型夸张，起源于洛杉矶，在20世纪40年代的美国很受

年轻工作族的追捧。灯笼裤（图5.13e）在19世纪60年代作为乡村服装推出，在19世纪末20世纪初，经常被看做是男子高尔夫服装的一部分。膝盖处松散的褶裥和带扣的底边是灯笼裤的典型造型。

工装裤（图5.14a）来源于农民的工作服，因为它舒适且腰身宽松，所以在女装中也很常见。在工装裤上有一件小背心和吊带与裤身相连。图5.14b展示了一条锥形裤，锥形指的是顶部丰满、底部紧窄的轮廓，在裙子中也有这种造型。裤子（或裙子）的高腰缩褶而产生褶

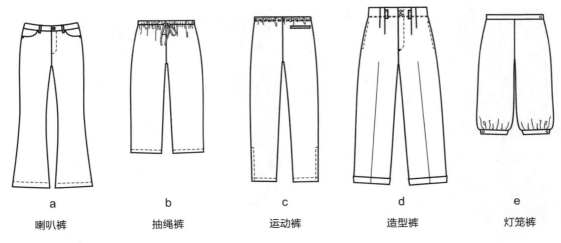

| a | b | c | d | e |
| 喇叭裤 | 抽绳裤 | 运动裤 | 造型裤 | 灯笼裤 |

图 5.13　裤子廓型 1

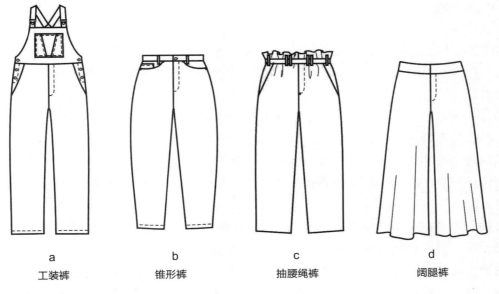

| a | b | c | d |
| 工装裤 | 锥形裤 | 抽腰绳裤 | 阔腿裤 |

图 5.14　裤子廓型 2

皱的外观，被称为抽绳式腰头（图 5.14c）。阔腿裤（图 5.14d）就如同宽松的分成两半的裙子或裤裙，在 19 世纪 60 年代末和 70 年代初很流行。

在其他文化中，有些裤子廓型很有造型感。哈伦裤（图 5.15a）总是让人联想起肚皮舞和瓶中精灵。马裤（图 5.15b）名称源自印度及其周边地区，是专门为骑马运动而设计的。托蒂裤（Dhoti）（图 5.15c）是一种民族风格的垂褶裤，起源于印度。它指的是一种低裆紧腿、腰布可能有褶皱的款式。加乌乔牧人裤（图 5.15d）名称源自南美洲地区，在潘帕斯草原，放牧者多穿着牧人裤。通常也作为女子的过膝裤，常搭配靴子，腿部完全覆盖无裸露。

设计细节

袖子、袖口、颈部造型，以及衣领都是与服装廓型有关的设计细节。

袖子和袖口

袖子的形状一般根据衣服廓型来定。根据袖窿弧的形状，主要分为装袖和插肩袖，其中插肩袖包括蝙蝠袖、和服袖、羊腿袖及其演变的袖子。

任何一种袖子都能解决某类问题，但任何事物都有利弊。装袖有流畅的外观，但活动范围受限。蝙蝠袖宽大舒适，但要使用轻薄面料才能达到效果。研究袖子的性能很重要，只有好的面料

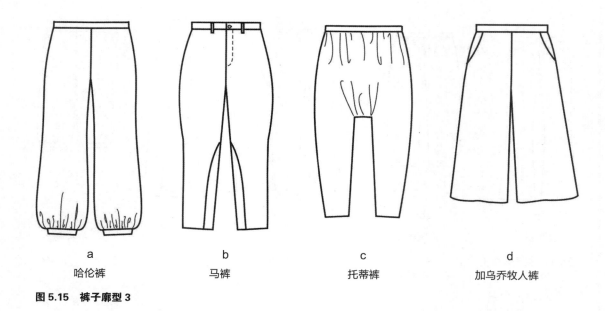

a	b	c	d
哈伦裤	马裤	托蒂裤	加乌乔牧人裤

图 5.15　裤子廓型 3

和形状才能塑造出完美的外观和舒适感。

不同袖山的装袖

　　装袖是一种基本袖型。它附在衣服上伸出胳膊的部位，造型舒适合体，方便人体自由活动。装袖的舒适性和功能性是通过各个测量点的相互平衡得到的。我们将在第 16 章讲解更多这方面的知识。

　　很多袖子的款式是通过装袖演变而来的，图 5.16 展示了三种不同的装袖，每一款袖子都有不同的袖山高。高袖山（图 5.16a）是一种合体的造型，经常出现在定制外套上，但弊端是当穿着者抬起手臂时，外套也会随之上抬。中袖山（图 5.16b）的袖山略短，有更多空间来抬臂，从而避免衣服被拉起。没有袖山的袖子

（图 5.16c）通常需要落肩、挖低的袖窿和轻薄的面料，并在手臂处呈现出悬垂的褶皱。

　　图 5.17 所展示的短袖都属于装袖，但其造型都有变化。短袖是一种年轻的款式，多适用于女孩的服装。

　　长款装袖也有很多变化（图 5.18）。正装袖（图 5.18a）一般出现在半宽松的衬衫式连衣裙和男女式衬衣中。抽褶袖（图 5.18b）和灯笼袖（图 5.18c）都是女装袖的款式，虽然灯笼袖曾用在男士舞台装上。钟形袖（图 5.18d）是肘部和袖口之间袖管逐渐变大的袖子。羊腿袖（图 5.18e）经常出现在细腰喇叭裙上。朱丽叶袖（图 5.18f）是一种顶部膨大，肘部以下纤细的袖子，小臂非常合体，是根据罗密欧与朱丽叶剧中人物来命名的。田园袖（图 5.18g）是一种手

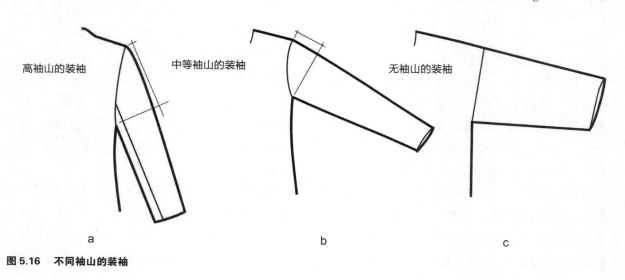

高袖山的装袖　　　　　中等袖山的装袖　　　　　无袖山的装袖

a	b	c

图 5.16　不同袖山的装袖

腕处有密集褶皱的直筒袖。

外套袖子通常有紧窄的袖口，可以避免热量从袖口流失（图5.19）。图5.19a～5.19d是四种标准的袖子。而图5.19e～5.19f的袖子款式更适合厚重的服装，因此袖口肥大且不可调节。

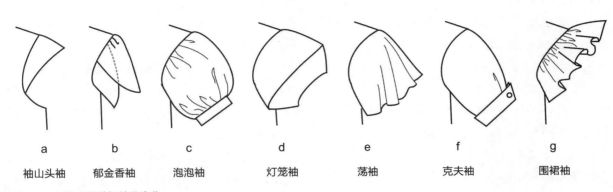

左袖前视图

a	b	c	d	e	f	g
袖山头袖	郁金香袖	泡泡袖	灯笼袖	荡袖	克夫袖	围裙袖

图5.17　不同的装袖短袖的变化

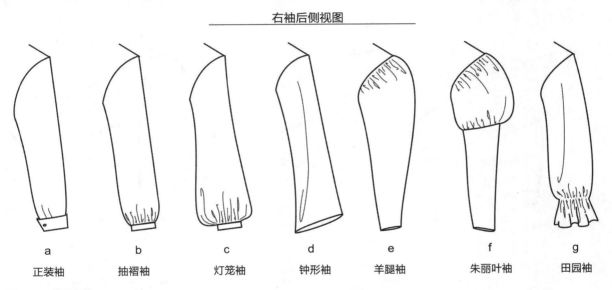

右袖后侧视图

a	b	c	d	e	f	g
正装袖	抽褶袖	灯笼袖	钟形袖	羊腿袖	朱丽叶袖	田园袖

图5.18　长款装袖

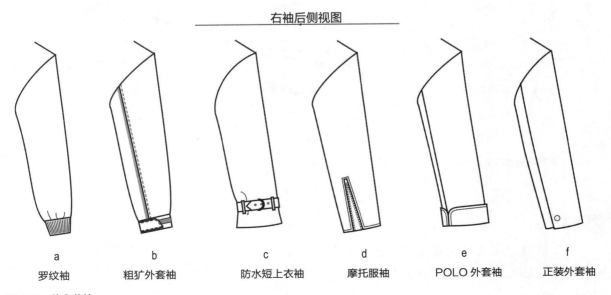

右袖后侧视图

a	b	c	d	e	f
罗纹袖	粗犷外套袖	防水短上衣袖	摩托服袖	POLO外套袖	正装外套袖

图5.19　外套装袖

插肩袖

第二类袖子款式是插肩袖，是衣身与袖子连裁的款式，袖子通过肩部，到达领口结束。民族风格的衬衫上会用到这种袖型，如图5.18g田园袖，需要选用柔软的面料进行制作。

一个更加合体的款式其插肩线为弧线造型，裁去的面料更多（图5.20b）。该款式的袖子在肩头有省，以塑造形态。这个版型袖窿较低，适用于雨衣或男士大衣。

最后一个插肩袖款型是鞍形袖（图5.20c），款式介于图5.20a和5.20b之间，肩头狭窄。

和服袖和德尔曼袖

最后一个袖子类型是和服袖，袖子与衣身一起裁剪。有时为了得到更高的合体度会加入一个插片。插片设计在腋下，补充不足的长度量和更多的活动量。在20世纪五六十年代，这种类型的袖型非常受欢迎，服装的肩部是柔软的填充物。具有讽刺意味的是，实际的日本和服没有这种风格的袖子，而是落肩样式的设计，见图5.16c。

德尔曼袖（也叫蝙蝠袖）是从和服袖中演变过来的。德尔曼袖（图5.21b）与袖窿没有接缝，需要使用大量的面料。将袖窿变得更深则可得到蝙蝠袖。

在德尔曼袖中，接缝位置的设计有很大的自由度。袖子的角度是非常重要的，取决于所选择的面料。

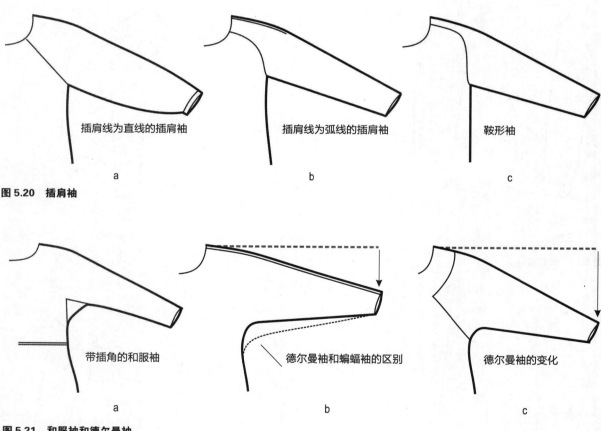

插肩线为直线的插肩袖
a

插肩线为弧线的插肩袖
b

鞍形袖
c

图5.20　插肩袖

带插角的和服袖
a

德尔曼袖和蝙蝠袖的区别
b

德尔曼袖的变化
c

图5.21　和服袖和德尔曼袖

领口

领口是决定服装风格最重要的设计特征。领口有许多变化，下面所介绍的只是其中几种。

领口造型

图5.22显示了最常见的领口造型。

· 方形领口，形状从窄到宽，由浅到深（图5.22a）。

· 圆领通常有罗纹饰边，一般位于颈根附近，是标准 T 恤衫的款式（图 5.22b）。

· 锁眼领领口包括一个闭合区，也可以作为后开口等（图 5.22c）。

图 5.23 显示了更多的领口造型。

· V 形领口其领深和领宽随颈部形状的变化而变化（图 5.23a）。

· 勺形领口领口线比圆形领口低且弯曲（图 5.23b）。

· 鸡心领口低于领口线，在前胸中间有个心的形状，是 20 世纪 40 年代流行的领围线（图 5.23c）。

图 5.24 显示了更多领口造型的例子。

· 芭蕾舞领口，常见于舞蹈紧身衣（图 5.24a）。

· 船形领口（也叫一字领），源自法国水手的毛衣（图 5.24b）。

· 垂褶领口是领口附近带垂荡褶的款式。一般用柔软面料的斜纱剪裁（图 5.24c）。

图 5.25 是其他变化款式的领口。

· 挂脖领的领口设计，配以裸露的肩膀（图 5.25a）。通常在后颈扣合。

· 一字肩领口通常配有皱褶或省道等其他元素（图 5.25b）。

· 不对称领口从左到右侧形状都不同（图 5.25c）。

图 5.26 显示了更多的领口造型变化。

· 抽褶领，颈部边缘有大量褶皱，常用于

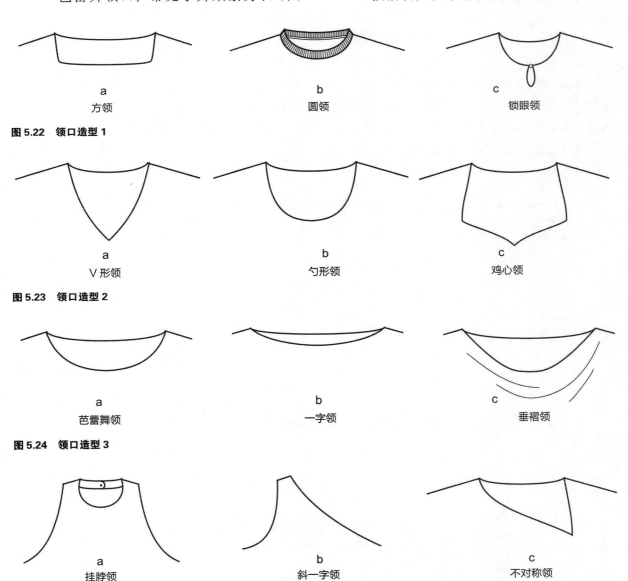

a
方领

b
圆领

c
锁眼领

图 5.22　领口造型 1

a
V 形领

b
勺形领

c
鸡心领

图 5.23　领口造型 2

a
芭蕾舞领

b
一字领

c
垂褶领

图 5.24　领口造型 3

a
挂脖领

b
斜一字领

c
不对称领

图 5.25　领口造型 4

插肩袖中（图 5.26a）。

· 深 V 领（图 5.26b）。

· 企领（也叫漏斗领）延伸至颈部（图 5.26c）。此款版型前中心有接缝。

领子设计的技术问题

颈部的造型决定了领子的设计。图 5.27 是一个有代表性的颈部测量结果，将用于设计一个珠宝领。该计测值将被写入工艺单，适用于 8 号的中号女装。

前颈部降低是为了舒适，尤其对于梭织面料。针织面料可以略高，但仍然要保持喉咙部位呼吸顺畅。

不同的领型测量部位不同，可根据具体情况补充测量部位，以获得所需的造型（图 5.28）。图 5.28 尺寸表中前三个是标准的测量部位，如同珠宝领一样，在肩点 6 英寸处做领宽。注意 6 英寸是从肩高点向下的纵向长度，而不是宽度。另一种说法是，"领口为 10 英寸宽，领宽位置从肩高点向下 6 英寸"。

衣领是颈部附近的关键部件，可以永久连接在衣身上，也可设计成可拆卸的。对于一些外套，领子具有重要的防风和防水功能。

衣领款式

图 5.29 ～图 5.33 展示的是基础领型。有些领型更适用于针织服装款式，如图 5.29 显示的三款领型，包括 POLO 领（图 5.29a）、半圆领（图 5.29b）、和亨利衬衫领（图 5.29c）。POLO 领常用于高尔夫球服，这个款式是不裁剪和缝制的，实际上只是单层织物。半圆领是贴身的衣领，通常采用针织材料（图 5.29b）。亨利衬衫领（图 5.29c）常用于男装、女装和童装的上衣。正装衬衫领是男士衬衫的重要款式（图 5.30a）。其领子分两部分，由领底（也称领座）和领面组成。

领座的确切长度是非常重要的，根据颈围得到领座长；事实上，男士购买衬衫时用的是领围尺寸而非胸围。这是因为衣领和袖口是衬衫合体度的关键指标。

女性的服装大小通常不会由领围决定，女装上有太多更重要的测量点（胸、腰和臀部）

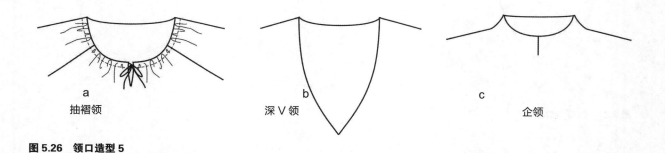

a
抽褶领

b
深 V 领

c
企领

图 5.26　领口造型 5

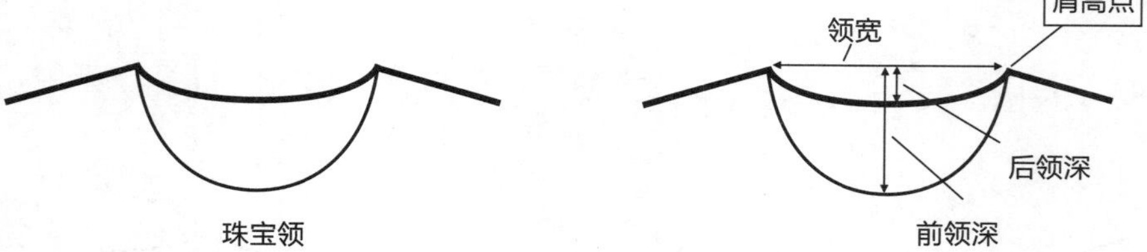

珠宝领

领宽

肩高点

后领深

前领深

珠宝领

测量点	容差（＋）	容差（－）	尺码 8
前领深，肩高点至边	1/4	1/4	3
后领深，肩高点至边	1/4	1/4	1
领宽，两点之间	1/4	1/4	6

图 5.27　典型的珠宝领测量数据

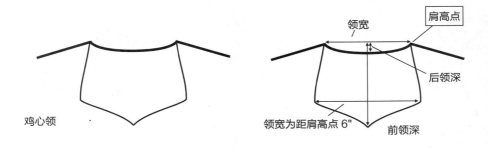

鸡心领

领宽　肩高点

后领深

领宽为距肩高点 6"　前领深

测量点	容差（＋）	容差（－）	尺码 8
前领深，肩高点至边	1/4	1/4	10 ¼
后领深，肩高点至边	1/4	1/4	3/4
领宽，两点之间	1/4	1/4	6 ½
领宽，距肩高点 6"	1/4	1/4	10

图 5.28　鸡心领的测量数据

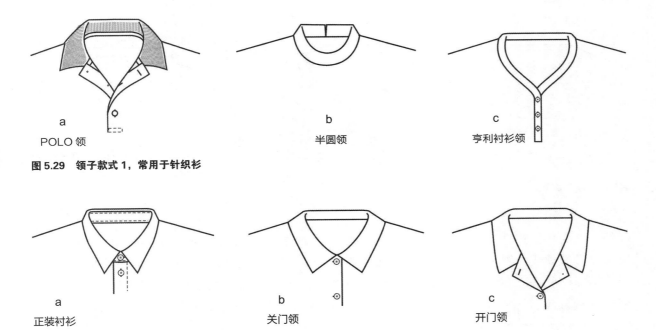

a　POLO 领　　　　　b　半圆领　　　　　c　亨利衬衫领

图 5.29　领子款式 1，常用于针织衫

a　正装衬衫　　　　　b　关门领　　　　　c　开门领

图 5.30　领子款式 2

和丰富的造型变化。

　　图 5.30b 和 5.30c 分别是关门领和开门领。开门领也称为睡衣领，或夏威夷衬衫领。彼得潘领（图 5.31c）与翻领结构可以互相转换（图 5.30b），只是外边缘形状不同。燕子领（图 5.31a）在一定形式上与旗袍领相似，衣领非常直。燕子领的领子是高的，僵硬的，领面前端有转折点。

　　立领，也称为中国领、尼赫鲁领（图 5.31b），是一个挺立的直领，曾在 20 世纪 60 年代短暂地流行于男西装上。

　　系带领（图 5.32a）有许多不同的长度和宽度，它的成功取决于面料的柔软度。这种款型起源于 20 世纪 20 年代，此后一直备受欢迎。约翰尼领（图 5.32b，也叫意大利领）用很简单的方法把领子附在领口。领子缝在衣身里侧，再翻转出来。波形领（图 5.32c）是一种圆形皱褶领，有许多款式变化，有时长度达到腰围线。

　　宽圆领是一种特大型的衣领，围绕颈部一圈，有时用花边（图 5.33a）。一种叫做"朝圣

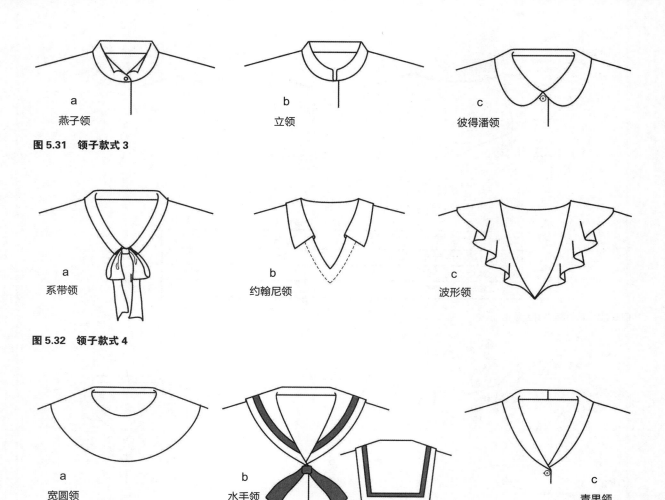

a
燕子领

b
立领

c
彼得潘领

图 5.31　领子款式 3

a
系带领

b
约翰尼领

c
波形领

图 5.32　领子款式 4

a
宽圆领

b
水手领

后视图

c
青果领

图 5.33　领子款式 5

者领"的变化款式是在前面打开的。也可以做成超大号的款式，领子拓展延伸到手臂根，称为斗篷领。水手领（图 5.33b）常用于童装、校服。这种款型通常受到女生的喜爱。披肩领（图 5.33c）是两片领，款式多样，可窄可宽，交叉点可高可低。

衣领设计的技术问题

衣领测量的关键点包括前颈点、后颈点、侧颈点，男士正装衬衫需要的是领底线长度而不是颈宽。正如在本章的前面所述，男士衬衫领的大小实际上是颈部尺寸；传统的礼服衬衫尺寸通常为 16½，34（颈围，袖长）。图 5.34 是号型为 8 的没有领座的女衬衫领。

正装领：正装领有许多微妙的变化。翻领的宽度和形状，领角的位置都要考究。和衣身其他部位要和谐，因为一个小的变化会产生很

大的差别。图 5.35 显示的是常见的翻领结构。

查看图 5.36，复习所有的专业术语，然后在实际服装的衣领上找到图 5.34 中的测量点。要找到实际的肩高点，必须将衣领翻过来。

图 5.34 的表中没有包含三个标准的测量点，即后领深、后中领高、颈宽。有关测量点和如何测量的信息可在第 15 章中找到。

青果领：图 5.37 显示了青果领的变化。青果领比正装领的工艺简单得多。因为外部边缘是独立的，因此在造型选择上有很大的自由度。图 5.37d 的青果领造型模仿了正装领的翻领。青果领的显著特征是后中缝。图 5.37e 严格来说不是青果领，但是其前面的部分与青果领相似。

口袋

口袋是服装设计的重要组成部分。口袋的四种类型（图 5.38）分别为贴袋、单嵌线口袋、

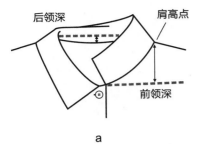

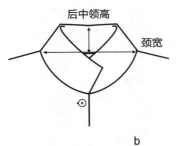

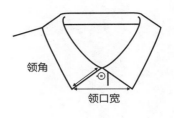

a   b   c

测量点	容差（＋）	容差（－）	尺码 8
前领深，从肩高点	1/4	1/4	3 ½
后领深，从肩高点	1/4	1/4	1/2
领宽，肩高点至肩高点	1/4	1/4	6 ½
领口宽	1/4	1/4	3 ½
后中领高	1/4	1/4	3
领角	1/8	1/8	2 ¾

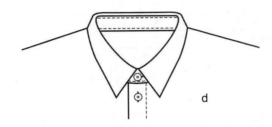

d

测量点	容差（＋）	容差（－）	领围 16 ½
前领深，从肩高点	1/4	1/4	4
后领深，从肩高点	1/4	1/4	1/2
领座长，扣子到最下面的扣眼	1/4	1/4	16 ½
领口宽	1/4	1/4	3 ½
后中领高	1/8	1/8	3
领角	1/8	1/8	2 ¾

图 5.34　领子说明

　　　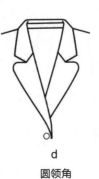　　

a　　　　　　　b　　　　　　　c　　　　　　　d　　　　　　　e　　　　　　　f

尖形　　　　　　鱼嘴形　　　　　双排扣　　　　　圆领角　　　　　斜领嘴　　　　　叶形

图 5.35　驳头款式

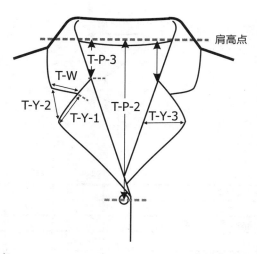

代号	测量点	容差（+）	容差（-）	尺码 8
T-P-2	前领深，肩高点到上纽扣	1/4	1/4	11
T-P-3	领圈位置	1/4	1/4	3
T-W	领角	1/4	1/4	1 3/8
T-Y-1	翻领角	1/8	1/8	2 1/4
T-Y-2	翻领角至领角	1/4	1/4	1 3/4
T-Y-3	翻领宽	1/4	1/4	4 1/4

图 5.36 正装领的测量点

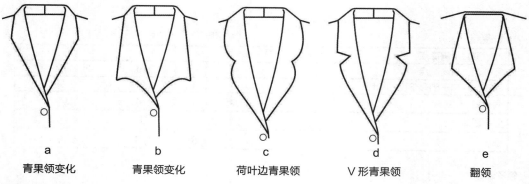

a	b	c	d	e
青果领变化	青果领变化	荷叶边青果领	V 形青果领	翻领

图 5.37 青果领变化款式

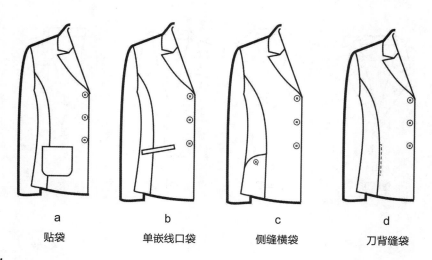

a	b	c	d
贴袋	单嵌线口袋	侧缝横袋	刀背缝袋

图 5.38 口袋类型

侧缝横袋、刀背缝袋。在第 11 章中可以找到更多有关口袋和口袋的制作细节的内容。

总结

正如我们在这一章中探讨的，廓型和细节设计有助于设计出独特和时尚的服装产品。在书面和口头交流中使用正确的术语是必要的。这里用到的样式只是简单的示范，是使用多年的经典款式。

思考问题

1. 选择你最喜欢的一条牛仔裤。用牛仔裤案例图中的术语来标注牛仔裤的不同部分。

2. 从衣柜里挑选一件衬衫。用专业术语来标示衬衫的不同部分。从衣柜里选一件夹克，组织班里一起学习的伙伴，使用特定的夹克术语，看看你和你的伙伴是否有遗漏的关键术语？

3. 如何制作夹克的工艺单？

4. 选择一个你最喜欢的领口或衣领款式，创建领口或衣领工艺单。

5. 当前服装廓型流行的趋势是什么？访问你最喜爱的互联网零售商，打印出有代表性的风格。把你的想法写在显眼的位置上。

6. 基于长度的廓型现在的流行趋势是什么？访问你最喜爱的互联网零售商，打印出有代表性的风格，并写下你对当前流行趋势的解释。

7. 目前的流行趋势是什么？访问你最喜爱的互联网零售商，打印出有代表性的风格，写下你对当前流行趋势的解释。

8. 目前领型的流行趋势是什么？访问你最喜爱的互联网零售商，打印出有代表性的风格，写下你对当前流行趋势的解释。

9. 为女性衬衫设计五种不同的领子。

10. 袖子三种主要造型是什么？它们有什么不同吗？他们为什么不同？

检查学习成果

1. 用于设计裤子的术语。

2. 用于设计衬衫的术语。

3. 比较用于圆领和 V 领的规格说明。

4. 确定六个经典服装廓型图，并解释其差异。

5. 确定六个腰线位置不同的服装，并解释其差异。

第 **6** 章

款式、结构线与造型方法及合体度的细节

本章学习目标

- » 分辨款式，结构线与塑造造型的细节
- » 以口头或书面形式表达造型线以及各种细节
- » 探讨各种服装造型方法以及他们的技术工艺要求
- » 通过分析设计特点，探讨塑造体型和合体度有关的流行趋势
- » 将不同的设计方法应用到设计创新过程中
- » 在设计创意阶段考虑运用各种设计特征

本章讲解了与服装造型和合体度有关的款型、造型线以及设计细节的内容。并结合示例图对省道以及其他结构线进行了探讨。同时，本章也介绍了实现造型的工艺要求。

服装造型方法：省道和其他方法

面料是二维平面的，而人体是三维立体的。因此，多年来，为了能够用二维面料制作出适应身体形态的三维服装，不断出现了一些重要的服装制作方法。服装的各种造型方法都是为了体现和强化人体形态，并为人体形态提供舒适的服装合体度。

省道是服装的主要造型方法，用于胸、腰和臀部等区域的塑型，从而体现身体的立体轮廓。其他造型方法称为省道的代替方法，代替省道来完成服装的造型，这些术语可互换使用。服装制作中造型方法包括：

- 省道
- 开花省（塔克）
- 褶裥
- 碎褶
- 松量
- 橡筋带，松紧绳
- 镶边
- 公主线
- 拼衩
- 育克
- 三角布
- 三角形衬料
- 裂口或裂缝

省道

省道是用来收掉多余面料以展现穿着者体型的一种方法。对于省道的构造，面料需在折叠后再翻折回去，并成锥形延伸到省尖，而且省道可以使服装更加符合人体的曲线形状。省道是一种实用且经久不衰的服装造型方法，这种方法可以使服装更加合体，而且省道在服装结构上有很多变化形式。

楔形省和梭形（橄榄）省

梭形省，位于胸部和腰部，有点像三角形的形状。梭形省更像一个加长的菱形（图6.1）。

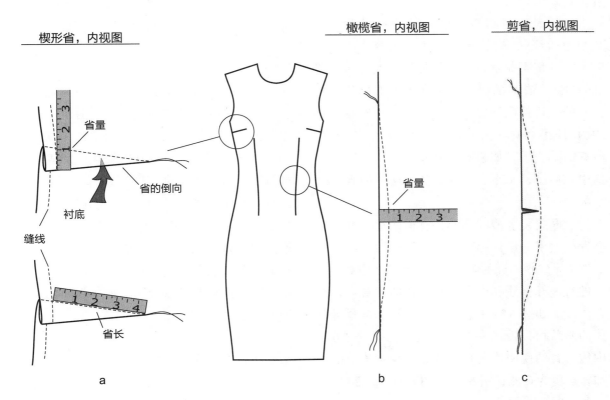

图6.1 楔形省和梭形省

如果在腰部需要增加合体度，也可使用梭形省（又称为菱形省）。需要注意的是，梭形省的省量不能和楔形省的一样多，因为当超过某一省量时，梭形省会扭曲，为了避免省道的形状扭曲，则需要进行裁剪。在进行省道处理时，通常不建议裁剪，因为这种裁剪的毛边很难处理，而且容易散开。梭形省基本上与地面是垂直的，而且省道的折边是朝向服装的中心、前中或后中的。

省道的末端是缝合的，这是省道的一个重要的结构细节。缝纫时必须小心避免末端缝线的断裂，因为它可能导致省尖点散开，而且在这个位置很难回针。所以，省道的缝线非常接近边缘的最后几针，然后保留1英寸（图6.1a），线迹不应在这里集中裁切，否则可能导致省尖点缝纫失败（图6.1b、图6.1c）。辐射褶（Tailoredknot），指在省尖点打结，通常用在高定服装中。

省道设计的工艺问题

描述省道的术语有很多。图6.1a显示了在规格表中用于明确尺寸的主要术语：省量和省长。

省量是在省道缝纫线一侧进行测量（不是裁边边缘），省长是从缝边测量至省尖（图6.1a）。一般都是从缝边开始捏省，如单向胸省（图6.1a）。省道的底层是指在下面的部分，水平省的折边倒向通常是朝下的，如图所示。省的倒向是设计师一开始就需要特别注意的细节。所有的垂直省，如腰省、领省和臀省，应倒向前中和后中；水平省，如胸省，应倒向服装的下部。

根据服装廓型的不同，省道的运用方式也会发生改变。设计师可以通过结合服装中不同的省道来实现不同的服装造型。图6.2中对比了一件有破开腰线和没有破开腰线的紧身女装的合体度。如图6.2a中有腰线、腰身非常紧身贴体的服装可以使用一个非常大的腰省。图6.2c中梭形省的使用使上身衣片和下身裙子的衔接和转折更为自然，图6.2b为图6.2a和6.2c的对比图。图6.2a的方法可用于夸张的细腰和臀部

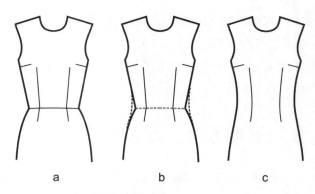

图6.2 有无腰缝服装的合体度

的曲线塑造，尤其是当这种外观造型非常流行的时候。这种外观造型流行于20世纪五六十年代，而且肯定会再次流行。

开花省（塔克）

塔克通过将线穿过平行的褶，然后将面料拉紧，通常是均匀分布的。塔克可以用来打造一种蓬松的视觉效果。由于塔克需要进行单独的缉缝，所以会增加制造成本。图6.3a的蓬松量是在腰部进行控制，在腰的上方和下方设置放松量。图6.3b在袖山内放松量，图6.3c中的塔克更多、更密集，由于释放了更多的面料放松量，裙子更加蓬松。塔克不是压于缝迹下面，这是它与褶裥的区别所在。

细褶

细褶指非常狭窄的褶，不大于⅛英寸。它们能代替省对服装进行造型，同时也可以作为服装的一种装饰手法。细褶通常作为镶嵌物使用。单向的细褶也可用在裤缝上，形成永久的裤折线。图6.4a中的水平褶没有任何造型效果，仅仅只是用于加强纹理效果。所以，如果款式想要变得合体，在造型时可以添加额外的省道，例如图6.4a中袖窿线处的胸省。图6.4b中的褶是沿着不同的角度进行辐射，当用到的褶长度很短时，这种褶可以看作是塑造胸部轮廓的一种造型方法。

褶设计的工艺问题

设计师们需将褶的设计细节和规格具体化、明确化。主要包括位置、长度和宽度。

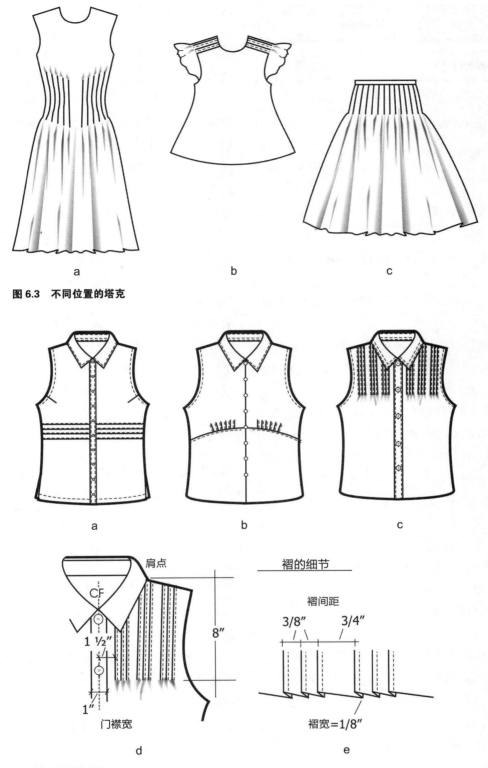

图 6.3　不同位置的塔克

肩点

CF

8"

1 1/2"

1"

门襟宽

d

褶的细节

褶间距

3/8"　　3/4"

褶宽=1/8"

e

图 6.4　细褶的变化

图 6.4d 和 6.4e 表示制作细褶的方法以及它们在服装上的位置，还展示了在规格表中的细节页面上是如何规定的。褶宽（这种情况下为⅛英寸）是当褶全部折叠在成衣正面的测量结果。

为了确定第一个褶的位置，将前中作为基准，将距离前中 ½ 英寸的位置作为第一个褶的位置。由于两侧的细褶是对称分布的（穿着者的左右侧，图 6.4c），所以褶的位置需与前中有一定距离（图 6.4d）。图中的褶是三个一组，一组中每个褶间隔⅜英寸，每组相距 ¾ 英寸（图

褶的规格	数据规格
褶深	1/8″
褶到肩高点的距离	8″
第一个褶到前中线的距离	1 ½″
每个褶的间距	3/8″
每组褶的间距	3/4″

表6.1 图6.4c 所示褶的数据规格

6.4e）。图 6.4c 中的服装两侧各设置三组细褶，共有六组。

褶的长度规定为"所有褶的末端都在距离肩高点 8 英寸处"。总之，表 6.1 给出了与褶的款式相关的数据规格。即便是一个简单的款式，例如图 6.4c，也要求说明所有细节，以确保款式与设计一致。

显然，一个详细的款式图可以用少量的词语提供大量的信息。款式图是服装制作工序中很重要的一部分，而且通过款式图，设计师能够有效地与所有参与服装生产的相关专业人员进行设计细节的沟通和交流。

活褶

本小节将探讨以下类型的褶：

· 剑褶

· 对褶和倒褶

· 群褶

· 机缝活褶（风琴褶、百景褶、辐射褶）

· 塑型褶裥（矩形褶、梯形褶、锥形褶）

· 设计细节的褶裥（单向褶、活动褶、造型褶、助行褶）

活褶是面料折叠的一种形式，形成双层面料，通过熨烫、线缝或铆钉来固定褶的造型。它们常用于腰部、肩部、背部，以及臀部，目的是使服装更加合体。也可将活褶作为装饰细节用在服装的其他位置。百褶、暗褶都是裙子中常见的造型方法。活褶对服装造型的塑造非常有效，且相当有视觉冲击力，一些具有变化的褶裙也一直引领着时尚。

活褶设计的工艺问题

服装的活褶工艺制作需要非常细心。最重要的是，首先要明确活褶工艺中所使用的术语，然后才能对活褶的一些设计细节进行沟通交流。图 6.5 展示了几种在活褶中所使用的工艺术语。褶裥大小是指从外侧折边至内侧折边的距离。褶间距指在外侧，一个褶与下一个褶之间的距离。在规格表的注释中，这两个是确定活褶的两个关键距离，并且会在示意图的规格表中进行详细注释（图 6.5）。

活褶可用在服装的任何部位。图 6.6 所示为男女梭织衬衫中的典型用法。图 6.6a 显示了如何确定袖克夫部分活褶的宽度与位置。活褶也经常用在背部的育克上，其目的是给出足够的松量，方便肢体活动（图 6.6b、图 6.6c）。图 6.6b 展示了一种打对褶褶裥的方法。这种情况下，由于细节位于后中，所以不能很明确地表示褶的位置。

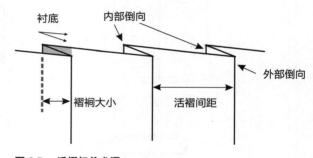

图6.5 活褶相关术语

活褶的类型

活褶通常用来对裙子进行塑型，用途各异。下面讲述了不同类型的活褶，并介绍如何对其进行测量：

剑褶：倒向相同的单褶称为平伏褶或单侧褶，这种褶（图 6.7a）常见于传统的苏格兰褶裥短裙。当这种单向形式的活褶宽度小于或等于 1 英寸时，称为剑褶。该类活褶在弹性织物、厚重织物，以及起绒织物上不适用，因为上述织物不能够形成预期的挺括廓型。这种褶最适合选用梭织面料，梭织面料可以用这种褶形成比较锐利的褶边。

对叠褶（对褶）和倒褶（暗褶）：图 6.6 为

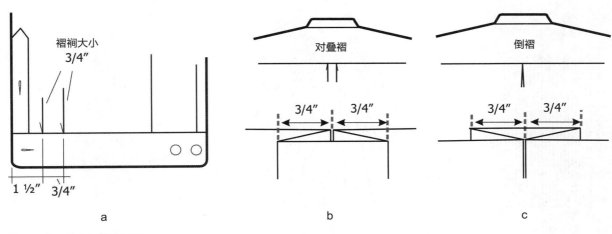

图 6.6　袖口和后育克的活褶

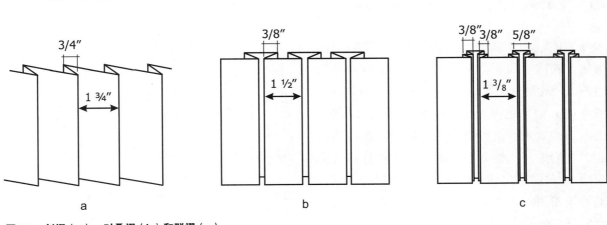

图 6.7　剑褶（a）、对叠褶（b）和群褶（c）

对叠褶和倒褶，图中的活褶间隔均匀，褶的方向交替相对。倒褶的反面与对叠褶相似。因为倒褶是反向对折，所以里面会丰满些。另外一种倒褶的定义是褶的两边都往服装正面的中心方向折叠。

图 6.6b 的男士衬衫示例了一个对叠褶，图 6.6.c 展示了一个倒褶。需要注意的是，无论褶朝外侧（对叠褶）还是朝内侧（倒褶），褶的结构和尺寸都相同。

群褶：图 6.7c 为叠褶结构的一种，称为群褶，意指以群组形态出现的活褶。它通常由一个大的对褶和两侧的一些小型剑褶组成。由于制作该类型的活褶需要特别精确的制作尺寸以及精准的缝纫工艺，所以它被看作是一件服装的质量指标，与制作工艺比较简单的褶裥类型相比其制作成本会更高。

机缝褶：其他类型的狭褶是通过特殊的机器设备缝制，其热定型具有永久性。

· 风琴褶，风琴褶是先制作一些能够紧贴人体的窄褶，形状与风琴相似（图 6.8a），将平铺的面料裁剪为预定的长度，并且在做褶前将底部边缘卷起。

· 辐射褶，图 6.8b 所示的结构称为辐射褶，它的特点是褶由一边扩大至另一边，也就是说褶在上方较窄小，而位于底部卷边处褶较宽大。这种类型的褶裥能够形成一个完整的褶的轮廓（顶边没有蓬松感）。这种褶的首选面料为轻薄面料，尤其是合成纤维，以及那些在热定型后能够永久保型的面料。裁剪面料时需要用到工业褶裥机，而且整件服装的制作都可以使用此技术，可以做为一个插片（图 6.8c）、边缘的褶边或者是袖子。与风琴褶相似，布料在打裥前需要卷边处理。

· 百景褶（明褶）与风琴褶相似，但是比

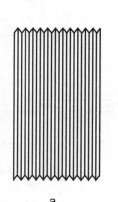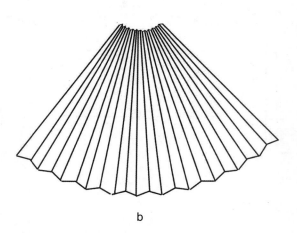

a   b   c

图 6.8　机缝褶裥：风琴褶（a）、辐射褶（b）、百景褶（c）

风琴褶体量小，百景褶是由一些连续平行的褶组成，其褶裥间距非常窄，主要用于修身直筒型的服装轮廓。此外，也可用于荷叶边和褶边，还可嵌入面料的某个部分（如衣襟），以创造出新颖的效果。该类型的布片卷边可在打褶前或者之后进行：如果布片的卷边是在打褶后形成的，那么卷边会形成一种褶边的效果。然而，未卷边的边缘，则会进行贴边或与款式线相结合（图6.8c）。

设计师对活褶的选择

活褶品类繁多，设计师们须谨慎选择合适的活褶来提升完善他们的服装作品。

造型褶：活褶的形状特征可以分为矩形、梯形、锥形。

· 矩形褶，上下宽度相等，可以用于非塑型类服装（图6.9a）。图示的裙子中，臀育克下面连接褶裥，支撑裙子整体的造型。

· 梯形褶，图6.9b展示了褶裥从下到上宽度逐渐变窄，在臀围线处完全由褶转化成了省的过渡。从腰到臀，根据需要，利用省道在底层塑型，有些是倒梯形褶的例子。对于有很多带褶裥的款式来说，总褶量要平均分配到每个褶裥。

· 锥形褶，其形状是从上到下逐渐形成喇叭状。图6.9c为单独加的一个锥形布片，腰围线处（或臀围线）位置的褶很窄，底摆处的褶顺势逐渐加宽。辐射褶（图6.8b）也会被视为锥

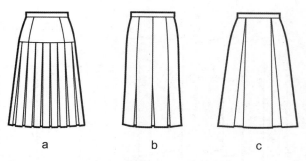

a   b   c

图 6.9　矩形褶（a）、梯形褶（b）、锥形褶（c）

形褶。

细节设计的位置变化：单向褶、活动褶、造型褶，以及助行褶在服装设计中位置的变化，将形成不一样的设计细节。

· 单向褶，指为了方便活动而创造的额外空间所使用的褶裥，最常用于男士衬衫的后背育克（图6.10a）。

· 活动褶，通常会延伸至接缝处（图6.10b）。这种类型的褶一般用于夹克衫，这种设计有助于后背比较宽松的服装变得修身，当活动时，褶裥被拉开提供活动松量。这种细节在皮革机车夹克款式的背部设计中很常见。

· 造型褶，图6.10c是造型褶的例子，所采用的方法与前两者有所不同。该类型褶的细节设计通常是通过添加多个褶裥来使后背的合体度变得更加舒适。

· 助行褶，修身贴体的裙子为了行走方便通常会采用特殊的褶裥，这种褶称为助行褶。

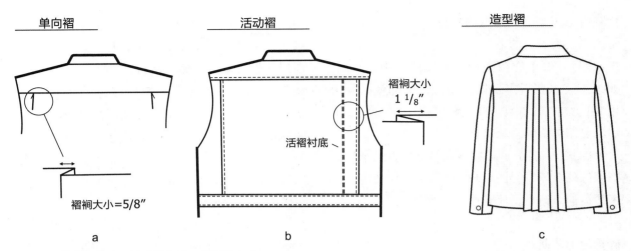

图 6.10 单向褶（a）、活动褶（b）、造型褶（c）

单向褶　活动褶　造型褶

褶裥大小 1 1/8"

活褶衬底

褶裥大小=5/8"

对于直筒裙，会将助行褶裥设计在裙子底部，以便于行走。助行褶通常是一个单独的平伏褶或一个剑褶，位于膝盖或稍微往下一点的位置（图 6.11）。

与许多具有功能性的细节设计一样，助行褶也会以其他的形式出现在服装中。图 6.12 展示了三种这种褶在服装应用中可能出现的形式，图中的助行褶除了功能性，也是作为款式的一部分出现的。

褶裥的面料估算

相对于没有褶裥的服装来说，有褶裥的服装所使用的面料量要大一些。褶的计算公式：

总宽度 =（底层褶量的两倍）×（褶的数量）+（臀围）+ 2 英寸松量

在对有褶裥的服装进行成本预算时，如果价格是大问题，那么可以通过减少褶量来减少织物的使用；但是，如果褶太小，服装看起来会很局促。与大多数的设计元素类似，必须要权衡成本和设计细节的关系。

碎褶

抽碎褶，指把那些大的松量通过抽褶的形式缩小至较小的对接缝线上或缩小至特定的围度尺寸。通常用在裙子、袖口和一些细节处。此外，它还可以代替省道来对服装进行塑型。另一种形式的抽褶是将弹性松紧带缝制到服装面料，会形成碎褶。图 6.13 为碎褶在服装上应

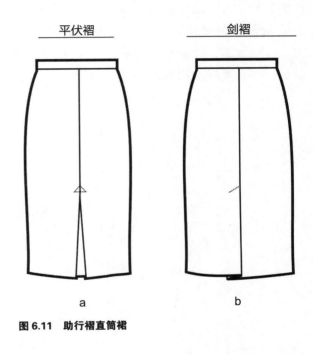

平伏褶　剑褶

图 6.11 助行褶直筒裙

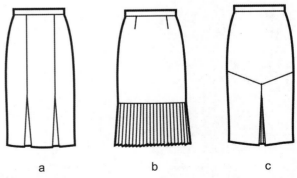

图 6.12 助行褶的款式变化

用的几个例子。碎褶是非常流行和实用的细节，它有许多应用方式。

图 6.13a 展示了一些位于前中的碎褶，用以

代替省道（胸围线附近的省道），但这种碎褶通常用来装饰衣身的下半部分。

图6.13b中碎褶完全是装饰性作用，所以，如果服装想获得更合体的造型，胸部就必须采用其他方式来塑型，在这种情况下，服装款式中需要添加胸省。

图6.13c展示了碎褶是如何替代省道来塑造胸部的外形轮廓；图6.13d展示了如何使用碎褶来塑造袖口造型，使其形成喇叭状。

碎褶的工艺问题

碎褶的工艺技术问题是成功地沟通所需设计细节的关键。设计师需要确定的一个褶的关键信息是——碎褶率，它是指需要抽多少碎褶。另一方面，正如其定义所示，接缝的一边面料长，会通过抽褶缩短长度来与短的缝边缝合。所以，图6.13c中的例子，必须决定紧身衣的上半部分需要多少碎褶，这样才能够达到理想的外观效果。常见的面料量与碎褶量的比例是1：1.5，也就是说抽褶部分的面料是平整一侧面料的1.5倍。可根据需要增加或减少面料用量，因为这个数据是由视觉效果来决定的，所以，决定正确碎褶率的最佳方法是：使用真实的面料模拟抽褶，直到它看起来达到了想要的视觉效果。

图6.14为一件女士上衣，上衣的口袋顶边装饰了褶边，并且，给出了褶边的装饰尺寸、碎褶率及褶边的高度。

这种情况下，我们可以得出褶边实际布片的长度。根据图6.14的信息得出抽褶前需裁剪的褶边长度为：

3½英寸（口袋总宽）×1½（碎褶率）=5¼

图6.13 碎褶

口袋尺寸　　　　褶边细节

3 ½"

3"

5/8"

碎褶率=1：1.5

图6.14 装饰物的碎褶率

英寸。

即抽褶需要的面料长度为5¼英寸（不包括底部的卷边）。

抽褶时，不同的面料具有不同的属性。轻薄织物可以抽出更多的褶，厚重织物的褶会少些。如果抽出的褶过少，这一细节部位看起来会显得很单薄，如果褶太多，则会向外膨胀，厚度也会大大增加。梭织的挺括面料与柔软面料有不同的处理要求，如果上下边碎褶间距太远，为了使褶自然对称，可能会需要在上、下边的中间位置另外缝上一行控制缝纫线（见图6.13）。平针织物等轻质面料的服装适合局部抽褶。

碎褶的应用

碎褶通常通过松紧带或者抽带绳来控制。图6.15a是直接将松紧带缝接到服装上对胸部进行塑型，图中表示抽褶的起始位置位于距离肩高点10英寸处，另外抽褶量（表述为"放松量"和"拉伸量"）也应该标示清楚，因为它们决定着碎褶的外观和位置，并影响款式的合体度和面料用量。

图6.15b为一款松紧带短裤，没有门襟，也没有其他的腰部开口。这种情况下，碎褶就会具有这方面的功能性，而且当裤腰拉伸后，裤腰的尺寸必须足够大，这样穿裤子时可以轻松提过臀部。这种细节用于塑造裤子的腰部造型时，简单、成本低，所以有时也会尝试性地将

它用在休闲类厚实的梭织面料上。

但是，这种方式很容易使腰部以下宽松膨胀，所以要慎用，除非是服装造型的需求。图中的腰部结构采用轻质面料效果最佳，尤其是有一些弹性的面料。碎褶比较适合用在夏天跑步短裤和家居裤中。

图6.15c为一种使用弹性线抽成的碎褶，这种效果称为多层收褶。多层收褶可以使用线或绳来完成，常用在腰部、袖口，有时还会用于抹胸款式中。

在某些情况下，面料在制造时已经有弹性，例如，拖地裙本身就是一个具有弹性育克的裙子。在任何情况下，我们都需要注意，一旦明确了弹性材料，则必须提供松量（图6.15c中的36英寸）和拉伸量（图6.15c中的42英寸）的详细尺寸。

吃量（吃势）

吃量（吃势）是类似于抽碎褶的一种造型方法，但这种方法非常奇妙，完成之后服装表面没有明显的折皱。它可以应用于很小的省道处理，也可以用来连接两条长度稍有不同的接缝，还可以取代省道，从而形成一个平滑的服装外观。

图6.16中服装的后肩线比前肩线略长，但在缝合时，长的部分会不知不觉地融合到肩缝中。通常，袖子的全部吃量为1/2英寸，缝接到袖窿线上时，会被均匀地分配到袖窿的某

a

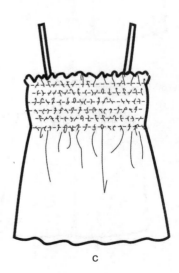

b

c

图6.15 碎褶的应用

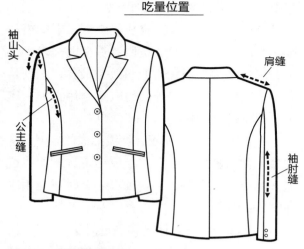

吃量位置

袖山头

肩缝

公主缝

袖肘缝

图 6.16　西装正装的吃势

些区域中。此种方法需要利用缝纫和烫压的技术。羊毛等面料的服装，用这种方法效果最佳。图 6.16 展示了在西装制作中采用此方法的位置。

橡筋带

橡筋带作为抽褶的一种工具，可用在服装的各个部位，例如胸部和腰部（图 6.17）。

图 6.15a 和 6.15c 中的弹性线是直接贴着人

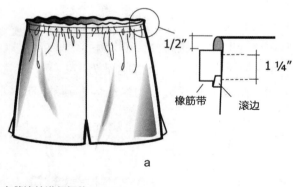

1/2"

1 1/4"

橡筋带

滚边

a

在缝边处进行假缝

2"

橡筋带

包缝

b

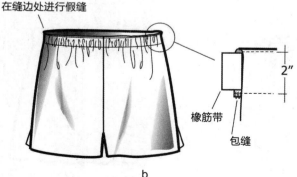

图 6.17　嵌入橡筋带的抽带管

体来塑型。橡筋带也可以直接贴着服装的腰部或胸罩的底部使用，弹性滚边用在针织服装的边缘，比如袖窿。很多情况下，橡筋带通常不会出现在服装的正面，除了弹性线作为装饰物使用于内衣中外。

橡筋带也可嵌入到抽带管中使用。图 6.17a 中的服装就是按照这种方式缝制的，如同在衣服的上缘作了褶边；第二种方法是在顶部作一个平滑的折边（图 6.17b），这种处理方式可用在袖口处。

为了塑造服装不同尺码和外观效果，橡筋带是一种简单、低成本、高效益的方法。

松紧绳

松紧绳是一根细绳，按照造型需求，嵌入在服装的抽带管内，如腰线、袖子贴边和领口等部位。松紧绳可用在服装的腰部，作为服装腰围大小调整的一种方法。有些服装会同时利用橡筋带和松紧绳来获得最大的舒适度。此外，松紧绳还常用在运动衫和休闲类服装的兜帽上。边缘的抽带管是将服装本身的边缘的延伸部分向下折叠，然后缝合，使它形成一条管道（图 6.17b）。

松紧绳很少在童装中使用，因为它们可能缠住一些物体，可能会对儿童造成严重的伤害。松紧带存在缠绕的隐患，尤其是在兜帽上，所以可使用橡筋带或其他方法来代替它，例如钩扣和线圈。

饰带

饰带是一种类似鞋带的系合方式——以线作绳并使之穿过衣服上的孔眼（扣眼、线圈或纽孔）。系合时，需先拉紧饰带，然后将它系在顶部（图 6.18a）。这种饰带看起来会有乡村式或美国西部式的感觉，同时又有收紧腰身的作用。绳带如果是作为塑造服装合体性的工具或者代替省道的塑型作用（图 6.18b），会用到布环。此外，细节图也展示了应如何给出细节的规格尺寸。由于系绳带时需要两只手来操作，尽管绳带可作为装饰细节来使用，但还是不如袖克夫这一类闭合配件实用。

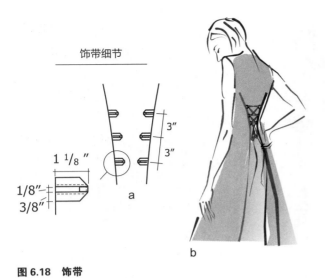

饰带细节

1 1/8″
1/8″
3/8″

a

b

图 6.18　饰带

接缝（破缝）

以下方法可用在接缝处用来对服装进行塑型：

- 公主线
- 拼衩
- 育克
- 三角布
- 插角布
- 裂口
- 开衩

接缝是将两片或两片以上的布料通过缝纫线缝合到一起的方式，它可以是曲线也可以是直线。接缝形状的塑造是一种去除多余面料使之更符合人体形态的重要方法。

接缝可以使服装更加合体，也可以是装饰，又或者两者兼具。有些辅助的造型方法是通过修改服装的结构线来完成图中服装，例如公主线、拼衩、育克、三角布、插角布、裂口和开衩等。

公主线

公主线是造型结构线的一种；它可以同时集合腰省和胸省的功能来进行造型。由于公主线是一条缝，所以要避免"省中断"这种现象，有公主线的服装通常外观整洁而且非常合体。一般用于西装，如图 6.16 所示。图 6.29a 为直线式公主线的一个变化款式。

拼衩

拼衩是指为了造型目的，通常将锥形布片在垂直分割后与裙子拼接到一起。裙子经常被分为多片，拼衩则可以作为接缝代替省道来塑型。然而，拼衩也可以结合碎褶、波浪，或其他造型方法一起使用（图 6.19）。

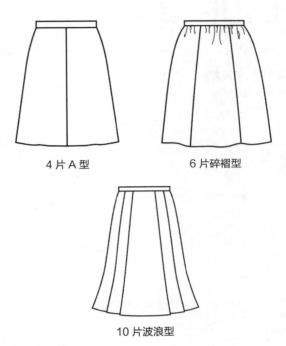

4 片 A 型　　　　6 片碎褶型

10 片波浪型

图 6.19　多片裙

育克

育克是一片有水平接缝的布片，用于服装结构造型、款式造型，或两者兼具。裤子上的育克是不借助省道就能塑造一个合体的服装外形的方法。大多数牛仔裤都有后育克（图 6.20a）。图 6.20b 中的育克是给出拉链的终止位置，它的添加是出于款式和结构的需要，没有造型功能。图 6.20c 的服装有两片装饰性育克，与合体的下半部分对合，通过裁剪与服装面料上的条纹图案形成一个折角（图案中的线条或条纹在后中的接缝线处成 V 形相交）。

育克的确定，其位置和造型是关键要素。图 6.20a 为牛仔风格的后育克，以侧缝线和后中线来计算育克高度是完全可行的，育克接缝线本身是直线。图 6.20b 服装的育克接缝线都始于肩高点，那么就需要它的具体尺寸数据。

针对图 6.20c 中比较复杂的育克见图 6.21

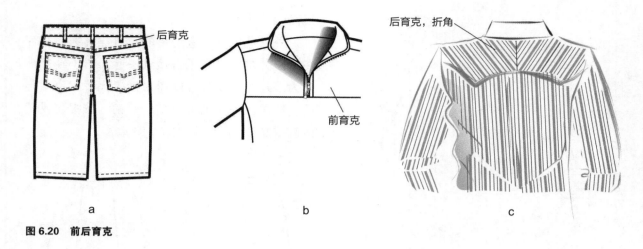

图 6.20　前后育克

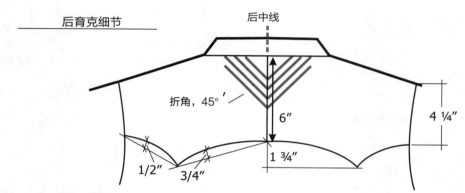

图 6.21　为图 6.20 中的斜接育克确定细节

的分解图，分解图给出了其后中育克高度的加放尺寸（6 英寸），袖窿处育克的高度（4¼ 英寸），育克交点的落差（1¾ 英寸），曲线的弧度（一个弯曲 3/4 英寸，另外一个弯曲 1/2 英寸），以及斜接的角度（45°）。

三角布

　　为了便于穿着者的自如活动或为了增加服装廓型的体量，通常会在服装底部嵌入一块三角形布片。图 6.22a 是在裙子接缝中嵌入了三角布以便于腿部的活动，这种用法与剑褶相似；图 6.22b 是将一块三角布嵌入到另一块三角布中；图 6.22c 中三角布斜裁成的形状，称为围巾角，适用于轻薄面料，而且这种面料要够结实才可以支撑三角布顶部的尖角；图 6.22d 是轻质面料如何避免顶点裂开的方法的示例。

　　需要明确的三角布特征：

· 位置（从顶部向下落多少）
· 长度
· 三角布底端的横宽
· 形状（如果边缘不是直线）

插角布

　　插角布可以有菱形、三角形，有时也可以是锥形。插角布的设计目的是为了增加腋下或裆部的活动量。插角片经常嵌入到切缝口，比如连身袖服装，图 6.23 中显示的斜裁方法使造型达到最夸张的程度。

　　插角布还可用在裤裆或长内衣上，以提高服装的舒适性，也可以在裆部位置消除由于接缝缝合所产生的厚度。插角布在裤子上的应用在男装中更常见（图 6.24）。

裂口与开衩

　　裂口和开衩的开口都是又长又直的形状，目的也都是便于穿着者活动。这两者的差异在于裂口的边缘有处理，而开衩有衬底（图 6.25）。

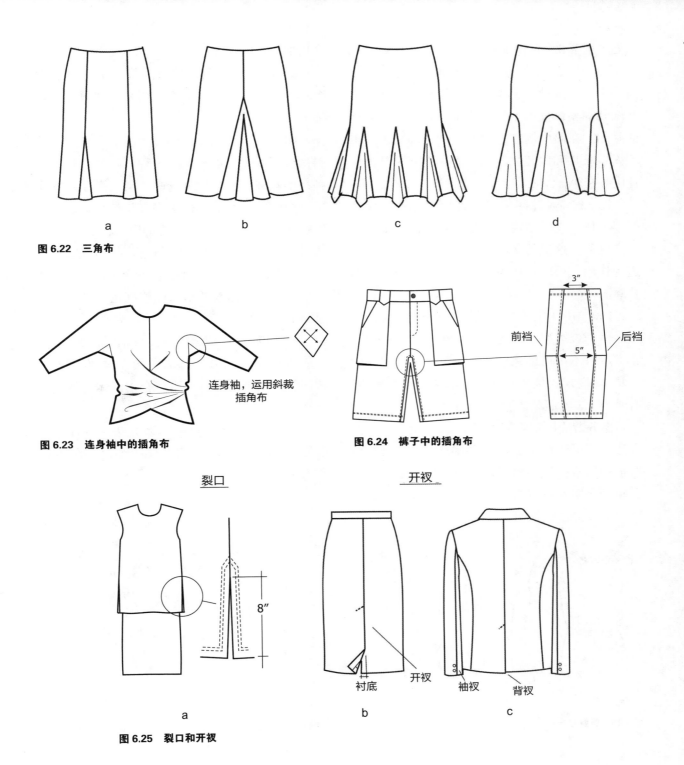

图 6.22　三角布

图 6.23　连身袖中的插角布

连身袖，运用斜裁插角布

图 6.24　裤子中的插角布

前裆　后裆

裂口　开衩

图 6.25　裂口和开衩

衬底　开衩　袖衩　背衩

设计师对造型方法的选择

目前为止，我们已经探讨了许多造型方法，这意味着在制作设计独特且兼具实用穿着功能的服装时，设计师们可以有很多种选择。图6.26～图6.29是设计师们为了塑造出他们所设计的服装廓型所用方法的一些例子。这些设计参考了目前所使用的一些设计方法，且在服装

的上半部分使用了不同的造型方法。图6.26a的服装塑型皆没有借助省道，仅在腰部和肩部使用了边缝和碎褶。它的某些细节和古希腊的托伽有共同之处。

图6.26b中的腰线和省道与基础胸衣的纸样制作相似，它可以使图中所展示的服装造型更符合人体，还可以使职业装或正式服装的外观显得修身整洁。同时，它与旗袍也有一些相似

之处（见第5章的图5.8e）。

图6.26c展示的省道形状类似于碎褶，位于前片中心。这种造型很适合使用橡筋带来塑造其服装廓型，且图中的款式也适合大多数女性的胸形。在前中的左右两侧附加的碎褶，是出于固定衣片和服装款式的目的，而并非是为了让服装变得合体。

图6.27a通过使用多个细褶的方法让服装变得合体，它的细褶方向是由腰线向上下两个方向延伸。这里的胸部和腰部的细褶替代了省道的作用，目的是让服装的形状更符合人体的轮廓。

图6.27b中的碎褶分别分布在胸部和腰线下方。由于该类型的碎褶很短，在接缝附近就截止，所以不用借助橡筋带（除了作为缝纫辅助工具）。嵌入式腰片有助于胸部和腰部的塑型，有时为了丰富服装造型，也可以斜裁。

图6.27c中的碎褶位于胸围线的上方（这种方法是利用橡筋带抽褶）。图中款式的轮廓造型有最小松量，而且即使是最小松量，穿着时也会感到衣服比较宽松。这同样是睡衣和家居服会用到的处理方法。

图6.28a中，服装的胸围线以下部分非常合体，这要求结合省道的使用来实现服装的合体度。

图6.28b所示的服装左右相互重叠交叉，是斜襟叠门衣（或罩衫）的一种。斜襟衣有很多种，不对称类型比较受青睐。当衣襟在胸围线下方交叉时，在前中位置，服装与文胸不能紧密贴合是该款式最容易出现的问题，如图所示。所以，另外一个选择是衣襟在胸围线上方交叉。

图6.28c所示的造型是由两个不同的接缝共同形成的。造型线的形状能够满足它平滑地穿过胸部和腰部。

图6.29a为公主线的一种，利用了方形插片。

图6.29b显示的造型省与图6.14a在本质上相同，但系带门襟可使服装合体度体现得更具个性化。

图6.29c显示了两种造型方法：一种是垂褶领；一种是斜省——开始于腰线附近的侧缝，称为法式省。

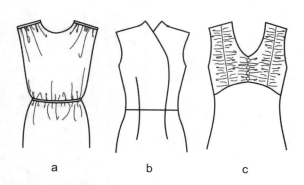

a　　　　b　　　　c

图6.26　造型方法1

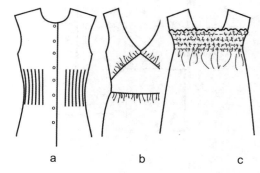

a　　　　b　　　　c

图6.27　造型方法2

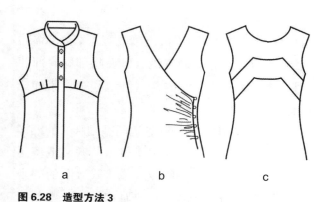

a　　　　b　　　　c

图6.28　造型方法3

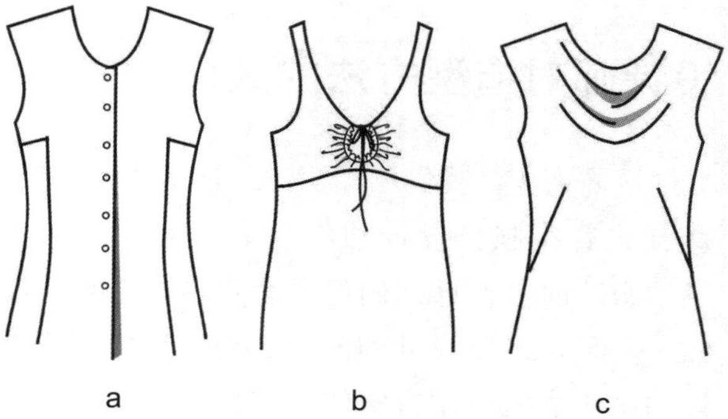

a　　　　b　　　　c

图6.29　造型方法4

总结

选择造型时应权衡目标消费者对于功能和审美的需求、时尚趋势、制作成本，以及其他方面的因素。对于能否选择最适合的造型方法取决于设计师的创造力、对目标顾客的理解力，以及扎实的服装产品基础知识（结构、材料、理念等）。

思考问题

1. 针对 20 ～ 40 岁的顾客，设计一套女式上衣。需在服装上使用两种不同的方法来替代省道的作用，并说明选择它们的原因。

2. 设计一套有省道的女式上衣。制作一个省道的规格表。

3. 推荐两种最流行的替代省道的结构设计，并

说明选择的理由。

4. 为袖口（如图 6.13d 所示）和褶边（如图 6.14）设计一种碎褶，用图表示出来并规定其位置和打褶率。做出样品。

5. 褶裥的规格表应该如何表示？

检查学习成果

1. 列举代替省道的结构设计。

2. 为何选用省道的代替塑型方法？

3. 机械褶的涵义？

4. 需要松量的原因和它所放置的位置？

5. 确定省道或塔克的三个因素是什么？

6. 列出并描述褶裥的各个类型。

7. 设计一件使用多种褶裥的服装。

第 7 章

面料与裁剪

本章学习目标

» 识别面料的结构
» 阐述梭织面料与针织面料的异同
» 阐述基于面料和基于纸样的不同裁剪方法，并说
    明其异同
» 认识到根据设计细节来选择面料的重要性
» 从设计的工艺技术角度探讨裁剪和面料的用法

此章探讨了面料以及在服装上使用适合面料的重要性，回顾了面料的两种纺织原理（针织和梭织），以及与每种面料相关的裁剪说明和面料的最终用途。此外，还探讨了设计的技术问题和裁剪细节，以及裁剪方式的介绍说明对于服装产品质量的影响。

面料

面料品质是服装质量的主要标志。每种面料都有其特性，不同面料的服装制作方法也不相同。一个非常创新的设计图，如果采用合适的面料进行生产，制作出的服装也会同样出彩。每种面料都有其特征，这就要求选择面料时要慎重。例如，挺阔的面料不会产生有垂感的效果，丝麻面料不适合用在廉价的休闲裤上。无论选择面料的依据是什么，最终都是为了制作出符合预期外观和成本的服装。

此外，许多面料要求特殊的裁剪处理。裁剪方法对成衣的外观、质量标准，以及成本有着重要的意义。在工艺单中，应预先规划，讨论和明确这些问题。此外，当着眼于生产工艺时，设计师应考虑到与面料选择相关的工艺技术问题，以预见任何可能出现的潜在问题。

手感

手感意指抚摸面料织物时的感觉。这个术语被用于描述纺织品的属性，这种属性有助于决定采用什么样的方法去完成一件服装。手感这个词语带有一定的主观性，而且这种主观性的经验有助于培养一种判断力，判断对于已有面料的手感是否适合指定的服装款式。对于某个特定的服装款式而言，使用的面料是轻薄还是厚重都会影响其适用性。

当为设计师或生产商提供新的面料时，面料销售商会以面料卡的形式赠送样布或小样（图 7.1）。面料的样布是 9 ～ 12 英寸。图 7.1a 中的面料卡中也附带了一些色彩样本，这些样片可供采样，是面料商的一种经营方式。这也说明对于设计而言，新面料不是必需品，但也不排斥使用，成功的新面料和现有的面料仍是服装设计需要的。如果面料需要大面积的印花，通常需要加大赠送样片，以展示出图案的大小和图案的循环花型（图 7.1b）。面料卡的展示方法为设计人员提供了无限的机会，让他们能够看到面料的特性，并能根据其表面纹理、重量、悬垂性、柔韧度、颜色深浅、拉伸性、起皱性，以及其他重要的特征来判断面料的适用性。一些经典面料的样卡通常会被收集整理在一起，悬挂放置在公司的面料库中。顶部的标题卡包括面料成分，布匹幅宽，以及其他相关的重要信息。

使用何种纤维织造对织物手感有很大的影响，有时是微观的影响，比如纱线的支数和捻度，以及纱线结构的其他因素也会影响手感，同时纤维成分也是一个关键因素。某些纤维，

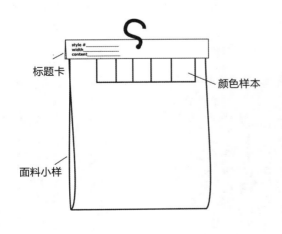

标题卡

颜色样本

面料小样

a

b

图 7.1　面料样卡

例如棉纤维，具有大家公认的品质，可以通过手感为"棉质感"来描述所要表征面料具有干燥和舒适的手感。织物结构和纱线纱支会影响到面料的柔韧性，如手感是厚实还是柔软，紧密还是松散。此外，一些描述手感的术语（没有特定的顺序）还有挺括、顺滑、轻薄、纸状、粗糙、蓬松、滑腻、松软、粗硬、干燥、极薄、质感悬垂、滑动、服贴、坚挺、有弹性、丝绒等。通常，通过对面料小样的触摸和感知，就能了解面料的手感，通过对面料的抓放观察面料的变形特性以及起皱性等性能，就可以大体确定其是否适用于目标服装。

纱线支数

构成面料的线，我们称之为纱线。成品面料受纱线支数的影响很大。粗纱线织成的面料往往比较硬挺厚实，比相对细的纱线织成的面料更耐用且不易起皱。细经纱和粗纬纱织成的梭织面料往往在粗纱方向很硬挺。如图 7.2c 显示的纱线结构所织成的面料，或许能用这种面料完成一条版型很好的细腿裤，但如果用这种面料制作裙子，则需考虑其纬纱的硬挺度。如果裙子廓型感较强，该种面料是很好的选择，但如果打算在裙子上作碎褶，那么这块面料不适合。

针织面料和梭织面料

针织和梭织是织造面料的两大类别。大多数人不会分辨面料是针织的还是梭织的，但对于服装设计师来说，能够区别两者的不同是最基本的专业要求，而且在服装设计师的整个职业生涯中，往往都会专攻其中一种，两种面料都熟悉对于设计师来说是非常难得的。

梭织的定义：由经纱（纵向或长度方向）和纬纱（又称纬编，纬密或横丝缕）织成的面料。织造面料时，梭子带动纬纱在上下开合的经纱开口中穿过，构成交叉的结构。

梭织面料

通常梭织面料的结构比针织面料更紧密，更硬挺。平纹组织是最常见的梭织结构，另外还有斜纹组织和缎纹组织等。

平纹组织

平纹组织由十字交叉的经纱和纬纱构成（图 7.2），平纹组织的每根纬纱都是越过一根经纱再从下一根经纱底部穿出，由此连续重复地进行织造，形成了棋盘式的面料外观。床单是平纹组织的一个常见例子，它具有梭织面料的一个重要特征，即质地厚实。平纹组织特别容易起皱，所以需要熨烫。常见的平纹组织面料有青年布和府绸。

比较图 7.2a 和图 7.2b 中的两个例子，虽然每个例子中织物的经向和纬向的纱线支数一样，但图 7.2a 的经纬纱比 7.2b 粗很多，这在平纹组织面料中也可以见到，如细平布、白坯棉布和巴里纱。平纹组织又称平纹编织或塔夫绸组织。

图 7.2c 展示了一块类似于府绸的面料，它

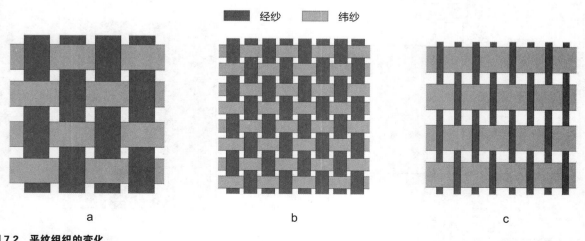

经纱　　纬纱

a　　　　　　　b　　　　　　　c

图 7.2　平纹组织的变化

的纬纱比经纱粗，这种结构也称为罗纹梭织。如果平纹面料中的经纬纱支数和外观不同，那么面料的外观就会产生很大的变化。梭织面料可以采用花式纱线，如结子线、粗花呢或金属纱线。印花和刺绣通常以平纹面料为基底。制作大衣使用的平纹面料厚度范围是从极薄的乔其纱到驼绒面料，行业中甚至会使用更厚重的面料。平纹组织有一种变化称为方平组织，它由两条经线穿过两条纬线织成。因为它常用于织造地毯，所以有时它也称为垫。梭织面料是用两根或更多根纱线构成的面料，其组织用经纱支数 × 纬纱支数来表示。例如 4×4，即组织中使用了 4 支经纱和 4 支纬纱。

斜纹组织

图 7.3a 显示的斜纹组织在阶梯状的排列中交织。斜纹组织看起来像对角线平行的罗纹组织。面料表面的斜纹图案由连续的经组织点和纬组织点构成，织物表面呈现出一条条斜向的纹路。由于这种面料类型是在既定面积范围内填充了很多纱线，所以非常结实耐用，而且浮线（跳纱）的存在也让服装变得柔顺和舒适。斜纹组织还具有良好的回弹性以及耐用性等特点，其正面和反面的外观相差很大。常见的斜纹组织面料有粗斜纹棉布、华达呢和丝光卡其军服布。

人字纹组织是由斜纹组织变化而来的，它是通过使用不同颜色的经纱和纬纱来实现不同的效果。人字纹组织是将一行斜纹按照固定的间隔向反方向织造。因为它类似于鱼（鲱鱼）的脊骨，有时也可称之为鲱骨纹组织。人字纹组织适用于西装和大衣。

缎纹组织

缎纹组织（图 7.3b）的纬纱是从许多根经纱底下穿过（或跳过），由此织成的缎纹面料通常顺滑有光泽，而且具有良好的悬垂性。浮长线比较长，而且不服贴，所以容易抽丝和磨损，织成的面料也相对不耐用。组织循环为 5 的结构是常见的结构，指在 4 根纱线的上面，在一根纱线的下面。图 7.3b 的组织循环为 8，而且浮长线更长，这样能够增加悬垂性，但耐用性会有所降低。

提花组织

提花组织是使用提花织布机织造出来的，提花机能够生产出锦缎等复杂的图案，而且能够提升凸纹的效果。提花机还可织造出花缎和织锦缎等织物。

小提花组织

小提花组织是小的几何图案组织，使用一种特殊的提花织布机——多臂机织成。小提花图案的例子有鸟眼花纹、点子花纹，以及蜂窝状花纹。

毛圈组织

毛圈组织面料的绒面，比如丝绒的绒面，

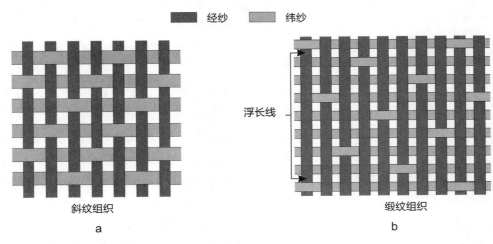

█ 经纱　　█ 纬纱

斜纹组织

a

浮长线

缎纹组织

b

图 7.3　斜纹（a）和缎纹（b）

都是使用双动梭织机织造的，它可以同时织造两层面料，然后将其分开。另一种常见的起绒面料是灯芯绒，面料上的绒毛有顺毛和倒毛之分，顺毛色彩会显现的较深；倒毛颜色较浅。所以在服装裁剪时需要考虑到面料的这种特点，随后我们会进一步的讨论学习。

绒面有时候是通过将线圈以 W 形环绕在三根纱线的周围形成的，也可以将线圈以 V 形环绕在一根纱线周围而形成。W 形面料往往更耐用，且具有较高的质量（图 7.4）。只要在丝绒或灯芯绒的样片边缘拔下几根纤维，就能很快确定毛圈的形状是 V 还是 W。生活中，价格低廉的 V 形组织织物更为常见。

使用起绒面料通常出于它们的保暖性能，因为它可以通过阻断空气，保留住人体热量，以达到防寒的目的。毛圈组织的面料还有仿毛皮和仿羊毛，它们通常用于户外服装的制作。

梭织面料及其术语

图 7.5 列出了梭织面料的主要术语。放大图展示了平纹组织的布边形态。

W 形毛圈　　　　　　　　　V 形毛圈

图 7.4　W 形毛圈和 V 形毛圈

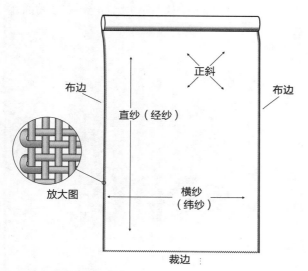

图 7.5　梭织面料及术语

直纱：首先，在织布开始之前将经纱添加到织布机上，然后使纬纱在经纱的前后、上下来回交织，这样就可以织造出面料。布片的边缘即成品面料的布边。直纱是由经纱形成的，纱线可能会很长（例如：一卷布有 50 码长）。从工艺角度来看，织造过程中，纱线的强度要足够大，以能承受织布机的拉力。把成品面料从织布机上取下时，面料会放松，但如果放松得太多，尤其在水洗后，将会导致面料的纵向过度收缩，这也是服装的纵向往往比横向的收缩量多的原因。面料直纱弹性很小，更适用于需要结构稳定的服装区域，如裙腰和男士衬衫的后育克部位。一般情况下，服装的主要衣片都是直纱方向剪裁，这可以使服装在任何时候都具有较好的保型性。

布边：布边（图 7.5）是指面料的边缘，其方向也是纵向的，与经纱方向一致，由经纬纱交错织造而成。为了增加布边的强度，可以使用较粗的纱线。在拉幅机上进行各种纺织工艺，边缘需要用针固定，这就形成了拉幅孔。孔的设置，使我们可以观察大多数梭织面料的布边。它们通常贯穿面料的正面，因为在纺织工序中面料在正面进行拉平。拉幅工序主要是将面料的褶皱拉平整，控制伸缩。如果操作有误，可能会导致纱向不正，造成纬斜（图 7.8），针织品也会出现类似的问题，称为扭曲。

仅仅经过织造而形成的面料称为白坯布（或本色布），它没有经过染色、漂白，以及任何后整理工序。

选择现有的坯布来加工面料，能够很大程度上缩短制作工序的时间，并且它在产品交付期的核算上也是一个重要的考虑因素。

裁剪服装时，往往是顺着直纱的方向。例如，在底摆成喇叭状的裤子上，如果裁片不是沿着直纱方向裁剪（或者有一条裤腿不与其他裁片匹配），那么两个裤腿的喇叭形状就会有很大不同，比如会起翘或者会距离内缝、外缝很远，或者裤腿的接缝会向前或向后扭曲。

有时服装制造商会为了降低成本而用纱向不正的面料进行裁剪。由此制作出的面料外观是否被接受要取决于服装的价位、面料的类型，以及服装的总长。款式越长的服装受其影响越大。采用粗花呢面料的修身款短裙可能比紧身裙、长款外套或者华达呢的裤子要去掉更多的纬斜面料。纱向线是一个重要的质量标志。图7.6显示的裙子左右衣片的纱向各不相同。右侧裙摆（穿着者的右侧）向外展开得更多，左侧裙摆则垂下来更多。一方面，这或许是想要的服装外观效果，但是，它们也必须与类似风格的服装相匹配才会达到预期的效果；如果不是想要的外观，那么这就是纱向使用错误的例子。在所展示的裤子示例中，右侧的裤腿纱向正确位置在裤片的中心，而左侧裤腿纱向已经发生歪斜，甚至是扭曲，而且向外扭曲，扩展得不均匀。

横纱：（又称横纹、纬纱、纬编和幅宽）交织在经纱之间的纱线。在某些情况下，例如在有图案的位置，或者为了作垂褶时（特别是当横纱粗于经纱时），服装可能需要横向剪裁，这样可以增加面料的利用率，并且不用考虑是否与直纱面料一样耐用。

横纱与直纱完全成直角，如果不是，面料就会出现纱向不正，或者是弓纬（图7.7），意思是指"横纱纱向变形"，纬斜或扭曲是另外一种"当横纱从一侧布边斜向另一侧布边时梭织面料纱向变形"。图7.8为一块纬斜面料，这种错误也会使面料上的条纹图案出现变形。

图7.7b中的面料具有同样的纬斜，但由于印花的原因，不易被发现。然而，面料在洗涤后，纱线发生收缩，或许就会变得扭曲且不美观。

图7.8的面料有所变形，与弓纬面料相似，但它的两侧边缘不同。这种问题源于织造过程，即一侧布边喂入机器的速度快于另一侧的喂入速度。由纬斜面料（如弓纬疵布）制作成的服装，在洗涤之后，衣片之间的图案很难拼合匹配成原来的效果，除此之外，还会出现质量问题。

不论直纱还是横纱裁剪，服装的衣片都需要放置在直纱的位置上。除非是出于设计因素，需要沿其他方向进行裁剪。

图7.9展示了一些使用正确纱向的例子。直

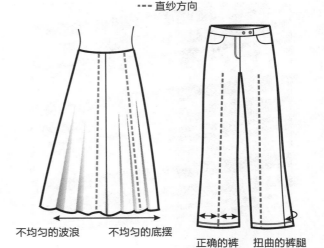

- - - 直纱方向

不均匀的波浪　不均匀的底摆　正确的裤腿造型　扭曲的裤腿造型

图7.6　不当的服装裁剪所引发的问题

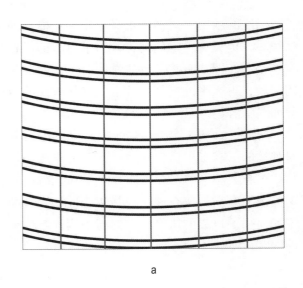

a

b

图7.7　弓纬面料

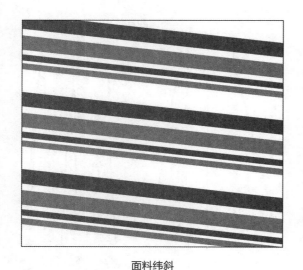

面料纬斜

图 7.8 面料纬斜

斜纱

严格意义上讲，梭织面料中任何方向不是直纱的纱线都是斜纱。在术语中将斜纱等同于斜丝缕是不正确的，因为斜丝缕本身是一种矛盾的说法。斜纱用于服装的所有部位，并且应用广泛。

正斜与直纱和横纱成45°角（见图7.5），是最具伸缩性（弹性）的方向。在正斜方向上裁剪服装会产生对称的垂褶。斜裁可以为服装增加一些独特高雅的造型效果，服装如果完全采用斜裁，则不需要任何复杂的设计线条、弯曲的接缝和过多的细节。对于一件斜裁服装来说，如果是简约风格，同时可以保持面料中经纬纱的平衡，那么服装外观效果会特别好。

斜裁的口袋，一般是将长的斜裁滚条置入没有弹性的服装部位，这对服装结构有很大的挑战。对于两片式服装，为了挂起时服装两侧均匀，其中心线必须在正斜线上，例如斜裁的A型裙。

并非所有的面料都适合用斜裁。如用光滑纱线织成的松散梭织面料就不适合进行斜裁，因为这种面料所塑造的造型松垮。裤子通常不使用斜裁，非常紧身的服装需在要求弯曲的区域向外伸展，例如膝盖和肘部的面料不需要太紧。

斜裁用在服装的一些区域通常很有效果。比如在裤子上，利用斜裁滚边料的伸缩性使它

纱（标准的纱向）比横纱更具稳定性。横纱强度虽小，但具有一定的弹性。男士衬衫的后育克和袖口（图7.9a）因为其弹性要求，通常采用斜纱，再水平缝制到衣片上。其他衣片的剪裁如图所示。

通常，女裙（图7.9b）的腰头也是因为其对弹性的需求采用横纱裁剪。图7.9b中的袋口贴边（服装左侧的一片小布片）是在直纱面料上剪裁下来后斜放在插手口袋边缘的，它有助于加固插手口袋的边缘，它的前小侧片与裙子的纱向一致。

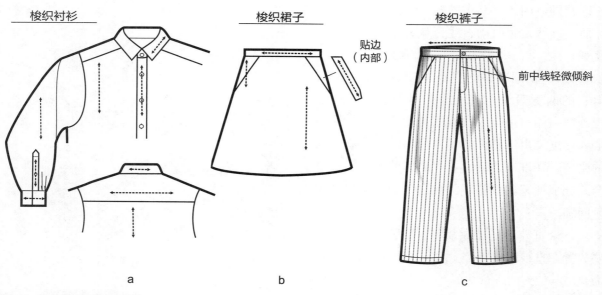

梭织衬衫　　　　　梭织裙子　　　　　梭织裤子

贴边（内部）

前中线轻微倾斜

a　　　　　　　b　　　　　　　c

图 7.9 标准的面料布局和经向

的前门襟的纱线稍微歪斜（斜角不是45°），这有助于它的边缘更平整、更伏贴（图 7.10）。

图 7.11 也展示了服装中使用斜裁的部分。图 7.11 中的细节区域全部采用正斜——斜角为 45°。图 7.11a 中的嵌入式垂褶领的细节，非常适合用斜裁。图 7.11b 为一个斜裁的腰插片。图 7.11c 将荷叶边用到了少女款裙子的底摆，斜裁袖口和门襟作为一种装饰元素。但是裙子本身不斜裁。

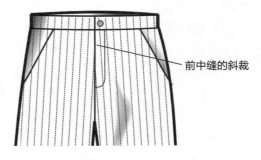

前中缝的斜裁

图 7.10　斜裁的前中缝

斜裁的垂褶领

a

斜裁的腰插片

斜裁的滚边

b

斜裁领口

斜裁的袖口

斜裁的荷叶边

c

图 7.11　斜裁在服装不同部位的应用

斜裁可用于细节处理和服装后整理（图 7.12）。图 7.12a 为在领围线以及钥匙孔式领口所使用的斜纱裁滚边条。图 7.12b 展示的斜裁纱滚边用于做休闲裤的边缝和裤口边的处理。斜纱条还可以作为装饰性条纹（在第 10 章将讨论更多关于使用斜纱条的相关内容）。

面料重量：选择梭织面料的指标

对于某些设计来说，重量是选择面料时考虑的重要因素。同时，重量也是重要的成本因素，因为面料越重，就需要越多的纤维进行织造，每码布匹的成本也就越高。通常，选择面料的重量需要以设计为依据考虑到审美要求。例如，轻薄面料可以制作大量的碎褶或垂褶，

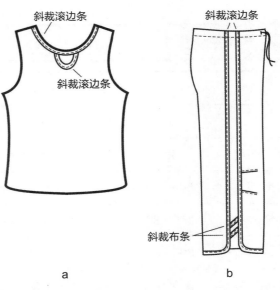

斜裁滚边条

斜裁滚边条

斜裁滚边条

斜裁布条

a

b

图 7.12　装饰物的斜裁

而很厚重的面料则不可以。但轻薄面料达不到厚重面料所能够塑造出的体积感，御寒性能也不如厚重面料。重量可以达到用于制作裤子的面料称为厚型下装面料，薄上衣或衬衫面料称为薄型上装面料。裙类通常采用薄型面料制作，尽管有些剪裁合体的款式，也可使用厚重面料。表 7.1 列举了不同类型的面料，并对它们的重量和常见的种类进行了对比。

真丝绸缎面料有一个重量单位，称为姆米（4.33g/m²）。姆米越高表示面料越重，由越厚重纱线或越紧密织物组成。面料重量一般表示为每平米克数（g/m²）或每平方码盎司（oz/yd²，或 oz/yd²）。根据工厂和原产国的不同，测量单位会有所差异。

针织面料

针织面料是由相邻且互连成环的纱线构成的织物。按照这种定义，针织服装应该不包含毛衣，而主要是指使用可缝纫的针织面料制成的童装，T恤衫，以及其他类型的服装。

许多针织面料的基本结构使我们可以对其弹性进行测量，这是梭织面料所没有的。对于婴幼儿服装、运动T恤衫以及晚礼服等任何服装，针织面料都是既舒适又流行的选择。针织面料有两种主要的类型：纬编针织面料和经编针织面料。

纬编针织面料

纬编针织面料的结构类似于毛衣的线圈结构。首先将它的纱线通过配有锁闩式钩针的固定平板或生产平针面料的平板针织机，或者生产圆筒针织面料的圆形平板将纱线进行水平编织，然后开幅并使之平铺，将它裁剪成衣片。常见的针织面料组织结构有平针组织、罗纹组织、双罗纹组织。T恤衫的面料就是采用纬编针织面料。

针织面料的外观和结构的范围很广泛，面料的密度取决于纱线的针数（每英寸的针数）和纱线张力。根据不同的机器，针数的定义也有所不同。例如，平针纬编机定义为 1 英寸，而经编机的定义为 1½ 英寸。用于制作服装的针织面料，它的重量和外观可以是从精细羊毛到有弹性光泽的氨纶纤维。通常，经过裁剪缝纫的针织衫会有毛衣的外观。然而，实际上毛衣需要按照各种不同的工艺制作，例如套口——通过使用特殊的机器（称为套口机的针织机）完成。

经编针织面料

经编针织面料的生产机器有多种，它的纱线是按照面料的长度而定的，这一类型的针织面料不容易抽丝。经编针织面料通过经编针织机织成，包括常见的用在女内衣上的弹性经编面料，比如弹性很小但比较厚重的拉舍尔等。

表7.1 面料重量对比

	面料重量的比较		举例
	克重	盎司	
透明薄面料	≤ 50g/m²	≤ 1/2oz/yd²	透明薄纱、威曼、雪纺绸
轻型面料	50～150g/m²	1.5～4.5oz/yd²	薄麻布、衬衫料、衬料、薄型面料
中等面料	150～300g/m²	4.5～9oz/yd²	粗斜纹棉布、西服料、厚重面料
中厚面料	300～600g/m²	9～18oz/yd²	帆布、上衣料
厚重面料	≥ 600g/m²	≥ 18oz/yd²	衬垫物

针织面料的特点

从纺织技术角度讲，针织面料没有纱向，但它的剪裁方向仍然遵循着与梭织面料相似的规则。针织面料通常有着很大的固有弹力，但当45°斜裁时，和梭织面料不同的是，针织面料不会产生额外的悬垂性和弹性。事实上，针织面料没有斜向，基于弹性，针织面料本身就能够让人穿着舒适，这使得针织服装既可以很贴体，又具有一定的活动松量。如果针织面料的厚度和弹性有明显的变化，会对服装造型设计和穿着合体性造成很大的影响。通常，针织面料与梭织面料相比，耐用性相对差一些，而且更容易起皱和变形，针织面料一般不具透视性。

除了纱线更细以外，平针针织织物与手织毛衣有很多共同点。与毛衣相似的是它的线迹，扁平的正面以及具有质感的反面或者是隔行正反针编织法的线迹。同样，线迹往往向后卷曲，如果断裂或线圈"脱落"，就会造成抽丝或梯脱。水平的一行线圈称为线圈横列，垂直的一列线圈称为线圈纵行（图7.13）。针织机能够生产出平幅针织面料或圆筒形面料。圆筒形面料在编织后需要裁开，所以它们也可以平铺。

有些服装，如T恤衫等，通常将没有边缝的圆筒形针织面料作为初始面料。这种方法虽然能节省劳动力，但它是一种非常特殊的处理方法，因为为了适应各种胸型尺码，必须使用单独的针织机。此外，胸、腰、臀的尺寸是相同的，所以这种理想化的方法对于大多数女装来说并不适用。

因为针织面料与梭织面料存在着特性上的差异，所以工厂应该要明确如何正确地对针织服装面料进行织造。在铺布和裁剪工序中，当面料平铺在剪裁台上，或者在裁片后回缩到它的初始尺寸时，都必须小心地避免面料被拉伸，否则会导致服装太小或太短。有经验的工厂或许会通过一整夜的面料松弛处理来弥补。不同的面料，其特性也各不相同，这会影响到后期的裁剪，此外，工厂对于针织面料的使用经验也使他们了解该如何权衡这些因素。

罗纹组织

罗纹织物在垂直方向上的凹凸效果是通过正反平针的交替形成的，同时也形成纵向罗纹并增加了横向罗纹的伸缩弹性。与毛衣相比，1×1罗纹等同于手工编织中的"正一针，反一针"。

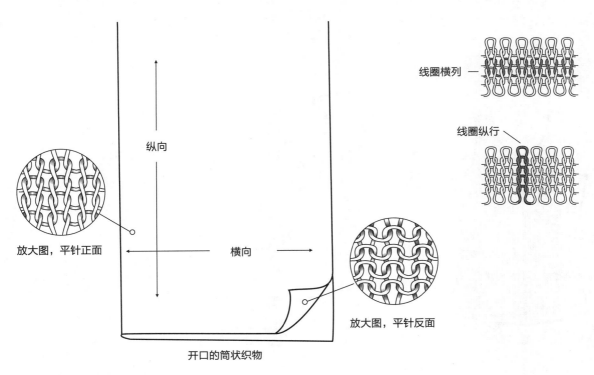

纵向

横向

放大图，平针正面

开口的筒状织物

放大图，平针反面

线圈横列

线圈纵行

图7.13 纬编针织面料和平针面料的术语

图7.14解释了使用罗纹针织面料塑造型体的方法。如果按照这种方式剪裁，那么可以利用罗纹面料自身的特性来获得舒适合体的服装造型。这种罗纹面料一般用于睡衣、童装以及其他服装。由于罗纹针织面料本身的厚度，使其具有非常好的防寒保暖性，通常将它用在长内衣、护腿套，以及其他一些保暖服装上。此外，罗纹针织面料的组织结构本身能阻隔更多的空气，使之更防寒和保暖。

罗纹组织可以织成很舒适的贴身面料，也可以制成非常实用的装饰物，还可以制成用来处理边缘的滚边或贴边。它比平针组织的弹性更大。

图7.14a展示了贴身面料采用了3×1的编织规格，这使得面料形成了一种罗纹效果，细节图显示的滚边则采用了1×1罗纹的编织规格。图7.14b中细节图显示的条纹采用2×2罗纹组织，用于装饰领子、袖口和下摆边缘。图示部分放大了2×2罗纹的袖口。

罗纹构成的数量无论是多少，都可以具体化；例如，毛衣或罗纹衫采用的罗纹规格为1×2×1×2×1×2×3×2×3×2×3×2，这样，整件服装就形成了一种反复循环的结构模式。

罗纹组织结构的织造使用的纱线略多，但与此同时，结构上也会增加更大的弹性，同时使服装可以采用较小的维度规格，由此也提高服装的产量。例如，平针T恤常用的胸部规格是18英寸（半测），罗纹衫的胸部规格则应为17英寸或者更少（取决于具体的面料）。

双面针织

双面针织是一种通过纬编工艺织造出的具有双重结构的面料，它具有良好的稳定性。双面针织不会下垂或向外伸展，因此普遍将它用在针织服装的下摆。双面针织面料的正反面外观相同，这种特性被称为双面。它的切边不卷曲，而且这种切边在缝制车间很容易处理。

双罗纹

双罗纹是由两个单独的1×1罗纹的面料合成的一块纬编针织面料。双罗纹是一种常见的针织面料，前后外观相同，并可正反两用。它的表面平滑，纵向有弹性。双罗纹面料比平针面料更重，更具稳定性，但弹性不如平针织物，主要用于制作高品质的衬衫、裙子和套装。重型双罗纹更适用于制作针织裤。由于双罗纹面料弹性不大，所以它不能很好的用作本料滚条。如图7.14a显示的汗衫采用罗纹组织，如果是采用双罗纹组织，则不会像图中这样贴身而且滚条也不能很好地贴合领口和袖窿弧线。但是裙

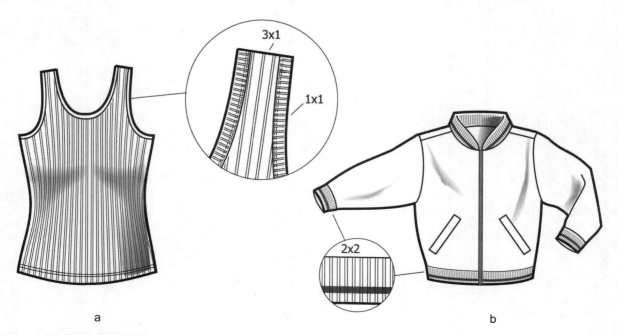

a

b

图7.14 罗纹针织面料的运用

子或薄夹克使用双罗纹面料则会呈现很好的效果，这是 1×1 罗纹组织所不能实现的。当为一个新的设计选择面料时，了解面料的优点和局限性是很重要的。

针织面料的质量问题

梭织面料的扭矩是在后整理工序中产生的。针织服装（和毛衣）同样都存在一个称为扭矩的问题，但它们的形成原因不同。针织服装中，扭矩可使一侧边缝向前扭曲，另一侧边缝向后扭转（图 7.15）。对于这个问题，行业针对扭矩所在的位置，制定了许可限度或容差，通常大于 2 英寸的扭矩是不可接受的。

排料

工艺单中包含发往工厂的裁剪说明。为获得预期的外观效果，这个说明需包含所有需要特别注意的事项，工厂的技术人员应规划好纸样裁片在面料上如何放置。谨慎思考能够使我们在使用织物时采取最佳和最经济的使用方法，从而实现合理的成本。

在随后的生产准备中，排料也需要遵循相同的规划。单色的平纹面料需要一个直观的排料图，图中纸样可以平放，而且纸样裁片可以放高也可以放低。其他类型的面料需要考虑的因素更多：格纹织物的纸样要比既定尺寸和斜

图 7.15　针织面料的扭曲

侧缝处的扭矩

纹图案的拉绒、起绒织物大。

排料图

当服装厂准备按照已给款式进行裁片时，需要预先排料（在纸上画出所有裁片的最有效排列方法）。紧密的排料可以使面料的浪费最小化，它将较小的裁片适当放在较大裁片的周围，看起来像个拼图游戏。纸样裁片之间最终会作废的面料称为废料。

如何通过紧密排列的排料图最大限度地减少废料是工厂的一个重要工序，废料率平均在 10% ～ 15% 之间。当面料使用达到几千码后，出于面料的节约，废料率甚至可以减少到 1%，这对面料节省的影响非常大。基于这个原因，允许一些纸样裁片在排料时可以轻微的重叠，可能一些较小的不可见的面料也可以有轻微的纬斜，但是所有主要的可见的裁片必须严格遵循直纱方向。此外，排料图需在边缘留出空白，以防止在裁剪过程中面料被拉伸以致面料的宽度发生变化。有时，面料宽度的变化可达 1 英寸，例如，从 56 英寸变为 57 英寸。当然，排料也必须适合最窄宽度。

在过去，纸样裁片是用手画在排料纸上的，现在，排料越来越依靠电脑软件来制作。例如格博服装技术的 AccuMark 或者 PDS（Pattern Design System）系统，通过缩小（不处理）样板裁片的原尺寸来复制，保持记录，简化工序本身。

图 7.16 显示了在一个款式的服装（此处为夹克）裁剪准备中，在一摞面料（又称铺料）上按照排料图进行裁剪的方法。每个纸样裁片的直纱都是顺着经向铺排，并平行于布边。独立的铺层（铺开被剪裁的每层面料）和排料为每种面料类型（如里料、衬里、衬布）做准备。

格子图案和花型的对齐

印花图案、格子图案或者其他图形中的图案是否对齐是一个重要的质量指标。有时候可能不要求非常小的格子或花朵必须对齐，但上述每种情况都必须检查。但如果格子或花朵图案稍大一些，而且服装品质较好，则图案必须要求对齐。高品质的服装在所有缝合位置的图

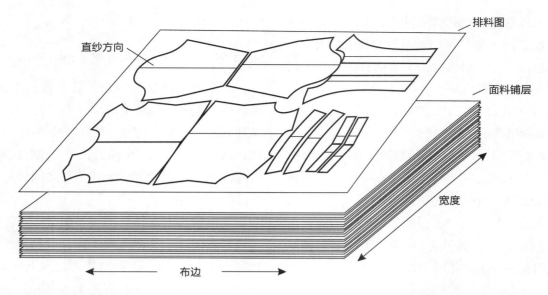

直纱方向

排料图

面料铺层

宽度

布边

图7.16　排料图和铺料

案都必须对齐，它会要求增加更多的面料来实现图案的拼合，缝制也需要特别的技巧，这样就对成本造成了影响。在第一个工艺单中，必须核算好成本。

均匀格子的对格

格子布是由不同颜色的纱线利用织布机织成的梭织面料。方格布在业内称为纱染，因为它的纱线在梭织之前就进行了染色（与匹染布形成对比，匹染布是先织成白坯布再染色）。实际上，有些格子是印到面料上的，但通常它的品质不同于纱染，此外，纬斜的可能性使对格非常困难。

一般来说，格子是矩形而不是正方形，它的高大于宽，这种比例更受用户欢迎。格子设计和对格都是非常重要的质量指标。如果循环图案（基础图案重复很多次）非常小或不显眼，比如一个小格子，那么对格就不那么重要了，或者是不必要的。对于面积比较大或占主导地位的方格，面料是作为设计的亮点，它的细节应与设计融合。图7.17为一款西装夹克，在水平和垂直方向上，有很多细节都需要匹配。它是均匀格子的一种，其格子元素在左右方向上是对称的（上下是否对称不太重要）。根据重复

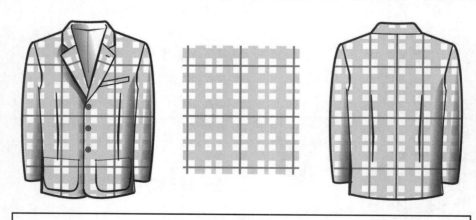

XYZ产品研发公司
缝制说明页面

裁剪信息：无绒毛，双向裁剪，纵向
水平对格：前片，袖子与衣身，翻领，贴袋，侧缝，后片
垂直对格：胸袋嵌条，贴袋，后中领面

图7.17　均匀格子的对格

的面积，衣身的面料也要求做到这一点。选择格子面料还需考虑的一点是格子是否均匀。图7.17也展示了一种裁剪说明，对于这种特殊的格子夹克，它有着不同的考虑。这些说明通常出现在工艺单的结构页面上；需要注意的是，水平和垂直方向的对格说明是单独列出的。

在缝制中，对格需要更高的工艺水平。不是每个工厂都会做对格处理，所以这个任务通常会由专门从事对格的工厂来完成。图7.17为一个完整的列表，包括所有的对格点。

不均匀格子的对格

图7.18显示的是不均匀格子面料，服装经常会这样设计，使图案以一个方向围绕着身体。

夹克衫和西服也可能会使用该类型的面料，但它要求有更多的考量，利用主导元素去实现视觉上的平衡。裁剪时需要裁片都是单一方向。

其他造型简单的服装，比如打褶裙，可以使用不均匀格子且需考量的因素较少。

特殊注意事项：在任何情况下，对格说明都要在工艺单中详细说明以告知工厂如何裁剪。对格的制作要非常精致，其设计特征越重要，其详细的说明也更加重要。

裁剪说明

图7.19展示的纸样裁片都是单一方向，这是面料图7.24a（印花示例）或图7.18中的格子（格子示例）的要求。这种排料需要的面料比双

XYZ 产品研发公司
缝制说明页面

裁剪信息：无绒毛，单向，纵向
水平对格：前片，袖子与衣身，翻领，侧缝，后片，袋盖
垂直对格：袋盖，后中领面

图7.18　不均匀格子的对格

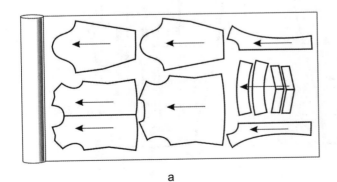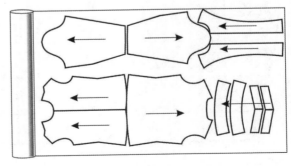

a

b

图7.19　单向（头的方向）剪裁纸样裁片

向排料需要的面料多15%。因为不同的对格方向产生的成本差异巨大，它们应包含在成本核算中。

图 7.20 比较了两种实际生产中的迷你排料图。图 7.20a 与图 7.20b 的款式相同，图 7.20a 是典型的格子服装款式，而且它使用的面料明显比 7.20b 的单色面料多很多。面料每码越贵，格子和单色面料的价格差异就越大。格子越大，要求对格的码数就越大。

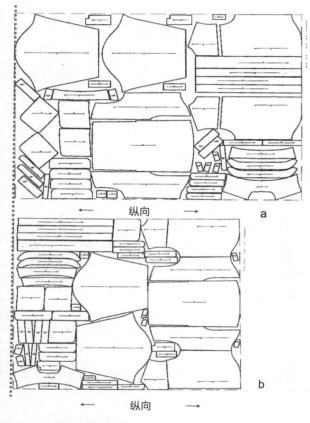

纵向

a

纵向

b

图 7.20　双向剪裁的纸样裁片

选定对格点是影响成本的另一个因素。例如，一些服装公司会通过侧缝来对格（这样成本更高），有的则不是。这都要在前期决定，而且对设计很重要。在服装上，类似（男士风衣）的标准对格点可能还有"水平穿过前片"或"穿过造型线"，或者是"袖子与其他的位置对格"。

这两个例子是真实的排料，所以更希望看到面料布置上的节约方法。电子排版程序的一个重要特点是能够很清晰地看到小块的面料是如何浪费的。

如果不需要考虑对格，或许就能够实现面料的双向裁剪。例如单色面料，需裁成细小、单向纸样的面料（图 7.20）。密集型排料是指更紧密的排料，而且它是有效节约产品成本的方式。

服装某些局部区域的对格

一些格子服装的某些局部区域（如袖衩和前中心的开襟）的对格需要特别注意。

袖衩：男士梭织衬衫上的袖衩是另一个常见的对格区域。图 7.21a 为三种不同的对格结构。图 7.21a 为不对格袖衩，一些格子的视觉效果看起来可能更好一些，但其组织结构未必优良。图 7.21b 是水平（非垂直）对格，这也是最常见的方法。如果品质要求很高，袖衩口的垂直方向可能也需要同时对齐，如图 7.21c。

前中心开襟：图 7.22 为一个中心开襟的对格。图 7.22a 中的开襟有缝，这样就增加了一个额外的对格点（在这种情况下，也可说是一

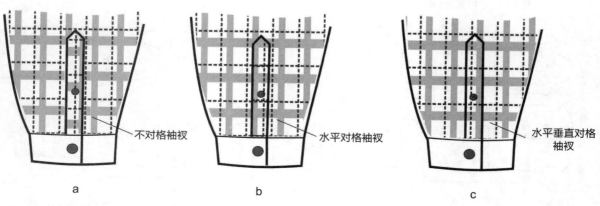

不对格袖衩

水平对格袖衩

水平垂直对格袖衩

a

b

c

图 7.21　袖衩的对格

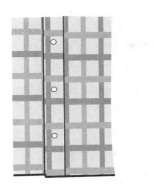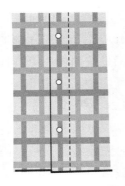

XYZ 产品研发公司 结构说明页面	
裁剪信息：无绒毛，双向裁剪，纵向	
水平对格：前片，侧缝	
垂直对格：不适用	
其他对格：前中显性条纹	

图 7.22　前中心开襟的对格

个潜在的非对齐点）。图 7.22b 为一个明线开襟，它不需要额外进行对齐。在前中心，通常有一个显性条纹，使得衬衫的外观既整洁又对称。在示意图的下方配有开襟的说明（图 7.22，为了图示说明，我们假设对格点都可见，例如袖衩）。

裁剪的工艺设计

除了对格，设计师必须考虑到裁剪的各种工艺，这取决于面料的设计特点。

贴袋成本的解决方案

为了达到预期的外观和成本，对服装构成方法的理解很重要。对格的成本和工艺应与服装的细节和结构，以及面料的选择很好地结合在一起（图 7.23）。设计师们需明确替换方法以在预算内实现他们设计目标。图 7.23a 为有对比翻边的贴袋，贴袋的水平和垂直方向都需要对齐。另一方面，图 7.23b 中的衬衫有一个贴边开口，缝线透过面层，这一细节部位无需对齐。这种特别的取舍是否能够节约成本要取决于工厂的成本核算，而且虽然口袋使用的是这两种不同的方法，但最终的效果相同。

方向性面料

由于印花、起毛、表面纹理、绒头、边缘元素，以及不均匀条纹或者格子等因素，面料可能具有方向性。

斜向梭织

有明显的斜向纹理的面料一般需要特殊考虑，比如斜纹。45° 角的图案或纹理容易制作一些；70° 角（在斜纹面料中称为急斜纹）或 20° 的角（缓斜纹）的制作更复杂。

斜织还会对色泽的感知造成影响，因此服装需要按照一个方向裁剪。色泽的影响或许非常微妙，而且很难在一小块布样上被观测到，

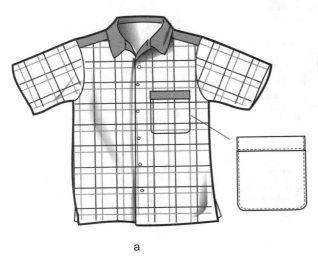

a

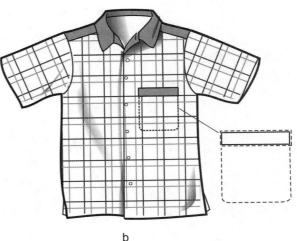

b

图 7.23　贴袋结构的比较

所以最好慎之又慎，或是用真实的面料制作一个样品。斜纹面料需要考虑方向性，包括锦缎、华达呢、粗斜纹棉布和人字粗花呢等面料。

表面有光泽的面料

绸缎属于此类面料，从不同的角度看，它都有光泽，并且能够形成阴影。此外，还有塔夫绸、轧光印花棉布和光滑的棉布等，当对这些面料进行排料时需要考虑一些其他因素。如果不能完全肯定单向剪裁是否必需，工厂可对双向裁剪进行尝试，并向买家提供不同考量方法制作的小样。

方向性印花

大多数的印花设计是允许纵向布置纸样裁片的（上行或下行），所以方向并不太重要。但

印花有时是单向设计的（按照上行方向），例如有埃菲尔铁塔顶部的巴黎地标图案的印花一直都是按照同一个方向。这就需要附加面料，并且需要在最初阶段提供准确的成本核算。图7.24 为一个单向和一个双向设计的花卉图案印花。单向上全部的花都朝向上方。排料和裁剪时需要特别谨慎，因为没有考虑方向或不小心裁错布片会影响到服装的整体外观。通常，有印花的面料排料需要更多的面料。因为我们不一定能够很清晰地知道将会遇到什么问题，所以要提前明确应该考虑什么。在这个例子中包含了"花梗朝下"。

双向的形式非常相似，图中说明可以使纸样裁片按照任意方向摆放。最好选择双向设计的面料，除非有一些具体的设计优势。

单向形式的裁剪说明在示意图的下方。

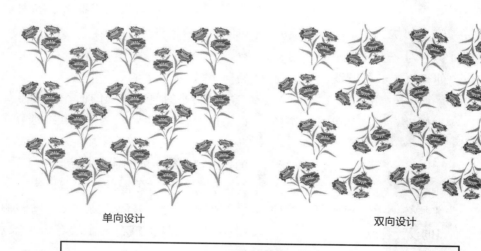

单向设计　　　　　　　　　双向设计

XYZ 产品研发公司 **缝制说明页面**
裁剪信息：单向印花，纵向（花梗朝下）

图 7.24　单向和双向的花卉印花图案

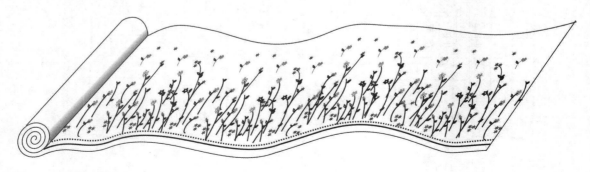

图 7.25　边缘印花面料

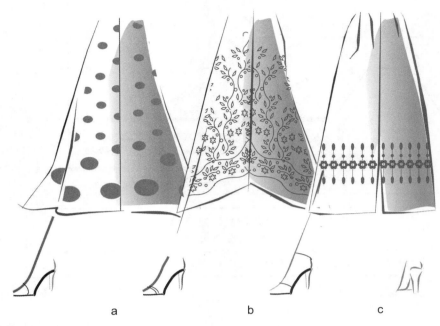

图7.26 边缘设计的例子

双向形式是非定向的，也不要求特别的裁剪说明。

布边印花面料在布卷上从左到右有不同的设计（图7.25）。该类型的面料需要做些额外的考虑，也需要增加面料的码数，因为它的摆放首先考虑的不是码数，而是将设计以一种赏心悦目、和谐的方式融入到服装中。布边印花的设计必须要对面料的纹路、排料和产量进行更多的考虑。用到斜裁时，不是每种面料都能够形成正确的悬垂效果。比如当面料的经纱与纬纱的重量存在很大差异时。

布边印花为服装增加了独特性和价值感，但是布边印花并不适合于每种面料，而且预期的价格也会发生变化。

将边缘印花作为裙子装饰时，不仅要依据裙子的廓型进行剪裁，同时还要考虑其他一些因素。图7.26为三种不同的裁剪方法。

· 图7.26a的设计表现出一种"优雅"感觉，上下对比不鲜明。

· 图7.26b的设计是通过斜裁并给服装一个之字形折边来塑造边缘的直线造型。

· 图7.26c中的裙子有一个梭织花边设计，这种面料是典型的手工织造面料。在这种情况下，所设计的花边要与整个裙子风格相匹配。这种花边设计可与腰部有碎褶的直筒裙相搭配。

喇叭形

对于很多喇叭形裙子，它的图案可能放置在侧缝的下端。通过学习图7.27的排料，可以清楚地看到在条纹与接缝相交的位置来完成人字形或波浪形接缝效果的原因，这种裙子是一种受欢迎的服装款式，但也可能会因为图案的放置不当造成意想不到或不理想的效果。对于微喇形服装，在侧缝上的图案可能突然下落。这种情况下，裁剪说明应用图示进行说明，如图7.27。

边缘印花有时也可以用于制造有趣和神秘的视觉效果。图7.28为一件有花边细节的服装，这件服装在身体的一些区域使用了碎花条纹设计（另一种花边面料是平面蕾丝，有成型荷叶边的网眼）。

大花纹面料

大花纹面料需要预先进行花纹图案的规划，所以花卉图案在织造之后需要对齐。此外，花卉应以身体为中心，除非故意想要不对称的视觉效果。一个简单款式的服装运用花卉图案的

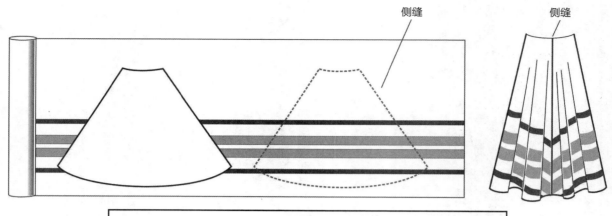

图 7.27　条纹边缘下落后的效果

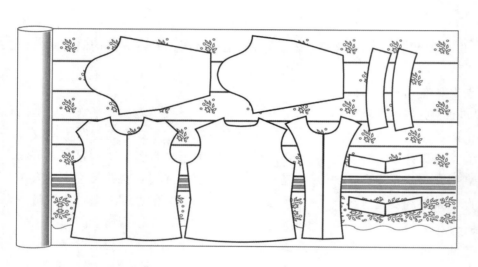

图 7.28　边缘印花的排料

图 7.29　大花纹面料的排料

面料会得到最佳效果。

图 7.29 为一款无袖上衣的排料。因为需要计算面料能容纳的最大印花尺寸，以致每种尺寸更小的上衣排料会产生一定数量的废料。此外，大花朵需小心地放在中间且不应在服装的腹部位置强调花卉图案。如果后片图案能很好地对齐，还应考虑到一些其他因素，如边缝的对齐。然而，如果后衣片保持固定，排料布局会更具灵活性。如果服装设计简单，所有的细节都能够考虑到，并且有可以满足印花需求的面料，那么这类款式是可行的。

定位印花

局部印花是一种专门设计的印花，比边缘印花要求更高，它的图案最终会使用在服装的某个特定部位。例如领子、袖口或育克。图 7.30a 属于该类型。

意大利公司 Pucci 是这种技术著名的使用者之一。图 7.30a 的图案设计旨在塑造领子、袖子的边缘和下身裙边不同的宽度。

图 7.30b 为不同方向的花边，有横向花边也有纵向花边。这样的设计需要工厂细心地进行排料，因为这种印花设计的裙子在进行面料裁剪时也需要把衣片平铺摆开。同时，该类型设计大大增加了服装的趣味性和独特性。

图 7.30c 为第三种形式。注意，衣身的斜叠边缘是垂直的，也正因为如此，服装本身采用斜裁。

起毛、起绒

灯芯绒、羊绒、丝绒或棉绒，或针织（如平绒）等面料有突起的表面，并且起毛、起绒。对于这些面料，纸样裁片必须按照相同的方向摆开。面料的顺毛和倒毛的视觉效果有很大的不同。因此，在同一服装上，这两种方法不能混合使用。否则，衣片会出现不同的色泽。同一服装上的所有衣片的方向必须相同（除非是设计原因），服装生产还受另外三种选择的影响。

所有面料都顺毛

通常，排料时所有的纸样裁片到放在顶部，

 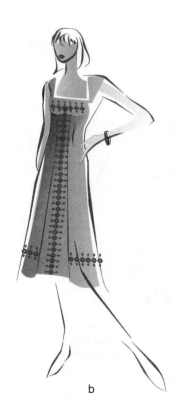 

a   b   c

图 7.30 工业印花的剪裁

单向印花也是如此。起绒织物如果按照这个方式铺开，颜色就会变得很丰富，但随着时间的推移，表面往往会不断磨损。对于高档丝绒夹克来说，这或许是一个不错的选择。

所有面料都倒毛

所有的纸样裁片都是倒毛放在排料图的下面。服装穿起来视觉效果更好，但颜色不会那么丰富，那么深。它对于灯芯绒下装，尤其是童装来说，是一个不错的选择。而且，面料色调变深对于一些浅色调的服装没有任何好处。

所有面料两种毛向都可以

一些服装面料表面有全顺毛和全倒毛，称为单向服装／双向批量（批量是指批量生产，与样布生产相对），这种方法产量最高（最面料利用率），而且服装彼此间不会相同。它适用于顺毛和倒毛差异不明显的面料。

此外，当这种面料制成服装后，虽然色泽会有所不同，但是在商店会放在同一色系里进行销售。如果这些服装是搭配销售，则需要考虑到一些其他搭配因素，例如裙子或裤子配夹克衫。当然，如果打算将它们穿在一起，为了色彩可以相互匹配，必须对它们进行裁切。图7.31b是当在服装的局部缝制上一块与其他衣片的毛向相反的面料时所形成的结果。在工厂，有时夹克的一片衣片被安反了（以顺毛形式安放在服装上，其他的衣片都为倒毛），这种现象是因为嵌入式带片是长方形，衣片本身的正反不明显，所以在缝制过程中不小心被安反了。然而，它位于正面的右侧，所以非常明显，这也致使服装成为次品。这是工厂的失误，它可能出现在一件不合格的服装上，也可能出现在几个或整个服装生产链中，但有时一个有经验的工厂能够懂得如何去控制和避免这种失误的发生。

条纹

条纹的方向通常指定为垂直或水平方向。类似于格子，对条纹图案是一个重要的质量指标。纵向条纹最容易明确，款式简单的衬衫或者一些其他的服装可能不需要考虑这些特殊的因素。然而，随着贴袋的添加，在选择面料时需要考虑条纹是否能够对齐。在侧缝和前片

衣片有意装反

a   b

XYZ 产品研发公司
缝制说明页面

裁剪信息：单向裁剪，所有面料都倒毛——所有可见衣片

图 7.31　起毛织物的裁剪说明和搭配

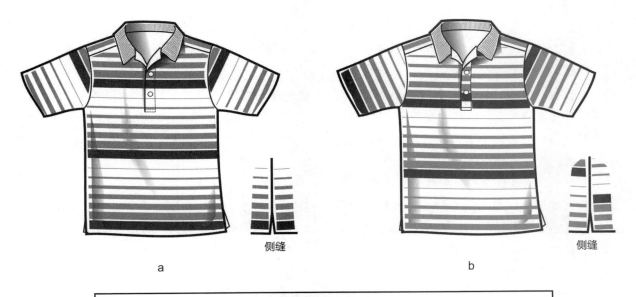

| XYZ 产品研发公司 |
| 缝制说明页面 |
| 裁剪信息：单向，纵向 |
| 水平对格：不适用 |
| 垂直对格：侧缝 |
| 其他对格：袖片对格 |

图 7.32　条纹男士高尔夫服

（如果它有前门襟）等位置，水平条纹比垂直条纹有更多潜在的对点。

条纹面料也可以要求单向排料，图 7.32a 为一款深浅条纹男士高尔夫衬衫，它的衣身有最大限度的对点，袖子按照相同方向摆放，图中的袖子穿过胸部与衣身对齐，也与其他部位对齐，此外它在接缝两侧服装的条纹也是对齐的。

图 7.32a 也展示了一个在前片上并有助于对齐的结构——门襟不是单独的布片，所以这使它的左右更容易对齐。在男士橄榄球衫或马球衫中，这是一种常见的结构。

图 7.32b 为同款衬衫，它的裁剪没有配合图案的对齐，也没有考虑单向设计，不对齐的图案结构在服装生产中可以节约成本，但袖子左右和侧缝的条纹不对齐，会让它看起很随意。此外，它的门襟是一个单独的衣片，这为接缝的对齐增加了难度，因为它需穿过前门襟部位来进行对齐。这可能不被认为是一种高品质服装的结构。

成本问题贯穿于商业化生产过程的各个阶段。对于面料选择的考虑，以及设计开发时对适合面料的匹配，再加上清晰简明的裁剪说明能够最大限度地减少问题的发生，并确保更高的质量。

总结

面料是服装最重要的质量指标之一。为了使设计能够使用适当的面料，需要谨慎考虑面料的特性、设计细节、裁剪，以及在服装产品上的最终用途。针织面料和梭织面料有着不同的特性，而且会对所选面料的排料和裁剪造成影响。工艺设计者为能够研发出最具成本效益的高质量服装产品，需根据面料的设计、成衣的款式和面料的特性（如是否为顺毛），制定出各自的剪裁说明。

参与服装生产的设计师和专业人员应清楚地了解所列出的服装因素、细节设计、裁剪、服装的最终用途，以及它们是如何相互作用的，从而制作出功能完备、美观且高品质的成品服装。

1. 在衣橱中找一件采用方向性面料的服装。列出它们的所属方向，并解释它们被划分为方向性面料的原因，列出可用的剪裁说明并解释为什么说明对于产品非常重要。

2. 观察自己的着装，分辨出哪件服装的面料是针织的，哪件是梭织的。

3. 在衣橱中，试着找一些采用格子元素的服装。观察这些服装的格子是否均匀，描述一件服装上的格子并将它图解。撰写要发往工厂的裁剪说明。检查各个服装的局部，观察服装上的格子是否有些未对齐，并解释为什么这样做，在解释之前需考虑与服装生产有关的因素。

检查学习成果

1. 请说明梭织面料和针织面料的相同点和不同点是什么？用书面形式说明怎样辨别它们。

2. 直纱和横纱的不同点是什么？为什么说了解它们的不同非常重要？

3. 斜裁的涵义以及它不同于横裁和直裁的原因。

4. 明确均匀和不均匀格子面料的主要裁剪说明。

5. 解释与裁剪梭织面料有关的质量问题。

6. 喇叭裙的裁剪说明有哪些内容？

第 8 章

毛衣设计与织造

本章学习目标

» 区分针织服装与毛衣的差异
» 评估毛衣的组成部件
» 识别工业生产制作毛衣时的主要针法
» 区分毛衣结构的主要类型
» 学会针法术语以及编织工艺的运用
» 绘制毛衣设计图稿
» 为毛衣制作成品工艺单

毛衣设计在一定程度上与裁剪成型的服装（比如衬衫和牛仔裤）有所不同。其生产过程也有着根本性的差异；毛衣板的制作会用到一种特殊的技术，叫做全成型，这种方法可以根据需求扩大或者缩小每个毛衣板。从这种意义上来说，织物和服装是同时制作出来的，这也是毛衣的特点。

毛衣的厚度和结构比较多样，毛衣可以是用于保暖的冬装，也可以是用于夏天穿着的蕾丝服装，这取决于使用的纱线和针法。

毛衣类服装能够持续流行的原因之一是穿着舒服，这源于编织结构的内在延伸特性。毛衣通常只有三个型号——小码、中码和大码，而不是一系列尺码，这样更便于消费者购买。

毛衣通常会设计成上装或外套，偶尔也会设计成半身裙和连衣裙。另外还有一些毛衣编织类的服装配饰，比如帽子、围巾、手套，以及棒球手套等。

针织业分成两个领域，一是生产针织面料，另一个是生产针织服装，比如毛衣。这两个领域都要用到专业的机器。

为了更好地区分是生产面料还是服装，请记住"Knit"指的是面料，"Sweater"指的是服装，这些都将会在本章中学到。

历史与演变

针织面料的类型与现今学者说的手针编织织物最相似，这样就能和其他古代的技艺区分开来，比如结绳、缠绕、圆形挂钩等。手工编织工艺是用纱线和针（我们所说的编织针）制作出造型复杂的服装（例如手套），也可以制作复杂的衣片。因为针织很容易学，而且不需要昂贵的仪器设备，比如织布机。中世纪，这种针织工艺发展成了一个很重要的产业。

今天的毛衣融合了现代的技法，这些是发展了几个世纪的艺术。图8.1中的儿童毛衣在图案方面具有传统的感觉，但是包含了一些新颖的元素，并且用到了拉链。在前门襟闭合处的两边都缝上了缎带装饰，同时具有一种特殊的触感——针织蕾丝。缎带从底部开始与五种颜

图8.1 传统与现代的结合

色的条子布相连接，这种强烈的反差充斥着整个图案。

织袜机的发明

现代针织机械创立的基础是由牧师威廉·李在1589年发明的织袜机。这种设备近年来被称作平板纬编机，在这种机器上，操作者可以在来回移动的设备上通过纬向编织增加织物行数。这样的设备可以使操作者以十倍手工编织的速度编织针织物。手针（也包括现在的编织针）又直又尖，所以需要用娴熟的技艺让线圈固定住；相比之下，这种织袜机用的是钩针。

机器编织技术中最重要的一个创新是在1847年发明的舌针。线圈成型前，舌针可以把纱线固定住，当针对齐了后放开。

图8.2展示的是舌针通过开合针舌完成编织的机械原理。右边的是编织机器上的织针，这种织针到现在一直在使用。

纬编的基本原理

全成型毛衣的编织方法叫做纬编，通常是在一个平板机器上完成；织物的形成是通过在水平方向上机头的纬向移动，自上而下的编织形成织物。

不管是哪种针织产品，即便是最简单的产品（一条围巾、防护手套，甚至仅仅是一块样布），其基本原理方面和常用术语都是类似的。

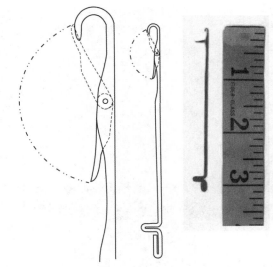

图 8.2 舌针

针法

针织的基本单元是针法，它通常表现为一个线圈。针织面料和毛衣针织类服装都有着相同的结构，这种结构可以理解为用纱线相互联结的线圈制成面料。当然，这种针法运用在面料中就会更小，在放大镜下，在针织毛衣的纬平针织物上可以看到这种相同的线圈结构。

在针织衫中，有四种基本编织针法，它们是正针编织、反针编织、跳针、以及打褶。这些针法可以单独使用，也可以结合起来使用。

纬平针组织（正反面都编织）

纬平针组织在手工编织（也叫做隔行正反针编织法）和机器编织中都是最常见的一种针法，在纬平针织物面料、全成型针织衫，以及袜子上都广泛应用。纬平针织物正反面的外观是截然不同的。平针编织的一面叫做正面，这意味着这一面通常是在外侧（尽管不需要这样标示）。这一面更光滑，其针法会形成一个 V 字形（图 8.3a）。

图 8.3b 为纬平针组织的反面，也叫做背面。在手工编织术语中，背面的平针组织呈圆弧状，这源于它凹凸不平的特征。纬平针正反面是两种不同的线迹，它们相当于同一个线圈的前后两部分。纬平针组织在机器生产中效率最高、生产成本最低。

纬向和经向

横向线圈叫做纬向，图 8.4a 中所示的带阴影的那一行就是纬向。随着纬向线圈的增加，编织的过程从下而上进行。经向指的是线圈纵列（图 8.4b），每一个连续垂直行都在底部支撑着线迹，而且在表面也有纬向的线圈支撑，每一个纵向线圈就是一针。

区别纬向和经向的一个方法，那就是纬向（水平方向）如砌砖一样。当一面砖墙从底部开始堆砌，并不断往上建造时，就会左右来回不断地在纬向方向上增加砖块，所以对于毛衣来说也是从底部开始织，也同样不断地左右来回，在纬向方向上编织。

图 8.5 所示的是一块手工编织的毛线运动衫的小样。在图 8.5a 中，深色的就是纬向编织行。如果一条纬向编织行是由对比色的纱线织成，如案例中图示，它看起来就像是水平方向的之字形条纹，而且突出了织物正面的 V 字特征。

同一块样品的背面，就是纬平针组织的反面，所示的是相同对比色的单条纬向线怎么表现出两条纬向线（图 8.5b）。在正面可以通过这种对比很清晰地看出脊状的结构。

纬平针组织的一个明显的特征是织成的面

纬平针织物正面
a

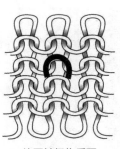
纬平针织物反面
b

图 8.3　纬平针组织针法

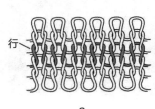
a

b

图 8.4　行和列

a   b

图8.5　编织小样，针法正面（a）和针法背面（b）

料或者衣片会有卷边现象，边缘的地方会向反面卷，上部和底部的部分会向正面卷。如果用纬平纹针法织一个很长的长条，它就会卷成一个管状的筒。除非特殊的设计要求，一般围巾和其他需要平铺的物品不选择用纬平针组织。对于管状物品来说，如帽子或者毛衣，这种卷曲就不是问题。图 8.6a 所示的是用纬平针组织织成的围巾，并展示为什么这种织法是不可取

的。围巾的实际宽度是 8 英寸（在穿着者的右侧，用卷尺测量出来的），但是围巾的左侧两边缘向正面卷曲，最终大约只有 2 英寸宽。当然，这种卷曲可以作为一种装饰效果，如图 8.6b 所示。图示织物在外侧的单边卷边，用来作蕾丝针织衫的领边。这里要注意的是，领边的密度要比衣身的密度大得多。这种用法很常见，同时也能起到加固领口、防止领边脱线的作用。

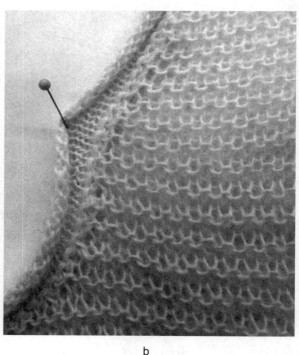

a   b

图8.6　纬平针组织的卷边现象

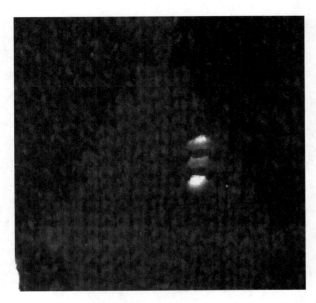

图8.7　经向上的线圈脱散

这种编织规格（密度）要在工艺单中列出，用来指导毛衣的制作。

如果毛衣中一个线圈破损或者脱圈，就会形成纵向脱散或者称为梯脱，会在经向垂直方向上形成线行孔洞（图8.7）。尽管在毛衣上的这种线行孔洞是可以修补的，但是，在制作过程中还是要非常小心地避免这种问题。

正针编织（正针组织）

在之前所接触的编织工艺里，正针编织是基本的编织针法，同样也是编织针织面料的基本针法。无论是轻薄的面料还是厚型的面料，只要用到这种编织结构，它们依然可以称作纬平针织物。

反针编织（反针组织）

编织毛衣的反针类似于纬平针织物的背面结构，但正反两面都是水平结构。这是一种双面织物，可以平坦地展开，边缘不会卷起来。这种针法也叫平针织法。

反针编织织物

也叫双反面针织织物，这种面料是由一种双机床自动化机器织成的，这种机器共用一个双头舌针。这种机器可以让针织衣物和三角线迹在同一个经向方向上编结在一起。这不同于罗纹组织（罗纹组织是正反面线圈纵行交替），而双反面组织是正反面线圈横列交替完成。

最终的面料在长度方面更有弹性，但是机械生产效率比较低，生产起来很慢，成本又高。这种编织方法曾经在一种高尔夫开襟羊毛衫中普遍应用。

罗纹组织

罗纹针织组织是正反面线圈纵行交替编织，在相同的横行方向上用反针编织，也需要用到双机床机器。一针正针，一针反针交替编织形成的罗纹组织叫1×1罗纹。罗纹组织的很多组合都可以实现。罗纹织物也是一种双面织物，正面和背面的外观是一样的，两面都有纵向的织纹装饰，这样会具有更大的弹性和延伸性。罗纹组织增加了在经向方向上的牢固性，也增加了在纬向方向的拉伸性，这种性质在很多产品上都非常有用，如罗纹高领毛衣、罗纹克夫等。

织好的罗纹针织面料可以平坦地展开，不会发生卷曲现象。这种组织可以用在印花面料服装中，也可以用在领口、克夫，以及下摆边缘。如果是作为一种印花面料，它可以做成定型佳、而且很合体的服装。

罗纹饰边

图8.8a中针织布的样片有一个罗纹饰边，用作袖口克夫。图中的针织样片展示了面料收缩的特性，从而形成了袖口的形状，有很明显的装饰效果。图8.8b是一个2×4的罗纹组织，它也展示了织物正反面的差异。

空针编织

也叫做浮线组织，当机器的机针暂停编织，同时纱线也不会穿过机针的时候就会形成空针线迹。当机针在编织过程中不参与编织就可以在织物上形成浮线。图8.9a是织物的背面，展示了空了两针的空针线迹。这种技术通常在轻质、窄幅、弹性小的面料中应用。

a

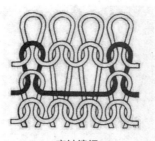

空针编织

a

集圈组织

b

图8.9　空针编织和集圈组织

图8.10　德比式罗纹

b

图8.8　罗纹饰边的变针

集圈组织

图8.9b是一种集圈组织，当织针喂入新纱线的同时含着原有线圈，就形成集圈组织。这种组织可以持续几行这样的线迹，然后又可以迅速把它们编织在一起。

织物的一面用集圈组织，而另一面用下针组织，纹理效果会更好。相对于平针组织来说，这种技术可以增加面料的重量和幅宽。

德比式罗纹（凸条组织）

这种组织通过在针床单板横向编织两行或多行，在织物的一面形成横向凸起纹理。这种组织通常与横向条纹结合。

集圈罗纹

有一种很流行的针织组织叫做全畦编组织。编织这种结构，会用到多针机床（用于全畦编组织），或者单针机床（用于半畦编组织），然后就会形成集圈罗纹。最后就织成了一种在经向方向上有很大拉伸性的厚重结构组织，这可以用在厚的针织外套中。

全畦编组织的正反面看起来是一样的；半

a

b

图 8.11　半畦编组织

畦编组织则是正反面看起来不一样。展开的罗纹和面料都要比传统的罗纹组织更宽一些。半畦编组织也叫做粗平针组织（单元宝）。图8.11a是这种组织的正面，图8.11b是背面。

毛衣的制作

成型针织和针织裁片

　　传统毛衣制作的特点是一种纬编针织毛衣，衣片是根据体型来编织成的，并且毛衣边缘都是已经经过处理的。毛衣塑型是通过针织横机完成的，用到的技术叫成型技术。全成型针织工厂用到的这种机器，有附加的成型指令，这个指令来自于打孔卡片或者电脑档案里的针织花型资料。衣片的形成是通过增加或者减少工作机针的数量完成的。当裁片缩小时，其中的一针线就被挑到旁边的针上去，这种特殊的针

法叫做明收针。图8.12中所示的是"双行收针"（在两行纬向线圈或者线迹上收针，在避开缝合线的地方），这种在袖窿和袖子的塑型方面很常见。

　　图8.13中的样片是成型针织的另一个例子。图中看出，当线迹增加时，在靠近中间的样片是怎样展开的，然后又会在靠近顶端的时候缩小。织片顶端与织针脱离的地方，线圈容易脱散。如果拉扯其中一个线圈，在这个线圈经向

图 8.12　成型针织明收针

图 8.13　成型针织的定型

方向上就会出现脱圈现象，所以顶部边缘的地方要用套口机来处理。制作织片时，衣服的款式和型号是一起完成的，这是无法用梭织面料按照市面上的服装型号来制作完成的（同样的，对于梭织面料服装来说，每一个衣片都各自塑型）。

套口

织片完成并从机器上取下之后，所有的结合位置用套口技术缝合在一起。图 8.14 中的样片是套口的示例。从图中可以看出，织片对接处是如何用一种锁链式的方式缝制的（这里用深色的对比色来标示），这种方法可以使这条缝合线在不破损的情况下具有拉伸性。这种缝制方法的缝份也很小，缝合线表面顺滑，平坦。这种方法通常使用服装本身的纱线，而不是缝纫线。

套口的缝制过程要用到专门的机器（图 8.15）。在毛衣生产厂中，缝制套口的工作需要更高的技巧和更细心的操作。活动的线圈（指不是封口的），可以用少量的纱线把线圈和服装的一边临时缝在一起，然后再小心地放到机器上，织片上的线圈就以一种罗纹式的方式进行套口缝制。这种套口装置是把两个部位连接在一起的，所以这种方法的另一个术语叫点对点连接。由于成本原因，在美国很少使用这种方法。

成型针织与裁剪针织的结合

有很多方法可以减少劳动力成本。一种捷径是先把毛衣袖片织成一个矩形的样式，带有

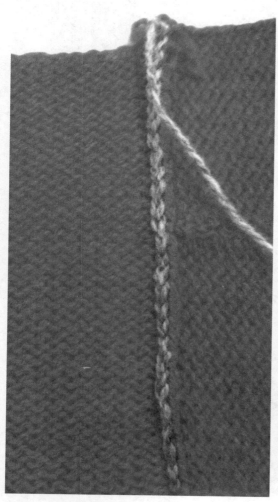

图 8.14　缝合线处的套口

a

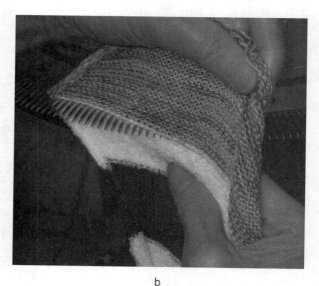

b

图 8.15　工厂中的套口制作

罗纹下摆。完成了一摆这样的织片后，将这些袖片裁剪成设计好的形状，然后用包缝机把它们缝合起来。四线包缝机操作这个过程更快，而且也能节省套口缝制的成本。这种裁剪方法的缺点是会导致面料的浪费，所以这种方法或者用在便宜毛线织成的毛衣上，或者用在测量精准的高档毛衣上，可以节省一大笔劳动力的成本开支。

另外一种减少劳动力成本的方式是对于那些大尺寸毛衣外套，如片状的，可以用裁剪缝制的方法进行服装拼接，然后用包缝机或者绷缝机缝在一起。这种情况下，设计师的其中一部分工作是研究怎样用创新的手法处理毛衣，既要外观美观，又要节约成本，使成本低于正常生产线所给出的参考标准。在总体设计上，毛衣是技巧与技术的结合。

不同的厂家在机器设备以及专门技术上有不同的专业特长，所以选择合适的工厂也是很重要的一方面。

手工编织

市面上一些毛衣是由个人针织厂用毛衣针手工编织的。这种毛衣通常比较昂贵——或许是几百美元，甚至可能更贵。这种手工编织毛衣的流行来得快，去得也快，毕竟是一个小众市场。由于它的价位、以及手工编织者的特殊的培训和管理方式，使毛衣能保持一定的质量。无论如何，依然有一些特定的技术只能通过手工编织来完成。

手摇针织打孔卡片机

图 8.16 和 8.17 中是几名年轻男子正站在一种机器上工作，这是一家越南的毛衣生产厂，这种机器叫手摇针织机。在针织过程中直条针织物（白色）可以在机器机床的下面看到。在织片的底部加一个重物，这样可以使毛线编织得更顺畅。是选用手摇针织机还是用电脑控制的机器取决于毛衣的设计以及要求的质量。

手摇机器比电脑控制的机器便宜，但是编织的过程比较慢，而且会花费更多的劳动力，这种编织是把纱线放在一个大的白色锥形筒子

上进行的，这在图 8.17 中可以看到。打孔卡引导单机床手摇针织机的方法与电脑档案控制电动机器的方法相同，电脑控制添加了颜色和图案，对每个面板进行成型加工。

图 8.16 手摇针织机

图 8.17 手摇机操作

全自动针织机

最先进的针织机器是电脑针织机，它里面储存了电脑的指令编程。生产这种机器的主要有两个品牌，一个是德国 Stoll，另一个是日本的 Shima-Seiki。电脑针织机可以有不同的纹理编织线迹以及色彩图案，编织工作的完成比手摇针织机节省很多劳动力成本。但是电脑针织机的初始设置比较复杂，而且厂家会要求这笔费用是由客户来支付。如果一项设计可能会产生一大笔初始设置费用，这个设计就有可能被弃用。在批量生产过程中，这些机器不需要太多关注，一个工人可以兼顾很多台机器。

电脑针织机有很多优点。这种机器可以用在全成型服装的扣眼，这比之字形的纽孔更结实和整齐。这种机器可以把不同的尺寸融合到一件服装中，同时生产多款毛衣，甚至可以整体生产，或者制作无缝毛衣。电脑针织机还可以用复式针步技术制作服装，把纹理和图案结合在一起。这种机器的主要缺点就是价格高，每台机器能够达到几百或者几千美元。

手摇针织机同样也是精密仪器，只是需要操作者用手摇来提供动力。图 8.19 中的双机床针织机用来编织罗纹、双面提花、以及其他针法，图片中的操作者用针拇来调整机针。

全成型（织可穿）毛衣案例

图 8.20 中的毛衣是一件男士全成型毛衣。这件毛衣的设计很精巧，前片设计了两条图案花纹，而背面没有。针织裁片可以完成这种特殊的设计，这是手工编织的设计适应性。注意到袖窿处的全成型收针标识。毛衣的工艺图上必须包括这些收针标记，以便于指示任何可见的全成型应该出现的地方。举例来说，侧缝缝合线通常可以对边缘进行塑型，但通常不用明收针。所有的这些注意事项要列在工艺单中。底摆和袖口克夫处的罗纹组织会和服装编织在一起（没有缝合线迹）。仅剩的最后一步就是 V 领处 1×1 罗纹的拼接和连接。

图 8.21 展示的一种毛衣的制作过程，是两行单元同时编织。因为裁片会编织成最后的形状，所以当进行裁剪缝制过程中，没有可以浪费的纱线。这些衣片完成边缘处理之后就从机器上取下来，然后缝合到一起。

当这些裁片编织完成之后，就会把它们放到套口机上。

裁剪缝制方法

第二个案例是用平面织物运用裁剪缝制方法制作的。这种方法有某些设计方面的局限性。这个样板是常规的套头设计，见图 8.22。

这种类型的毛衣是用卷材做成的，卷材是

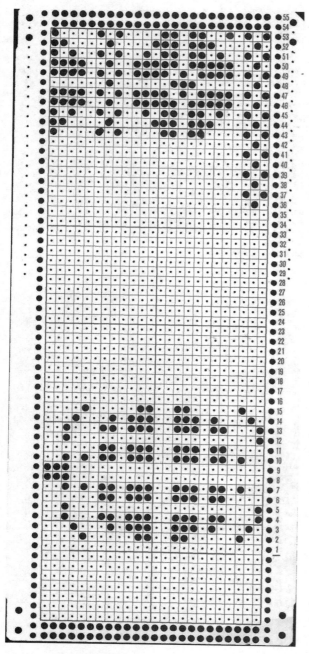

图 8.18　手摇针织机的打孔卡片

图 8.19 全自动双机平床纬编机

指那种成卷寄往工厂的已经加工好的织物。这种毛衣相对于全成型毛衣收针方式是完全不一样的，因为工厂只会收到制作这种毛衣的纱线（被卷成锥形，就像在图 8.17 的工厂图片中看到的那种）。

　　裁剪缝制毛衣有两种主要类型。一种是毛衣在厂内生产，这样可以节约劳动力。在制作时，躯干部位的衣片被织成合适的宽度，而且侧缝缝线和罗纹边都已经完成制作；领子和袖窿会叠成一摞再裁剪。同样的，袖片也已经织成合适的宽度，用裁刀把袖窿的形状裁出来，然后毛衣的各部分用包缝机（拷边机）拼合到一起即可。这样可以节省相当一部分劳动力，但是衣片上被裁掉的部分会造成一些纱线的浪费。

　　第二种裁剪缝制的方法与梭织服装的拼接方法有很多共通点，面料都是被平放成一层一层的。图 8.23 展示的是在工厂中如何操作这项工作。把面料摞在一起，叫做铺叠成型，为所有衣服纸样板平铺在上面（排料）做准备。深色的部分是那些铺叠好的面料裁剪之后剩下的部分，在下一步制作过程中会丢弃。这个图也

图 8.20　配有图案条的全成型工艺

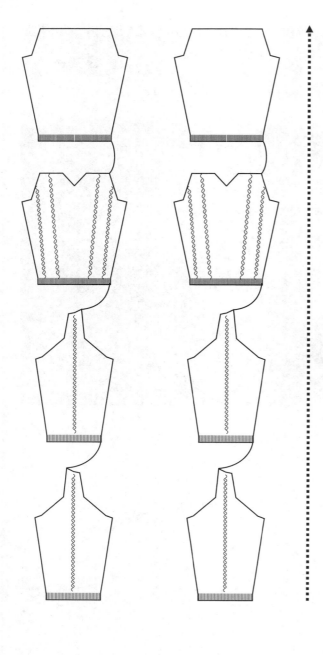

图 8.22 裁剪缝制毛衣样品

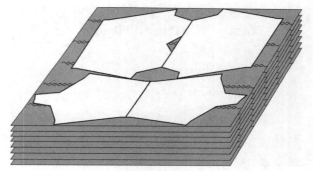

图 8.23 裁剪缝制毛衣的铺叠成型

展示了怎样把绞花图案编织进去，这样毛衣外观呈现出的就是被均匀隔开的垂直效果。用绞花图案织物和铺叠成型的方法，在一些设计部位上无法实现绞花效果，其他的一些毛衣上也实现不了，比如说全成型毛衣。服装接缝、克夫、底边、领边都会用拷边机整合到一起。比起毛衣的制作来说，这些制作方法与运动衫（一种全成型服装的案例）的制作方法更相似。

在运动服市场上也有另外一些类型的全成

每个裁片都从底部开始
从下往上编织，循环往复

第五行
第四行
第三行
（灰色部分）
第二行
第一行

图 8.21 裁片编织顺序

型服装。这些由卷材编织的毛衣都有足够的坚固性，能够平铺，也很容易裁剪，而且这种毛衣在里侧通常是抓绒的，更加保暖。图8.24中的衣服是使用拷边机拼合起来的，在这里用普通的缝纫机来缂拉链和缂明线。

图8.25中的服装展示的是衣服的接缝用包缝机拼合起来，然后用绷缝机给衣服折边。这是介于传统全成型毛衣和由羊绒织物做成的裁剪缝制毛衣之间的一些混合技术运用的案例（比如说摇粒绒布）。从这里可以观察到，全成型毛衣很少包边，所以很容易与裁剪缝制毛衣区别。

全成型针织毛衣

全成型针织机是一种创新型机器，这种创新体现在它可以用一个针织步骤去生产一件完整的毛衣，过程中不会用到裁床和缝纫机。针

图8.24　裁剪缝制毛衣的后整理

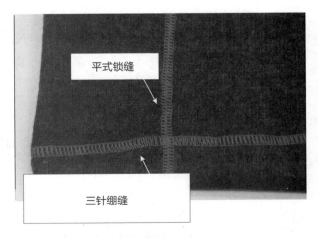

平式锁缝

三针绷缝

图8.25　裁剪缝制毛衣的拼接和折边

织机会编织三条无缝管筒：一个用作衣身，另外两个用作袖，它们都是同时在一个针床上编织的。然后把三条无缝管筒编织在一起就组成一件毛衣。这些毛衣是全成型的，没有任何缝合线，这就使得毛衣的合体度和舒适度达到了一个新的水平。用机器生产的服装可以作为一件成品，其中也包括饰边等。小件毛衣只需花费20分钟。一些复杂的服装外观效果，比如说嵌花编织也可以一起完成。同样的，一些复合的工艺细节，比如口袋，也可以一起完成。

这种服装系统的优点如下：

· 因为没有缝份，就比全成型服装进一步减少了面料的损耗。

· 因为不必将各部分缝合起来，所以服装就能更快速地推向市场，工厂可以提高成本效益（当用到复合型的高性能材料时，这个因素尤其重要）。

有一种说法：生产制作整体针织服装的过程中，浪费越少，就越有利于环保。这种针织机器的龙头生产厂家是岛精和斯托尔。

这种生产技术在服装产业中被广泛应用（从运动装到毛衣），同样也用在工业用纺织品（比如汽车座套，这种产品也包含了一些别的组成部件，有金属材质的，也有塑料扣件）。这种机器可以生产各种各样的拓补配件，就是那些用以前的针织机器很难生产或者无法生产出来的拓补，包括连接管、圆圈、开口的长方体，甚至是球体。

全成型针织服装需要用到双机床来打造三维立体效果。一件服装用全成型技术编织时，用到的机器需要有专门的单机针（通过电脑控制进行选择），以及滚轮压脚（压住已经加工完成的线圈）。全成型针织的某些方面，比如说改变面料的幅宽或直径，以及把结构的两边连接起来，都可以用制作二维或者平面结构的单针机床完成，这种方法的实现方式是：

1. 改变针织结构（举例来说，把罗纹变成纬平针）。

2. 用到不同的结构元素（针距、纬线嵌入、编织、省裥）。

3. 通过移圈完成塑型。

4. 停车针进行纵行收放。

纱线

　　纱线是在针织过程中编织成线圈的材料。纱线由纤维组织构成，或者是长丝纤维，或者是短纤维，或者是两者的结合。纱线的选择是基于毛衣的设计。纱线需要有足够的柔性和强度，并且回弹性能要很好。

　　影响纱线和毛衣设计的主要因素有：

- · 纱线外观
- · 纱线结构组织（长丝纤维或短纤维）
- · 纤维成分（天然纤维或合成纤维）
- · 捻度 / 张力（捻向或者捻度）
- · 股数（单股，多股或者包芯）
- · 支数（纱线型号，厚度或者直径）

　　更改这些组成元素的组合方式，可以很大程度上改变最终的成衣效果，设计者需认识到各种因素在解决设计难题时的重要性。

　　纺织纱线是通过加捻、纺纱，以及纤维的合并而实现的。传统的方法是用手动纺车纺织而成，纺纱是最早被工业化的一个工序。

纱线的结构

　　纱线是由短纤维或者长丝纤维构成。如果纺制的纱线是用短纤维为原料（这种纤维很短，然后捻在一起），或是与天然纤维和合成纤维混纺，通常这种纱线比较柔软，光泽暗淡而不鲜亮。

　　棉纱纤维经过粗梳可以让纤维松散开，去除细碎的碎片，重新排列纤维。为了得到质量更好、价格更高的纤维，需要进一步对纤维进行梳理，就形成精梳纤维，精梳是去除很多短纤维，形成的纱线是细纤维，摸起来更顺滑，而且纤维直径更加均匀统一。

　　在高品质的毛衣制作中，毛纱是使用最普遍的，而且也有着悠久的使用历史。毛纱和毛混纺纱分为粗纺类和精纺类。粗纺纱是粗梳的，不是精梳的，纤维是短的，而且是多毛的。无论粗纺纱还是精纺纱都是经过了一定程度的加工，只不过精纺纱是经过更精细的加工（图8.26）。然而，在很多情况下，粗纺纱比精纺纱

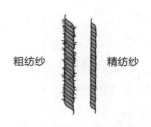

粗纺纱　　　精纺纱

图 8.26　粗纺纱和精纺纱

更受欢迎，粗纺的羊毛衫质地更柔软，更蓬松，同时有更好的保暖性。

　　长丝纱线是由很多长而连续的纤维捻在一起。通常来讲，它们有着顺滑的外观。这种纱线在粗细方面是统一的，而且要比同等型号的纺制类纱线更结实。最后织成的织物可能存在滑移或者稳定性差的问题，因为纱线表面光滑，所以不能提供足够的摩擦力以保证缝线不移动。

　　所有的合成纤维一开始都是由长丝组成（一些长而连续的纤维），这些纤维由化学物质加热后从纺丝设备中挤出成纤维形态，后期可能会被裁成短纤维的长度，然后捻在一起。大部分长丝纱都是多种长丝组成。蚕丝是唯一的天然长纤维，但是合成的长丝纱线通常用于生产那些仿真丝纱线。

　　钓鱼线可以作为单丝纱的一个例子。单丝纱线一般有其主要的工业用途（比如绳子），而不是用在面料和服装上。

纱线的纤维含量

　　选择不同的纤维制作纱线会有很大区别，质量也有所不同。学会进行优化选择，有助于设计师对预算、服装质量，以及款式样式作出正确合理的选择。

　　根据不同的用途选择纱线时，要基于纱线纤维的特性，比如保暖性（羊毛），透气性（棉或麻），耐穿性（举例：在织袜子的纱线里混入尼龙线），柔软性（羊绒、羊驼绒），弹性和轻薄性（腈纶），或者为了节省成本（苎麻纤维）。织物的起毛起球性与纤维含量、纤维长度、以及捻度都有关系。

　　纺制的纱线可以只包含一种纤维，也可以是多种纤维混纺。把合成纤维（这种纤维有高强度、光亮的外观以及阻燃的特性）和天然纤

维（天然纤维有良好的吸水性，接触皮肤时很舒适）混纺在一起是很常见的。像羊毛这种有弹性的纱线，即使穿着很长时间，也可以让毛衣保持原来的版型。棉和亚麻的弹性较羊毛差，所以织物会下垂，衣服会变形。

服装的耐水洗性很大程度上影响其市场的适销性。对于羊毛织物要精心护理，以防止其缩水，我们大多数人都有过这种经历，不经意把毛衣扔进干燥机，取出后毛衣就缩成了原先一半的大小。童装毛衣更多的使用腈纶线，因为腈纶比较轻，而且耐水洗。

应用最广泛的混纺织物是涤棉混纺织物和毛腈混纺织物。不同天然纤维的混纺织物也比较常见，尤其是与一些比较昂贵的纤维混纺，比如羊驼毛、安哥拉山羊毛、羊绒。少量价格昂贵的羊绒的添加不会增加太多预算成本，但能很大程度上提升纱线的品质。

氨纶是一种使用很普遍的纤维（莱卡是杜邦公司的一个商品名），通常会与棉、苎麻，以及人造丝等纱线混纺来增加纱线的保型性。氨纶可以与任何纤维进行混纺。有很多种不同的方法对氨纶和别的纤维进行结合，最简单的方法是用一种叫做包芯纱（把氨纶芯纱与基础纱线编织在一起）的技术。基础纱线编织在外面，因为含量比较多，所以可以把氨纶芯纱很好地包裹在里面。用一种张力调整器把氨纶芯纱输送到机器上，这样它就可以被完全地拉伸展开。在纱线中加入了氨纶，尤其是细度较高的氨纶，会大大提升纱线的性能，有助于织物外观的顺滑，并提高修身款毛衣的保型性。这种一次要用到两种纱线的技术，不仅仅用于包芯氨纶，也可以有其他用途。

选择某些纱线纤维的组合也有一些其他的原因，重要的一点是，它有助于降低进口（进口至英国，译注）商品的税率。举例来说，当货物出口到英国时，羊毛含量低于23%的那些物品就会被归类为人造纤维，人造纤维的税率是32%；如果毛衣的羊毛含量是23%或者高于这个比例，那么税率就会降到17%；如果纱线有超过50%的羊毛含量，那么这批货物就会被归到只有16%税率的羊毛一类。这所有的因素都需要仔细权衡，因为羊毛含量高的服装虽然税率低，但用此纱线制作服装穿在身上可能感觉会更刺痒，而且价格比较昂贵，同时也不容易洗涤。

很多大公司都有专门的进口专员，他们的工作是跟踪税率，然后调整公司生产规格制度，以适应其产品要出口到的国家。这一类工作人员基于税率给出的建议可以帮助设计部门实现预期目标成本，同样的，也可以避免材料的浪费。不同的税率也能适用于不同的服装细节，比如套头衫，或者开襟羊毛衫。

捻（方向和捻度）

毛衣纱线经过加捻后，就会有不同的手感、外观、耐用性，以及纹理质地。把平行的纤维捻成纱线，可以是弱捻，也可以是紧捻，这取决于每英寸的捻度（TPI）。针织纱线一般是弱捻（2～12 TPI）。

现在众所周知的捻向有S捻和Z捻。Z捻纱线是向右向上捻的螺旋形，就像字母Z对角线处的形状；S捻纱线正好是相反的（图8.27）。捻向是决定纱线外观的一个很重要的元素，对纱线的质量和耐用性的影响相对外观要小一些。

股数（单股或者多股）

单根纱线叫单股，两根或者两根以上的叫多股（就是所谓的2-ply）。多股纱可以提高纱线强度和同向性，但是也会增加成本（图8.28）。第三种结构是包芯纱，就是围绕着一个核心，在外面缠绕上纱线。举一个例子，氨纶是芯，外面包裹覆盖着的纱线，这种包芯纱可

Z 捻和 S 捻

图8.27 Z捻和S捻

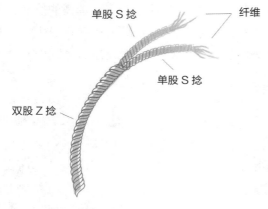

图 8.28　纱线的多股结构

以增强其拉伸性。

　　把纱线绕成多股的原因有很多：增加强度，改变纹理质地、颜色、以及弹性，也可以把不同纤维的优点组合在一起。由单股纱线织成的毛衣容易变形，这个问题在比较廉价的毛衣服装上很常见。作为一种补救办法，可将两股 S 捻的单纱线捻成一股 Z 捻纱线，这样就可以增强纱线的稳定性和强度，以解决服装易变形的问题（图 8.29）。

支数（粗细，或者直径）

　　纱线粗细也叫支数。纱支的设定由纱线克重决定，同时也由不同纤维的测量系统所决定。目前有两种主要测量方法。第一种方法叫正比例系统（分特系统），其含义是纱线越粗，分特数越大，这种方法也可以用来测量长丝纱线。

图 8.29　扭矩

（图右侧标注：侧缝处的扭矩）

　　反比例系统 / 纱线支数系统是用在纺制的纱线的测量上，根数越多，纱线就越细——所以数值越大，纱线越细。

　　一种更普遍的方法是特制系统（一种正比例系统），1 tex 表示每 1000 m 长度的纱线重量。

　　纱线支数直接影响到最终的产品以及织物的覆盖力。覆盖力是指需要填补一个空间所需纱线的数量，比如说每平方米一英尺。覆盖力比较低的纱线会产生疏松的效果。这受纱线的形状、组织结构，以及纱线克重的影响。

　　公制支数（Nm）是针织衫的一个基本单位。它表示单位长度与纱线克重之间的关系，即一千克重的纱线是多少千米长。举例来说，1/14 纱线就表示 14000 m 纱线重 1 kg。纱线的捻度和纤维种类同样影响着纱线的粗细和它的公制支数。

- 典型的 7gg 纱线公制支数大约是 Nm6
- 5gg 纱线公制支数大约是 Nm3 或者 Nm4
- 3gg 纱线公制支数大约是 Nm2
- 双股线是 2/28 纱线，这是因为单股线是 1/14 纱线，所以双股线就是 2/28。

　　花式纱线可以增加设计的新颖性和纹理质感。有很多不同种类的花式纱线，如将厚薄纱线合捻成股，到罗纹（对其有争议，说罗纹不是纱线，是一种编织带），再到夹杂着金属丝的纱线（图 8.30）。

起球起毛

　　大多数人都曾遇到过毛衣类服装起球的质量问题。当一根纤维结尾处从服装表面挣脱，然后与其他纤维打结在一起，就形成了起毛起球现象。这种现象也受其他因素影响。下面列举了起球最常见的原因：

- 比较容易受到摩擦的地方更容易起毛起球，比如袖口以及腰部下面的侧缝位置。运动类毛衣有时会在容易磨损的地方进行加强缝纫。
- 纺制的纱线比长丝纱更容易起球起毛，因为纺制的纱线暴露在外面的纤维尾端更多。纺制的纱线与长丝纱合适的比例搭配，可以减少起球起毛。另外，定长纤维越长，包裹它们的纱线起毛起球越少。

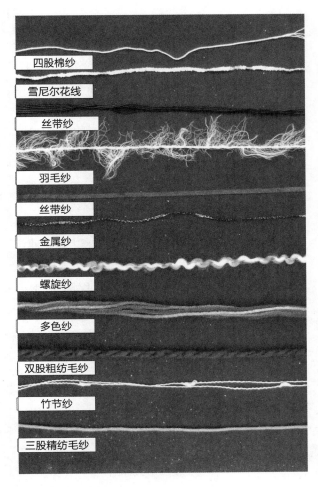

四股棉纱

雪尼尔花线

丝带纱

羽毛纱

丝带纱

金属纱

螺旋纱

多色纱

双股粗纺毛纱

竹节纱

三股精纺毛纱

图 8.30　花式纱

· 棉混纺纱线的起球起毛问题更严重。举个例子，百分百纯棉纱线要比涤棉混纺纱线的起球起毛少。

· 有一些纤维比其他纤维更容易起球起毛，强度大的纤维表面也有起球起毛现象，然而当纱线是由强度较弱的纤维构成时，起毛起球现象会减少，且不容易被看见。羊毛纱的起球起毛现象是很常见的，因为羊毛很强韧，而且毛球都是连着的。另外，羊毛表面相当粗糙，具有鳞片层，这种表面容易形成纤维打结，造成起球起毛。

· 纱线捻度同样也是起毛起球的一个影响因素，弱捻纱线比强捻纱线更容易起毛。通过增加纱线捻度，纤维尾端保持更好的稳定性，就很少有纤维跑出来形成毛球。因为毛衣纱线没有其他面料纱线的捻度强，毛衣整体起球现象比起梭织衬衫严重得多。

· 纺织工人用的柔顺剂也会增加起球起毛现象。

出现起毛起球现象在服装退货中是很重要的原因之一。通过观察、挑选纱线，可以减少成品毛衣的起球起毛现象。

相同的多根纱线合股形成的织物

相同的纱线采用不同根数进行合股可以得到更粗的纱线。运用这种方法，毛衣生产厂家可以用同一规格的纱线制作出不同外观效果的毛衣，纱线的库存也因此变得可控。图 8.31 所展示的是相同的细纱在经过不同根数合股后所形成的从紧密到蓬松的不同织物风格。第一个例子是 2 根线合股纱所织造形成的织物效果；第二个例子是 6 根线的合股纱所织造形成的织物效果。我们注意到，上述例子中用到的合股纱线均为 30 支两股的纱线（2/30 支）。

毛线织物针数

在手工编织中，毛线织物针数是指每英尺

均使用 30 支两股纱线

2 根合股用于 6gg
针织机的编织效果

6 根合股用于 6gg
针织机的编织效果

10 根合股用于 3gg
针织机的编织效果

图 8.31　多根纱线合股

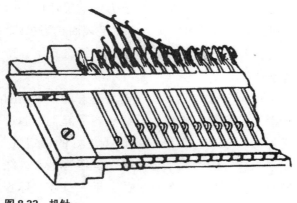

图 8.32　机针

的针数（所以它可以是任何数字），但是从商业角度来说，对于机械设计，只有一种标准尺寸（图 8.32）。

在纬编针织机上，规格是指一架特定机器每英尺机针的数量。常见机器的型号是 3gg，6gg，12gg，以及 20gg。3gg 适用于冬天毛衣的比较厚的组织。20gg 适用于比较轻薄的毛衣或者运动衫裤。

张力

通过张力控制使针脚变大或者变小，从而对样片产生比较大的影响。松弛的张力下织出来的样片比较大，织物的弹性也比较大，紧实的张力使织物的手感坚硬，用在需要更高稳定性的部位。

衣服全身都是紧实张力，这就需要更多的纱线，最后导致毛衣成品会比较厚重。因为毛衣的成本是按重量估计的，这样织成的毛衣价格就比较高，所以张力是很重要的成本因素。

肌理针法

在设计和织花针法方面，顺滑的纱线可以提升复杂图案的清晰度，相反，花式纱则模糊图案的清晰度。举例来说，用圈圈纱编织一种复杂的绞花组织，将不能很好地体现该组织的纹理。一种斑驳色彩的花式纱线可以给简单的球衣或者罗纹组织增彩添色。

只要在针数与最后的效果之间实现平衡，不管是细的还是粗一些的纱线，都同样可以用到肌理组织的设计上。

肌理效果可以用在整件服装上，也可以运用在服装的局部。在图 8.33 中所示的毛衣大身部分，针迹组织形成了相互垂直的纵列效果。袖口处用的是 1×1 罗纹，其他位置用的是纬平纹组织。企领的环形口处用的也是 1×1 罗纹。罗纹辅料可以减少毛衣厚度，使其更贴合身体，服装本身也不易变形。

网眼织物

为了获得更轻薄、更女性化的外观，经常会用到蕾丝或者网眼针织。网眼组织是一种代替蕾丝的针织方法。在这种类型的图案中，单面纬平纹组织线迹可以让机针移到右边或者左边。在同一个图案中循环，就可以产生有网状细孔的效果。图 8.34 中展示的是网眼组织结构。

图 8.33　肌理针法

图 8.34　网眼组织法

图 8.35 中的衣片展示的是网眼织物的不同表现形式，其可以作为底边的装饰图案，用于连接两片衣片的缝合边，也可以用作运动衫平纹上的对角网眼织物图案。

另外一种类型的蕾丝图案是用钩针编织而成，这种技法用单钩针（也是钩针）钩出连续循环的线圈，形成各种不同的图案。钩编织物只能用手工编织，不能机器生产。因为钩编织物的编织线本身具有很好的稳定性，所以它可以用于处理服装边线，以及制作女裙口袋。图 8.36 是一件蕾丝图案的针织上衣，也可以看到在前领口开口处用到钩针编织的纽扣。

扭花组织

用双机床机器生产的这种扭花组织，是一种具有编织效果的三维立体面料。这种组织的扭曲效果是通过机针上的线圈相互对调而形成的绞花，（可以是 1×1 对调，2×2 对调，3×3 对调……）。这种扭花组织（间隔的镶边）都是纬平纹组织结构，旁边的线圈是纬平纹组织的背面结构（图 8.37）。

通过手工编织的很多复杂的扭花组织已经发展了几个世纪，其中最著名的是来自爱尔兰的渔夫毛衣。并不是所有的手工编织方法都可以转化为机器编织，只有蜂巢状组织结构以及其他一些依据扭花组织演变出来的图案可以用

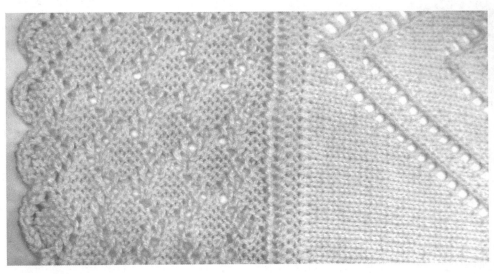

图 8.35　网眼织物

图 8.36　带门襟的钩针蕾丝上衣

图 8.37　扭花组织

图 8.38 扭花设计

机器加工并进行组织结构变化。

图 8.38 中的服装展示了扭花组织可以提升设计的档次，并展示了扭花组织与其他纹理组织的结合。领口用的是 2×2 罗纹组织，罗纹组织与扭花组织形成一种互补的纹理效果，并且一直延伸到肩部。这些不同元素结合在一起使设计变得更有条理，效果更赏心悦目。

色彩

毛衣针织技术在运用颜色和图案时有很多专业的方法。因其组织本身的特点，图案通常都是几何形状的。由于在织物的背面通常不使用，所以图案和纱线的重量需要仔细协调，避免增加额外的重量。

彩色条纹

添加颜色最简单的方法就是加一个条纹，这样从一开始就会有颜色的变化。通常来说颜色有两组（或者一套偶数组合——4、6、8 等），

因为当颜色发生变化时，溜板箱可以在边缘处来回滑动。通常 8 或 12 种颜色使用得比较多，最好与生产厂家协商颜色使用。

图 8.39 中的衣片是条纹与其他图案进行搭配的例子。条纹是一种很简单的颜色搭配方式。图表是经常用到的指导工厂进行颜色搭配以及确认颜色分布的方法。图 8.39b 这个例子所要表达的信息是，生产厂家需要考虑到这种时下流行的条纹装饰使用渐变色（渐变是一种颜色到另外一种颜色逐渐变化）时的颜色布局。另外，厂家还要注意第一个条纹（b）开始的位置，这要在另一个示意图上标注出来。

另一种风格的条纹叫做规则条纹，这种条纹看起来就像两种不同颜色的交替编织。这种效果是通过用同一台送料机对两种及两种以上颜色的纱线进行抽丝来完成的。条纹可以添加到任何组织中（纬平纹组织、集圈组织，以及其他）。

由于针织机器的编织动作是来回反复的，所以水平的横条纹的颜色变化比较自然。然而，垂直的竖条纹需要停顿、开始、拼接以及其他繁复的编织动作（见嵌花编织，图 8.50）。

图 8.40 表明，机器上设置角的精确缝合线是很重要的。图中的角大约是 45°，条纹的对准相对比较容易。

添纱组织

添纱组织是指用一种特殊的送料机把两种不同颜色的纱线编织在一起，这样会使服装的两面颜色不一样；在罗纹组织结构中，针织条痕是一种颜色，反面的线圈是另一种颜色。两种颜色的使用，就能达到很多微妙的立体效果，尤其是在条纹上。

添纱组织需要大量的纱线，最后织成的毛衣可能比较厚重。为了纱线的保型性，拼色时可以引入氨纶纱线。

单面提花（费尔岛式图案）

单面提花是一种添加颜色和图案的方法，但单行中的图案颜色不能超过两种。它之所以叫做单面，是因为这种织纹是由单机床生产的。没有用到的颜色在背面形成浮线。图 8.41 是提

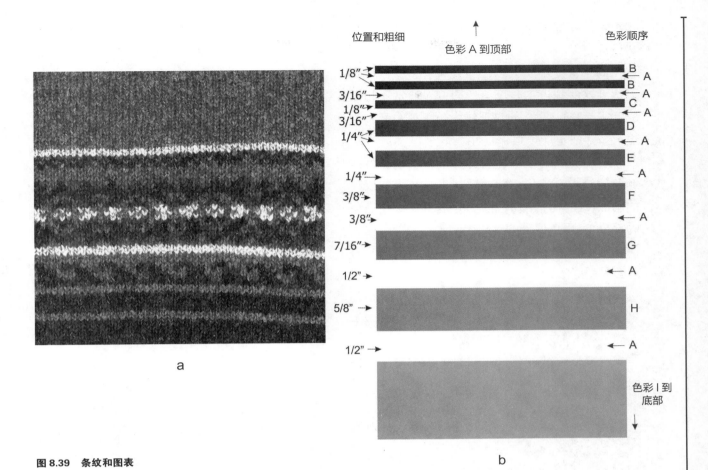

色彩 A 到顶部

1/8″ →		B
		← A
3/16″ →		B
1/8″ →		← A
3/16″ →		C
1/4″ →		← A
		D
		← A
1/4″ →		E
		← A
3/8″ →		F
3/8″ →		← A
7/16″ →		G
1/2″ →		← A
5/8″ →		H
1/2″ →		← A

色彩 I 到
底部

图 8.39　条纹和图表

a　　　　　　　　　　　　　　　　b

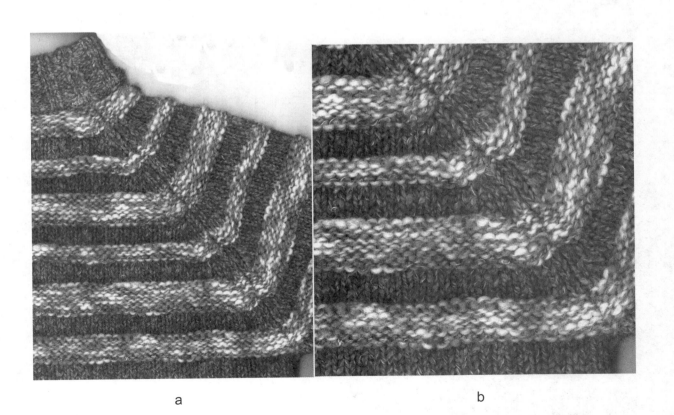

a　　　　　　　　　　　　　　　　b

图 8.40　插肩袖毛衣的对条纹

花织物的正面视图，这种线迹适合用在几何图案设计以及较小的图案上，它要求任何一种颜色在同一行上不要太多，并且对有多少浮线可以达到这些线迹的长度有所限制（通常不超过6针或者1英寸）。如果浮线太长，抓力和张力更大。浮线也能增强保暖性。

费尔岛式图案设计的背面视图展示了哪些颜色的线没有使用，背面看起来有一点像模糊的画面（图8.41中白色的部分是图8.42中黑色的部分）。黑色区域的浮线限制了这一部分的弹性。这样织出来的毛衣很结实，对于制作厚重外套是很好的选择。

图8.43是同一个图案的两种版本。图8.43a是双色的，图8.43b是五色的，但是这两个版本在同一行上都不会超过两种颜色。

有时反面的效果可以用来作为正面，如图8.44。图中的帽子有皮毛里衬，有编织带子，帽

顶还有装饰绒球。帽子外表面使用的最主要的装饰手法是将常在反面使用的穿插浮线用在了正面。

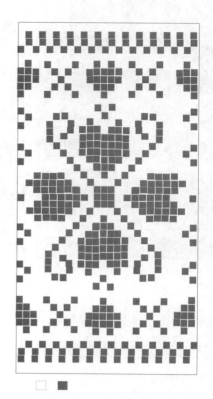

a

图8.41　单面提花织物正面

图8.42　单面提花织物背面

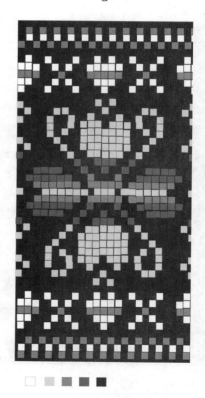

b

图8.43　费尔岛式图案的自然色彩

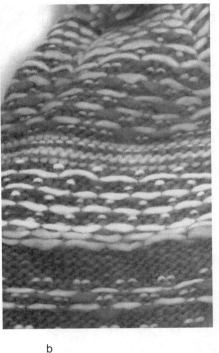

a   b

图8.44 将反面的穿插浮线应用在正面

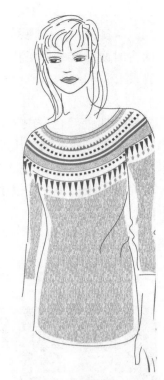

图8.45 费尔岛式图案的创新

创意虽然受到每行只能有两种颜色的局限，但依然可以设计出很多效果。图8.45的设计突出了斯堪的纳维亚设计风格的传统环形针织育克。袖窿处的育克直接编织而成，没有缝合线。毛衣从衣身逐渐向领口变窄时，这种线迹也逐渐减少，这种工艺成本较高。

这个设计的特点是：用简约的天然色彩和仿毛纱做底层来实现简单图形的效果。这种毛衣比传统毛衣长一些，袖子是7分袖。

费尔岛式图案有种传统的感觉，同时这种规律的来回循环的图案也很受人们的欢迎。就像所有的传统事物一样，该图案被设计师重新设计并赋予新活力。许多常见的传统手工编织图案都可以被重新设计成新的图案形式，比如图8.46a所展示的有图案的条纹，以及几何图案与超大号罗纹领相结合的服装。用雪花和驯鹿的图案装饰毛衣外套，同样的这些图案也应用到了斜挎包上（图8.46b）。

a   b

图8.46 时尚服装中的费尔岛式图案

双面提花

双面提花是一种实现更复杂图案的方法，且没有像单面提花一样在一行只能有两种颜色的限制。图8.47展示的是每一行有四种颜色的双面提花组织。这种方法要求机器是双机床，在花纹反面没有浮线。事实上，由于内部线迹处理得比较好，反面有时候看起来像粗花呢的效果。双面提花织物具有双面结构，所以整块织物会比较重。图8.47a 是服装正面，用了多种设计，而且每行最多用了四种颜色。图8.47b 是服装背面图，没有浮线的穿插，颜色比较干净整洁。起始的位置用 1×1 罗纹，门襟是带扣子的管式门襟。双面提花织物的延展性很小，很结实，比较适合做毛衣外套。

图 8.48 展示了用三种纱线颜色的提花结构。

拉网提花

第三种提花结构是单针和双针的混合，叫做拉网提花。这种提花织物浮线很短，而且比双面提花面料轻。图8.49a 展示的是已经织好的拉网提花图案，可以看出在这个图案中每行有三种颜色，因此它与单面提花也不一样。图8.49b 是真正的织物反面，浮线要比单面提花的短。

嵌花编织（几何图案提花）

嵌花编织是一种能够编织很大的非几何图案的编织技术。它是通过将一根纱线加捻到另

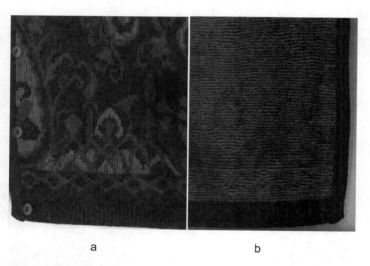
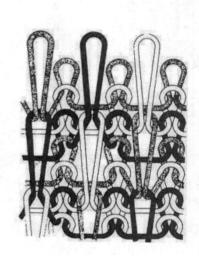

图 8.47　双面提花

图 8.48　双面提花的组织结构

图 8.49　拉网提花织物

一根纱线上的方法来改变颜色的，这种技术使得多种颜色和形状的设计成为可能，而且每行颜色和设计的受限很小。但颜色变化越多，会使服装制作耗费的劳动越多。

这种方法通常用在单面纬平纹组织中，在纱线相交的地方可以进行颜色变化。

不同颜色的纱单独缠绕在线轴上，防止纱线缠绕在一起。

图8.50a是一种简单的菱形图案的正面，图8.50b是图案的背面。颜色交结的地方形成了图案的一种轮廓。如果服装订单足够大，这种编织方法也可以用电脑机器完成，但前提是能保证安装这种机器能赚回成本。对于这种新颖的毛衣，英国有着很大的市场，这些毛衣一般是由嵌花编织针织机制作的，图案以节日礼品包装图案为主题，如杉树、圣诞装饰、圣诞老人等。

嵌花编织的特点是色彩丰富，但编织起来比较慢。用手工织样机编织这种嵌花，需要在每一行上都能成功变换颜色，并在开始编织以及编织图案结束的地方都用纱线打结固定。如果每种类型的数量足够多，颜色足够丰富，同样也可以用电脑机器编织。

竖条纹是一种看似简单的图案效果，也要用到嵌花编织技术。从设计构思出发，横向编织条纹的织片旋转90°，就会产生一种竖条纹的效果。生产厂家对这些图案仔细观察比较就能知道运用哪种组织结构编织才能最经济有效。图8.51是一双童袜，这双童袜上有嵌花编织的颜色丰富的花朵图案。这里用的方法是，当要进

行颜色变化时，将纱线剪断，而不是交织。这种方法的好处是如果背面效果是看不到的，就可以有效减少预算。

多色菱形花纹

多色菱形花纹是一种由细斜线交织成的色彩斑斓的菱形图案。这种花纹最开始设计出来

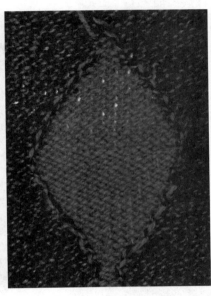

a　　　　　　　　　b

图 8.50　嵌花编织

a　　　　　　　　　b

图 8.51　嵌花编织，正面（a）和反面（b）

的时候，是接近于苏格兰部落阿盖尔的一种格子呢花纹。这是一种很经典的图案，在每个季节都很流行。

用专业技术和机器编织的多色菱形花纹也是嵌花编织的一种。编织这种花纹的一种方法是各种颜色的纱线从底端编织到顶端，而不是像其他嵌花编织那样从一边编织到另一边。菱格中出现的细斜线可以在后面的步骤里用其他针法添加上去。

图案一旦确定下尺寸，它是不可以放码的，所以提供尺寸型号时要慎重。如图8.52的服装在胸部的位置有三个菱形图案。在其他型号服装上，胸部也会有三个浅蓝色的图案。

毛衣的发展历程

在大多数服装设计中，每个服装公司都有目标消费者所期望的价格、服装合体度，以及

图8.52　多色菱形花纹

服装风格等信息。另外，毛衣还存在季节性因素，在较冷的天气时销售会比较好。尽管如此，在全国的大部分地区，空调的使用已经弱化了毛衣的功能性作用。根据纱线、针法、以及尺寸规格，毛衣针织衫可以设计成古典风格，或者温暖舒适，或者性感时尚，或者合体，或者宽松。

策划

销售毛衣的公司都有各自的发展史，其中包括公司的主要产品是什么，目标客户是哪些，在销售过程中哪些是呈上升趋势的，哪些是销售下滑的。对这些至关重要的商业信息进行分析，然后才能很好地策划新品类的发展。通常，这就更会形成新风格与旧风格的融合。结合产品结构的其他部分，销售商或者产品经理会与设计师商谈他们对于下季度产品的看法，这样，设计师就可以开始服装原型的研发工作。针织衫是一种很流行的服装品类，有时候毛衫设计、生产部门是公司的一个独立部门。

灵感来源

寻找灵感来源的渠道包括描述产品趋势的杂志和书籍，服装或样品色卡，缝纫书籍，以及针织样片。设计师会从一些旧书或者旧杂志开始调研。另外，设计师通过翻阅时尚杂志或参加大型服装展销会，使自己的设计理念与流行大趋势保持一致。

纱线供应商也有大量的流行趋势信息，所以参加纱线展销会也是启发灵感源的重要环节。最著名的是在意大利佛罗伦萨举行的意大利国际纱线展，每年一月（春夏季）和七月（秋冬季）举行。纽约同样也举办纱线展。

所有的这些展会，纱线供应商都会提供纱线样品和色板，这些都能激发设计师来购买他们的纱线。展会上同样能获取色彩趋势、时装发布会，以及其他相关信息。

再说回到成衣公司，完成了产品结构的规划，就可以开始进行设计和研发。商品设计要把设计技能和对专业机器的理解有机结合在一起。在进行产品研发之前，所有的因素包括纱

线、机床标尺、以及线迹结构都要协调一致。

设计师考虑的这些因素越全面，产品原型研发时反复的次数就会越少，最终可利用的原型就能越快研发出来。

服装的生产成本受很多因素影响，从纱线的成本到设计的复杂程度，再到最终毛衣成品的重量，以及这一类毛衣的税率。这些因素都可以影响利润空间的大小。因为每一种风格类型都要遵循最低成本的原则，即便是扣子和装饰边，也要进行成本核算。

针织色织手织样片（织片）

因为从一卷纱线上所得到的信息是有限的，所以生产厂家和纱线公司要根据样品册，也就是手织样，来辅助设计师进行研究设计。织片小样的大小大约在 6 ～ 7 英寸，包括规格、弹力、密度，以及重量等信息。很多问题都可以通过仔细观察织片小样得到解决。比如说，如果一块织片小样重量太轻，打样之前就可以添加纱线。如果织片小样太容易下垂，那么就要

增加缝纫张力或者是在面料中混入弹性纤维。织片小样中包含了很多信息，如参考数据、纱线型号、成分、规格等（图 8.53）。

描述

如同我们在第 2 章里所看到的，在产品研发的不同阶段所用到的效果图不同。对效果图进行描述对于最初的设计概念的理解很有用，而且一些关键的信息会用图表标注出来。图 8.54a 就是一件毛衣织物结构的效果图。

图 8.54c 画出来的那些浮点是扫描实际毛衣获得的。举例来说，图 8.53 中的织片小样的效果可以通过扫描后应用在实际效果图上。用这种方式，可以很容易看到真实的纱线、真实的质地效果，以及设计师的设计意图。

绘制毛衣的工艺单

毛衣的工艺单和裁剪缝制服装的工艺单有很大的差异。毛衣类没有太多的装饰、里衬、

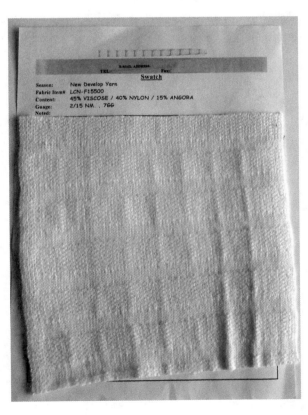

图 8.53 织片小样

毛衣组织结构效果图

b

效果图

扫描的毛衣肌理

a

c

图 8.54 毛衣效果图

内衬等细节，同时针织图案和纱线结构决定了毛衣的重量和悬垂性。所以，绘制示意图对于工厂的制作很重要。

款式图

图 8.55 是男士基础圆领套头毛衣的款式图。腋下区域所标注的记号表明这一部分是用全成型的方法缝制。其他区域没有用记号标注出来，比如侧缝和肩部，则说明没有特殊工艺。在工艺单上会有这样一套完整的指示说明图。从图上我们还可以看到毛衣板（前面、背面、袖子）在头部都有罗纹装饰。这就表明在过渡到单面纬平纹组织（或者其他的图案）之前，是从罗纹开始织的。因为在毛衣上，罗纹不是缝上去的，所以绘图的时候就不应该有横线画在罗纹上。在毛衣的衣身或袖子底摆处，有很多种开始编织的方法。图 8.55 中展示了各种开始编织的方式，同时我们也看到了在工艺单中怎样把这些元素画出来。

领口连接衣身的部位也使用了罗纹，这可以使领口紧贴人体。领口罗纹可能是用细针距编织出来的两层衣片，也可以是比较厚的单层衣片。把这些细节都说明清楚是很重要的。

对腋下部位余量的处理，可以改善袖窿形状以及合体度，这些地方通常是一片织完。图 8.56 中的表就是图 8.55 中毛衣的说明。这个表

把毛衣的所有细节都阐释得很清楚，包括针法、开始的指南、标记等。

图案布局与位置的案例

图案需要进行多次严格的测量。举例来说，对于一件单面平针面料，循环图案在打孔卡片机器上的数字可以是 2，3，4，6，8，12，以及 24。对于一个多色菱形花纹来说，同样的原理也适用，所以用现有的服装尺寸是很便捷的。提供纱线型号大小就可以很精确地对图案进行布局排列。在图中可以注意到，图案其中一个菱形放置在前中位置，所以必须是按奇数循环排列。图 8.57 是多色菱格图案的位置示意图，中心的图案是 2 号颜色。所以 2 号颜色总是作为中心图案的颜色出现。

图案的布局可以给图案大小和颜色分布提供参考信息。颜色选定后，这些信息就会出现在工艺单的色彩设计页面上。图 8.58 是一件有四种颜色的毛衣颜色分布表。标注颜色的标签都是灰色的，肩带是"DTM 颜色 1"（是指染色后与 1 号颜色相匹配，1 号是衣身的主体颜色）。

图 8.59 的毛衣图案仅仅放置在胸部位置，而非置于整个衣身，这是根据肩高点计算分析得来的。

在图 8.60 中展示的规格尺寸页面上，包含了测量点、M 号码的号型规格以及样品尺码。

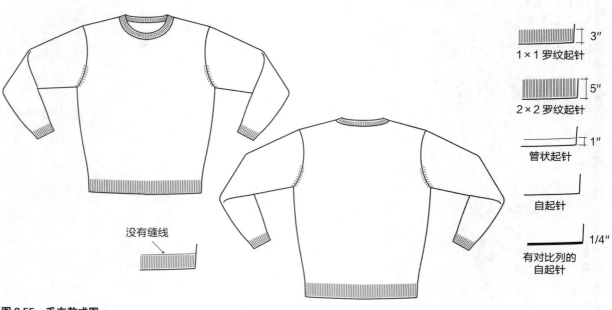

3″
1×1 罗纹起针

5″
2×2 罗纹起针

1″
管状起针

自起针

1/4″
有对比列的自起针

没有缝线

图 8.55　毛衣款式图

位置	结构	结合方法	成型
衣身和袖子	针织衫 12gg		
袖子、袖窿边	3/4" 收针，正面和反面		2 列标识
袖窿	3/4" 收针，前后片	套口	2 列标识
肩	有 1/4" 弹性带	套口	无标识
侧缝 袖下缝		套口	无标识
装饰边			
领口	1×1 罗纹，单层	套口	无标识
袖子 / 克夫	1×1 罗纹， 边缘 2 列弹性线		
底边	1×1 罗纹，边缘 2 列弹性线		

图 8.56　毛衣结构页

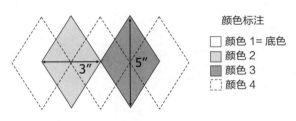

颜色标注

☐ 颜色 1= 底色
▨ 颜色 2
▨ 颜色 3
⬚ 颜色 4

图 8.57　多色菱格图案布局

色彩总结						
颜色 1	色号	颜色 2	颜色 3	颜色 4	肩带 DTM 颜色 1	标签
军绿色	4473	藏青	白	黑	军绿	灰
白	2677	藏青	砖红	黑	白	灰
藏青	0672	军绿	白	黑	藏青	灰
黑	6037	砖红	军绿	白	黑	灰

图 8.58　多色菱格针织衫的色彩总结页

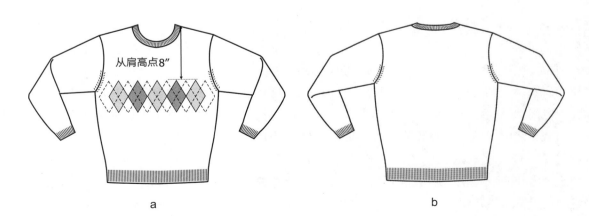

a

b

图 8.59　多色菱格图案位置

原型 #	SM-12-1857		尺码：男装号型，S-XXL
款式 #	0		样品尺码：M
季节：秋 20XX			设计师：Glinda
部门：男装			发送日期：1/5/20XX
合体类型：自然 / 毛衣			修改日期：0
品牌：XYZ 男装			面料：12gg
状态：原型 −1			

毛衣的测量点

（黑体的围度尺寸为半测值）

尺寸代码	身体尺寸	规格	容差（＋）	容差（−）
T–A	肩宽	18 ¼	1/2	1/2
T–B	落肩	1 ¼	1/4	1/4
T–C	前胸宽	17 ¼	1/2	1/2
T–D	背宽	18	1/2	1/2
T–E	袖窿深	12	1/4	1/4
T–F	**胸宽**	22	1	1
T–G	**腰围**	n/a	1	1
T–G2	肩点 – 腰围	n/a	1/2	1/2
T–H	**底摆围**	19 ¼	1	1
T–I	前身长	28	1/2	1/2
T–J	后身长	28	1/2	1/2
T–K	后中袖长	34 ½	3/8	3/8
T–L	**上臂围**	8 ½	1/4	1/4
T–Q	**肘围**	6 ¾	1/4	1/4
T–M	**袖口**	3 ¾	1/4	1/4
T–N	前领深	4 ½	1/4	1/4
T–O	后领深	1	1/4	1/4
	领围	n/a	1/2	1/2
T–P	领宽	8	1/4	1/4
	袖山高	n/a	1/4	1/4
	款式信息			
	后中领宽	1	1/8	1/8
	袖克夫宽	2	1/4	1/4
	罗纹宽	2 ½		
H–2	每打重量			
H–3	线圈横列 / 英寸			
H–4	线圈纵列 / 英寸			

图 8.60 毛衣规格页面

这都是基于其他一些尺码相似的毛衣获取的，这些毛衣非常适合标准的模特。表格最下面的是三种特殊类型毛衣的尺寸：每一打的重量、纬密（每英寸）、经密（每英寸）。计算好经密和纬密以确保针织张力是合适的。

与裁剪缝制类的针织服装（比如 Polo 衫、T 恤衫等）一样，毛衣围长尺寸采用半测法。为了便于参考（有一个例子就是 T–F 胸宽），这些测量标记点都用黑色粗体标注出来。

在放码页上有这个款式的所有放码规则。

与大多数的毛衣一样，都基于小码 / 中码 / 大码的尺寸规格（也叫做阿尔法放码）。毛衣和针织衫一样，具有良好的合体度，而且这种放码规则也适合大多数顾客。与我们在第 3 章学到的一样，工艺单中要包括标签、包装、吊牌，因为这些因素都会影响到价格。

总结

毛衣是服装市场中一个重要的品类。在本章里，我们回顾了与毛衣生产有关的特殊设计手法和制作工艺相关的知识点，例如针织毛衣和裁剪缝制毛衣间的独特差异，与毛衣组织结构及生产加工相关的专业术语，以及最后提到的与制作包含产品工艺过程及图案放置图等信息的工艺单相关的基本技能与知识。

思考问题

1. 对于纬平针织物，其工艺正面的手工编织部分是什么样的？其工艺背面的手工编织部分是什么样的？

2. 指出从 1500 年开始出现的两项针织技术。

3. 哪种组织结构具备最佳的横向延展性？

4. 引起抽丝（纵向脱散）的原因。

5. 两股和两段的区别。

6. 列举三个毛衣流行的原因。

7. 为什么纬编针织物经常在纬向上出现条纹？

8. 描述一些可以用来制作四色毛衣的技术方法。

9. 下列哪些是毛衣主要运用的颜色添加技术？

多色菱形花纹	添纱组织
扭花组织	网眼织物
嵌花编织	反针
提花	彩色条纹
纬平针组织	精纺毛织物
双反面针织织物	

检查学习成果

1. 制作一个长度约为 4 英寸的纬平针组织小样。再制作一个反针组织的小样。比较两种组织并制作其品质分析表。带一件针织毛衣，辨别正针面和反针面。

2. 制作一款单面提花设计：

   a）从当季色板中选取 7～10 种颜色

   b）在图纸上用 2，4，6，12 等循环数来组合小图案，形成单面提花

   c）在设计完成后，将其运用在毛衣设计上

   d）画出效果图

   e）为作品制作工艺单

3. 纱线加捻的原因是什么？其好处是什么？其不足是什么？带一件由多股线制成的毛衣进行观察。

4. 上网查找在 1400～1700 年间生产的针织物件的相关信息，分享你的图片及感悟。

第 9 章

针法和接缝

本章学习目标

» 分辨从 100 型到 600 型这些不同种类的针法

» 在不同的服装品类里识别四种不同的接缝

» 辨别用于各种服装收尾处理的缝纫机器

» 基于服装的收尾处理方式，阐释不同的针法和接缝

» 评价作为质量标准的每英寸针数（SPI）的重要作用

» 探讨与服装质量问题相关的不同针法和接缝问题

本章介绍的是服装制作中非常重要的部分——针法和接缝。在服装生产中用到的各种缝纫机器以及不同种类的针法和接缝的最终用途都被深入研究，并进一步拓展。作为质量指标的SPI也成为研究对象，研究包括怎样计算每英寸针数以及怎样为服装选择合适的SPI，并且要考虑到它的最终用途以及面料类型。另外，各种缝合线及其应用都是基于缝合类型和服装结构来设定的。

缝针、针脚

缝针的作用是把服装缝合到一起，因此，缝针的质量是服装品质的重要影响因素。为了达到预期的服装外观、功能以及质量，制造商可以控制一些物理性因素，比如缝针类型；针脚的长度和宽度；机针型号、大小和适用性；缝纫线的型号和规格；缝制过程的拉伸力和缝纫机的调试；以及操作人员的准确性。通过对缝针这些特性的掌握与操控，可以得到不同的外观效果，也会影响服装的制作成本。设计师需要很仔细地挑选合适的缝线类型和针脚长度，并且要与生产商协商来挑选相对应的机针型号和缝纫线型号规格，以达到预期的质量水平。因为这些变量能影响服装的价格以及服装外观，所以在工艺单中都要详细说明。

缝纫机的种类

工业用缝纫机不同于家用缝纫机，一台家用缝纫机可以进行多种类型的缝纫，而工业用缝纫机每台机器只完成一种缝纫，而且可以每天在最高速度下工作 8～10 h。

工业用缝纫机是根据缝线类型进行分类的，如锁式线迹缝纫机，还有链式线迹缝纫机。

锁式线迹缝纫机

锁式线迹缝纫机（图9.1）在成衣服装生产中是最常使用的缝纫机。锁式缝纫机的正面是互锁式线迹，背面由梭芯线做底线。这种机器的缺点是：当底线用完时，缝纫工作必须停止，然后更换底线。这是与家用缝纫机最相似的地方。

图9.1　单针锁式线迹缝纫机

链式线迹缝纫机

链式缝纫机用缝合线做底线，是从那种缠绕成锥形的线轴喂入，不需要用梭芯线做底线。弯针是链式缝纫机和绷缝机上的一个装置，主要用来完成这个操作，缝合线是包边或绷缝的底线，主要用在链式线迹缝纫机和绷缝机上。这种机器运行起来速度很快，操作成本比锁式线迹缝纫机更低。对于设计师和生产商来说，下订单时，要了解工厂里有哪种生产机器，因为特定的缝合线要用专门的缝纫机来缝纫。

图9.2 和图9.3 分别是一台智能链式线迹缝纫机和一台普通的链式线迹缝纫机。

近年来，缝纫机有巨大的技术革新。计算机系统被应用到缝纫机中，可以使生产管理者、设计师，甚至是他们的客户通过网络或者手机、平板电脑来全天跟踪服装的制作进度，这种方法的巨大优势就是很容易与产品生命周期管理系统（Product Lifecycle Management system, PLM）相结合。通过这个系统，专业人员可以在公司内部进行产品开发，或者可以进行远程检验以及跟踪产品生产进程。

图9.4 展示的是在韩国首尔郊区的太阳星机械生产有限公司（Sunstar Machinery Co.）工作的员工正在使用一种新型高科技缝纫机。

缝线类型

依据大家普遍认可的美国联邦标准对不同的缝线类型和缝合方法进行分类。下面所列举

图 9.2　电脑链式缝纫机

图 9.3　单针链式缝纫机

的这些类型包含了所有标准类别的线迹，主要依据缝制线迹的方法进行分类。这些规范可以使厂家、承包商，以及零售商对设计细节和工艺的讨论交流更流畅和有效。

美国政府已经确定了六种针迹（表 6.1）。美国联邦标准最初是为了提高缝制产品的一致性而设置的。比如所有生产军服的承包商，会在服装生产中采用军服的标准，

但在每一个类别里又有细分。同一类别里数字的变化是根据线程而定的。接下来出现的名称会在本章中一一介绍。图 9.5 的这个例子，在之前的美国联邦标准里也提到过，叫做 ASTM（美国试验材料学会）。这是一种用 406 型机器缝制

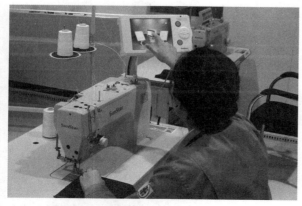

图 9.4　连网的高科技缝纫机

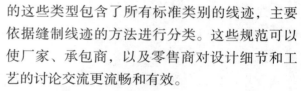

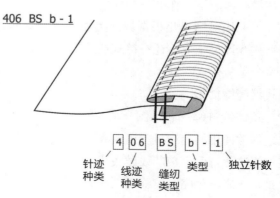

图 9.5　ASTM 标准的例子

表 9.1　针迹及其特征

针迹型号	名　称	特　征	备　注
100	链式线迹	单线程	无底线的链式缝
200	仿手工线迹	很少出现在成衣服装制作中；因为缺乏耐用性，很少用在一般服装的接缝上；一般在成衣上用作装饰	单线程手缝线迹
300	锁式线迹	应用最广泛的线迹，常用于成衣服装制作	由针线联锁底线形成
400	多线链式线迹	多用于梭织面料服装，如牛仔裤、休闲裤；多用于针织物的缝合	由面线和底线相互打结并连接形成
500	包缝线迹	工厂中运用最普遍的处理边缘的方式	运用线迹对面料散口边缘进行包裹
600	绷缝线迹	运用于针织面料及裁切成型运动衫中——最普遍的线迹类型	线迹在正反面连接打结，一般用于面料与人体贴合或部分贴合的需要平缝的地方

的滚边缝（英国标准），是一种双针底边绷缝。两条明线之间的距离是 1/4 英寸。关于这种缝合线的更多内容会在后面提到。

每一类针迹的特征

表格 9.1 提供了各类针迹特征的概述。以下对这些类别进行更多的细节描述。

100 型针迹

100 型针迹是指没有底线的单线程链式缝。这种缝法通常用于绗缝、钉纽扣、锁扣眼和位置固定。价格低廉和良好拉伸性是这类针迹的优点，然而，它的主要缺点是耐用性差。所以需要强调的是，这种线迹对于成衣服装来说，并不够耐用。因为缝纫时，100 型针迹不是很结实稳固，容易出现质量问题，所以双线 401 型链形缝在缝制服装上使用更普遍。这个内容在本章接下来的部分里会作为缝合线的一部分再进行介绍。

100 型主要包括三种线迹：

101 单线链式缝，103 挑脚线迹，104 鞍形线缝。下面对它们进行详细描述。

101 单线链式缝：用于绗缝、钉纽扣、锁扣眼、以及位置固定。图 9.6 展示的是这种线迹的正反面效果。这种线迹同样适用于临时绷缝，而且也会在其他非服装产业中见到，比如面粉编织带的开口闭合处。

103 挑脚线迹（图 9.7）：是由单针线构成的，在织物正面的顶端，自身相互连结。

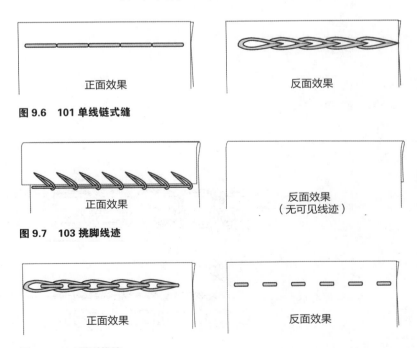

正面效果　　　　　反面效果

图 9.6　101 单线链式缝

正面效果　　　　　反面效果
　　　　　　　　　（无可见线迹）

图 9.7　103 挑脚线迹

正面效果　　　　　反面效果

图 9.8　104 鞍形线缝

缝合线穿过最上面一层，水平方向上穿过底层，没有贯穿全部。这种方法在卷边缝上应用广泛。

104 鞍形线缝（图 9.8）：是一种装饰线迹。

200 型线迹

200 型线迹包括一些手缝线迹，以及一些用专用机器模仿手工缝制的线迹。机器模仿的手缝线迹，在耐用度、均匀性、以及成本上都与其他机器线迹类似，总体来说不是很划算。这一类型的线迹通常是用作装饰，而不是使用它的耐用性，也不常用来连接接缝，所以这种缝合线迹几乎很少用在成衣服装制作中。其突出特点是有各种不同的创新风格，触感柔软滑爽。

200 型包括的四种主要线迹（图 9.9～图 9.12）分别是 202 倒针缝、204 "人"字形缝、205 等距直线缝、205 跳针缝（或者鞍形线缝）。

300 型线迹（锁式线迹）

301 双线锁式线迹是在成衣服装中应用最广泛的缝线类型。图 9.13 和图 9.14 所展示的是 301 双线锁式线迹，也就是那种平滑顺直的线迹。这种线迹是成衣服装制作中最常用的一种。

缝合线是把两层面料连接缝合在一起。面料正反两面的线迹效果看起来一样，所以服装可以正反面穿着。这种双线连锁缝纫的线迹紧密且稳固，所以对于

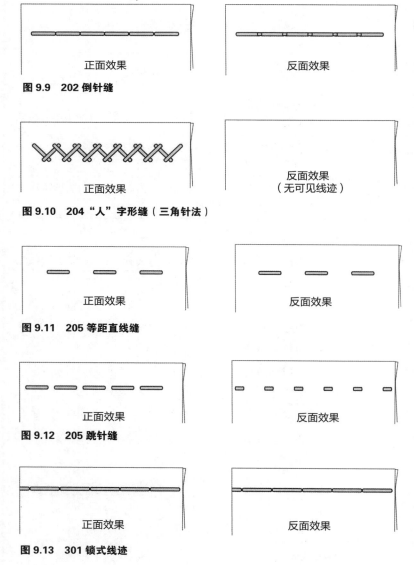

图 9.9 202 倒针缝

图 9.10 204 "人"字形缝（三角针法）

图 9.11 205 等距直线缝

图 9.12 205 跳针缝

图 9.13 301 锁式线迹

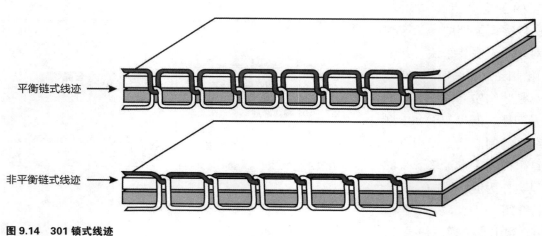

平衡链式线迹 →

非平衡链式线迹 →

图 9.14 301 锁式线迹

服装设计师技术手册：从服装设计到产品包装的技术全讲解

成衣服装，尤其是梭织面料的服装来说，是一种最普遍使用的缝线类型。这种缝法也有缺点，因为它不能缉长距离的线迹，所以如果用在毛衣或者弹性面料上，就会很容易断裂。但是即使使用在毛衣上，双线锁式线迹也会用在很多部件上，比如需要安拉链的地方，这些部位通常需要的是稳固性，而不是拉伸性。

机器需要适当的提供一些张力来调节和平衡上线和底线（图9.14）。否则，这种线迹的强度就不够。

有两种不同类型的双线锁式线迹：常规的301双线锁式线迹和301双针双线锁式线迹。双针锁式线迹与单针301锁式线迹是一样的，只不过双针有两排针，一般来说两排针之间的距离是1/4英寸。双针锁式缝纫机器可以把空间设置成3/16～1英寸之间。双针的优点是可以缉出两排很整齐的线迹，是很完美的平行线。短裤上的松紧带就是运用双针机器完成操作的，最后的效果也很完美。304"之"字形线迹（图9.15），是301线迹的一种变化形式，这种线迹具有良好的弹性，在内衣、婴儿服、运动装中的应用比较普遍，也可以用于钉纽扣、锁扣眼、倒回针。

面线和底线在缝合线的中间处交汇，然后形成对称的S形进针。"之"字锁式线同样也有其变化形态。比如，多针"之"字，ISO-321（见第235页图11.31）。

倒回针是"之"字形线迹的重复，通常用在缝纫开始和终止的地方，防止缝纫线散开。

倒回针（图9.16）也可以用来加固那些需要固定的部位，如裤子的前门襟和口袋。这种缝纫法也可以用来缝裤襻。尽管有专用机器可以缝纽扣和锁扣眼，但有时会用304"之"字缝来完成锁扣眼和缝纽扣的操作。

400型线迹

400型线迹是一种多线线迹或者双线链式线迹。这种类型线迹的最大优点是线迹牢固，因为它们的结构是链形的。同样的，400型线迹也存在一些缺点。比如，当被拉扯时，与300型线迹相比较而言，这种线迹更容易松散，所以容易造成哨牙现象，哨牙是指当缝合线被拉伸时，缝纫线容易露出来，看起来很像微笑时的牙齿。这也是质量好坏的一个指标，它会直接影响到服装的耐穿性。为了形成链式结构，这类线迹会需要很多线程，这样就导致缝合线比较厚重，从而使穿着者感觉不舒服。在这种类型的线迹中有三种频繁使用的线迹，分别是401链式缝、406双针底边绷缝、407三针底边绷缝。

401双线链式缝是最常用的一种线迹类型。其他的406和407型都是底边绷缝的变形，主要用来掩盖接合缝线、上松紧带、上裤襻、镶边，以及折边。

与100型针迹不同，401链式缝（图9.17）既有面线，也有圈结底线，底线主要作用是增强耐穿性和降低缝线散开的可能性。基于全针以及面线的运用，有两种不同的链式缝纫：401链式缝和401双针链式缝（图9.18）。

401双针链式缝的形成是双针线穿过面料，然后由底部打环的线圈连接起来，在缝合线的

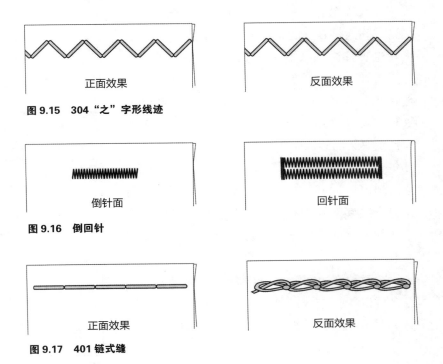

正面效果　　　　　　　　反面效果

图9.15　304"之"字形线迹

倒针面　　　　　　　　回针面

图9.16　倒回针

正面效果　　　　　　　　反面效果

图9.17　401链式缝

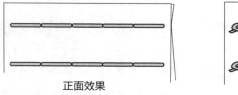

正面效果　　　　　　　　　　　　　反面效果

图9.18　401双针链式缝（注：图示将线迹夸张化以助于理解）

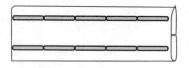

正面效果　　　　　　　　　　　　　反面效果

图9.19　406双针底边绷缝

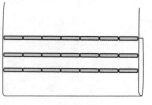

正面效果　　　　　　　　　　　　　反面效果

图9.20　407三针底边绷缝

500型线迹

500型线迹的别名是"搓边缝"，是对这种线迹最好的描述。这种线迹是由在边缘缝合线处的三角罗纹缝线组成的。大多数厂家都用人造短纤或者进行预缩处理后的缝纫线来进行包缝处理。500型线迹的三种分类都在表格9.2中有描述。有趣的是，奇数型号（比如505）都用于折边和包边，而偶数型号（比如514）仅仅用在缝合处。这样就形成了织物的边缘，包住了线迹连接处的边缘，以防止脱线。

包边缝，是链式缝的一种高级形态。先缝一条线，同时对其散口边缘进行处理，防止其脱线散开。包边缝是采用比较小的缝纫机操作，这种机器可以是包缝机，或者是拷边机。拷边机只是在面料边缘上进行缝制。不像那些传统缝纫机缝纫出的线迹类型（在面料的任何地方都可以看到），拷边机不能在服装的躯干部位进行缝纫。拷边机有一个可拆式的刀片，在线迹缝纫前，这个刀片先对面料边缘进行修剪，完成边缘处理，防止其脱线散开。拷边机不能缝纫宽缝。这种机器是为了处理缝份而专门设计的，其针距大约是3/8英寸，甚至更小一点。拷边机既可

底部形成两条分开的线迹。在梭织面料服装中，这种方法在缝合线上的使用比较普遍。牛仔裤上的缝合线就是使用双针链式缝的一个例子。

406双针底边绷缝（图9.19）的形成也是双针线穿过面料，在缝合线的底部，打结线圈的线迹相互连结在一起。底部打结的线程在双针线迹之间连接在一起，让缝合线覆盖在底边上。尽管这种针法从来不用在接缝处，但这种方法在上裤襻，以及给针织衫折边时很常用。大多数针织衫在袖子和折边的地方都用这种针法。这种线迹同样用在女式贴身内衣中，也可以作为针织服装的装饰明线。

407三针底边绷缝（图9.20）与406不同的是，407线迹的形成是由三针线穿过面料，然后在缝合线底部线圈相互连接。底部打结的线迹是在针迹之间相互连接，让缝合线只覆盖在底边上。

这两种底边绷缝（406和407）的最大的优点是可以用打结线圈把布边隐藏掩盖起来。他们一般不在拼接的缝合线上，而常用在明线和折边上。

表9.2　500型线迹分类

线迹名称	型号及用途
单面包边缝	501，502，503，504，505 奇数型号用于卷边和包边，偶数型号用于缝合 504型是最为普遍的缝合线迹
双面包边缝	512型和514型，而514型更容易连续车缝
安全缝	515，516，519 特点是缝线牢固

以进行直线缝纫，也可以进行曲线弯缝，但是一些复杂的曲线或者角度就很难缝纫，因为拷边机的刀片会把那些弯曲的地方切掉。500 型号线迹具有拉伸弹性，而且可以通过把边缘隐藏起来的这个方法防止服装边缘脱线。

拷边机用到的缝份较少，所以只需要比较少的面料。另外，拷边机可以一步完成边缘处理和缝合处理，所以它可以减少一半的劳动力，因此，这是一种服装制作中节约成本的有效方法。它们也存在一些不足之处，比如线迹容易变松。拷边机可以缝纫粗缝线，但前提是接缝处不会爆裂开。所以，这种方法并不太适用于厚重面料。

对于梭织面料来说，最好的包边缝是安全缝（515，516 和 519）。516 安全缝在这个类别中使用最普遍。它可以使 401 链式缝纫和 500 粗缝接缝一步完成，所以它最后可以用粗缝接缝边形成一种比较牢固的缝合线。

单反针和双反针的不同只有在毛边缝份处才能看出来。一种有一个反针，一种有两个反针。

503 双线包边缝（图 9.21）是用来包边的。线迹由一条面线和一条底线构成，在缝合线边缘处就有一个反针。

504 三线包边缝（图 9.22）用于包边缝和拷边缝。线迹是由一条面线和两条底线构成，在缝合线边缘处出现一个反针。

505 三线包边缝（图 9.23）用于边缘处理，而不是进行缝线结合。线迹也是有一条面线和两条底线组成，在缝合线边缘处就出现了两个反针。

512 四线包边缝，或者是假缝（图 9.24），是由两条面线和两条底线构成，在缝合线边缘处有一个反针。512 右针只能完成上面的打结线圈。这一类针法不像 514 针法一样连续车缝裁片。这就意味着，缝纫工完成对接缝的处理后要继续缝纫，缝制出一条链式线迹。

514 四线包边缝（图 9.25）是由两条明线和两条底线组成，在接缝边缘处有一个反针。所有的针都是用来完成上面的打结线圈的。这种针法比 512 针法更可取，因为它可以更好地进行连续裁片的缝制。

516 五线安全缝（图 9.26）是一种组合

图 9.21　503 双线包边缝

图 9.22　504 三线包边缝

图 9.23　505 三线包边缝

图 9.24　512 四线包边缝（假缝）

图 9.25　514 四线包边缝

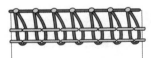

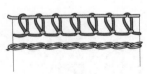

图 9.26　516 五线安全缝

针法，包括单针链式缝（401）、三线包边缝（504），这些都是同时完成的。

600 型线迹

600 型中的线迹叫做绷缝或者多线绷缝线迹，与平缝线迹或正面缝一样，可以在底摆的位置形成很好的覆盖效果。这类线迹常用于针织内衣，运动装以及贴身内衣的缝合。600 型线迹的优点是线迹结实、稳固，因此被广泛使用在一些轻薄的针织衫上。这类针法线迹是绷缝，所以要求缝份很少，甚至没有缝份。然而，这一类针法线迹有一些不足之处，就是需要用到大量的缝纫线，如果在童装或者内衣上用到这类线迹，必须使用那种特质的柔软缝纫线，这样才能保证线迹不会给皮肤带来不适感。这种绷缝的方法几乎不会用在梭织面料服装中，因为其拉伸性与梭织面料服装不匹配。

这种机器通常用到的缝纫线是涤纶短纤、弹力聚酯纤维或者尼龙缝纫线。600型线迹的各类机针配置和缝合线型都在表格9.3中提到。有一种比较流行的细节是用对比色的缝纫线缝纫针织服装，这样做出来的设计效果会很独特。

表9.3　600型线迹各类机针及缝合线迹

ISO型号	针型	描述	绷缝线数及装饰线数
602（图9.27）	双针四线绷缝线迹	由两根面线、一根装饰线及一根绷缝线组成	一根绷缝线及一根装饰线
605（图9.28）	三针五线绷缝线迹	由三根面线、一根装饰线及一根绷缝线组成	一根绷缝线及一根装饰线
606	四针五线绷缝线迹	由四根面线、一根装饰线及四根绷缝线组成	四根绷缝线及一根装饰线
607（图9.29）	四针六线绷缝线迹	由四根面线、一根装饰线及一根绷缝线组成；因机器维护的难易度优选606型	一根绷缝线及一根装饰线

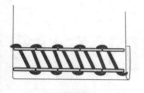

正面效果　　　　反面效果

图9.27　602双针四线绷缝

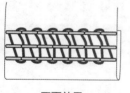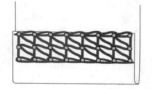

正面效果　　　　反面效果

图9.28　605三针五线绷缝

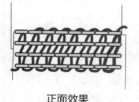

正面效果　　　　反面效果

图9.29　607四针六线绷缝

SPI：质量指标

对于缝制服装成品来说，SPI（每英寸针数）的数值是很重要的质量指标。

确定合适的SPI

对于弹性织物的缝纫质量、紧度、线迹外观、成本花费以及缝线弹性来说，确定合适的SPI是非常重要的。每英寸针数越多，那么完成缝制过程就需要消耗的缝纫线就越多。SPI数值越高，就意味着越结实牢固，需要越多的弹性接缝。SPI越大，意味着缝合线中的针脚数越多，这样就要花费更多的制作时间。制作生产时间越长（即缝纫周期长），就意味着劳动力成本越高。举例来说，一台缝纫机以每英寸8针的距离，每分钟可以缝5 000下，这样每分钟可以缝17.4码的接缝；然而，一台缝纫机以14SPI，每分钟也是5 000下，但是每分钟只能缝制9.9码的接缝。

有时，接缝上的每英寸针数会很多。那种

非常轻薄透明的面料会因为针迹太多而导致面料受到损坏，同样，皮革面料同样如此。

SPI 是需要提前仔细考虑的环节，然后才能根据价格定位为每一类产品选择恰当的缝线强度。很多公司都会要求设计师把每一件产品的 SPI 信息都在工艺单中标示出来。

如何计数 SPI

SPI 是通过计算缝合线（或者明线）上每英寸针脚的数量来计数的，从机针穿入布料的第一针开始，到一英寸的最后一针结束。也可以在缝线的旁边放一把尺子来辅助完成这项工作。比如图 9.30 中的这条缝线的 SPI 大约是 9，在图中，用到了针脚计量器，这样计量起来更容易。

SPI 是一个非常重要的信息，通常要在工艺单中将其概括进去，而且每一个样品都要用尺子再进行检验。使用恰当正确的 SPI 能够很大程度上提高服装的线迹强度、外观效果，以及既定面料的应用途径，也可以提高其性能。

一般典型的梭织衬衫上衣上使用的 SPI 为 10 ～ 12。这可以用 11SPI+/– 一针来表示，也可以直接用文字来表示。这种表达方式等同于每英寸针数是 10 ～ 12，因为 10、11、12 这三个数值都是在可接受的范围之内的。这些表达方式的不同之处在于，它是把一针的容差都概括出来了。考虑到服装生产并不是一项非常精密的科研工作，也需要把人为误差考虑进来，所以在误差范围内是符合标准的。这样，容差的这个概念就被应用到服装生产的标准中。

中等克重和厚度的梭织面料，如中厚型面料，主要用来做裤子，用到的 SPI 就是 8 ～ 10。皮革面料则需要更长的线迹，这样可以避免皮革上的针孔破坏皮革面料。适合皮革用的 SPI 是 6 ～ 8，这是依据皮革的厚度而定的，尤其适用于皮革表面的明线。非常轻薄的面料就要求 SPI 的数值大一点，比如 12 ～ 15，通常会在男士衬衫面料上看到。

其他一些影响 SPI 选择的因素有缝纫的面料层数、缝纫线的粗细，以及弹性。SPI 太少或者太多都可能导致最后缝合的失败，同时适当的 SPI 是一个质量指标。所有类型的缝纫机都有一个调节器，用来调节选择每英寸的针数。表格 9.4 和 9.5 列出了梭织面料服装和针织衫的细节，以及美国人 Efird 所推荐的每英寸针数的典型数据。

表 9.4　梭织服装推荐针数表

梭织服装类型	SPI	注释
有跳脚缝线工艺的长裤、连衣裙、裙子等	3 ～ 5	减少因长线迹在服装表面引起的凹陷和线迹暴露
扣眼（1/2– 英寸反针或锁缝）	85 ～ 90	一般垂直缝纫；使用大约 85 针至 90 针的扣眼机
缝纽扣（四孔纽扣）	16	使用能预先设定针脚周期数的钉扣机
常规衬衫、女式衬衫、上衣	10 ～ 14	单位针数随面料厚度的增加而减少
儿童服装	8 ～ 10	通常使用统一标准，不区分尺码和年龄
牛仔裤、夹克、裙子	7 ～ 8	较小的单位针数；通常有明显的缝合线迹
礼服衬衫	14 ～ 20	数值越大的 SPI，线迹越小，能有效减少褶皱的出现
连衣裙、裙子	10 ～ 12	可适用于多种面料
斜纹裤、袜子	8 ～ 10	增加单位针数能减少缝份裂开
裤子、正装长裤，休闲裤	10 ～ 12	对于某些服装，例如哔叽面料的服装，需要使用更长的缝线

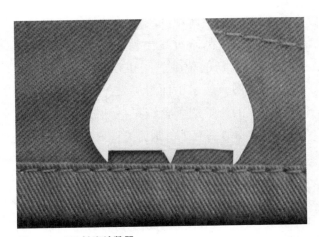

图 9.30　SPI 针脚计数器

表 9.5　针织服装推荐针数表

针织服装类型	SPI	针织服装类型	SPI
连衣裙、半身裙	10 ~ 12	运动 T 恤、上衣、Polo 衫	10 ~ 12
羊毛织物	10 ~ 12	套头毛衣（中厚、厚）	8 ~ 10
袜类	35 ~ 50	弹力针织衫（莱卡、氨纶等）	14 ~ 18
婴儿用品	10 ~ 12	游泳衣	12 ~ 16
贴身衣物	12 ~ 16	内衣	12 ~ 14

缝合类型

缝合线就是两块或多块面料的接合处，或者是能把面料边缘缝合成单独一块面料的线迹（如省道线）。在服装结构中，裁片都是用缝合线连结在一起的。裁剪边缘也叫做毛边。接合处要在裁片上标记出位置，确定哪些地方要缝合在一起。接缝线与裁片边缘之间的距离叫做缝份。缝份是基于服装中的不同位置以及服装的最终用途而定的。高品质服装的缝份通常比较宽，这样有利于后期修改服装，所以缝份也是服装的质量指标。图 9.31 中所标示出来的就是一个裁片中有代表性的标识。在接合恰当的缝合线上，缝合线迹在正面是看不到的。

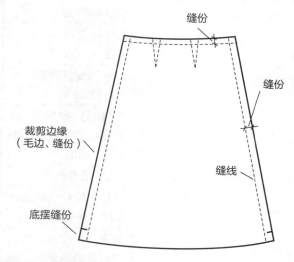

图 9.31　缝合线与缝份

（图中标注：缝份、缝份、缝线、裁剪边缘（毛边、缝份）、底摆缝份）

基础缝类型

为了获取不同的效果，缝合线会使用不同的缝纫机来缝纫，同一件服装上也会有各种类型的缝合线。不同的缝线类型都可以形成这种缝合线，但是一种缝合线也可以用相同的针迹来缝纫。

恰当的缝线类型对于服装质量来说也是一个很重要的影响因素。无论面料是针织还是梭织，缝合线的选择也取决于缝线的位置、面料的组织结构，以及克重，还取决于设计细节、服装的合体度、服装外观，以及服装的最终用途，其中最重要的影响因素是成本要求。

在工业生产中有四种接缝线类型：叠缝（SS）、搭接缝（LS）、平缝（FS）、包边缝（BS）。在每一个主要缝线中，都有很多不同的类型。

叠缝（SS）

叠缝是把面料叠加成层，然后在靠近边缘的地方把面料缝合起来。叠缝就是使一层面料压在另外一层上面，通常是正面相对，然后边缘对齐（图 9.32）。这也是一个直线缝的例子，是最简单，也是最常用的缝合线。图 9.32 用不同的图示阐释了最普通的缝合线 SSa。这种常规的绘图方式可以绘制本章中所有的缝线类型。从图中可以注意到，图示的关键是告诉读者哪一面是面料正面，哪一面是面料反面。这种视觉上的定义对于技术制图来说很重要，就如同我们在第 4 章所学到的一样（参见图 4.51）。图 9.32a 是一种特殊的简笔画类型，是速写画法的一种，叫做图解视图。这条长的水平线代表了面料层，短的垂直线代表了缝合点，也就是机针开始缝纫的位置。图 9.32b 是一个更加立体的示意图，展示了面料层是怎样排列和缝纫的。同样的，短的垂直线是缝纫结合点，也就是所有面料缝纫起来的地方。图 9.32c 是一个速写图，表示的是正在缝纫的过程。在大多数情况下，所有的衣片都是正面相对缝纫，我们可以看到当用到锁式缝纫时，上下线圈的结构是一样的。图 9.32d 展示的是缝份劈开时缝合线的

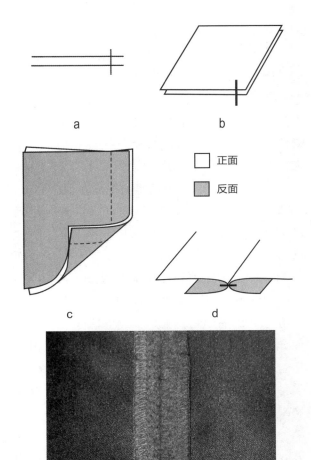

a

b

□ 正面
▨ 反面

c

d

图 9.32 缝制规格：平缝，SSa；产品型号：301 锁边

e

状态。连接的结合点就是机针开始缝纫的地方。图 9.32e 中的照片就是劈开缝的内视图，图中已经完成了锁边处理。

在叠缝中比较流行的一些例子有：

· 平缝（弧形缝、内转角缝、交叉缝、斜接缝）
· 止口缝
· 来去缝
· 假来去缝
· 假折边缝
· 包边缝、锁边缝
· 装饰缝线，比如滚边缝
· 加固缝

平缝（SSa）

平缝是一种很常规的缝合线，也是叠缝中最普遍的一种类型。图 9.32e 展示的是一件裙子的里侧效果。300 型号的线迹，比如 301（图 9.32a）、321（图 9.33a），还有 304 和 401，以及 506，都是最普遍使用的。

平缝是最常见的一种接缝类型。平缝的线迹很不起眼，尤其当劈缝的时候，相对于其他类型的接缝，平缝也最容易修改的。因为平缝只有一排线迹，它不是为了增加强度而设计的。然而，这种接缝线的作用在高级定制服装中可以得到很好的发挥，这样缝出来的面料能很好地平展开，如果有需要改动的地方，用这种方法的缝合线改动起来也比较容易。

另一种平缝的类型是用"之"字形缝纫机缝纫的，一般用在有弹性的面料上。这种缝线

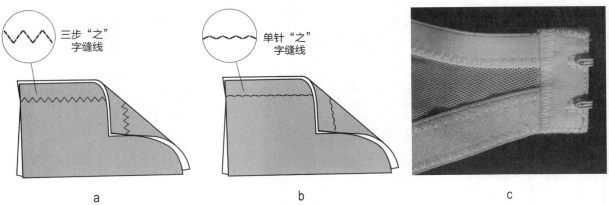

三步"之"字缝线

单针"之"字缝线

a

b

c

图 9.33 缝制规格：平缝，SSa; 产品型号：图 a 用 321，图 b 用 304 "Z"字形曲折线迹

作为一种内衣缝线也常用在蕾丝面料上，同样的，也可以用在其他那些需要有拉伸的部位。图9.33a展示的是三步骤的典型"之"字缝线，这种缝线能提供最大程度的拉伸性。图9.33b中的"之"字形状比较平缓，这种一针锯齿形接缝，可以进行劈缝，但是仍然有一定弹性。图9.33c中的照片展示了"之"字形线迹在内衣行业中的广泛应用：比如在胸罩闭合挂钩的地方，"之"字形线缝用作缝合线，既用作明线，也用作加固线。

直线缝是最容易缝的，但是其他的缝线也有别的用途。另外三种常用的接缝是弧形缝、转角缝、交叉处的接缝。这三种接缝都有其各自使用的用途，最好用特定的机器缝纫。

弧形缝（图9.34）也是一种平缝，只不过形状是弯曲的。在缝纫前，衣片右侧的形状是凹的，衣片的左侧是凸的（见图9.34a的正面）。背面视图展示了凹面在缝纫完成之后需要打剪口，这样就能平展开，也可以进行劈缝。这种弯曲形的接缝会用在公主线上（图9.34c）。通常情况下，弧度越大，要打的剪口就越多，这样接缝才能劈开。如果加了明线，就应该加在凹的那一侧，尤其是明线距离接缝比边缘远的时候（大约1/16英寸）。图9.34d在腰线位置也有一点弧度，但是这里不需要打那么多的剪口，因为这里的曲线弧度很平缓。

有很多种方法可以缝制出"S"形弧形缝（图9.35a）。这个弧形缝用到了两种缝线类型——301锁式线迹（图9.35a）和516五线安全缝（图9.35c）。重要的是，从图中我们可以看出，无论选择缝纫的针法是何种类型，其所属的接缝类型保持不变。

图9.35中的例子都是叠缝。反面效果展示的方法A（图9.35b），在缝纫和平展开时用到的方法是精细的，而且是密集劳动型方法，这些方法步骤要求打剪口、劈缝、小心熨烫，而且明线的缝纫很严格。反面效果展示的方法B（图9.35d）是用包缝机缝纫的，没有明线；这种方法使用的面料是亚麻面料。除了在价格方面允许使用这种方法之外，针织类面料组织更适合使用这类缝纫类型。不论正面还是反面，设计师都需要根据产品的最终价格以及所选面料来确定缝线类型。

转角处的缝合需要更高的缝纫技巧。图9.36中的例子是用301锁式线迹缝纫的。图9.36a的转角接缝是一个省，然后慢慢过渡成公主线。

图9.36d中展示的腰线也是作为有转角的接缝放在衣服的前中位置。因为在转角的位置需要打一个剪口，这就是一个易破损的地方，而

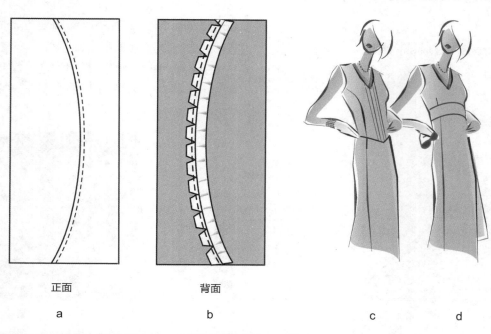

正面　　　　　　　　背面

a　　　　　　　　b　　　　　　　　c　　　　d

图9.34　弧形缝，缝制规格：SSa，有明线；产品型号：301锁边

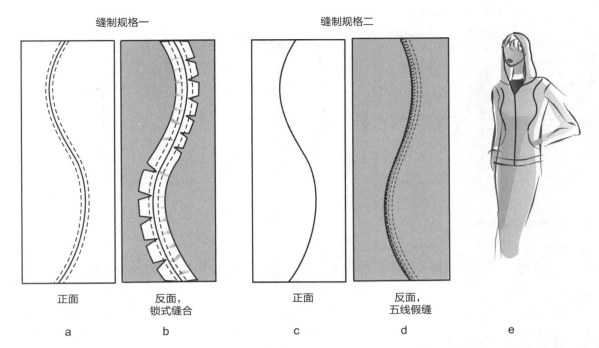

缝制规格一　　　　　　　　　缝制规格二

正面　　　　反面，　　　　正面　　　　反面，　　　　e
　　　　　锁式缝合　　　　　　　　五线假缝

a　　　　　b　　　　　c　　　　　d

图 9.35　弧形缝，缝制规格：SSa，有明线；产品型号：图 a 和图 b 用 301 锁边；缝制规格：SSa；产品型号：图 c 和图 d 用 516 五线假缝法

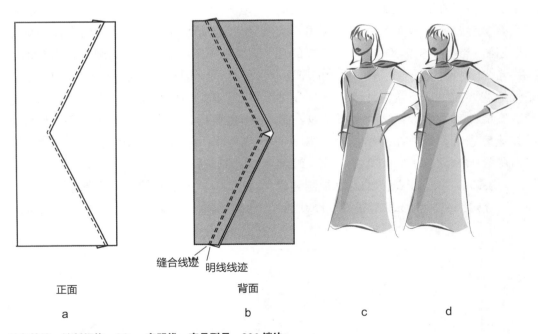

　　　　　　　　　　　　缝合线迹　明线线迹

正面　　　　　　　　　背面　　　　　　c　　　　　d

a　　　　　　　　　　b

图 9.36　转角接缝，缝制规格：SSa，有明线；产品型号：301 锁边

且也不适用那种粗织织物或者容易脱线的织物。图 9.36b 所展示的方法是需要压平的，明线装饰也可以加固。锁边机在一些角度比较锐的接合点处缝纫效果不好，所以反面（图 9.36b）所展示的方法不适用锁边机。如果把缝合线接合在一起仅仅只是在外面缝线的旁边车缝一条线迹的话，这就是一个搭接缝。这种情况下，图

9.36b 只会展示一排线迹。

　　转角缝（图 9.37）有时是可以避免的，就是当需要用到接缝线而不是转角的时候。图 9.37a 展示的是在一件童装套头衫的前中位置，用转角缝装的拉链开口。图 9.37b 与 a 在外观上是相似的，但是处理方式不一样，拉链开口结尾处理用的是育克线缝，这是一种更简单的缝

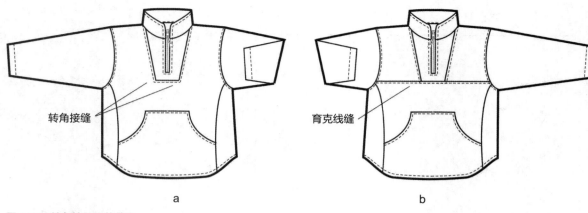

图 9.37 转角接缝及其替代

纫技术，这样处理也能够减少成本。设计师工作的其中一项职责就是要了解怎样让设计更节约成本，一方面为目前的设计设定专属的策略，同时，也能调节平衡服装的功能和价格，这样才会设计出成功的服装产品。

　　交叉缝形成的位置是指两条或多条缝合线交叉重合的地方。在高品质服装中，这些接缝线必须重叠缝合整齐。图 9.38 中的服装用到了 301 锁式线迹。当接缝线交叉时，尤其重要的是使这些接缝线能够压得平整，减少缝份的厚度。第一条接缝线要在第二条接缝线缝纫之前先进行劈缝、熨烫，叫做中烫，这种熨烫不是在最后成品完成后进行，必须在缝纫过程中按顺序来操作。在图 9.38c 中，前中心位置的交叉缝细节也是一种装饰。图 9.38d 展示的是先把侧缝缝合起来，当缝腰线时，就要求对整齐。图 9.38d

同样展示了前中腰线位置的转角缝。

　　斜接缝是另一种平缝类型，缝合两片衣片时，角度相同，形成"V"字形，这时用到的接缝就是斜接缝。在这种情况下，如果面料是格子图案或者条纹图案，在接缝处，图案一定要对齐。当用到编织带或者装饰边时，在夹角的地方通常用到斜接缝（图 9.39）。这种情况下，斜接角都是 45°。斜接缝比直接缝更需要缝纫技巧，因为缝合部位的面料是斜裁的，容易拉伸变形。因此，就需要一些额外的人工劳动，以及更多的成本支出。有时这种斜接缝也是一个重要的设计点，应该作为一个设计因素去认真考虑。这样就需要由设计师来决定，是否需要增加这些成本。图 9.39 是每一种裁剪方式的例子——最上面的例子是斜接的夹角，下面的例子是垂直的夹角。由于图 9.39a 中的装饰图案

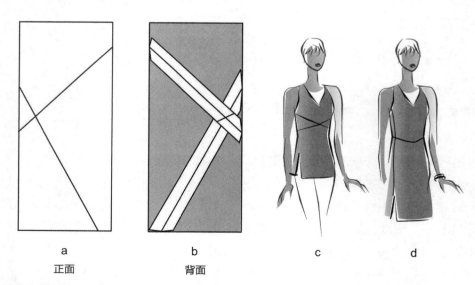

a
正面

b
背面

c

d

图 9.38　交叉缝，缝制规格：SSa；产品型号：301 锁边

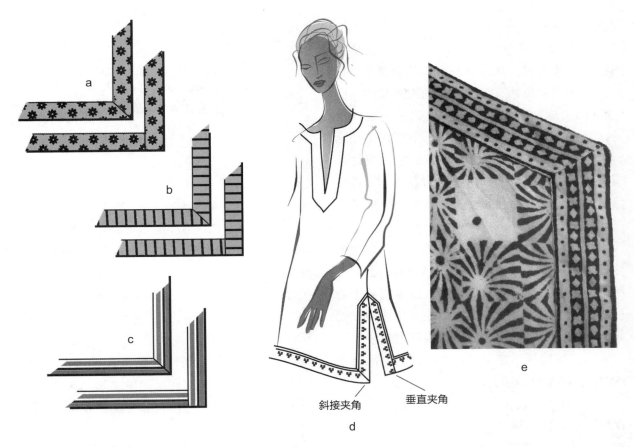

图 9.39　斜接缝，缝制规格：SSa；产品型号：301 锁边

更多的是一种满地花纹图案，所有的示例都比较相似，所以这些装饰也不会因为斜接缝而出现更多的装饰效果。图 9.39b 上方的例子也是斜接缝，同时展示了当斜接缝不能精确缝纫时所出现的状况。在这个例子中，条纹图案没有对准。假如工厂所指定的这种风格类型，工厂操作人员不能达到其要求标准，那么，图中下方的例子就是一种替换的方法，这样生产时的问

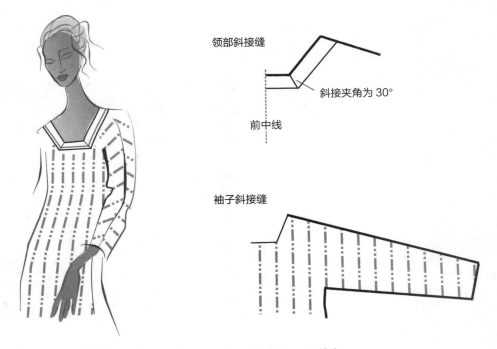

图 9.40　斜接缝的其他运用，缝制规格：SSa；产品型号：301 锁边

题也会少一些。

图9.39c中的示例是一种比较清新的条纹图案，这种图案尤其需要斜接来处理细节。根据其应用的功能，有时也会使用垂直接缝。图9.39d把侧缝细节也展示出来。斜接缝是向前的，垂直接缝是向后的，设计师需要决定用面料的哪一面会比较好看。图9.39e中的照片细节，是把一个斜裁装饰用在贴边装饰上，这样做的目的是对这件白裙裙式裙子的前面底边进行处理。

图9.40是另外一种斜接缝的例子。领边上使用了斜接缝，而且由于所有的角都是30°，所以条纹图案都是夹角处对齐。在蝙蝠袖中心位置设置一条接缝线，使得仿毛织物或条纹面料上使用斜接成为了可能。斜接缝的这种设计效果是直接缝所不能实现的，同时它也能使条纹图案能够很好地匹配对齐。

皮革（或者皮革替代品，或者复合型面料）在缝纫时大多数情况与其他面料的缝纫没有差别，但是由于皮革有厚度，缝线通常比较粗。因为皮革没有办法像仿毛织物那样熨烫平整，所以缝份是打开的（图9.41），然后用一种特殊的锤子将缝份弄平。

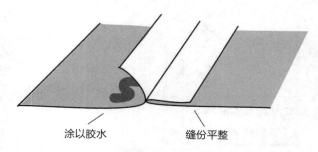

涂以胶水　　　缝份平整

图9.41　皮革缝纫，缝制规格：SSa；产品型号：301锁边

止口缝

叠缝类型中的第二类接缝是止口缝，也叫SSe（图9.42）。这种接缝是仅次于平缝的第二种使用频繁的缝合线，也有两条线迹：一条是接合线，一条是明线。通常用到的是301针法。

缝纫这种线迹时，先把面料正面相对，在靠近边缘的地方缝纫（就像平缝），然后把面料翻折回来，包住缝份。这类接缝叫做止口缝，因为缝份最终是夹在两层面料之间。这种接缝类型仅仅只是用在边缘位置，比如领口、衣领边、克夫、腰围线、腰带，以及贴边。这类接缝线的独特之处在于，在边缘看不到线迹，线迹和缝份都隐藏在衣服里侧，因为线迹和缝份夹在了面料或者衣层中间。

如上所述，301锁式线迹是最常用来缝纫这种接缝线的。图9.42中的例子是301锁式线迹。图9.42a～c展示的是成排的线迹：短的垂直线代表的是连接线（图9.42c中的第一步线迹），

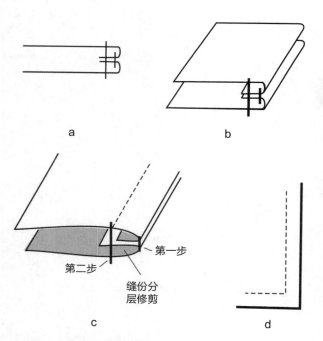

a

b

第一步

第二步

缝份分层修剪

c

d

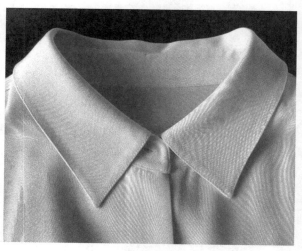

e

图9.42　止口缝，缝制规格：SSe；产品型号：301锁边

长一些的垂直线代表的是明线（图 9.42c 的第二步线迹）。

这种接缝线的一个可能的缺点是缝线太粗，所以对于厚重面料来说，这种方法并不适用。同时，使用这种方法时，在把面料缝在一起之前，也没有必要进行锁边，除非面料十分杂乱。

缝份有时是按照宽度不同进行成层修剪的（图 9.42c）。图 9.42d 展示的是怎样拐一个接近直角的例子（差不多 90°）。这个区域所要求的修剪技巧是为了防止缝份厚度太大而影响到服装表面的造型。

图 9.42d 是典型的克夫或者衣领上的应用方法，这里所看到的是缝纫完成的正面效果。另外加上的明线可以让接缝线更强韧。图 9.42e 中是上衣领和下衣领，这些都是止口缝的例子。

贴边也是一种对服装边缘进行处理的方法，需要用到单独的一块面料，也会用到止口缝。贴边的更多的例子会在第 10 章中进行讲述。

来去缝（SSae）

来去缝的另一个说法是缝中缝。这种接缝线适用于轻薄或者透明的面料，而且适用于制作贴身性感内衣或者内裤。301 线迹主要用来缝纫这类接缝，因为 301 线迹可以缝纫出干净、结实且平滑的缝线。同样的，这种缝法也要进行包边处理，因为如果透光会看到缝线，导致不雅观。这类接缝对于直缝线来说是很好用的，但是对于带弧度的缝线就比较有挑战性。由于需要多个缝纫步骤，是一个劳动密集型工作，因此，生产成本增加。另外，这也会增加接缝的厚度。所以，厚面料与这种接缝是不匹配的。无论如何，来去缝可以形成干净、整洁的边线。如果服装需要弯曲的部分（例如袖窿），斜裁包边是最好的选择。

这种接缝方法最终形成的效果是一个窄缝边被一个宽一点的缝边包裹住，这样可以防止面料磨损。图 9.43 中的缝线用的就是 301 锁式线迹。图 9.43a 是这种缝线最常见的示意图。图 9.43a 中就是上端和底部两步缝纫步骤。示意图（图 9.43a 的上端）中的内容都是正确的，但是接下来的第二步（图 9.43a 的下端）是另加的。在图 9.43b 中，面料又再翻折回来，所以正面再

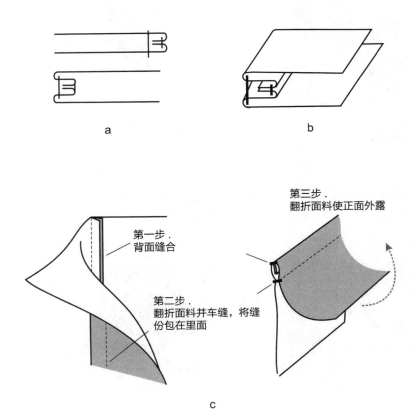

第一步.
背面缝合

第二步.
翻折面料并车缝，将缝份包在里面

第三步.
翻折面料使正面外露

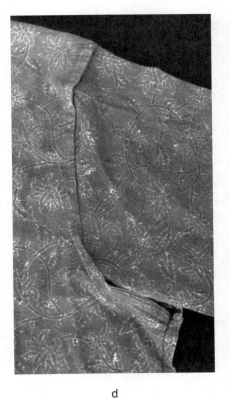

图 9.43　来去缝，缝制规格：SSae；产品型号：301 锁边

一次朝外。用这种接缝线，从外面看不到线迹痕迹。图 9.43d 中的服装完成得很精致，不仅侧缝是用来去缝制作的，而且袖窿弧线也是用的来去缝。这类接缝线需要操作工人技术更熟练高超，并且很少用到锁边机。

假来去缝

来去缝和假来去缝有着相似的外观，但是对于后者来说，就是用平缝缝的缝份相对折叠起来，然后缝在一起（图 9.44）

与来去缝相似的是，假来去缝用在松散的透明面料上，用直接缝缝纫。假来去缝与真正的来去缝的区别是，假来去缝突出了服装内侧可见的两条缝纫线迹，而不是一条线迹。在一定程度上，这种缝线的改动也比来去缝容易一些。图 9.44 中的例子使用的方法就是 301 双线锁式线迹。

假折边叠缝

虽然折边叠缝是一种搭接缝，但假折边叠缝却是一种叠缝（图 9.45a 和 b）。在休闲梭织夹克和牛仔裤中经常会看到。由于 301 和 401 针法的光滑特征，这两种针法经常用于缝纫这种接缝。

这里展示的例子用的就是 301 双线锁式线迹。图 9.45a 展示的是缝纫假折边叠缝时所需要用到至少两条单独的缝线。需要注意的是，对于多层面料来说，有不同数量的缝份，用加宽的边缘包围住。这里的产品型号是单针双线锁式线迹，小型工厂也可以进行这项缝纫工作，不需要用到更复杂的机器设备。图 9.45a 和 b 是一排明线不同表示方法。假折边叠缝的缝制是由单针双线锁式缝纫机完成的。对于男士衬衫来说，这是一种高端的处理方法，而且可以不用锁边完成内部处理。在假折边叠缝上用这种

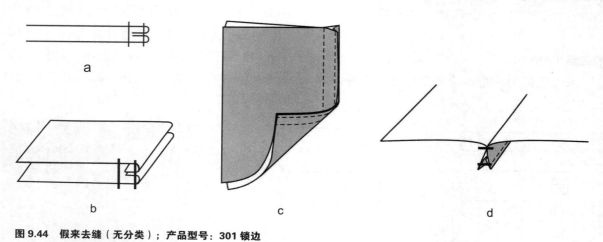

图 9.44　假来去缝（无分类）；产品型号：301 锁边

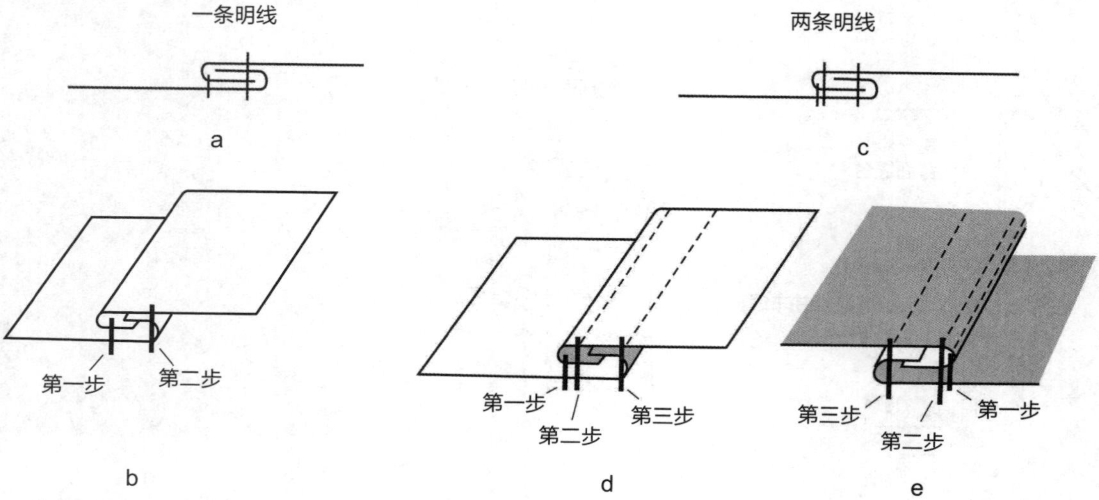

图 9.45　假折边叠缝，缝制规格：SSw（b）；产品型号：301 锁边

方法，是因为这种假折边不能用来处理比较窄的筒状部位，比如衬衫袖子。

　　用两排明线模仿这种假折边效果需要经过三个步骤（图 9.45c）。在图 9.45d 的第一步中完成接缝线的缝合，在图 9.45d 的第二步和第三步中，接缝线先是反转过来，然后再车边线。这样，底面就会处理得很干净。图中可以明显地注意到，正面效果不同于背面效果，正面多了一条明线（图 9.45e）。这类接缝线在男士衬衫中使用很普遍。

包边缝

　　包边缝用到的是 500 型针法。这种方法在低端成衣中是最常用的缝线类型之一（图 9.46）。这种安全缝看起来与包缝和链式线组合的缝线很相似。这种使用安全缝单一操作的最终目的是用来处理边线，也相当于缝合线。这种方法缝纫速度快，成本效益高，可以把缝份和缝纫线迹的制作一步完成，也称为锁边、包缝、粗缝。

　　这类缝纫线迹在针织衫中很普遍。它是一种非常有用的接缝处理方式，因为它可以把接缝处理和缝合一步完成。包边缝指的是那种针脚是三角形，包裹围绕着面料裁剪边的缝线（图 9.46c）。这类接缝线在弹性面料上能更好地发挥其功能。

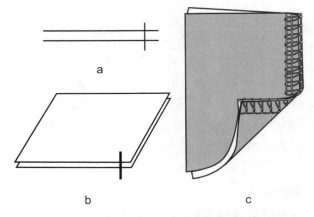

图 9.46　包边缝，缝制规格：SSa；产品型号：514 包边缝纫法

装饰缝线

　　很多装饰缝线在成衣服装中都有应用。装饰缝线需要各种缝纫技巧和各类成本支出，所以要仔细学习这些技巧，然后才能决定哪一种方法能提供成本效益最高的合理价格。

　　这种工艺的各种滚边（SSk 或者 SSaw）在缝线中都是用作嵌入式装饰线使用，其目的是为了突出缝线或者设计造型线，可以用作扁平滚边或者衬衣滚边。滚边可以用在许多服装类别上，从高级时装（如黑色羊毛绉纱上的黑色丝缎滚边）到童装（如花卉图案滚边），再到运动休闲服装（如红色针织衫上的白色滚边）。由梭织面料做成的滚边可以形成直线条纹结构，或者是嵌入式的斜纱。具有弹性的滚边是由针

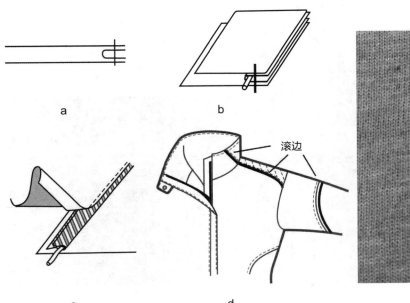

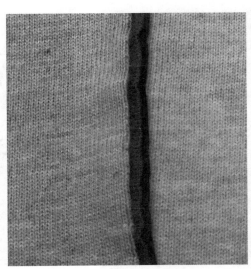

图 9.47　滚边，缝制规格：SSk，SSaw；产品型号：301 锁边

织面料做成的。图9.47e所展示的这条运动裤用到的是针织面料的滚边。

图9.47a中的示意图是一个扁平的滚边，图9.47b是衬线滚边。图9.47c是一个斜纱，带衬线的，撞色面料。图9.47d中的滚边是作为一个镶嵌物嵌缝在户外运动服装衣片中。这件服装上也另加了明线，这也是滚边的一种变化形式。

加固缝线

缝合线处也会进行加固处理，同时也是为了保持服装形状，防止其拉伸变形。最常用的三种加固线型包括贴带缝、条形缝，以及压条缝。301和500针法经常用来缝制这些线型。

· 贴带缝（SSab）通常用在肩线接缝处、领口处，以及女装腰围线处，以防止其拉伸。这些接缝线在针织T恤中很常见，当需要一种支撑型接缝时就可以采用贴带缝，如斜纹牵条、弹力带，或者是把面料缝进结构线里。可以使用301、401型针法，有时也会用到500型针法，用于缝制这类接缝。

· 这类接缝也可以用于开衩内侧，防止内侧拉扯变形，用于稳定接缝，同时也有很多其他的用途。图9.48c是将牵条用于缝制301锁式线迹的例子；图9.48d是将其用在锁边连接缝中，这种接缝用在肩线处以及领口处，可以防止这些部位拉伸变形，且从服装正面看不到缝迹。图9.48d是在一件针织衬衫的肩线接缝处加入了牵条，这个例子中，牵条是白色的，但是也要对牵条进行详细说明。斜纹布、织锦布，以及透明弹力带都可以在这种情况下使用。

· 条形缝（SSag）是一种条形带，通常是斜纱的，用于覆盖住毛边接缝，这种接缝线穿过所有衣层。图9.49c中缝在内侧的明线和缝在外侧的明线是一样的。这种条形带也可以用于没有里衬的上衣，如用于对比面料上。用宽一点的面料覆盖住散口边缘，这种方法为劈缝。这种缝纫工艺可作为无衬夹克内侧的装饰处理，也可以作为服装外观的装饰边。条形缝也可以用直纱或者缎带用在直线接缝上。SSf是当条带不需要缝份时的一种变化形式，例如斜纹牵条，在这里没有图文说明。在现实生活中最容易找到的例子就是棒球运动帽的帽顶。

· 压条缝与条形缝很相似，但是在表面是看不到拼接缝的，它只是与缝份缝在一起（图9.50c）。301针法用于缝制这类缝线。斜纹牵条的一段，或者是斜纱布条，或者是本身的面料，都可以放在打开的缝线的内侧，与每一层缝份相接，缝纫的时候不会接触到外层面料。压条通常与劈缝的宽度一样，或者比劈缝窄一点。图9.50a和9.50b展示的是只把缝份缝起来的示

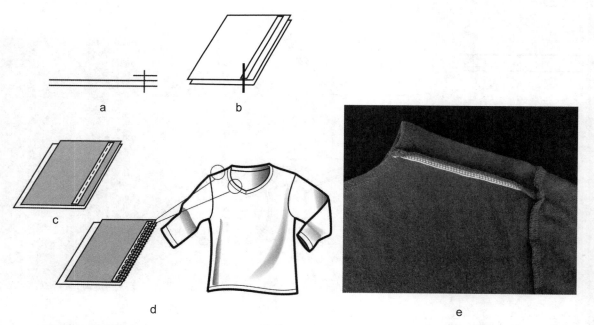

a b c d e

图9.48　贴带缝，缝制规格：SSab；产品型号：301锁边和504包边缝纫

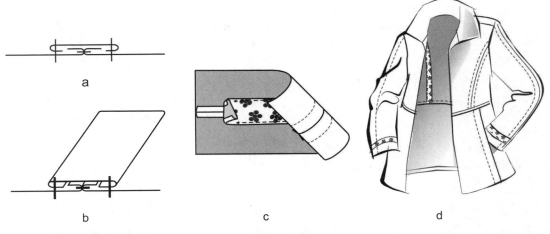

图 9.49 条形缝：缝制规格：SSag；产品型号：301 锁边（折叠机）

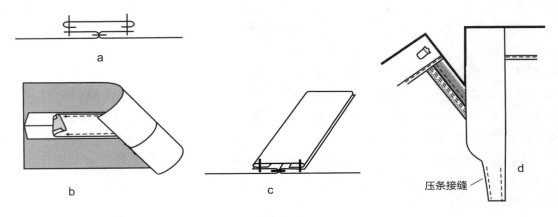

压条接缝

图 9.50 压条缝，缝制规格：SSac；产品型号：301 锁边

意图。这种加固方法最常见于男士前门襟内侧的底边。其变化形式 SS$_f$ 代表这种条形带不需要缝份（这里没有图示）。

搭接缝（LS）

搭接缝就是从正面把所有衣片都缝合起来。将两个缝份或者更多的面料层缝在一起，面料是向相反方向延伸的。301 和 401 型针法经常用来缝纫这类接缝。这类接缝线包括：

· 搭接缝
· 贴袋缝
· 折边叠缝
· 装饰性搭接缝
· 叠缝器的应用

搭接缝纫（LSa）

搭接缝线包含了 102 种变化形式，是最庞大的接缝种类。

图 9.51a 是用 301 锁式线迹缝制的搭接缝的一个示意图。这种接缝线是通过把两层或者更多层面料相叠加，然后在靠近边线的地方一起缝纫（图 9.51b）。这种操作是在边线处于不会松散的情况下完成缝纫。使用这种方法，各层面料是正面对反面相叠加的。这种缝纫方法的优点是最后完成的缝线比较平整，而且对于那些比较不常见的形状更容易缝制，如曲线或者一些新奇的设计图形。这种搭接缝纫的缝份同样比较小。

图 9.51d 是列举其在皮革夹克缝纫中的应用。这种造型用叠缝很难实现。搭接缝线也常用在裤子与裤腰带的连接处。这种方法在很多情况下不适用，主要是因为它在缝纫过程中，在最开始缝纫时很难断定重叠的部位在哪里。另外一个缺点是，它只用到一条线迹，所以并

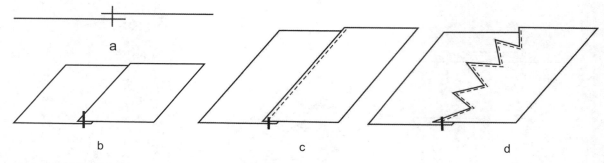

图 9.51　搭接缝，缝制规格：LSa；产品型号：301 锁边

不适用于高应力区域。

　　搭接缝也可以用来缝制那些能够从正面看见接缝的蕾丝面料，同样也可以用来把蕾丝花边缝在其他面料上。图 9.52 展示的是在内衣边缘上，用这种普遍的方法把预先裁剪好的蕾丝边缝上，线迹呈细锯齿形；然后在面料反面进行仔细修剪，这样蕾丝就成为了内衣边（图 9.52a、图 9.52b）。这类接缝线同样可以用在嵌花缝纫上，如把蕾丝用在轻薄的针织精编织物上时，这种方法可以使缝线不易松散开。

　　搭接缝也可以使那些没有散开的面料做展平处理，例如毛毡或者麦尔登呢，把它们放在夹层里，例如作为腰带；也可以消除多余厚度，比如对一件定制夹克中内省道的处理（虽然在图 9.53 中的缝线是锯齿形的，但是它是使用直线缝纫机来回缝纫完成的）。

　　图 9.54 展示的是搭接缝的另外一个应用案例。这个缝线也是使用 301 锁式线迹。这里的搭接缝把所有面料从正面沿着折叠边连接在一起，与贴布相似。这种缝纫在面料正面操作会加快缝纫速度，因为所有的面料层都用一条缝纫线缝纫，它并不像有压线缝合的叠缝那样强韧，尽管叠缝看起来也只有一条线迹。这样，搭接缝就能应用在高应力区，比如侧缝和前裆，或者牛仔裤拉链门襟下面。

贴袋

　　图 9.55 中的贴袋是用 301 锁式线迹制作的。在正面处理上，贴袋用的是搭接缝。图 9.55c 是一件夹克上的贴袋，它在接缝线中包括了滚边。图 9.55e 所示的是一种非常普遍的裤襻。同样是从顶端开始，穿过所有面料。

折边叠缝

　　正面扁平的折边叠缝的连接线和结束线是一体的。正面扁平折叠缝和背面扁平折叠缝的区别在于两者的制作过程。背面扁平折叠缝线的制作需要三个步骤，而正面扁平折叠缝线只需要一步。

　　当把所有面料层缝在一起时，散口边要事

正面

背面

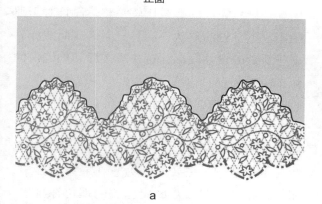
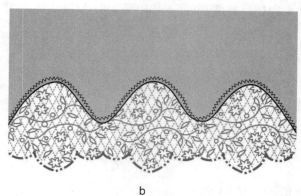

图 9.52　蕾丝边，搭接缝，缝制规格：LSa；产品型号：304 "Z" 字形曲折线迹

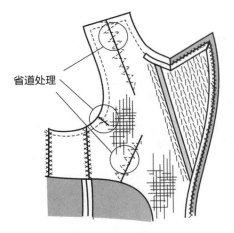

省道处理

图9.53 定制夹克内侧，搭接缝，缝制规格：LSa；产品型号：301 锁边

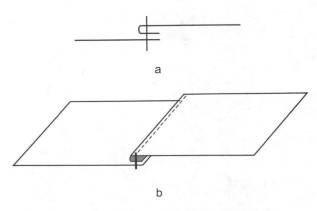

a

b

图9.54 搭接缝，缝制规格：LSb；产品型号：301 锁边

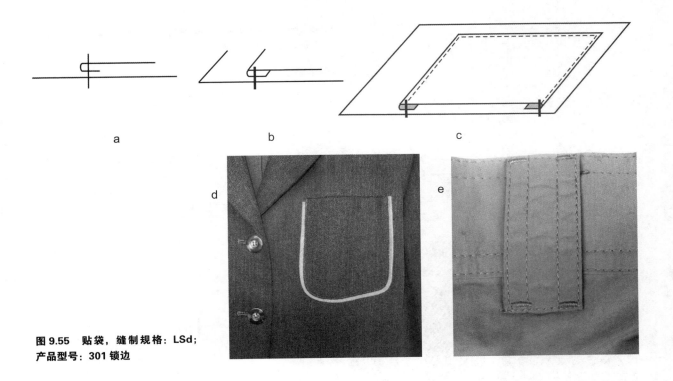

a

b

c

d

e

图9.55 贴袋，缝制规格：LSd；
产品型号：301 锁边

先进行折叠和锁边。最常用的方法是用双针链式缝纫机缝纫。最终完成的缝线把所有的散口边都包裹进去，而且在正面和背面都有两排缝纫线迹。这种缝纫法获得的接缝强韧、耐用，对于直线缝纫或者有一点弧度线迹的缝纫效果是很好的。这种方法在牛仔裤、工作服，以及其他一些类似的外套、童装中广泛应用。如果使用在厚重面料上，就会形成比较硬的线迹。

图 9.56c 例子中的线迹是链形的，从底面可见，为了实现接缝线的制作，要求缝纫线的粗细一定要与面料厚度相匹配。图 9.56d 和图 9.56e 是典型的牛仔装上使用的扁平折边叠缝，有正面图和背面图。在图 9.56e 中可以看出链形线迹的构成过程。

装饰搭接缝

图 9.57 展示的是装饰搭接缝。搭接缝用的是 301 锁式线迹或者 401 链式线迹进行缝制。嵌条缝是装饰搭接缝的一种类型，在面料下面，这种嵌条缝的两边都缝上了窄的牵条，这个部位通常是和面料呈对比色（图 9.57c）。这种缝纫方法可以用在燕尾服裤装的侧缝上，或者是

折边叠缝

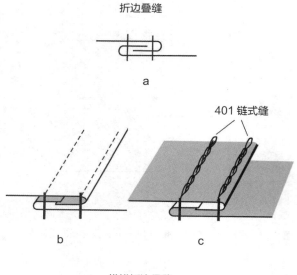

401 链式缝

b　　　　　　　c

模拟折边叠缝

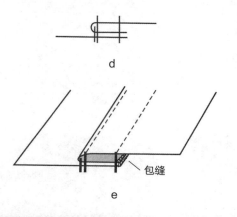

d

包缝

e

f　　　　　　　g

图 9.56　折边叠缝，缝制规格：LSc–2；产品型号：图 a ~ 图 c 为 401 双针链式缝；
缝制规格：模拟折边叠缝，LSg；产品型号：图 d 和图 e 为 301 锁边和 504 三线包边缝纫法

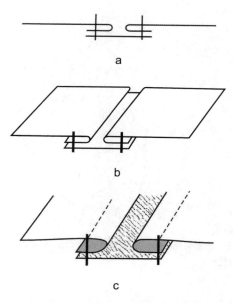

a

b

c

图 9.57　装饰搭接缝，缝制规格：无分类；产品型号：402 双针链式缝或 301 锁边

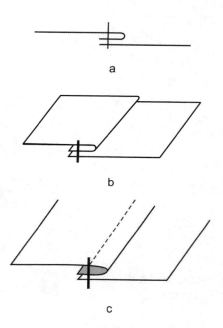

a

b

c

图 9.58　褶缝，缝制规格：LSd–1；产品型号：401 双线链式缝或 301 锁边

其他直线接缝上。

　　只有一边是折叠的接缝叫做褶缝。这种接缝区别于标准搭接缝的特点是，缝纫线迹离着边缘更远，形成一种褶的效果，突出强调了接缝线。

平缝（FS）

　　用平缝方法缝纫的接缝线是沿着面料边线缝纫的，把面料边缘对接在一起，或者将它

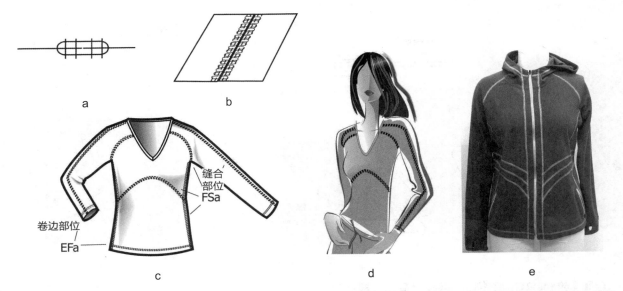

图 9.59 平缝：缝制规格：Fsa（缝合作用）；产品型号：607 绷缝；缝制规格：Efa（卷边作用）；产品型号：605 三针五线绷缝

们略有重叠地放在一起（图 9.59）。缝制这种接缝线需要专门的机器，最普遍使用的机型是 600series fl. Cert 机器。其他方法用的是 500 系绷缝，或者是 304 "之" 字形缝纫机，或者 406 链形缝纫机。而单针锁式缝纫机则不能用来缝制这种接缝类型。图 9.59 中的细节展示的是运用这种接缝类型最常见的部位，这是一件中厚型羊毛面料服装的接缝线。缝线的颜色与杂色的色调形成对比，突出了上身的接缝细节，而这种手法通常用于运动服和户外服装中。

因为接缝面积不大，并且缝线能拉伸，所以穿着起来非常舒适，而且也经常与高弹性面料结合运用，如针织面料。针织衫中最频繁使用的针法是 600 型针法。这种针法不会形成缝份，而且可以节省面料，但是要用到很多缝纫线。在运动服、内衣，以及童装中的应用也很广泛。在图 9.59c 中袖子细节、连肩缝线、公主线，以及侧缝线上用到的是覆盖缝。对于平缝来说，缝纫线的颜色很重要，而且有一种特殊的松捻线叫做软毛线，或者是弹力聚酯线，都是常用的缝纫线，目的都是为了防止磨损。

袖子和底边开口处用到一种外观很相似的针法，叫三针上下绷缝，主要用来做收尾处理。覆盖缝和绷缝经常在同一件服装中组合使用，都是用 600 型缝纫机缝制。上下绷缝在本章中已经介绍过。弹性比较好的缝纫线与覆盖缝的缝线类型更匹配。在不易散开的面料上，覆盖缝效果最佳，不适用于梭织面料的接缝缝纫。图 9.59 中的例子用到的针法是四针、六线、607 绷缝，也叫做覆盖缝或者扁平缝。

包边缝

缝制包边可以提升服装的品质，当服装里侧比较重要时，也会用到包边。在那些需要有比较强视觉效果的地方，包边缝可以代替锁边缝。包边缝也可以作为一种装饰，与服装本身面料形成对比。包边缝经常用于腰头里侧的处理，也可以作为一种收尾处理接缝的方法。301 针法经常用来缝制这类线迹。图 9.60 中的例子就用到了包边，它是作为一种有质感的内侧边线处理方法来使用。当包边的面料比服装本身面料轻薄时（或者两者都比较轻薄），这种包边缝的作用能发挥得更好。对于梭织织物来说，这种方法也很常用。缝制包边时，需要两个步骤：把接缝线连接在一起，然后用一个叠缝器（这种装置可以让滚边很精准地折叠起来），当缝制时，可以使包边与每一个缝份都接触。这种处理方法在皮包上同样适用，也可以用在其他工业产品上。图 9.60d 是一个用回收来的材料做成的杂物袋的一个缝纫角，四个角全部都用到包边缝。这种面料不会散开，所以包边缝也就不需要缝份。

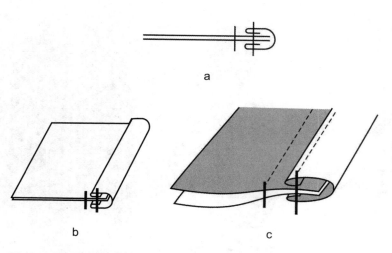

a

b

c

d

图 9.60 包边缝，缝制规格：BSe；产品型号：301 锁边

图 9.61 所展示的方法是把包边缝用在劈缝上。这种应用被看作是一种专业的、高质量的处理方法。这种边缘常用于高档面料（是指能很好熨烫的）的处理，所以当把接缝线熨烫平整后，会形成很漂亮的外观。这种处理方法的另一个名字叫香港处理法。因为包边在接缝缝纫前就处理好了，所以这一类型可以归为叠缝。其操作顺序如下：

1. 在散口边上用斜纱；
2. 把所有的衣片接缝起来（重叠接缝线）；
3. 把接缝处熨烫平整。

也可以按照双折叠斜纱（图 9.61a）进行缝纫，或者只缝一层面料（图 9.61b）。尽管有一

边留在外面，没有缝进去，但是由于包边是斜纱的，所以也不容易拉伸或拉扯。图 9.61c 是一件格子夹克内里，用的是包边处理，而且在底边也有一个包边褶边。由于夹克没有里衬，里侧的包边就能形成考究的处理效果。包边用的面料要比格子面料轻薄，这样包边缝的应用就更方便，也可以减少厚度的增加。

接缝线处一些常用的其他处理方法

在梭织面料上，接缝处理常用的一些其他方法如下：

· 包缝

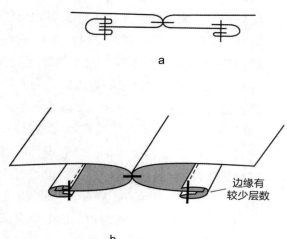

a

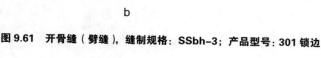

边缘有
较少层数

b

c

图 9.61 开骨缝（劈缝），缝制规格：SSbh-3；产品型号：301 锁边

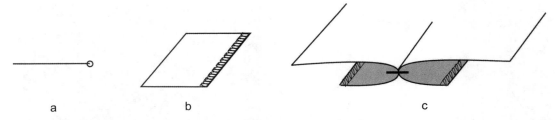

图 9.62 三线锁边缝边线，EFd：缝制规格：SSa；缝边线：503 双线锁边缝；产品型号：301 锁边

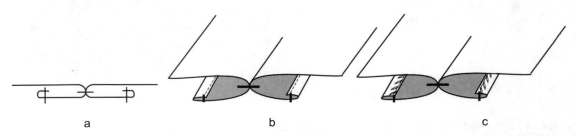

图 9.63 卷边缝线和书面缝，如简图 a；缝制规格：SSa；产品型号：301 锁边；缝边线：EFa，卷边；机型：301 连锁缝纫法；（b）缝制规格，SSa；产品型号：301 锁边；缝边线：EFa，卷边；产品型号：103 挑脚缝纫法（c）

- 卷边缝
- 书面缝
- 锯齿边缝

这些缝纫方法都是在接缝缝合之前完成的。

三线锁边缝边线

三线锁边处理方式被归类为边线处理；在接缝线缝合之前就已经处理好，然后再进行劈缝。锁边机将缝合和边线处理一步完成（参见图 9.46）。图 9.62 用一种简单点的锁边缝对劈缝的毛边进行处理，或者是 503（双线锁边）、504（普遍的三线锁边），或者是 505（三线锁边）。在 500 型针法中，奇数针法线迹用于锁边，偶数针法线迹用于接缝处理。

在这里看到的 503 叫做双线锁边缝。这种缝线只用于边线处理，比如在这个例子中用在劈缝上。

三线锁边缝的强度不够，所以不能用于把两层面料用叠缝缝合在一起。

卷边缝和书面缝

卷边缝和书面缝的缝纫方法很相似，尽管用到不同的缝纫机。这两者的缝线类型都是叠缝线，准确来说是平缝。对于卷边缝（图 9.63）来说，把毛边翻折过来，然后再用锁式线迹进行缝制。用比较少的面料时，这种方法很好用，这样就不会有磨损，用薄一些的面料不会增加缝份厚度，而且这种方法对于直线接缝来说也是很好的处理方式。因为当进行接缝缝合（301 锁式线迹）时，用的是同一种缝纫机，所以对于机器设备类型有限的工厂来说，这是一种很好的方法。

书面缝（图 9.63c）同样是把毛边翻折到下面，然后再缝纫，但是用到的是暗缝机（103 暗缝）。这种操作是在接缝缝合之前完成的，完成的缝线比较强韧耐磨，这种缝线经常会在夏季男士无衬套装中用到。这些缝纫方法一般不会用在厚重的面料上，也不会出现用力熨烫就会让缝线显露出来的情况。

锯齿边接缝

锯齿边接缝（图 9.64）也是一种边线的处理方法，这种方法是把边缘线裁剪成锯齿形状，常用于轻薄面料的缝纫中，因为这种方法不会增加面料厚度。这种锯齿形是用锯齿剪刀裁剪的，有时也可以用那种异形刀片裁剪出来。这类边线接缝处理方法适用于那种纱线不容易变形的面料。随着穿着时间越久，面料依然会有散开的趋势和迹象，但是这种散开速度要比没有锯齿接缝的那些面料慢得多。这种边线处理

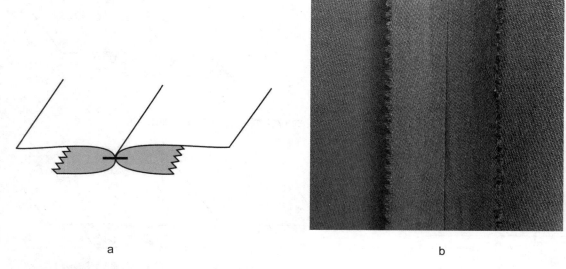

a

b

图 9.64　锯齿边接缝，缝制规格：SSa；产品型号：301 锁边

方法不适用于厚实面料或者松散的针织面料。在引入了锁边机之后，这种方法主要在一些复古的服装中出现，而且已经脱离了主流缝纫方法。图 9.64b 中的服装是一件复古羊毛华达呢裙子的内视图。这种方法还可以用于内衣或者单一纤维面料的服装中。

为服装选择合适的接缝线以及边线处理方法

图 9.65 展示了用于缝制一件服装时用到的很多不同类型的接缝。每一种缝线都是经过设计师的深思熟虑，目的都是为了展示给消费者最好的服装外观效果，同时也是为了能够在其所设定的价格范围内达到最好的品质效果。因为面料一般是轻薄而且是单一纤维的，所以这些接缝处理就会呈现出来。为了达到预期效果，通常会选择来去缝和包边缝，而不是用锁边缝，因为锁边缝呈现出来的效果不好看，而且也不适用。这里的图示说明了各服装款式的设计与工艺是如何相辅相成的。

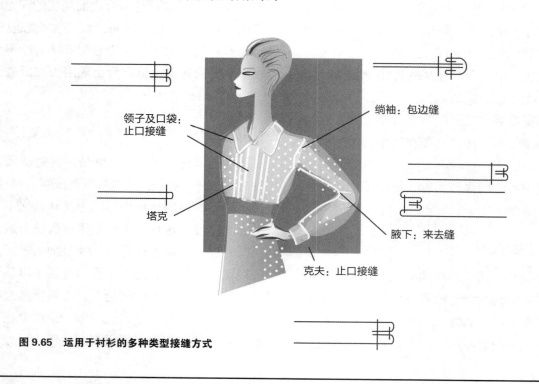

领子及口袋：
止口接缝

绱袖：包边缝

塔克

腋下：来去缝

克夫：止口接缝

图 9.65　运用于衬衫的多种类型接缝方式

缝纫的顺序

服装进行制作生产时，都有特定的缝制顺序。根据服装类别的不同，缝纫顺序也有所不同。最终目的都是在保证服装质量达标的同时，能够提高生产效率。

袖窿

如果接缝线是一圈一圈缝纫的，那么有一些服装品类就很合适。西服袖子（图9.66a）就是一个很好的例子。袖子先在腋下部位用一圈缝线进行缝纫，将侧缝和肩线缝合起来，然

后再把这两个部分和袖子缝合起来，也是用圆圈线迹。相比之下，图9.66b中的衬衫是先把袖窿缝合好，然后侧缝和腋下线一步就可以完成。从缝纫技工的角度来看，当服装呈平坦的状态时，这种方法的缝纫速度是最快的，如衬衫袖窿的缝制（图9.66b）。最后缝纫西服的袖子（图9.66a）要求更高的缝纫技术，但是腋下缝线处会更舒适，而且也没那么凸起。

立裆

图9.67中有两种不同的缝制立裆的方法。对于西裤来说，前后立裆是一条缝线完成的

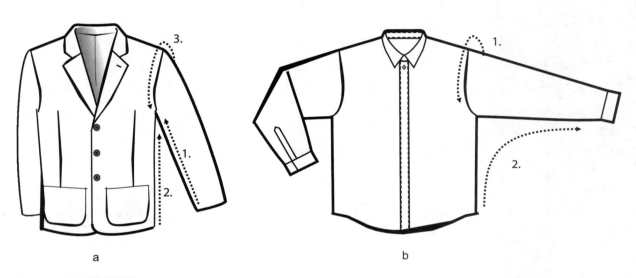

图 9.66 袖子的缝纫顺序

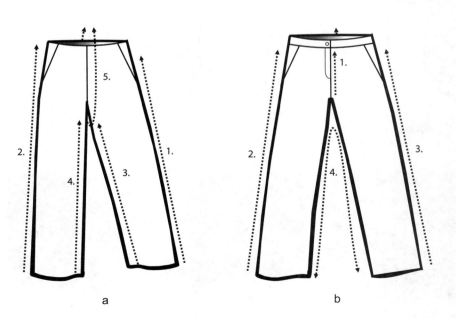

图 9.67 裤子的缝纫顺序

（图 9.67a），这种方法允许裆下缝份可以竖直直立，在裤裆的位置，左右裤腿可以很平整的放置。如果内接缝需要劈缝和熨烫，这是唯一的缝纫方法，一些高档的裤子中也会使用此方法。

图 9.67b 展示的是最后缝合内接缝的方法，所有都是一步完成的。价位较低的休闲裤和牛仔裤都是用这种缝纫方法，如果立裆最后缝合，那么裤裆位置就比较凸起，不平整。

折边

袖克夫和袖口折边围成一圈缝好（在腋下缝线缝合之后）是标准做法。把袖克夫平整地缝上后，然后腋下接缝或者袖子接缝的缝份就向边缘倒缝。这种方法在童装中经常用到，用在那些缝隙太小以至于不能用机器缝纫的部位。对于成人服装来说，这种方法都不合标准。这种接缝线会不舒服，而且也会在底边边缘处露出来（图 9.68b）。这种用法更常见于那些便宜服装的上装和下装。设计师需要考虑在所规定的价格范围内，其设计细节所使用的那些缝纫

方法和拼接步骤要能够保证服装的品质。

接缝处理新方法：激光裁剪法／熔合缝制法／压熔缝合法

在服装生产发展过程中出现了很多新型技术，也包括一些缝纫技术。压胶机是其中一个例子，而且广泛用于特种户外休闲服中。防水面料接缝线的缝合步骤可以在面料上形成一些小针孔，这样就能中和防水面料的密封性，所以那种特殊接缝密封带用在事先缝合好的缝线上，可以保持面料的防水性。这些步骤虽然增加了劳动量，但这也是特殊户外休闲服的标志。

另一种技术叫做压熔（或者是熔合），是指用热力和压力处理接缝，而不是用缝合的方法。这里无需用针法，也不用缝纫线，最后的结果也是不透水密封的。操作者要仔细监控压熔的温度、压力，以及压熔时间，以保证最后包边的质量。图 9.69 是一个压熔操作过程的例子。最后完成的服装在压熔的部位很轻薄，而

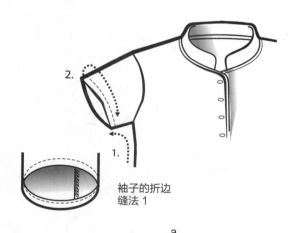

袖子的折边
缝法 1

a

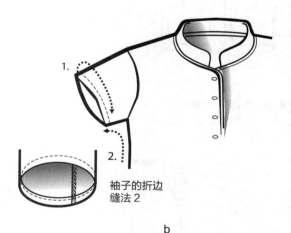

袖子的折边
缝法 2

b

图 9.68　折边的缝纫顺序

图 9.69　熔合缝制

图 9.70　压熔缝合

且能自由弯曲。图 9.69 显示的是一个加固片（黑色面料）压熔至插手口袋的位置（从拉链上方放置）。

　　还有一种技术叫激光裁剪，也是用来进行边线处理的方法，同样也不用卷边。这种裁剪技术可以减少厚度，原理是用激光的热量进行封边处理。图 9.70 是一台工作中的激光裁剪机，它正在裁剪一个环形的形状。图 9.69 中那块面料的边缘处是用激光裁剪处理的，也不需要缝纫。

总结

　　这一章节学习了各种类型的针法和接缝，以及它们的应用，确定它们对于不同服装的匹配度。针法和接缝都有各自的特点，并且其他的设计细节在选择针法和接缝时都要考虑到这些特点。SPI 以及其在成衣服装中准确的应用，是决定服装质量很重要的因素。每一个标准产品类别的缝纫顺序也要进行仔细研究。最后，还探究了一些缝纫技术的创新方法。理解每一种针法和缝合线，并为服装挑选合适的种类，

是服装生产质量的重要环节。第 10 章的缝合线边线处理内容将会介绍更多的知识点。

思考问题

1. 在衣橱里挑选一件 T 恤衫，要求：

　a）列举其面料成分；

　b）列举其使用的针法和接缝类型，以及为什么要在这件服装中使用这些针法和线型（肩缝、袖窿、侧缝、下摆折边、袖克夫、领口）；

　c）建议一些可以替代原先那些针法和接缝线的其他针法和线型，以及选择这些替代针法和接缝类型的原因（肩缝、袖窿、侧缝、下摆折边、袖克夫、领口）；

　d）列出这件服装的缝制顺序。

2. 在衣橱里挑选两件服装，一件价格比较高，一件价格比较低廉，然后：

　a）标注两者的价格范围；

　b）认真思考影响这两件服装不同价格的各种因素；

　c）有没有与结构方面相关的问题？分析两者在针法、接缝类型、结构，以及设计细节方

面的不同之处。造成生产时成本较高的原因是什么？

d）如果你是一名设计师，想让那些高价格产品在大众市场里降低价格，你会选择怎样的替代拼接方式用于低价产品线？

3. 在衣橱里挑选一条牛仔裤，要求：

a）列举其面料成分；

b）列举其使用的针法和接缝类型，以及为什么要在这件服装使用这些针法和线型（侧缝、内接缝、下摆折边、腰带、省道、裤襻结构、裤襻接缝线、口袋、袋布）；

c）建议一些可以替代原先那些针法和接缝的其他针法和接缝型，以及选择这些替代针法和线型的原因（侧缝、内接缝、下摆折边、腰带、省道、裤襻结构、裤襻接缝线、口袋、袋布）；

d）列出这件服装的缝制顺序。

4. 为所设定的目标市场设计一件女士衬衫，要求：

a）列出目标市场以及价格范围；

b）分别画出前后片的1：8的平面图；

c）对要用到的面料进行详细说明；

d）用编号和箭头在示意图中标注规格；

e）详细说明要用到的针法和接缝线型，以及为这件衬衫选择这些针法和线型的原因（领口、领子、袖窿、肩线、下摆折边、袖克夫）；

f）哪一类加固缝可以用于这件衬衫中？

5. 为服装生产挑选针法和接缝类型时，设计师应该考虑的因素有哪些？

6. 对于封闭结构的接缝来说，会用到哪种针法？

7. 修改图9.60c，确定一个没有缝份的包边。

8. 说明针织衫中会使用到什么样的针法类型？

9. 浏览第3章中的工艺单，列举出男士牛仔裤的接缝类型。

检查学习成果

1. 列举300型和400型针法的不同之处，并且根据服装生产的应用方法，说明这些不同之处是怎样起作用的？

2. 列举500假缝和真缝的区别（优点和缺点），并描述它们在服装生产中是怎样应用的。

3. 列举各类不同的缝纫机，并说明在服装生产中是怎样使用这些缝纫机的。

4. 定义SPI，解释为什么这对于服装生产很重要。

5. 分别列举在梭织服装和针织服装中，对于所选择的五种生产类别，哪种SPI最合适。

6. 列举并描述四种基础接缝类型。

7. 列举搭接缝的不同变化种类。

8. 列举叠缝的不同变化种类。

9. 列举出三种加固缝类型，并阐述它们的不同之处。

10. 列举衬衣和裤子的缝制顺序。

第 10 章

边线处理方法

本章学习目标

» 能根据每件服装的最终用途分析各种边线处理的方法

» 了解用合适的方法处理接缝的重要性

» 根据面料和设计特点确定合适的边线处理方式

» 掌握如何缝制不同的边线

EF（Edge finishes）是由一类特定的缝合线组合而成的边线处理的简称，是单层边的处理方法，包括在缝合之前所完成的毛边处理在第9章已经学过的。本章的重点是边线处理方法在服装边线上的运用。本章中讲述服装中的边线处理方法，包括折边、贴边、裤子翻边，以及门襟翻边等。

在EF中常见的边线处理类型包括：

· 折边
· 条带和腰带
· 隧道式弹性线
· 滚边
· 贴边
· 门襟翻边
· 克夫和镶边

折边

在服装中，折边是边线处理方法之一。最常见的处理服装边线的方法是把毛边翻折到里面并固定，这就是所谓的翻边。

在第9章中学到的很多毛边处理都是使用翻边的方法，包括滚边、斜边卷边、锯齿边接缝等。皮革产品是用类似的方式来黏合边缝。根据面料的厚度和服装的款式，折边有很多种。

其他类型的折边有折边贴边、镶边贴边，以及滚边贴边。有些折边技术只应用在弹性面料上，也有一些技术在两种面料上都适用。对于长裙或短裙，下摆线就是边缘线，如果只有一条，下摆线即是成品长度线（参见图5.2）。

上述这些技术都适用于袖口以及服装的其他部位。

折边还可用来增加下摆边缘的重量或悬垂性。有时轻薄弹性面料的宽折边或者双折边，可以使服装拥有更好的悬垂效果。轻薄透明面料的服装有时采用手工折边，比如薄围巾。用手工缝制一条很窄的，且翻折两次的折边，也可以用机缝折边。有时底边加链条，可以增加底摆的悬垂性并有助于底摆悬垂均匀。

暗缝边线

图10.1所示为一种固定折边的常见方法，叫做暗缝。手工缝制暗缝边是最好的隐藏边线的方式。暗缝机有一个弯针，而且线迹是链式缝法中的单线缝，调节器决定线迹在正面行走的距离。如果设置恰当，缝纫针可以穿透表层面料的一部分，而不会全部穿过去。暗缝常用在梭织和针织面料上，是最隐形的折边形式。但它不是最耐磨的折边，所以通常用于高档面料服装、定制服装，以及那些不经常机洗的服装上。

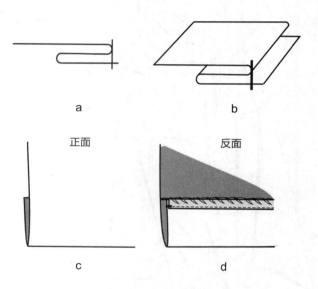

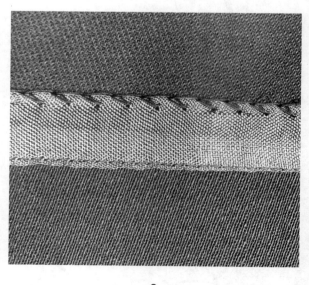

图10.1 暗缝折边，缝制规格：EFC；产品型号：103单线暗缝

图 10.1a 和图 10.1b 所示的小垂线表示针穿透的位置。图示表明，这根线没有穿透表层，只穿过内层的边缘。

通常较厚面料的连接会用到压条（图10.1d）来防止毛边脱线。这种处理方式通常应用在高档面料服装中，如上所述，该折边不耐磨，最好采用干洗。因为它是一种链式缝法，如果链条结构被破坏并且脱线，缝合线迹就会完全暴露出来。

如果服装上暗缝使用不恰当，线迹可能会在面料表面露出来，形成一行小凹沟，或者是均匀的小缝迹。也就是说，如果设备设置不正确，或者是面料太轻薄，暗缝边线的方法不是最佳选择。面料越厚，暗缝的边线越不容易看见。

图 10.1e 是运用压条线缝合毛边。面料为羊毛斜纹防水面料。

图 10.2 是一种类似的方法。首先把毛边翻卷起来，然后利用隐形折边器，折边同样也会被隐藏起来。

这种折边方法，可以使服装外观很整洁。比如用在无衬西装上衣中（这与第9章图9.63c所示的很相似）。

卷边缝

图 10.3 为处理好的卷边缝。如 10.3a 所示，这种排列类型属于 EFb，不管来回翻折多少次，

它的排列都是固定的。图 10.3a 的上面部分以及图 10.3b 都有少量的翻折量。图 10.3a 的底下，10.3c 和 10.3d 都有一条很深的翻折线，其缝合方法以及类型都相同。这种处理方法普遍用在机织织物上，很少用在运动针织面料上，因为它会增加面料厚度，使之缺乏弹性，受力后易被扯断。如果用在针织服装中，在缝合过程中同样会出现难看的褶皱。

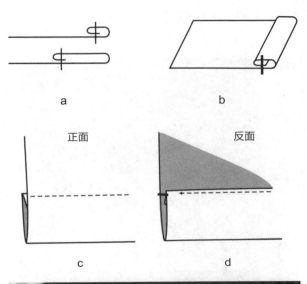

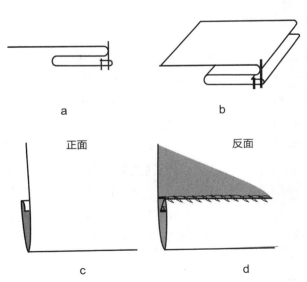

图 10.2　几种暗缝方式，缝制规格：Eec；产品型号：103 单线暗缝

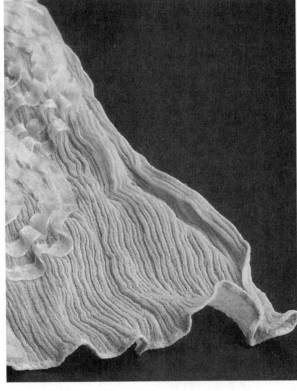

图 10.3　卷边，缝制规格：Eeb；产品型号：301 单针连锁缝纫法

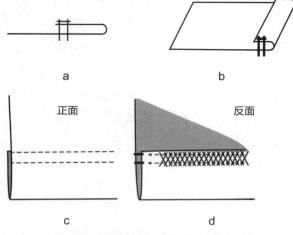

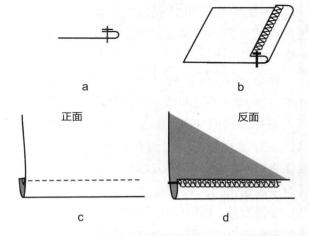

图10.5 锁边: 缝制方法: Efe, 锁边和缝合 (两步); 产品型号: 1. 包边，503，504 或是 505；2.301 单针连锁缝纫法

反面看到的是螺圈缝合线，它也可以作为最后成品的毛边。这种处理方法如果运用恰当，缝纫时不会使面料表面变形。有差动送料系统的机器使编织层以不同的速度通过，从而使针织缝合处平整。型号为 600 和 406 的机器使用较普遍。图 10.4c 和 10.4d 所示为双针底线绷缝。大多数的 T 恤衫以及针织裙常用这种方式缝制袖子和底摆。图 10.4d 为三针上下绷缝线迹。

锁边

锁边是一种比较廉价的缝制方法，锁边缝常用在机织物中，比如餐具垫、纱帘，以及在成品上不易看到的地方。

假折边

这种方法通常是一条一边折叠的斜丝布条与边线相对 (图 10.6)，比较适合用于弯曲的衣片上 (图 10.6c)。对于厚重的面料，这种方法同样适用，同时它会减小面料厚度，也经常会用到编织条来进行假折边。斜丝的部分通常用在外面 (图 10.6d)，用来形成与另外一种面料相匹配或是对比的装饰性效果。图 10.6e 是另一种隐藏袖口边线的方法。图 10.6f 举例展示了带有印花装饰的斜纱条不仅可以用来装饰，而且可以用在夏天厚麻料夹克前中心边线的处理上。

造型折边

贴边的使用可以形成很多形状，这种造型

图 10.4 绷缝边: 缝制规格: Efa Inv; 产品型号: 406 双针底线绷缝法

这种折边方法最常见的例子是用在牛仔裤裤口；事实上，你会发现基本上所有的牛仔裤都是用这种方法。另外一种方法如图 10.3e 所示，是一条非常窄折边的丝绸围巾，在边缘和底端有一条大约 1/16 英寸的折边。因为面料有弹性，而且处理好的折边是横向拉伸，从而会产生一种具有装饰性的柔美外观，这就是大家常见的无褶荷叶边的折边处理方法。

绷缝边缝

绷缝是针织服装最常用的下摆卷边处理方法 (图 10.4)。连接时必须穿过两层面料，所以它不如卷边缝蓬松。从正面能看到双针线迹，

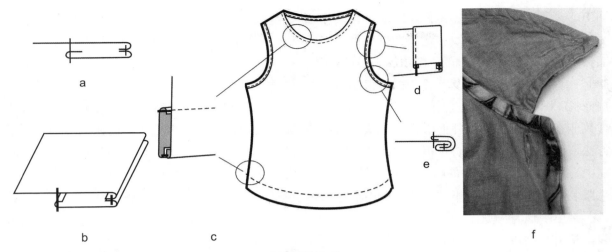

图 10.6 假折边，缝制方法：LSct–2；产品型号：301 单针连锁缝纫法

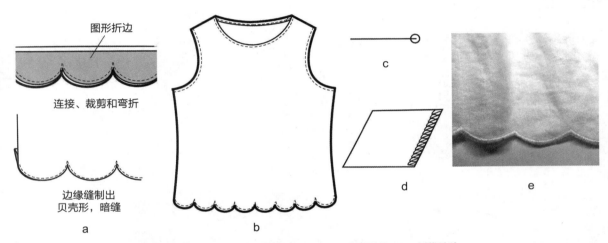

图 10.7 图形底边（a、b）；装饰边缘处理，（c ~ e）；缝制规格：Efd；产品型号：304 折线缝法

贴边技术应用广泛（见第 11 章的图 11.12）。

图 10.7 所示为一个紧密机织物面料的贝壳形弯曲的底边。贝壳形越弯曲，缝纫时的难度就越大。贝壳形也可以用作女式衬衫前身口袋的形状。由于缝制困难，这种方法更费工时，所以它通常应用在高档服装中。缝制步骤如下：

1. 把需要缝合的布条对合；
2. 把贴边与主体相连接；
3. 修剪、裁剪，以及弯折；
4. 熨烫；
5. 边缘缝制出贝壳形状；
6. 贴边上端折边与主体暗缝。

图 10.7c 是另一种方法，一种相对简单的实现贝壳形底边的方法。在这个例子中，用"之"字形的刺绣来完成边线的处理。如果工厂里有这种机器，可以很容易完成，如果设计师了解这种工艺和设备，可以核算设计成本。无论使用哪种方法，都要满足前期的预算以及设计效果等。

当选用贴边或是其他边线处理时，面料越厚，夹层越多，布料本身做这种贴边就越困难。通常，用轻薄的面料做饰面贴边来减少厚度，前提是它能按照预期的样子与贝壳形的面料贴合。把每一层修剪成不同的宽度或梯度，然后压叠在一起缝制（图 10.8c）。工厂可以通过留不同的缝份来模拟这种效果，但是每种方法都需要增加工时和后处理。

贴边要很仔细地操作和熨烫。暗缝有助于使缝合线朝里卷起，并且防止贴边层露出来，同时可以使缝份变得平整，从而减少厚度。如

图 10.8 所示，图 10.8a 说明了第二条车缝线作为一条面线应该完成的线迹是怎么仅穿过三层面料（而不是四层面料）的。图 10.8b 说明了缝制时，每层如何摆放以及暗缝是如何仅穿过三层面料。图 10.8d 表示出这个暗缝止口是如何实现只能在里面看见，从外面看不见。这种缝制方法不能转弯，而且能防止很短的线迹出现在前中心线上。图 10.8e 中的图片显示的是一件羊毛服装的兜帽。这件兜帽的贴边（图中黑色带条）是由平而宽的氨纶弹性条做成的，包括边线都是由其完成的。这种弹性使其能够符合兜帽自身边线的形状。完成的边线要由三针上下

绷缝线迹固定，并不需要折边。这样能保证兜帽边缘平伏在另一种蓬松的面料上。

镶边

　　镶边是一些片状面料，主要缝合在服装的直毛边上，以及处理毛边，或使毛边加长（图 10.9）。镶边是由斜纱或直纱面料裁剪而成，通常用在裙子、裤子的底摆或腰头边缘，也可用在袖子上。可以用面料本布，也可以是与之对比鲜明的面料，这取决于实际用途。袖子上的镶边不同于没有止口线的袖口。

　　镶边会形成封闭的缝合线，这与用在许多

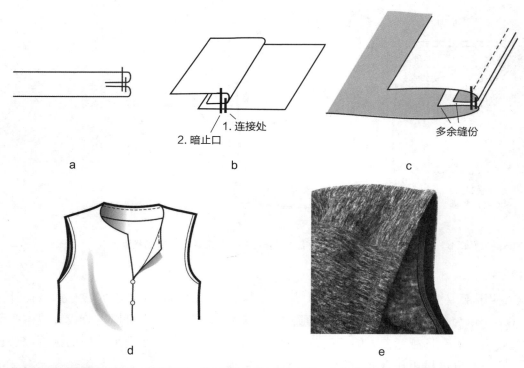

图 10.8　有暗止口缝合线的形状贴边，缝制规格：暗止口缝合线，没有分类；产品型号：301 连锁缝纫法

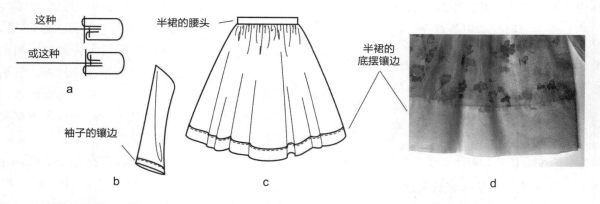

图 10.9　镶边，缝制规格：BSg 镶边；产品型号：301 连锁缝纫法

衣领以及腰带上的缝合方式是一样的，具有一定的装饰性。更多袖子处理方式的例子见第10章的图10.34。

装饰边

装饰边是另一种下摆处理方式，通常在正式的服装上或为了产生新颖的效果而使用，参见图10.3e是无褶荷叶边；弹性针织面料同样能够拉伸，尽管要增加一条很窄的锁边来达到相近的效果。有时候会把金属丝或者塑料条嵌入到边线上。马尾衬是一种坚硬的机织斜纱穗条，可加进去产生展摆效果，并能突出挺括的廓型。另一种类型的下摆边叫做带衬底边，这种就是在折边与衣服间嵌入了一层加厚的斜纱裁剪的软织物，从而防止出现明显的折痕，或者为了减少厚重面料上的皱痕而添加的。

条带与肩带

很多工艺都可以应用到肩带和腰带的边线处理上。

条带

有一种窄圆的肩带叫做"意式面条"肩带。制作这种肩带时，缝头折进一个布条管中（图10.10c）形成一个很细的圆筒，就像一根意大利面。它通常用在窄的肩带和内层腰带，或者其

他的装饰上，如腰部的装饰（图10.10d）。这种风格的条带将缝份置于里面，所以看不见。

其他的边线处理工艺包括肩带和腰带。图10.11c展示了一件有腰带的夹克，腰带和服装用同样的面料。如果希望腰带更加有型，那么可以选择由比较硬挺的衬布制成。这种装饰手法可以不用花费很多成本就可以增加服装的外观效果。

图中的手提包同样用条带制作包带。条带形状各式各样，有或者没有配饰，这些条带都可以用一种特殊形态的折叠机来制成，它运用

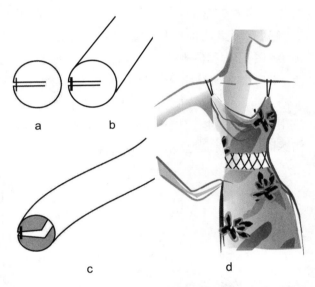

图 10.10　"意式面条"肩带，缝制规格：EFu，意大利面条式；产品型号：301 机器折叠锁边

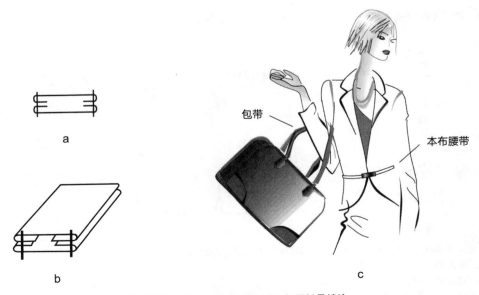

图 10.11　包带和腰带，缝制规格：EFn；产品型号：301 机器折叠锁边

一体化的缝制操作，将布条拉成线条并在缝份下面自动折叠卷曲，从而制成条带。

腰带

有时会在裙子或者牛仔裤的腰部看到用裤襻和松紧带作为边线处理方式。

裤襻

图 10.12 展示了万能双针底边绷缝的另外一种用法，这个例子是用于制作裤襻。图 10.12a 和 10.12b 画出的是布边相连，以减少缝份的厚度。这个"封边"（穿过毛边的线迹）可以防止磨损。这种类型的裤襻是由一个长条制成的，在缝到衣服上之前要把它裁剪成一定的长度。传统的牛仔裤和休闲裤都用这种类型的裤襻。

图 10.12d 展示了裤襻的最普遍的缝合方式，即向上折起，腰头外缝合。顶部折叠起来打结，或用来回针缝住。传统的裤子也用这种方法制作裤襻。图 10.12e 展示了一条休闲裤的裤襻。

松紧带

图 10.13a 和 10.13b 是用一条松紧带来处理服装边线。图 10.13a 和 10.13b 中间的那根单独的布条，就表示松紧带。这个方法包括两个步骤：首先把松紧带缝入折边里面，然后用卷边缝来处理里面的腰带底部边线，这两步用专用的折叠机一步完成。这条短裤的系带绳（图 10.13c）是由另外一种折叠设备完成的（图 10.13d 和 10.13e），并且在边线上只有一条明线。这种缝合方法可以用来制作腰带、肩带、绳带，以及其他装饰配件。通常，绳带或者腰带会被切割成很长的长条，经过折叠或缝制，然后根据腰部尺寸的需要再裁剪成合适的长度。这条短裤先是抽带穿过了由松紧带形成的套子，这是在短裤缝好之后操作的。靠近短裤正中心，抽带入口和出口的地方将会有两个扣眼或者金属环。

滚条

正如我们在第 9 章中所述，滚条主要用在

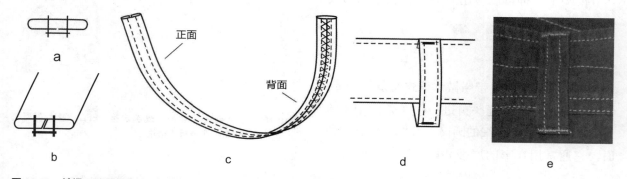

图 10.12 裤襻，缝制规格：EFa Inv，双针底缝；产品规格：406 双针网底缝

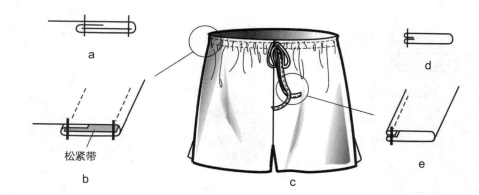

图 10.13 多种松紧带的应用：图 a 和图 b 展示了一条短裤 c 的松紧边的结构处理
缝制规格：EFr，隧道式松紧带
图 d 和图 e 展示的是绳带的结构；缝制规格：EFp，皮带
所有产品型号：301 单线折叠机锁边

面料弯曲地方的边缘处理，这些弯曲的部位是由单独面料包住的毛边。它也是一种处理服装边线时普遍使用的方法，尤其是针织服装的领边。如果领边不是直线边，那么领边的滚条需要有一点弹性。如果用梭织面料做滚条，通常要裁成斜纱，这样能更好地适应弯曲的形状。图 10.14a 和 10.14b 举例说明了双折斜纱滚条的用法。滚条可以提前折叠熨烫到位（面料店里有提前包装好的），或者提前裁成长条，用叠缝器放入到指定的位置。图 10.14c 图中的滚条就是用上述方法放置，使用链式线迹缝纫机；另外使用针织面料或弹性滚边可以减小缝份厚度。图 10.14d 和 10.14e 中的滚条是用一种 405 双针绷缝线迹缝制的。图 10.14f 展示了用罗纹面料制成的滚条，这是制作舒适弹性边缘的一个很好的选择。对于针织面料来说，通常用单层面料作滚边来减少缝合厚度。

落针压法（图 10.15a 和图 10.15b）是把线缝在外面连接处（服装和滚条之间的缝），是一种看不到线迹的缝制方法。这种方法叫做暗缝。图 10.15c 和 10.15d 是一条线迹的滚边的使用。对于梭织面料来说，滚条最好是长条，而且是斜纱的直条，它也经常用在腰头内侧，以及裤子门襟的止口线上。

图 10.16a 和 10.16b 展示了滚条用在一种边线的处理上，有缎带或胶带，这些材料不需要把缝份折到里面。这个例子中，共三层面料，这也是一种减少厚度的方法。这种滚条可以由松紧带制成，因为它的弹性可以用于弯曲的面料形状中或是针织服装上。图 10.16c 是滚条在女士背心肩带上的一种应用。

图 10.16d 和 10.16e 所示的是没有边缘处理的滚条面料。共五层面料，所以这只能是面料足够轻薄以避免多余的厚度，才可以用这种方法。

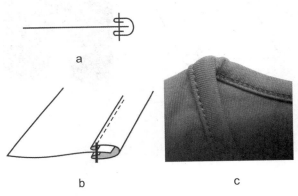
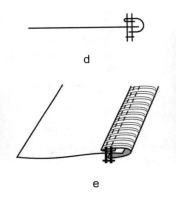

图 10.14　作为边线处理的滚条：图 a 和图 b
缝制规格：BSc；产品型号：301 锁边或者 401 链式缝法
图 d 和图 e，缝制规格：BSc；产品型号：406，双针底边绷缝

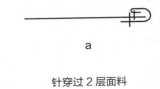

针穿过 2 层面料

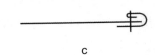

针穿过 4 层面料

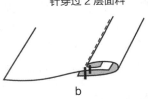
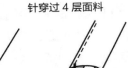

图 10.15　滚边：图 a 和图 b 展示落针压法
缝制规格：BSf；
图 c 和图 d 展示的是滚条，缝制规格：BSb
两者的产品型号：301 锁边缝纫或者 401 链式缝纫

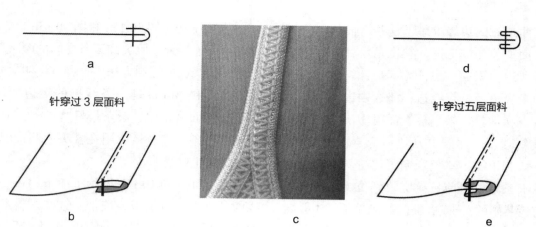

a

针穿过 3 层面料

b

c

d

针穿过五层面料

e

图 10.16　滚边的变化
图 a 和图 b 缝制规格：BSa
图 c 和图 d 缝制规格：BSc
两者的产品型号：301 连锁缝纫或者 401 链式缝纫

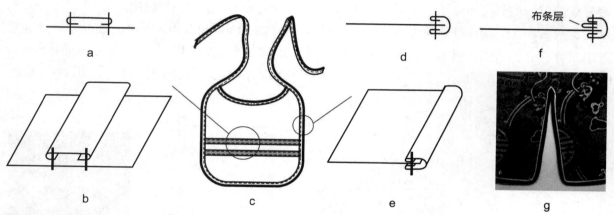

a

b

c

d

布条层

e

f

g

图 10.17　平滑的斜纱
缝制规格：SSat
产品型号：301 双针机器折叠锁边（a 和 b）以及斜纱滚条
缝制规格：BSc，边线和结点处的斜纱滚条
产品型号：301 锁边（c 和 d）

　　斜纱有很多用途，可以作为边线处理方法，也可以作为一种装饰。图 10.17 列举了一个婴儿围嘴的例子，这个婴儿围嘴用了两种不同方式的斜纱。两种不同类型的斜纱具有相同的宽度和相同的视觉效果，但是工艺不同。

　　第一个方法（图 10.17a 和 10.17b）把装饰布条用折叠机和双针机器平缝在围嘴上。这些边缘（图 10.17c）也是用斜纱滚边把毛边包裹起来，把上面和下面的毛边翻折过来，用一条明线车缝（图 10.17d 和 10.17e）。图 10.16f 和 10.16g 展示了一种具有装饰性的高质量处理方式，这种处理可以将错色镶边的布条和滚边连接起来。

　　松紧带滚条对于很多面料尤其是针织衣物

都是常有的处理方法，在女士内衣裤中也广泛应用（图 10.16）。图 10.18 展示了滚边在处理弹性针织面料边缘上的应用。

　　因为这个滚边是已经处理过的，不需要翻折到里面，所以最后呈现的效果很薄，而且有弹性。"Z"字形线迹（图 10.18d）能拉伸，所以经常把松紧滚边用到针织内衣上。

热切边缘

　　一些熔点很低的纤维，比如尼龙，可以用加热的剪刀来裁剪边缘，使边缘熔化，防止面料脱线。这种方法在服装中的应用很有限，但常用来做风筝、小旗子，以及一些织物徽章。服装的标签经常用热切割处理。

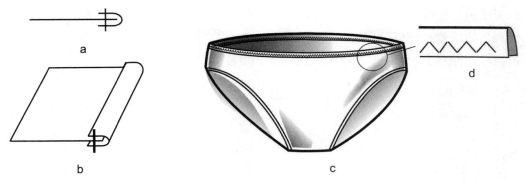

图 10.18　松紧带滚条，缝制规格：BSa；产品型号（d）：304 "Z" 字形线迹

图 10.19 为搭接缝。对于缝合不规则的曲线和形状，这种缝法很省时，而且在经过热切处理后，底部边缘部位的布片就完全不需要额外的后处理。图 10.19 中所示的是一件透明尼龙材质的复古裙。裙子的缝份经过了热切割处理。这可以使原本透明的面料有一个光洁的边缘，即便是在缝合的情况下，它同样能保持数十年不变样。图 10.19c 展示的是另一种高精度激光切割边缘的例子，它在切割后会熔化黏合，故不需要缝合。

贴边

贴边是指将一条布料用在衣服上需要处理毛边的部位。图 10.17 是一种类型的贴边。贴边可以是由服装自身的面料做成，也可以用另一种面料，同样的，贴边可以缝在衣服的外侧，也可以缝在衣服的里侧。根据需求，亦可裁剪成不同的形状。

图 10.20、图 10.21 和图 10.22 展示了三种不同形状的贴边，并举例说明了工艺细节如何影响设计细节。图 10.20a 是反面朝外和正面朝外的图示。图 10.20a 是里面朝外的图示，展示了袖窿的斜纱贴边和领子上有造型的贴边。斜纱贴边通常会把所有的面料缝在一起，确保它们在恰当的位置。因为袖窿处有明线，所以设计师会让衣领也有明线（图 10.20b）。

图 10.21a 为里侧的图示，在衣领和袖窿处

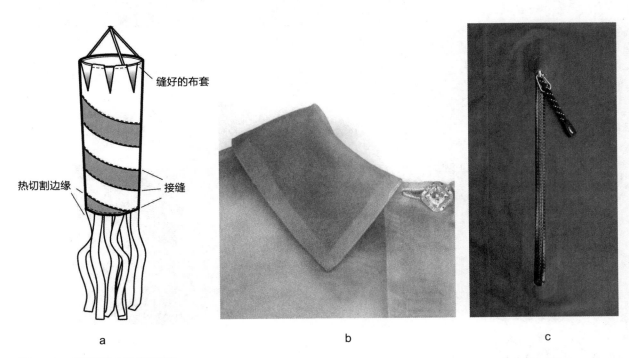

缝好的布套

热切割边缘

接缝

a　　　　　　　　　　　b　　　　　　　　　　　c

图 10.19　用接缝缝合的热切边缘

都是有造型贴边。袖窿的贴边会更宽一点，需要固定在恰当的位置，所以这条装饰性的明线让袖窿和领口在外观上更匹配。图10.21c展示

的一件风格截然不同的前胸带有拉链的男士套头衫。贴边都很相似，在很多不同风格的服装中被广泛应用。

图10.22展示的是用暗缝的方法去实现外观整洁且没有明线的边缘处理方法。暗缝法有助于将贴边卷到衣服的里侧并隐藏起来。在里侧能看得见（图10.22a），而在外侧看不见（图10.22b）。这种是一体式的贴边，它通常用来减少厚度或者是用在单独的贴边缝合上。这种类型的贴边在某种程度上更牢固，不会在袖窿乱晃。图10.22c介绍的是这种贴边用在女士一字领紧身服上的例子。贴边的底边有很多种处理方法来与此类型相匹配，只要它不会在右侧透出来即可。

贴边同样会用在裙子或者裤子的腰部。图

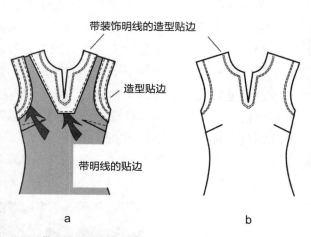

a   b

图 10.20　带明线的造型贴边以及斜裁边

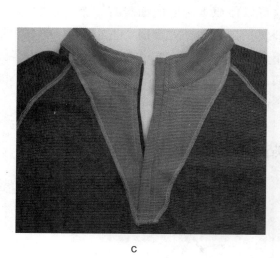

a   b   c

图 10.21　带明线的斜纱造型贴边

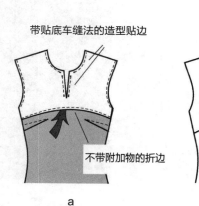

a   b   c

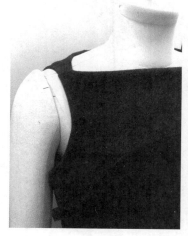

图 10.22　合为一体的贴边

10.23a 中是在腰部的斜纱贴边，这种贴边对于腰部合体款式很合适（一种没有腰线的款式），它的曲线与人体的轮廓完全匹配。在下端缝合能够让服装保持固定，同时从外面可以看到这条缝合线。通常会把一条梭织的布条缝到缝份里，这样不仅可以固定腰部位置，也能够防止腰部变形。图 10.23b 是一种用服装本料做的贴边，包缝在底部边缘。贴边隐形的黏合在省道和侧缝的缝份部位，以保持所黏合部位的位置固定。

翻边

翻边是一种成品开口，主要用在袖子的克夫或衬衫的前中心。侧开衩从缝制工艺上来说也是成品的开口，但是它之所以不能称为翻边是因为它没有闭合。翻边在袖子上的运用，与在前后领口处用来代替拉链的用法一样，这种工艺的使用要与纽扣以及其他的扣件相匹配。

前中门襟（搭门）

图 10.24a 是一种典型的梭织衬衫前门襟的处理细节，前门襟缝到衬衫上。图 10.24b 是一种叠门襟，这种类型的门襟比较适用于格子布以及印花面料，因为它可以不用对准花纹或条格。其他类型的门襟可以简单的做翻折或打褶处理。上面的门襟（图 10.24a，右边）有时候会比下面的底襟宽一点，以确保衬衫系上扣子时底襟（图 10.24a，左边）可以完全盖住。图例是一件男士衬衫，左搭右的系扣方式。

袖衩

袖克夫的翻边通常是可以打开的，而且能根据手部尺寸来调节长度，这种翻边在设计时应该留出足够的长度，以保证它有足够的调节量。克夫通常会有两粒纽扣，穿着者可以自由调节位置。许多穿着者都会选择在不系扣时能够将手掌伸进克夫里。

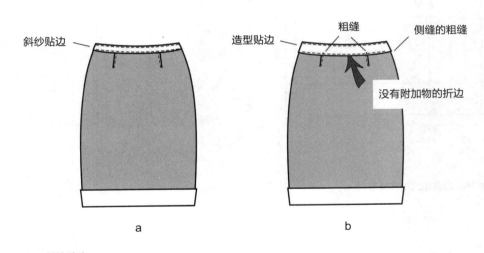

图 10.23　斜纱贴边

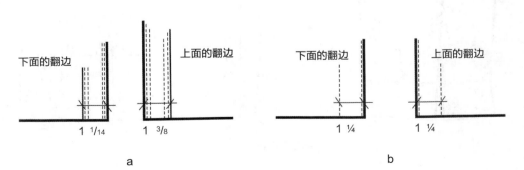

图 10.24　梭织衬衫的前门襟

经典法式袖衩

图 10.25a 是经典法式袖衩，或者叫法式袖衩，有两个褶，底层上有卷边，还有一个独立的开口。克夫上的两粒扣子，是穿着者用来调节长度所设置的，也能轻微地调整袖子的长度。图 10.25a 显示，袖扣打开时，上面和下面的翻边都可以显露出来。这种经典的袖子的袖衩足够长，克夫能往上翻折，翻边上的扣子也能防止翻边有缝隙。

直袖衩

图 10.26 的袖衩常用在一些厚重面料上。图 10.26a 是服装表面示图。因为在测量数据表中有袖克夫的周长和高度数据，所以在这个图示中没有标注。中间的细节（图 10.26b）展示了袖衩的缝合方法（图示是打开的形态）。那种容

易脱线的面料不适用这种类型的缝合。

贴边开衩

贴边开衩是一种简单的类型，当价格定位比较低时，这是一种很有效的降低成本的方法，比如用在童装中。贴边的面料必须比服装本料轻，以减少厚度。因为贴边是用斜纱，而且在顶端要缝紧，所以要在顶端位置加固，防止破损。另外，如果这个部位不能裁得足够深的话，就会形成褶皱。

图 10.27 中的袖衩边是用车边缝加固的。这样也有利于将贴边置于内侧。这种类型的开衩是没有重叠的，所以用克夫的延伸边当底衬。底衬很短，系上扣时，这个袖衩的边缘会有交叉。

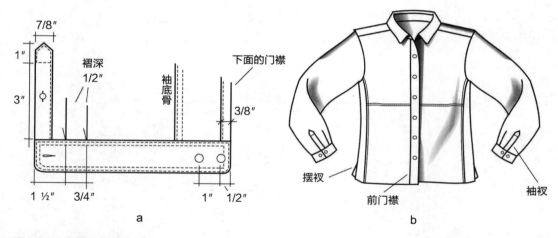

图 10.25　经典法式袖衩细节

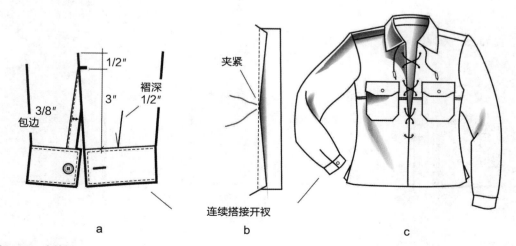

图 10.26　直袖衩

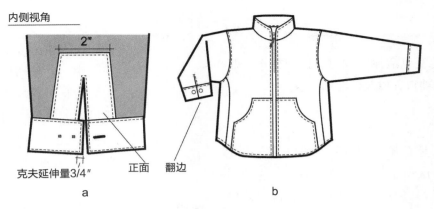

内侧视角

2″

克夫延伸量3/4″   正面   翻边

a   b

图10.27   贴边开衩

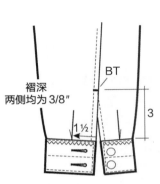

褶深
两侧均为3/8″

BT

3

1½

图10.28   缝道开衩

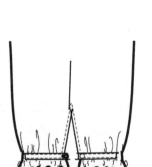

1/4″   3/4″   1/4″

a

1/2″   4″

1½″

b

图10.29   其他类型的缝道门襟（开衩）

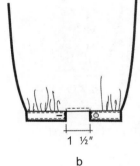

a

1½″

b

图10.30   开衩的变化

缝道门襟（开衩）

缝道门襟就是在门襟开口处，用一条车缝线处理毛边。因为在开口顶端被裁剪出来一部分，它需要用针钉或者套结来加强固定。

这种简化的门襟在牛仔外套或者厚面料服装中较常见（见图10.28）。

其他类型的开衩

其他类型的开衩常用于轻薄的面料。图10.29所示的是把开衩看作是一条车缝线的例子，这个例子展示的是袖下缝。这个位置还适合钉纽扣，因为胳膊放在桌子上，纽扣可能会被卡住或者给穿着者带来不适，这时就可以采用简单的缝制方法。图10.29b展示的是对于轻质面料来说简单好用的类型。即使是简单的克夫也需要很多详细的尺寸数据来进行说明，才

能得到一个正确的样板，所以前期的观察和判断显得尤为重要。

图10.30a显示，袖子上的宽松量堆积起来形成皱褶，对于轻薄的面料来说这又是一种处理工艺，开衩边缘在里侧要求处理干净。图10.30b是其中一种最简单的开衩处理方法，成本很低，所以经常在童装中使用。蓬松的梭织面料也常选择这种处理方式。开衩系上，就会形成褶裥。

袖口

袖口的类型包括弹力袖口、针织袖口、装饰袖口、镶边袖口，以及外套袖口。

弹力袖口

如果袖子是有弹性的，那么袖口就不需要开衩。图 10.31a 所示为一种弹力袖口，这种袖口会在儿童衬衫以及薄风衣中见到。这种袖口的工艺规格里必须包括"袖开口，宽松式"以及"袖开口，有弹性式"的测量数据。宽松的尺寸可以根据手腕和袖子的合体舒适度来进行调节；弹力的尺寸，可以告诉板师怎么确定板上袖口的宽度，以及最终确定有多少松量。袖子开口的尺寸（比如 8 英寸的松量，11 英寸的延伸量）要在工艺规格尺寸表上列出，而不是手绘。对于不同的尺码来说，测量很重要，放码的大小取决于服装的具体尺码。

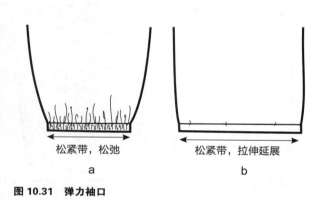

松紧带，松弛   松紧带，拉伸延展

a   b

图 10.31　弹力袖口

针织袖口

图 10.32 是带有针织袖口的袖子，这种袖子通常用在运动服装中。这种袖口需要针织面料厂商来制作，完成后是没有接缝的圆筒状，原先的尺寸是完成尺寸的两倍。图 10.32b 是另一种类型的针织袖口，这种类型袖口比较平整，是后期直接与袖下缝在一起的。

隔码线打褶

图 10.32c 显示，在离边缘有一段距离的位置有一个弹性套管的袖口。这部分叫做隔码线。在弹性袖口的上下都抽褶，形成皱褶。这种工艺同样用在裤子的腰部以及衬衫上。

装饰袖口

手腕是比较重要的部位，装饰性的袖口能为手腕增彩添色。袖口剪裁成一定的形状，进行刺绣，车缝明线，加几个皱褶，添加褶带或者塔克。有些过程需要拿出工厂进行加工处理，如定位刺绣，裁剪后送出工厂，刺绣完成后再返回工厂。这样产品的生产时间就会增加，所以生产部必须把这部分时间算到前期的规划中。图 10.33 是一款女士衬衫，衬衫上有一个长长的褶裥克夫嵌到一个很窄的布条中。在窄布条上部有一些细小的碎褶，可以注意到褶的精细程度。这是要送出工厂加工的一个例子，这部分裁剪完后送出工厂给那些打褶工人去处理，之后返回工厂再来完成后面的部分。因此这些额外的时间要加到完成成品的总时间中。

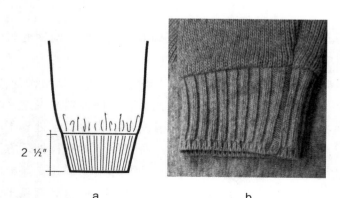

2 ½"

a   b

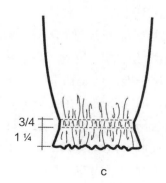

3/4
1 ¼

c

图 10.32　针织袖口（a）以及在袖头位置有松紧度的袖口

图10.33 装饰袖口

收缩为原长的
4/5（10"变成8"）

3/4"

3"

a   b   c

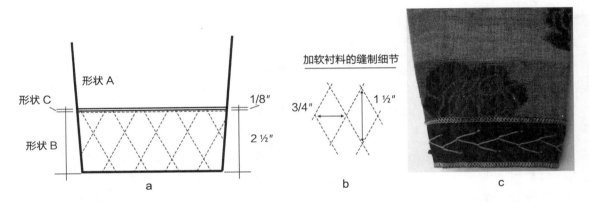

形状 A

形状 C

1/8"

形状 B

2 1/2"

a

加软衬料的缝制细节

3/4"   1 1/2"

b   c

图10.34 加软衬的条形袖口

条形袖口

　　并不是所有的袖口都需要开衩。图10.34a 中所示的是条形袖口，这种袖口通常用于男士礼服或者吸烟装中。这种袖口比较宽，又具有装饰性，所以一般没有袖衩。细节是很重要的，因为袖口的所有部分都能看到，包括添加衬料后绗缝的尺寸（图10.34b）。同时能准确知道这些菱形方块的尺寸以及需要重复多少菱形单元才能达到最佳的效果。图10.34c 是另外一种用刺绣以及珠绣做装饰的袖口。

外套袖口

　　图10.35a 是一种在外套中可能会见到的袖口，比如滑雪服或户外登山服。这种类型的服装对于袖口的闭合处有很多考量因素，而且决定了服装的细节。这种类型的袖口不会有开放的袖衩，相反的，往往会在开口处用三角插片来增加宽松量，尤其是当袖口要与手套相匹配时更适用这种方法。闭合的袖口密封紧实，以阻止热量散发。典型闭合的方式是通过襻扣来进行调节。图10.35c 中的示例是一件旅行雨衣外套的例子。这件服装的袖口一边比较低，然后延长另一边，这样就可以防止雨水从手部流进来。

　　袖口具有审美的特点，也具有功能性。选择一个理想的袖口，在整体的设计以及功能方面，对于提高服装的整体质量都是很重要的。

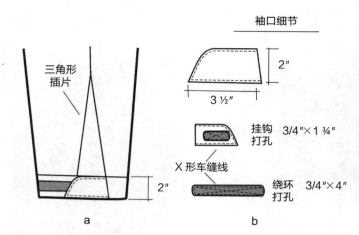

图 10.35 外套袖口的工艺设计

总结

　　本章讲解了很多边线处理的方法，包括不同种类的折边、贴边、翻边、开衩，以及克夫。制作一件服装，应使用恰当的边线处理方法，针法的类型也决定了边线处理的不同方法。

思考问题

1. 在梭织衬衫中最常用的折边处理方法是哪种？为什么这些折边方法最合适？哪种折边方法在女士礼服中最常用？

2. 对于针织衫来说，最常用的折边处理方法是哪种？为什么这些折边最适用？在这些方法中，哪种在童装中运用最广泛？同样的，对于成人服装来说，哪种最常用？

3. 为女士梭织衬衫设计一个袖开衩。为一件针织服装设计一个袖开衩。

4. 观察三条不同的内裤。识别腰头的制作方法。辨别裤脚口的处理方法。男士和女士内裤的处理方法有什么不同？你能找到多少种不同的处理方法的案例？

检查学习成果

1. 整理各种折边的方法以及它们的用法，并举例。

2. 整理各种贴边，包括它们的优点和缺点。

3. 列出各种翻边以及它们的优缺点。

4. 从你衣柜的衣服上找出两处不同的翻边。画出它们的原理示意图以及工艺示意图。

5. 从本章我们所学的袖口中选出一款，在其他的部位运用一下，比如领口、裤脚口、手腕开口。按照所需要的尺寸调节比例，然后画出工艺示意图。一定要保证包含所有的测量尺寸数据。

6. 在图 10.1e 中，压条的上边缘是被盖住的。在下边缘的缝制类型是什么？

7. 在图 10.9a 中展示了两种原理示意图。哪种原理适用于图 10.9b 中的袖子镶边？哪种适用于图 10.9c 中的腰头部分？哪种适合用于镶边？

第 11 章

与结构相关的
设计细节

本章学习目标

» 学习高级成衣中不同类型口袋的应用

» 了解口袋及其细节在设计过程中的工艺技术

» 为缝制服装选择合适的细节设计，以达到理想的
效果

» 阐述用于设计细节中的缝线的功能和美感

本章讲解不同的口袋类型与细节，同时还探讨了加固型线迹，它们既可以作为设计细节，也具有功能性。

口袋

在服装中会用到不同类型的口袋，每种风格的口袋都会给服装带来一种独特的外观。有些口袋具有耐用性和功能性，而有些口袋只是一种时尚标志，是服装的设计焦点。可以参见第 5 章的图 5.38，有四种款式的口袋，依次是西装袋（图 11.1a～图 11.1e）、贴袋（图 11.1f）、缝骨袋（图 11.1g～图 11.1h）、对缝袋（图 11.1i）。这些定义是根据口袋的结构组成方式来定的，并且它们可以用在一件服装的不同部位，以便与服装款式很好地融合。

另外，一件衣服上可以有几种不同类型的口袋。图 11.2 是一件外套风衣，这件风衣上有各种类型的口袋。口袋 1 是对缝袋，口袋 2 是贴袋，口袋 3 是双开线口袋，口袋 4 是单开线口袋。

对于一件样衣来说，它的质量标准就是这些口袋要一致，如在一件夹克上对称的口袋都要完全相同。在本章节中，我们将要探讨哪种口袋最适合哪种服装款式以及哪种价格点。

一个口袋就像一件小雕塑。口袋除了具有功能性，还具有重要的装饰作用。所有口袋都有规范的尺寸、结构、缝线和位置等参数说明。只有对口袋的最终外观、尺寸，以及为实现这种外观的参数进行通盘考量，才能实现视觉效果与价格的平衡。

贴袋的制作工艺

最简单的贴袋是只有一片面料。它通常适用于正式服装，制作完成后有一条开口。缝份折到里面，然后把它贴着服装缝在服装的外面

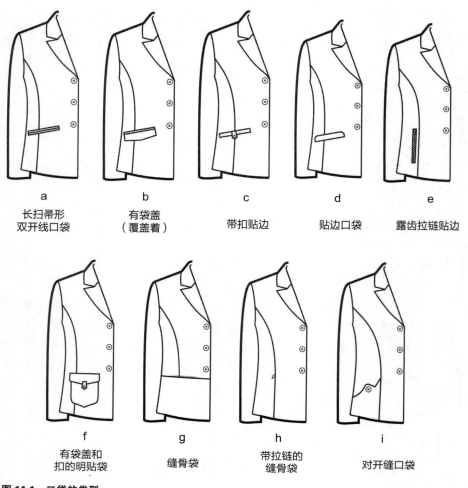

| a 长扫帚形双开线口袋 | b 有袋盖（覆盖着） | c 带扣贴边 | d 贴边口袋 | e 露齿拉链贴边 |

| f 有袋盖和扣的明贴袋 | g 缝骨袋 | h 带拉链的缝骨袋 | i 对开缝口袋 |

图 11.1 口袋的类型

图 11.2　多种袋型的应用

对于大多数服装细节，尤其是口袋来说，需要提供一系列重要的工艺数据，以便正确地安装在实际的服装上。图 11.4a 展示了一个简单贴袋的完成图，这种贴袋多见于男士梭织衬衫。图 11.4 展示了贴袋的细节部分：缝线、尺寸和拼接细节。当制作纸样时，需要考虑的是口袋边是作为缝迹细节还是作为结构细节。这些定义中，某些部分表达的意思是重叠的，但是主要目的是让这些细节能被更清楚地理解。这是"三秒钟法则"的理想应用，即观察者能在三秒钟之内理解草图表达的意思。当然这只是一个例子，复杂的图通常需要更长的时间来理解。但由于最终的目的是便于沟通，因此最好的办法就是将你的图拿给别人看，让他来告诉你这些信息是否清楚。

（缝合线要穿过所有的布料层）。这种口袋具有良好的耐用性，在工装、童装、牛仔裤、衬衫、浴袍，以及夹克上广泛运用。贴袋塑造休闲感，但也可以用在比较考究的服装上。通常贴袋的长度比宽度长一点（图 11.3）。

最简单的衬衫口袋就是装饰有明线且在开口边缘上有一个平整的贴边。如图 11.4 所示，可将毛边搓边缝起来（如一件可机洗的宽松梭织面料服装，或者是靠近拉链的口袋，见图

图 11.3　贴袋

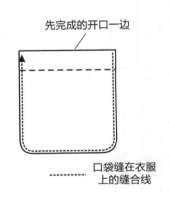

先完成的开口一边

口袋缝在衣服上的缝合线

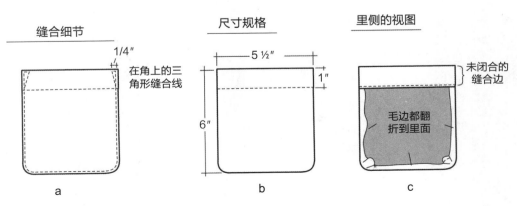

图 11.4　贴袋的拼接结构

11.4c）。这些重要的细节都要在图中显示出来，因为它们都会影响到成本。

拐角曲线

拐角曲线是另外一种需要明确的重要的口袋尺寸。不同的曲线形状有它们专属的词汇。图 11.5a 展示了一个小角曲线的口袋，是基于一种军装风格的口袋而设计的。这种口袋对男装和女装都很适用。图 11.5b 展示的口袋曲线比较柔和，适合用在女士西服中的插手口袋。这两种口袋的不同之处可以通过图示中的拐角曲线尺寸准确地定义。图 11.5c 中的口袋是一个圆角，它可能会用在童装中。有时也可以用在女装上（尤其是青少年服装），但它不适合男装。有趣的是，图 11.5c 中的拐角曲线尺寸比图 11.5b 中的拐角曲线小，尽管图 11.5c 中的拐角曲线看起来更加圆滑。这是另一个用来说明整体比例是如何影响最终造型的例子，以及应该如何绘制比例图才能更好地预测最终的口袋设计。

带有装饰细节的贴袋可以很好地把其他设计元素整合进来。图 11.6 所示的口袋，是在图 11.5c 中口袋的基础上加了边缘装饰线（在顶部），用在了女童衬衫上。工艺单必须清楚地表示出细节（不管是作为一个辅料运用，还是作为装饰明线），它也展示了口袋是如何用来统一服装的细节。在这个例子中，口袋的宽大于高，这是在儿童服装中很常用的比例。

带褶贴袋

褶不仅增加了视觉焦点，同时也扩大了口

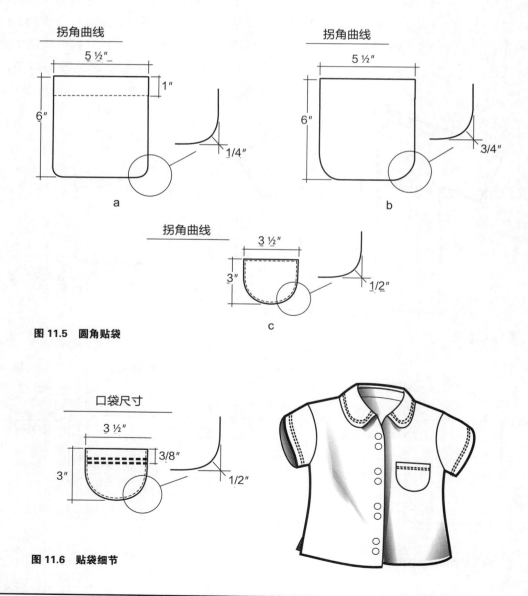

图 11.5　圆角贴袋

图 11.6　贴袋细节

袋的容量。褶的长度有它自己的细节图示（图11.7a）。这个示意图包括了固定针的细节信息，比如在重要的位置打套结（图11.7b）。图11.7c展示了口袋完成后的位置。

为了节约成本，最有可能的方式就是做一个有褶的口袋。但是图中的例子不是这种口袋，因为图11.7a包括了长褶，因此这是一个功能性的褶。

这个图也展示了口袋位置的重要信息。口袋位置很容易被看错，或者对于使用目的来说口袋被放在了错误的位置，所以确定口袋的位置很重要，既要具有舒适美观性，又要具有功能性（图11.7c）。这种带褶口袋可以放置手机或者其他小物件，所以当样衣完成后，要在实际穿着者（试衣模特）身上反复检查其易用性。

带盖贴袋

袋盖是一个单独的结构，缝在开口处，用来保护口袋里东西的安全。因为袋盖很显眼，所以尺寸的精确度需要慎重考量。图11.8有很多关于造型的说明，这其中所有的信息都要包括进工艺单中。

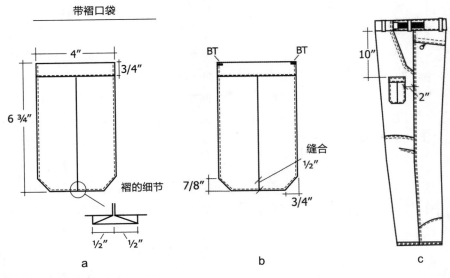

图 11.7　带褶贴袋的细节

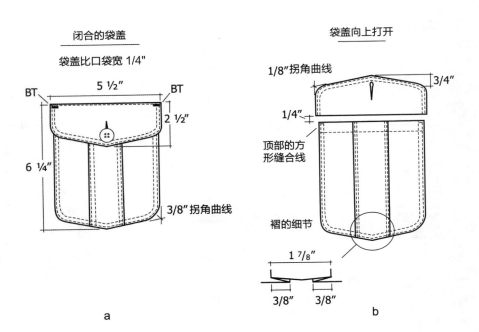

图 11.8　带袋盖的贴袋

工艺单中要包含多少信息？一种经验是：如果一个细节错了会影响最后的成衣效果，那它就可以放进工艺单中。因为服装上的口袋会影响服装的风格，所以在制作上不能有差错。如果第一件样衣是由具备制作这种风格和细节的有经验的工厂制作出来的，那么工艺单中需要规范的数据相应会减少。对于新开的或没有经验的工厂来说，细节越多越好。为了避免信息矛盾，在有两个位置的地方或模棱两可的地方需要标上相同的信息，或者在不同的工艺单的不同位置上也需要标上一样的信息。信息的描述越标准，出现的错误就越少。对于大多数的口袋元素来说，细节图是与他人交流沟通的最好途径，也可以把"尺寸、结构、针法，以及位置"等统统列入其中。

在袋盖两端出现的BT符号代表结点，是很常用的加固细节。缉明线对于最终外观效果来说是起决定性作用的因素。假如服装上有一对口袋，那么工厂必须确保它们的尺寸、形状，以及位置相同。

有尼龙搭扣（魔术贴）袋盖的风琴袋

风琴袋（图11.9）起源于功能性的军装，它有一个拼缝的布片或褶，能够增加口袋的功能性。它的结构通常包含一个侧片来增加口袋容量，因此可以装更多物件。

这种尼龙搭扣（也称维可牢，最初生产商的商标名）水平缝在袋盖内侧，垂直固定在口袋上。当口袋被装满时，它能更好地起到保护作用（图11.9）。决定搭扣上的钩带面放在哪一侧是很重要的，如果放错了，会对皮肤造成不舒适感。如图11.9所示，带钩带的一面缝在口袋外面，手在进出口袋时都不会碰到。

并非任何质地的面料都可以使用风琴袋，尽管有些方法可以防止面料在某些地方显得太厚重。贴袋上两个顶端的角需要缝合牢固，使袋盖下的大贴袋结实，尤其是用轻薄的面料做成的口袋。图11.10a所示的是口袋顶端边缘的面料层都被钉死了。究竟有多少层？图11.10b展示了多层面料被固定于BT点，这也是为什么面料的厚度必须满足重叠之后的厚度。在结点处有13层面料，服装本身是一层，口袋的缝份是四层，风箱边有八层。基于上述原因，比较厚重的帆布不适合用这种风琴袋（或者最好是用特殊的机器和粗针），但是也有另外一种方法，比如风箱部分不分片，而是通过加褶来实现。那这种情况下，底部的两个角需要折叠起来，还必须保证是方的而不是圆的。如果有必

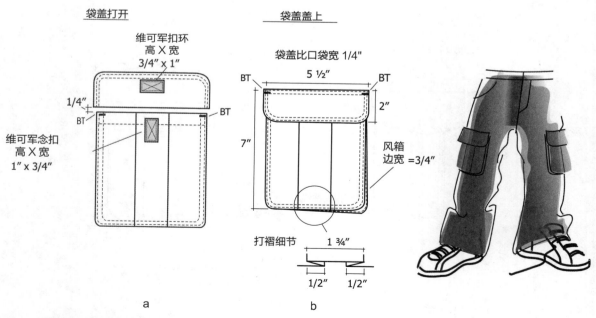

图 11.9　有尼龙搭扣（魔术贴）袋盖的风琴袋

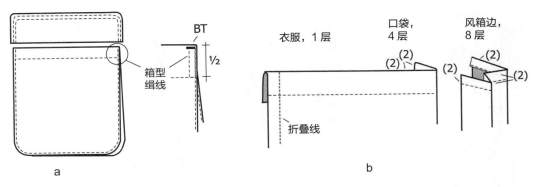

图 11.10 风琴袋的结构

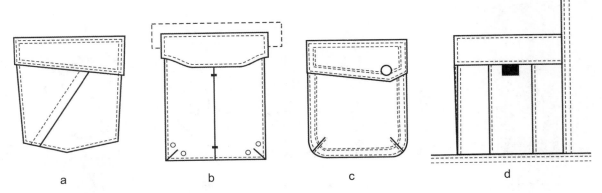

图 11.11 不同类型的风琴袋

要的话，工厂可以对面料进行修剪，转向反面，如果对面料厚度有疑问，可以制作一个样品。

图 11.11 展示了不同类型的风琴袋，一些有风箱边，一些则没有。图 11.11a 展示了一个有不对称袋盖并且有对角褶的口袋。图 11.11b 所示的口袋的中心有褶，褶上还有两个固定结点，口袋下面两个底角部位还有索环。它还有一个条状的袋盖，起加强作用（缝在口袋位置的前面，固定在衣服的里面）。图 11.11c 所示的是一个用纽扣扣上的袋盖。这种口袋可以用在西服中，它的整体造型平整美观，口袋上的明线更有装饰性。口袋也可以设计成部分风箱，即两边缝死，中间风箱部分可自由活动（图 11.11d）。为所有细节选择合适的结构工艺需要发挥巨大的想象力。

几何形状贴边的贴袋

贴边是用来处理毛边的一块面料，对于贴袋来说，这个贴边就是口袋开口边。贴边可以增加口袋的稳固性，也创造了很多口袋造型的可能性。贴边缝到正面以后，如果必要的话，

可以修剪，然后转到反面，车缝一条线。

造型贴边可以给口袋增加很多装饰效果。图 11.12 展示了缝合线是如何通过贴边的底部（从上边缘往下 2 英寸）而成为口袋设计的一部分。

几何造型贴袋

贴边的运用使贴袋可以呈现多种造型（图 11.13）。在这个设计中包含了很多步骤，同样也需要大量人力成本。我们都希望最终的服装效果与价格能够完美匹配，否则，这个细节就要重做。有经验的公司会提出第二种结构方案，比如增加一个简单的贴布或嵌花。用这种方法，把上面贴边之后，剩下部分压进一个模具里，然后直接缝到衣服上。每家工厂都会根据自身的特点提出不同的处理方法。在设计或质量不受影响的前提下，最好听从工厂的建议。

西装袋的制作工艺

贴袋是放在服装外面的，而西装袋是一种袋布和开襟置于内部的口袋。西装袋有很多种类，在工艺方面比贴袋更复杂。一些比较廉价

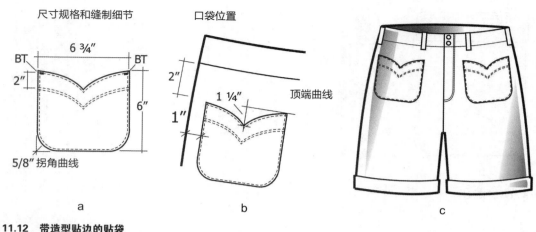

尺寸规格和缝制细节　　　口袋位置

6 ¾"

BT　　　　BT

2"

6"

5/8" 拐角曲线

2"

1 ¼"

1"

顶端曲线

a　　　　　　　　b　　　　　　　　c

图 11.12　带造型贴边的贴袋

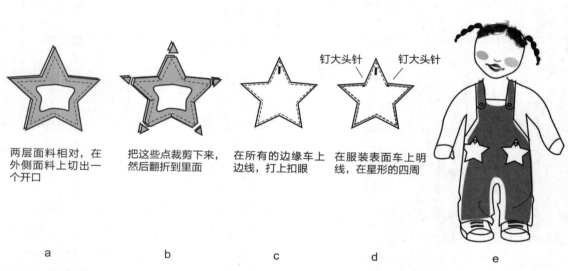

两层面料相对，在
外侧面料上切出一
个开口

把这些点裁剪下来，
然后翻折到里面

在所有的边缘车上
边线，打上扣眼

钉大头针　　钉大头针

在服装表面车上明
线，在星形的四周

a　　　　　　b　　　　　　c　　　　　　d　　　　　　e

图 11.13　几何造型贴袋

的西装袋可以通过机器生产来降低成本，有些则需要高级定制，每种口袋都与特定的服装相匹配。

制作西装袋最通常的方法是机器制作，比如莉丝机（Reece machine）。这种口袋通常叫做莉丝袋（不管是否用这种机器制作）。莉丝机有标准的尺寸和特点，所以如果一个设计需要别的元素，那么贴边就需要用其他的方法制作。举例来说，如果机器的最窄设置是 3/8 英寸，那么最后得到的贴边比这个尺寸还要窄，否则就需要人工完成制作，而不是用莉丝机。在这种情况下就需要判断，这个设计是否需要这么窄的贴边，是否值得增加额外的成本。

莉丝机可以高速完成多个步骤和缝纫。把贴边放在衣片的正面后（图 11.14d），第一步就是用机器在上下两边缝两条平行的针迹，两

条线之间的距离就是最终贴边条的宽度（图 11.14a）。第二步是用剪刀从中间部位剪开，一直剪到两端，在两端各留一个三角，切记所有布片一起剪（图 11.14b）。编织太松散的柔软面料，裁剪时容易皱成一团，不适合制作这种西装袋。口袋完成以后，贴边是朝向衣服里侧的；而里面的面料翻折出来形成新的贴边条。三角形的缝纫方式可以防止布片散开；周边再缝制一圈线迹；这样一个口袋就完成了。图 11.14c 展示的是最终完成的贴边和口袋的样子。

事实上，这个操作过程是被简化了，因为西装袋是放在后育克里面的，贴边口袋很复杂，因为后育克位置空间太小。图 11.14d 展示了西装袋的正面图，因为前片的面料比后育克大得多，而且左右两边必须对称，因此需要做更多处理。

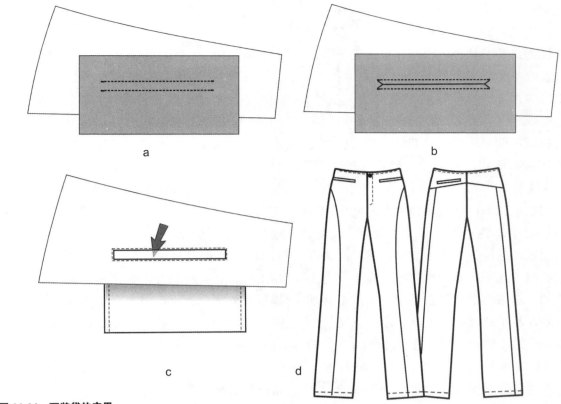

图 11.14　西装袋的应用

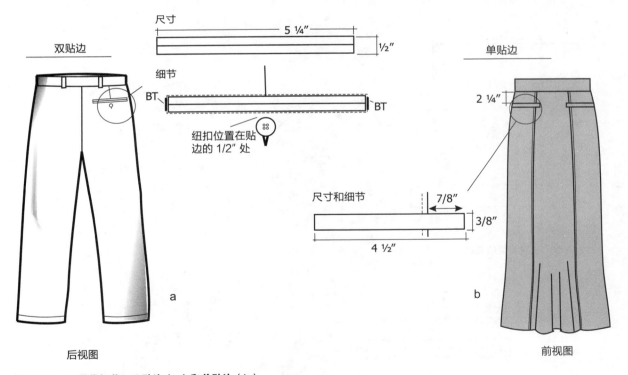

图 11.15　西装袋细节：双贴边（a）和单贴边（b）

图 11.15 展示的是各种款式的西装袋在服装上的应用。图 11.15a 是一种有双贴边的贴袋（也可以叫做双嵌线挖袋）。它也是一种莉丝风格的贴袋，用机器制作完成。这个例子中的扣子及扣眼都在贴边下面，这么做有两个目的：其一是保护口袋里面的东西；其二是固定口袋，

防止它穿的时间长了而错位。需要注意的是，在口袋两端还有套结，起稳固作用。顾客一般会用这样的口袋装钱包。因此在设计贴条的尺寸和口袋的深度时，时刻考虑到口袋的功能性。如图 11.15b 所示，这个口袋是被熨烫平整的，而不是用线缝住边缘。三角缝线处理缝在里侧，而不是在所有的面料层上打套结。这种方法更多地应用在西服中，并且要耗费更多的工时，因此成本增加。

事实上，这个口袋缝在接缝上，就意味着在上口袋之前，整个前片必须先缝好、烫好，并缉上明线。这使得处理增加了难度，因为在放到莉丝机上之前，整个前片都要在工作台上来回移动。左右两个口袋在高度和角度上必须保持一致，基于此，操作人员必须时刻密切关注，确保没有偏差。所使用的熨烫技术和额外的处理环节必须要考虑进这条裙子的成本预算中。

功能性口袋和细节设计是服装重要的质量指标。有些口袋位置可能不具备功能性（太小或位置太高），有时口袋是封闭的，没有添加袋身。这种口袋通常会用在价格低廉的服装上。

带盖西装袋

西装袋经常与袋盖组合使用，图 11.16 是用在不同服装上的各种带盖西装袋。图 11.16a 中的袋盖是有车边线的，贴边是平整熨烫上的而不是缝死的。这种类型常见于男士西装。图 11.16b 是一种向上翻面的袋盖，这种形状是由贴边上边缘的缝线以及顶部口袋开口边决定的，它可以用作插手袋或者胸袋。需要注意的是，连接线在下边缘，四周的缝合线随后完成。图 11.16c 展示的是一种在风衣上常见的口袋。图 11.16d 展示了一个可以变化的口袋，即袋盖可以放在外面，也可以藏在口袋里面。这类口袋需要比较轻薄的面料，否则当袋盖放在里面时，会造成隆起。

带拉链的西装袋

拉链西装袋的拉链可以露在外面，也可以隐藏在里面。图 11.17 展示了一款露拉链的口

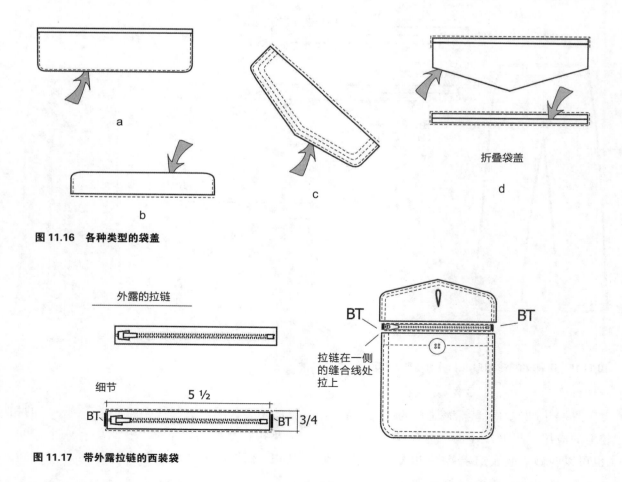

图 11.16　各种类型的袋盖

图 11.17　带外露拉链的西装袋

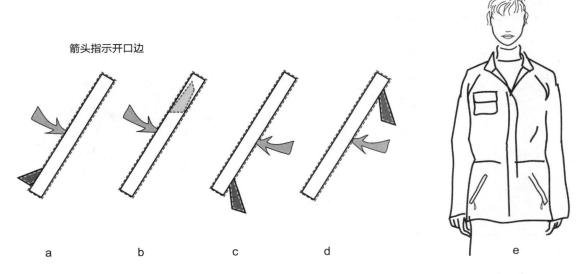

箭头指示开口边

a   b   c   d   e

图 11.18 带拉链的贴边袋和拉链头

袋，它实际上没有贴边条，也是用莉丝机缝制在口袋上的。

图 11.17 中的两个口袋是把袋盖贴袋以及露拉链的口袋结合在一起。其工艺顺序是，第一步上拉链，然后仔细对准贴袋和袋盖的位置固定。拉链口袋的袋身在衣服内部，在内侧可以看到。尽管拉链在工艺上是不暴露在外面（因为上面有袋盖），但它仍然是露拉链的结构。

这种口袋通常会用于一些特殊用途的服装中，比如旅行衬衫，拉链口袋用来装贵重物品，贴袋用来装普通的物品。

还有另一种用在户外服上的拉链西装袋，如滑雪服。拉链用来阻挡水汽，由于这类服装通常在寒冷的环境中使用，穿着者会佩戴手套，因此需要更大的拉链头，以便于操作。这种口袋通常是不明显的，所以需要有开口。在大多数情况下手袋的开口都是朝着侧缝方向的。朝前中方向开口的口袋多用在有特殊功能的户外服上，如滑雪服，因为对疏水性有一定要求，所以这种口袋的设计能防止水汽进入。图 11.15b 展示的是裙子口袋，开口在上部。图 11.17（双贴边或者外露拉链）展示的是开口不需要表示出来，因为它隐藏在中间。但是图 11.18 中的口袋，其开口可以对着前中也可以对着侧缝，因此，这里需要详细说明。如果在这个图中包括拉链头，它可以作为开口的指向。图 11.18a

和图 11.18b 展示的是开口在上面的口袋，图 11.18c 和图 11.18d 是开口在下面的口袋。

需要具体说明的第二个细节是拉链合上时候的朝向，是往上还是朝下。图 11.18e 与图 11.18c 是一致的，但是还有另外三种选择（图 11.18a、图 11.18b 和图 11.18d）。在图 11.18a 中，虽然拉链头是向下拉的，但因为拉链头的型号，会使其落到一个尴尬的角上。在图 11.18b 中，拉链头可以折叠隐藏起来，所以这对于户外服并不是很合适，因为滑雪手套很难摸到拉链头。这种设计对于另外一种服装更合适，比如跑步服，穿着者不太可能戴手套。图 11.18d 的拉链是往上拉的，拉链头很自由地垂在那里，但看起来也许太随意。这些问题都是设计师需要考虑和详细说明的。

弧形西装袋

西方经典衬衫有一种独特的弧形西装袋，这是这一类型服装的质量指标（图 11.19）。这种口袋另一个名字叫笑脸口袋。

这种西装袋的第一道工艺是制作贴边本身，然后两头用缝合起来的三角形贴布进行处理。复古衬衫中见到的另外一种处理手法是手绣三角贴布。西式衬衫是美国传统的一部分，有自己的语言，如滚边颜色、斜纱育克、珍珠纽扣、华丽的克夫、刺绣、编织、布边印花、对比细

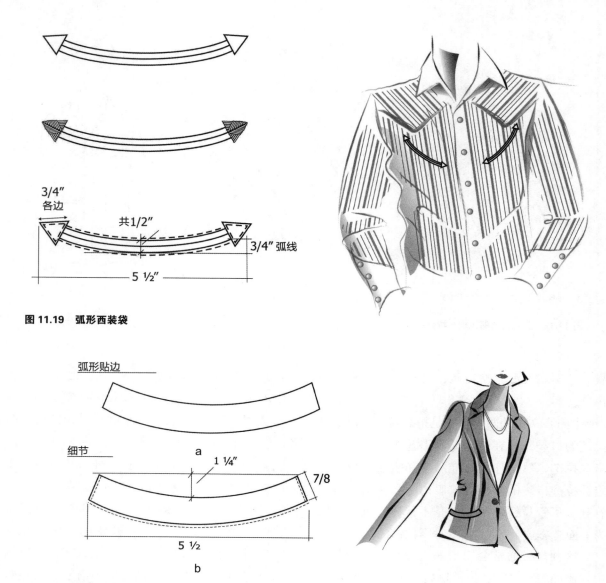

3/4″
各边

共1/2″

3/4″ 弧线

5 1/2″

图 11.19　弧形西装袋

弧形贴边

细节

a

1 1/4″

7/8

5 1/2

b

图 11.20　弧形贴边的变化

节等。

图 11.20 展示了一个顶部弯曲的西装袋，它需要缝制贴边。最后缝制成一个向上的贴边口袋。弯曲的弧线在底部；四周边线最后再缝合。这种风格的弧形贴边袋需要很好的缝纫技巧，只有一些专门的工厂才能完成制作。对于工厂来说，如果可以做好，将会大大提高服装的质量。

暗袋的制作工艺

暗袋被设计成一条线，那么视觉焦点是缝，而不是口袋本身。图 11.21a 展示了一个暗袋，同时也有双开线口袋特征。图 11.21b 所示为一种经典的暗袋，常见于男士或女士长裤中。

图 11.22 展示了另外一种暗袋的例子。这个口袋增加了拉链，因为这是外套的一部分。拉链占据了口袋两端的空间，口袋开口大小要能允许穿着者带着手套自由进出，所以增加了额外的长度。拉链拉上时，拉链头在顶部，可以方便打开。但有一个潜在的弊端，拉链会太显眼。对于这种夹克来说，拉链通常会更小，所以可以将拉链开口设置在上端。

口袋的位置也是需要注意的，插手口袋不能太靠近下摆，否则口袋就没有足够的深度来避免口袋里的物品掉出来（图 11.22）。拉链在上端闭合，也更有利于保证物品安全。

图 11.23 展示的是一件有袋盖的暗袋。把口袋安置在结构线缝隙中，可以增强口袋的支撑

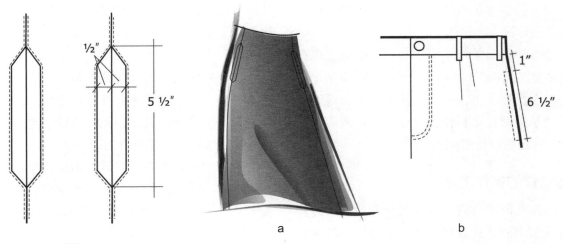

a

b

图 11.21 暗袋

½″

5 ½″

1″

6 ½″

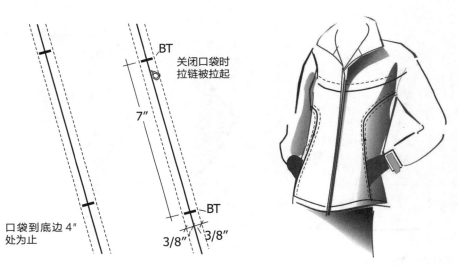

BT

关闭口袋时
拉链被拉起

7″

口袋到底边 4″
处为止

3/8″ 3/8″

BT

图 11.22 暗袋的细节

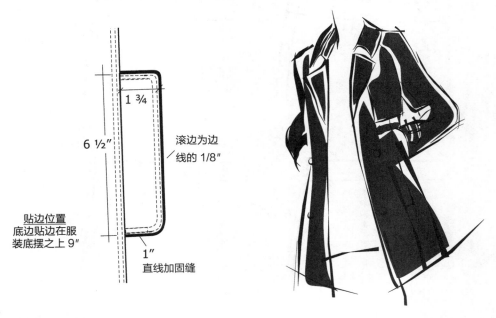

1 ¾

6 ½″

滚边为边
线的 1/8″

贴边位置
底边贴边在服
装底摆之上 9″

1″
直线加固缝

图 11.23 带袋盖的暗袋

力，同样能够避免口袋变形松垂。暗袋外边缘增加了装饰线。

隐形拉链通常用于裙子和裤子暗袋，现在也越来越多地用于口袋上。如图 11.24 有两个口袋，一个在袖子上，一个是插手口袋。这里展示了如果用对比面料作为设计点，口袋面料变形时，拉链应该如何使用。

对缝口袋的制作工艺

这种类型的口袋是以一条线开始，以另外一条线结束的，具有稳固性和耐磨性。最常见

的例子就是在牛仔裤中的应用（图 11.25a）。图中展示了套结是如何通过接缝来增加口袋稳定性的。

因为有贴边，所以这种口袋可以有很多形状。口袋完成后，贴边在开口边缘的里面，通常袋身是分离的，缝在里面贴边的边缘上。图 11.25b 展示的是经典的牛仔风格的口袋，贴边有时会使用斜纱织物，有时会用口袋原本的布料。11.25b 所示的口袋因为造型特征通常被称为 L 袋。图 11.25c 中的口袋被缝成了贝壳形状。图 11.25d 中的口袋被称为四分口袋，多见于男

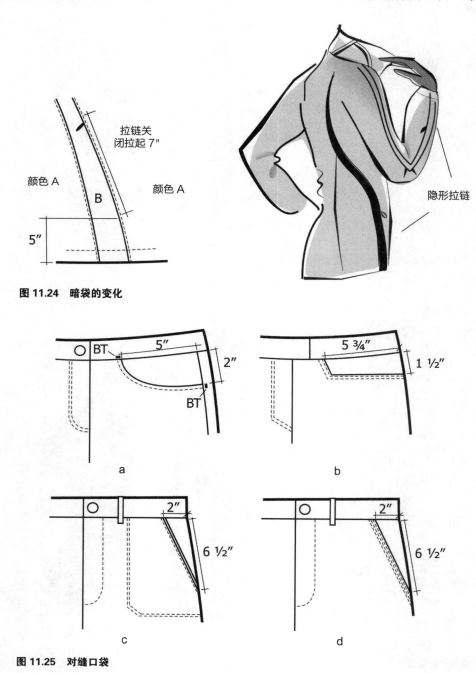

图 11.24　暗袋的变化

a

b

c

d

图 11.25　对缝口袋

女裤装。

图 11.26 所示的口袋袋身用了另一种面料，叫做口袋布。口袋布一般选用结实、轻薄、与服装面料兼容性好的布料。口袋的结构准确，避免口袋布外露。需要注意的是，掌面和手背面是需要标注出来的。袋身的边缘缝入接缝作为支撑。

加固

在服装上那些需要承受压力的区域可以用缝合细节进行加固。加固线同样也可作为装饰线。

缝线（车缝）加固

很多高品质服装都需要通过添加缝线的方式来加固。与低端服装相反，传统的高级定制服装有更多隐形的加固方法，比较厚重的工作服就有很多明显的套结，甚至是铆钉。了解加固的方法，可以帮助设计师选择合适的面料和服装，提高价值，增加服装的耐用性。

倒针缝

质量好的双线锁针缝的两端要用倒针缝，是指在起始和结束的位置缝两条线以防止脱线

（图 11.27a）。很多用于工业生产的缝纫机都有这种自动倒针的设置。这种规格设置是一种行业标准，不需要对每条线都进行单独说明。有些缝纫机，比如绷缝机，就没有倒针的设置，它们需要有一段重叠的缝线来保证不开线（图 11.27b）。

套结

大多数用来提高面料耐用性的加固方法是打套结。打结机是一种 304 "Z" 字形双线锁边机，套结的缝线离得很近（图 11.27c）。这种方法很结实，事实上它比面料还要结实。太结实了也会有问题，如在皮革上打套结会很容易形成一个洞，在轻薄面料上打套结就会破坏织物纤维。需要根据面料的厚度选择最佳的加固方式。

针钉

打套结不适合用来加固较轻薄的面料，因此需要另一种方法即针钉，针钉会钉出一个三角形（图 11.28a），或一个箱型（11.28b），或只是来回多缝两趟，类似打倒针。

图 11.28a 和图 11.28b 所示的两种方法可以用在轻薄的衬衫面料上，以确保口袋的上边缘

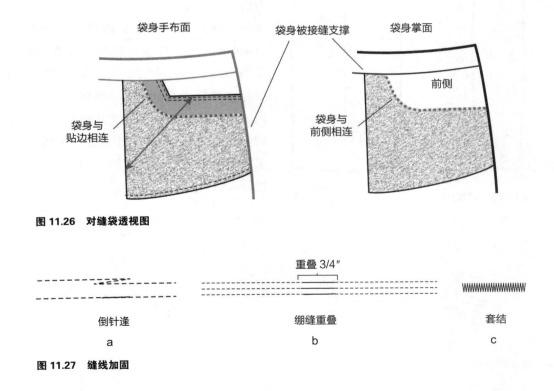

图 11.26　对缝袋透视图

图 11.27　缝线加固

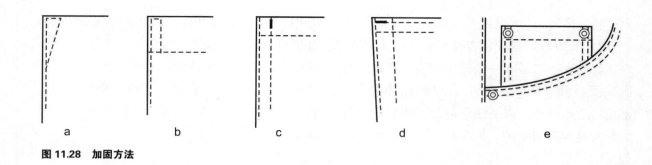

图 11.28　加固方法

缝得更加结实，同时还有装饰作用。

　　图 11.28c 和 d 中的是厚重衬衫面料做成的贴袋，图中演示了两种在上面打套结的方法。图 11.28d 应考虑到两者的强韧度，因为水平的位置需要承受更多向下的压力。图 11.28e 展示了怎么用金属铆钉来加固口袋。这个例子也说明了加固方法也可以作为装饰手段，铆钉因其金属质感和表面漆光而流行起来，通常与金属扣、拉链或者其他类似的配饰相搭配。一排铆钉有时候也仅仅是作为装饰来使用。

　　还有一种类型的加固线用来加固褶（参考图 11.10）。图 11.29 是两种开衩处加固的例子，开衩用在紧身裙下摆处来提供足够活动的空间。缝合加固可以保证褶不会随着时间推移而松散开。

缉明线

　　明线是缝在服装表面，与接缝平行的线。它通常会穿过所有衣片来缝纫，有加固接缝和装饰的作用。在低端的服装上，明线通常替代熨烫，因为明线也可以让缝线变得平整。所有的重叠线迹在服装正面都有可见的明线。给接缝缉明线通常作为第一步，多种多样的线迹都可以作为服装正面的设计细节。线色与服装色彩形成鲜明的对比，可以作为一种引人注目的设计细节，通常用到的都是比较粗的缝纫线。缝线的粗细和针脚大小都可以形成独特的外观效果，因为明线是可见的，所以明线是服装很重要的质量要素，它必须与缝合线平行，不能有线迹断开或重合。1/4 英寸明线（图 11.30a）是最普遍的一种明线类型。三针线迹（图 11.30b）多用于厚重面料和工作服。如果需要多条明线，多针缝纫机最适合，三行线迹很容易完全平行，把三条线分别缝纫很难达到平行的效果。设计师需要检查并确保工厂里有合适的多针缝纫机，否则达不到预期的效果。当然，工厂也会要求发一个实物样品，用来确认哪种机器合适。

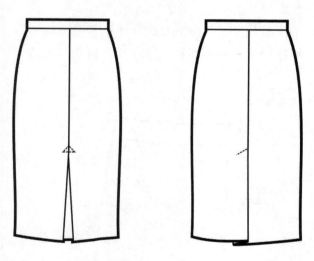

图 11.29　紧身裙衩的缝线加固

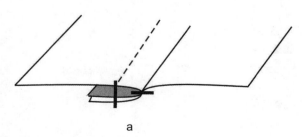

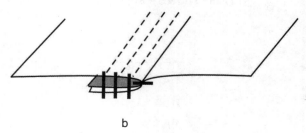

图 11.30　缉明线的例子

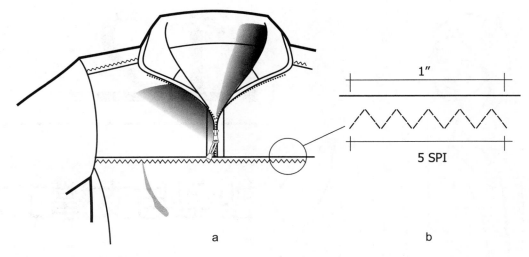

图 11.31 缉"之"字形明线

"之"字形的锁边也可以用作明线，这种线迹具有弹性，可以作为设计细节。这里介绍了不同种类的"之"字锁边方法。其中一种就是多线"之"字缝，ISO-321。这些锁边机可以给缝线提供更大的弹性，另外，这种锁边线也可以作为装饰明线。图 11.31 展示的是三步"之"字锁边，是指机针在改变方向之前，机器走三步。设备的制造商把一针设置成一个 V 字，也就是一个来回。图 11.31b 说明了每英寸有几个"之"字针。对于直缝机来说，每英寸有 15 针，但是对于这个机器来说，5 针就可以。

总结

可以根据不同的服装品类和最终用途选择多种类型的口袋以及它们的设计细节。加固针法不但可以作为设计细节，也可以提供加固的功能性。

思考问题

1. 制作工艺单对于贴边口袋有什么样的必要考量？用什么样的图例来说明工艺单？

2. 本章的这四种口袋的规格参数是什么？

3. 分别在价格昂贵和便宜的男士衬衫上找一个贴袋，找出它们有异同吗？查找 4 种不同的男士贴袋，并对他们的异同进行说明。

4. 制作暗袋时有什么样的必要考量？在工艺单中什么样的图例是用来说明明线袋的？

5. 选一件男士中码牛仔裤和女士中码牛仔裤。根据其规格分别为这两条裤子制作风琴袋。先用纸做一个真实尺寸的口袋。为这些口袋制作说明书和细节示意图，包括尺寸、拼接方式、针法，以及位置落点。比较这两个口袋，然后说明不同性别服装上口袋的不同。

6. 什么是套结？为什么它频繁应用在服装缝纫上？

7. 挑选一条牛仔裤，列举裤子上使用的不同的加固方法和明线细节，标明它们在服装上的位置以及针数。

8. 设计一件带有两种口袋的女士休闲衬衫，为这件衬衫和口袋制作工艺单。

9. 设计一件带有两种口袋的男士梭织衬衫。为这件衬衫和口袋制作工艺单。

10. 分别设计 4 条男士和女士牛仔裤。注意，每条牛仔裤必须用到以下的其中一种口袋、贴边袋、贴袋、暗袋，以及对缝口袋。

11. 根据比例画一个贴袋。在面料上裁剪出来，然后用大头针别到牛仔裤或是夹克上。它的大小是否合适放一个手机或者 IPad？它需要再进行修改吗？

检查学习成果

1. 列举四种可用于服装制作的基本款口袋。

2. 列举至少两种设计贴袋时的技术要素。

3. 列举至少两种设计暗袋时的技术要素。

4. 观察图 11.1a ～图 11.1e，哪一种西装袋不会经常在西装外套中使用，为什么？

第 12 章

塑型与支撑工艺

本章学习目标

» 运用不同种类的底层面料达到塑型和支撑效果

» 将其他支撑性材料用在设计细节上

服装可以分成两个组成部分——面料和服装配件。服装配件指服装中除面料之外的其他一切元素。服装配件不仅包括内部配件，也包括外部配件。辅料只是很小的一部分，通常是指那些有形状有实体的元素，比如扣子、拉链、线绳、贴花或刺绣等。

本章学习服装配件和辅料，它们与服装款式和支撑都有直接关系。那些可以改变服装的外观、功能，以及质量的底层面料，也需要纳入考量范围。底层面料需要额外的制作时间和原材料，这样就会增加额外的成本。有时可以通过使用一些廉价的底层面料来节省开支，但是不可能完全摒弃这些材料，因为它们不仅可以增加服装的外观效果，也可以延长服装的寿命。

底层面料

在选择底层面料时需要注意底层面料与表层面料在厚重、保养，以及与尺寸稳定性有关的缩水率等方面的兼容性。

下面介绍四类底层面料：

· 内衬
· 衬里
· 里料
· 内层衬布

内衬

这种内衬是指在服装表层和贴边之间起支撑作用的材料，它可以增加服装的重量和廓型。它一般用在服装边缘的部位，比如领子、袖克夫、门襟、腰带等，起到塑型和支撑的作用。对于那些易拉伸的细节部位，这种内衬也可以起稳定作用，以便于后期的缝制。这种内衬布一般设计成隐形的，放置在表层和内层之间，如同里面加了折边贴边或衬里一样。

这种内衬有厚薄之分；质地也有软硬之分；选择什么样的内衬取决它的应用范围和预期的外观效果。内衬要和服装面料的厚重相当。如果内衬过于硬挺，最终的服装外观也会受影响。

内衬的应用部位

图 12.1 的阴影部分表明内衬在不同款式的服装上通常放置的位置。

图 12.1a 展示了西装外套上使用内衬的部位，包括领子、前胸、贴边、袋盖，以及下摆。定制服装有很多特殊类型的内衬以及特殊工艺。更多的细节在后面"定制服装"章节里说明。

图 12.1b 是内衬在梭织拼接帽子中的应用部位。因为帽子比衬衫质感更硬一些，需要用到更厚的内衬。如果帽子本身用厚面料制作，比如帆布，那么就不需要衬布了。

图 12.1c 在腰部和裤门襟贴边的位置都使用了内衬。裤门襟上使用内衬可防止其拉伸变形；用在腰部位置是防止其卷起来。标准宽度的裤襻（图 12.1c）不需要内衬，对于轻薄面料上比较宽的裤襻，必须用到内衬。裤脚口有一圈翻

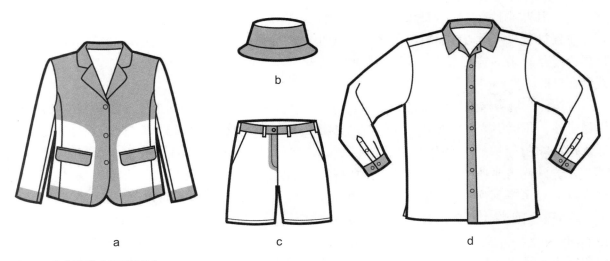

图 12.1 加衬部位（阴影部分）

折两次处理整齐的折边，也没有用到内衬，因为这里不需要挺阔的效果。

图 12.1d 是在边缘处加内衬。内衬对于轻薄面料来说尤其重要。有些特殊的部位需要有一种硬挺的外观，比如男士衬衫的领子；而女士衬衫或者裙子需要的却是比较柔美的外观，这时就需要薄一些的内衬。

这种内衬一般都是黏在外侧的面料上，举例来说，图 12.1d 的衬衫领，领面要用到内衬，领底不用。这样透过领面，就不会看到里面的缝份。

如果有需要，工厂通常会寄来适用于外层面料的内衬小样。内衬面料的供应商会提供内衬的规格以及质量测试信息。为了达到预期的效果，这些信息是很关键的，同时质量测试也会显示内衬水洗或干洗后是否会变形。

内衬的种类

这种内衬的组织结构包括梭织、针织，以及无纺布。这些内衬（有纺）都是单面有黏性。这样黏合的过程就可以把内衬固定到外层面料的反面，这个过程是借助内衬单面的黏合性完成的，这种黏合性需要在高温和压力条件下才发挥作用。

有纺衬

有纺梭织衬一般用在高档服装中，因为这种衬比较结实，而且还具有良好的弹性和尺寸稳定性。这种衬布对裁剪和缝纫技术的要求也比较高，因为衬上的颗粒需要和面料很好地贴合，而且衬布在四周边缘需要仔细缝纫（也叫做周边缝合）。在定制服装中，需要用手针把边线缝合起来。

有纺针织衬会增加针织面料的支撑力和尺寸稳定性，并且比梭织衬便宜。这种内衬也能让这些时尚的面料有更好的弹性。

无纺衬就是那种摸起来手感很硬的内衬，因为有时要考虑到保型性的因素，比如帽檐。有一些服装用面料本身做内衬，如用服装面料做成的贝壳形状的衬。如果预算允许，就可以用此方法，同时也不存在相容性的问题。如已

经完成的服装需要经过水洗、软化、缩水、染色，或者漂洗等多种后整理，如果用面料本身做内衬，经过处理后可以确保所有的面料层都具有相同的尺寸稳定性。

黏合衬

带黏性的梭织衬通常用在高档服装中，也是上述三种衬中最结实稳定的一种衬。在熨烫黏合之前，这种衬的颗粒必须与外层面料相契合，否则会变皱。这种衬在针织衫中不常用，除非是一些需要增强稳定性的区域，比如锁扣眼的位置。黏合机的应用加快了服装的生产过程。

针织服装上通常使用针织黏合衬，因为它们与外层面料有很好的亲和性，并且能使外层面料更柔软。针织黏合衬的延展性可以与针织面料或针织衫的延展性很好地匹配。它们比梭织衬便宜，比无纺衬贵。

无纺黏合衬（也叫做纤维网）是最常见的一种黏合衬类型。这种衬是由纤维组成的，通常是聚酯纤维，把纤维黏合在一起，形成很薄的一层面料衬（在其他的方法中，把这些纤维卷起来，黏在一起，或者是把这几种方法结合使用）。这种无纺的面料没有颗粒，也很便宜。但有时候尺寸稳定性稍微差一点，这也是需要工厂提供小样的原因。无纺黏合衬没有其他两种衬那样那么持久耐用，容易被洗涤剂洗坏。

工厂要对每一种衬的黏合性进行检测，以确保适当的温度和压力可以完成这个工艺。另外，样品需要经过缩水测试，以保证内衬和服装面料有相同的缩水特性；否则，衣服就会与衬分离，可能出现气泡或者位置偏移。

衬里

衬里是用来加固松散的梭织面料或者很薄的面料，这样可以把服装缝份等一些拼接的细节隐藏起来。衬里是一种组织紧密的面料，按照服装衣片进行裁剪，衣片缝合起来之前，将衬里与衣片内侧相对就可以。

图 12.2a 展示的是在平铺的面料上，面料与衬里对合之前，先在面料四周车一圈缝线。图 12.2b 所示的是面料与衬里缝合之后的样子。图

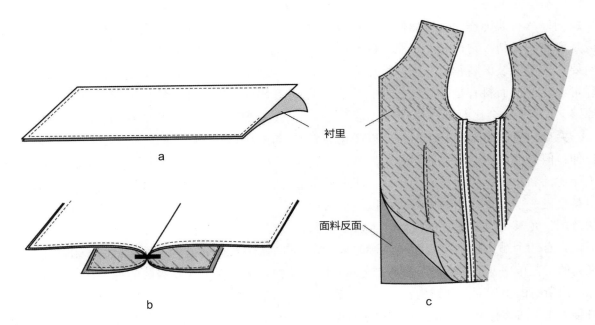

衬里

面料反面

图 12.2　衬里

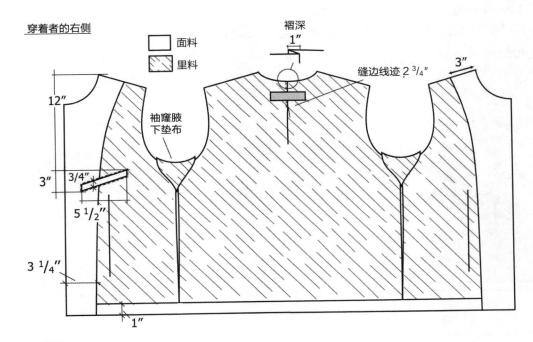

穿着者的右侧

面料

里料

褶深

1″

缝边线迹 2 ³/₄″

3″

12″

袖窿腋下垫布

3″　3/4″

5 ¹/₂″

3 ¹/₄″

1″

图 12.3　里料

12.2c 所表示的是平铺的衣片面料先拼合，然后把衬里压在上面，最后在四周车一圈缝线。

衬里比里料具有更好的支撑力，因为每一片都是单独的支撑力。服装也可以局部使用衬里，在一些需要支撑力或者不适合用薄面料的部位使用。婚纱上衣的紧身蕾丝就是其中的一个例子。有时会用在男士套装或皮裤中膝盖的位置，或者是衬衫的后背中缝，这些位置都需要加衬里，以防止变形。

选择衬里最重要的一点是，要选择一种与外层服装面料有相同护理方法的衬里。否则干洗的时候，其中一层的缩水率比较大，会导致服装变形。

里料

里料是一种比外层面料轻薄的面料，经常会在服装里侧整体或局部使用，这样可以把缝份都隐藏起来。里料也可以用来做口袋袋布。

里料同样具有装饰作用，比如使用一种对比色或是印花的里料。它也有助于服装的穿脱。里料要比外层服装面料稍大一点，宽松一点，这样可以使外层面料有足够的延展性。基于以上原因，里料通常会比面料多裁 1/8 英寸。

夹克的里料通常是梭织的，可以防止面料拉伸；但是考虑到舒适性以及外观因素，里料不能比面料小，否则面料就会扭曲，所以通常里料会做一些处理，比如捏活褶可以增加活动的范围，尤其是肩膀后部的位置。大多数情况下，会有一个贴边把里料与面料连接起来。在夹克的工艺单中，里料会有自己的工艺示意图，标注出所有的组成部分和结构要素，包括省道、口袋大小、口袋位置，以及折边和贴边等细节，这些都会影响到服装的成品价格。

图 12.3 所示的是袖窿腋下垫布，用来防止汗渍渗出，并具有抗磨损的作用。在高端服装中会使用袖窿腋下垫布（在女士服装中叫做护衣汗垫）。

里料也是服装的质量指标，尽管有的服装局部使用里料甚至不使用里料，也可以有很好的质量。图 12.4 所示的是一件高质量服装，只在局部使用里料。图 12.4a 所示的是男士夏天套装最常用的里料使用方法。后背中缝缝合起来，与图 9.63 一致。

图 12.4b 详细说明了装饰性斜纱滚边的用法，如同在图 9.61 中用香港法完成的局部里料。

有一种简单的里料，就是那种形状与服装衣片相同，拼接后在服装的上端相结合，这种叫做嵌入式里料（图 12.5），裤子和裙子常用这种方法。为了提高服装的稳定性，通常会使用三角针将里料与服装底摆边缘连接起来缝在缝份上（图 12.5b）。如果需要更结实，三角针缝线有时也用缎带或者带条做成。

运动服的里料

滑雪服或者其他户外夹克的工艺单中会有里料的一些特殊要求，功能性外套的里料也有

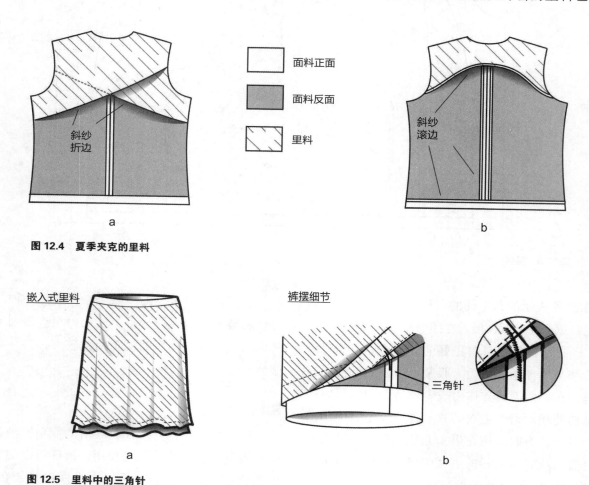

	面料正面
	面料反面
	里料

斜纱折边

斜纱滚边

a

b

图 12.4 夏季夹克的里料

嵌入式里料

裤摆细节

三角针

a

b

图 12.5 里料中的三角针

一些额外的要求，比如防潮功能，这种特性可以储存热量。有些像抓绒布一样的特殊里料，也可以提供保温性能。图 12.6 中在腰部有一个松紧带套管，有绳扣和索环，包括口袋里侧的细节。这个例子中的贴袋是带搭扣的（右侧），有带拉链的西装袋和一个超大号的网状口袋（左侧）。这个网状口袋可以用来装帽子或者手套，在开口的位置有松紧带的包边，这样可以使穿着者把手伸进去时防止东西掉出来。

图 12.6 展示了用来放置标签的后背贴边的裁剪的形状，贴边下面里料在后背中缝处有一个活褶，增加舒适性。前中有拉链，拉链只能在里料的一边。领子不在这个示意图中，所以

防雨罩没有在图中画出来。领子以及防雨罩的细节会在另一个细节示意图中说明。其他细节示意图可以在任何需要的地方添加。

拉链脱卸式里料和纽扣脱卸式里料

里料有时候可以拆卸，以增加冬装外套的实用性。图 12.7a 展示的是系扣的夹棉里料。只在前胸和后背有里料（如同一个背心），绗缝而成，在边缘位置用包边处理。图 12.7b 中的滑雪服里料是一种二合一形式的外套，下面夹棉的里料可根据天气的变化随意拆卸，里料也可以作为外套单独穿着。

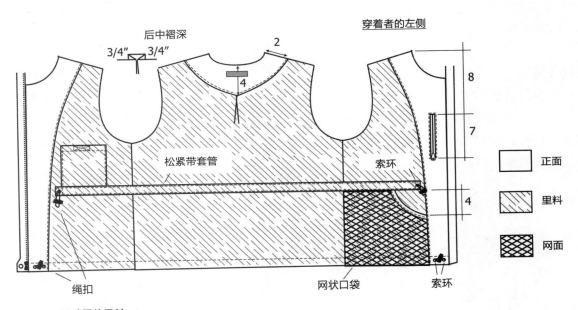

图 12.6　运动服的里料

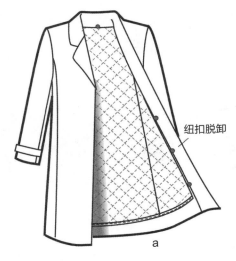

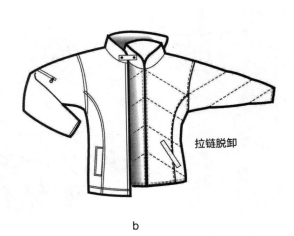

图 12.7　拉链脱卸里料和纽扣脱卸里料

夹层

夹层是里料和外层面料之间起保暖作用的隔缘层，也同样用绗缝。

定制服装的夹层

西服夹克中，短款夹克一般没有夹层。长外套和大衣通常有夹层，有时裁短的夹层放在底端，可以让服装变得挺阔。法兰绒是最常用的一种夹层面料。

既有保暖性又有装饰性的夹层使用的案例是有缎面领子和克夫（在电影中经常出现的样式，在现实中不常见）的男士浴袍。领子和克夫上有菱形图案，领子和克夫与放在底层的棉布缝接在一起，这样能强调和突出这一部位（参考图 10.34）。

保暖夹层

休闲外套或户外运动服会用一种保暖层的无纺夹层，夹层材料有两种形式：一种是卷起来的，一种是吹起来的。保暖层可以为冬天的外套、滑雪服，以及其他外套提供保暖性。市面上有很多保暖服，其重量都很轻。有厚重不同的多种保暖层，聚酯纤维是保暖层的主成分。保暖层既可以与面料缝合，作为夹层，也可以与里料缝合。图 12.8a 和图 12.8b 展示了把绗缝和衣片结合在一起的两种休闲外套。在绗缝步骤中填充夹层，叫预绗缝，因为在服装裁剪前，外层面料和夹层已经被缝起来，这是把绗缝和衬里结合在一起的示例。在图 12.8c 中，衣身部分是预绗缝，而门襟、袋盖，以及帽檐没有作这种处理。为了避免褪色，工厂必须确保绗缝的和不需要绗缝的部分是同一匹布。

羽绒保暖夹层

羽绒是指禽鸟类的软软的羽毛底层，大多数是野鸭和野鹅的羽毛。羽绒夹层具有更好的保暖性、轻巧的重量，以及很好的压缩性能。羽绒服或羽绒睡袋可以压缩后塞到一个很小的袋子里，当把它们拿出来时，可以很快恢复原先柔软蓬松的状态。最软的羽绒是鹅羽绒，鸭绒的质量稍差一些。羽绒与羽毛是完全不同的，因为羽绒没有羽毛的硬梗。

图 12.8 具有保暖功能的夹层

通常在服装上是羽绒和羽毛混合使用。羽绒和羽毛混在一起，重量更重，也更紧实，其价格低于全羽绒服装，但保暖性不及全羽绒。但是羽绒也存在一些问题：价格较高，当它遇到水时，就会失去保暖夹层的作用。目前羽绒被视为优质服用保暖材料。

填充羽绒的服装需要选择特殊需求的面料，一般是密实的防绒面料，否则，过一段时间，羽绒就会从面料里钻出来。最好的面料就是防绒结构的面料，这种面料组织结构非常紧实，可以阻挡绒毛跑到面料外面去。外套可以在里侧用这种面料来防止羽绒钻出来，但是这会让面料变得很硬，透气性变差，而且时间久了，这种材料也会被破坏，羽绒同样会跑出来。

服装面料应该轻薄而结实，重量轻以确保绒毛不会被压紧，保持原有的松软度；同时要结实，以确保服装穿着过程中不易被撕裂，防止羽绒露出。这就要求缝纫线迹要细而结实，同时缝纫针的型号也要足够小，只有用小的针孔才能避免羽绒跑出来。

羽绒的处理

羽绒要经过清洗、挑选，然后装在袋子里。服装制作之前需要精确地称重。

图 12.9a 是一片袖子和衬里缝在一起以防止羽绒跑出来。一个计量用的鼓风机可以把精确的羽绒量吹到袖子里，形成一种枕头的样子。设计师会事先把外观款式设计好（意味着需要确定吹毛量），工厂会依据羽绒所需要的空间大小，调节每一个衣片。图 12.9b 展示的是填充好的袖子，开口处被缝合。绗缝线也可以增加设计效果。对于缝纫工来说，保证羽绒分布均匀是非常重要的，缝制时尽量避免出现凹凸不平的现象，因为完成绗缝线之后，羽绒就会被固定在一个方块里，不能进行重新分配和调整。

设计羽绒服的技术问题

羽绒服必须要用绗缝线固定，也不能有太多的造型，否则，里面的绒毛就会跑到服装的底部。基于这个原因，最有效的绗缝线是水平的、箱型的或者是方形的。如果使用宽的垂直线绗缝就会出现一些问题，时间久了，外套的底部就会充满羽绒。

基于这种填充方式的特点，设计羽绒服时应尽量使用较少的衣片结构，理想化的模式是只有前片、后片和袖子。举例来说，分离开的前后片育克是没有绗缝线的（图 12.9c）。同样的，在腰部位置也没有缝线。领子一般用聚酯

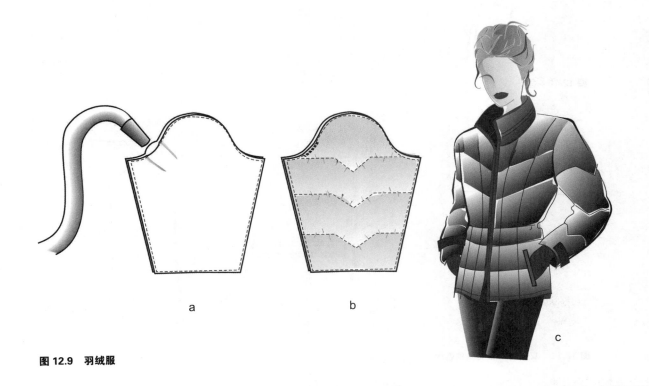

a   b   c

图 12.9　羽绒服

纤维材料填充，因为这种材料对小的衣片结构更容易操作。

其他支撑辅料

其他具有支撑力的设计可以为服装提供填充、硬挺或提升服装外轮廓的作用。通常的支撑方法包括鱼骨、衬裙、马毛织带、衣领内衬、文胸肩带固定带等。在定制服装中最常用的两种支撑设计就是肩垫和袖头。

鱼骨

鱼骨是管状的塑料硬条，缝在缝份里（图12.10）。鱼骨和文胸的钢圈常用在无肩带的女士服装中，起到塑型和支撑的作用。如果一件无肩带的服装是由结实的梭织面料制作的，那么它的功能就能得到最好的体现。鱼骨也可以增加服装的支撑力，尤其是当前门襟是打褶或者有珠饰的时候。专门加工的软垫会放在胸围位置，用来形成文胸罩杯。

裙撑和衬裙

如果裙子需要塑造很夸张的廓型时会用裙撑和衬裙。裙撑是一种缝在内裙里用来支撑整个裙子的大环。衬裙是一圈硬质网纱裙子，能够对裙子进行塑型。

马毛织带

这种编织带的作用与其他辅料一样，可以加固褶边，在腰部编织的这种织带可以用来形成褶皱和斑驳感。如果这种织带用在长裙的褶边，它在使用的时候稍微拉伸，就会使褶边形成一种优雅的底边。有一些织带的一边比较硬，以达到塑型目的。

衣领内衬

这种可以嵌入到男士衬衫领子内部的塑料衬叫衣领内衬。这种内衬可以让领子边看起来

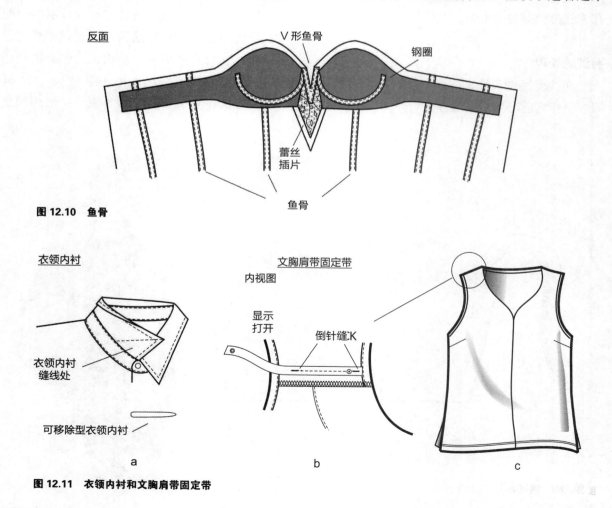

图 12.10　鱼骨

图 12.11　衣领内衬和文胸肩带固定带

很整洁，而且可以防止领边卷起来（图 12.11）。

文胸肩带固定带

把文胸和肩带固定住的钩带，叫文胸肩带固定带。这种带子也可以使面料比较轻薄滑爽的服装与文胸带对齐，防止肩带从肩膀上滑落。这种固定带既具有功能性，又具美观装饰性。这对于宽大的领口更有用，如说船型领。图 12.11 中展示的是一种固定带，上面有一个小的弹簧挂钩，系上和打开都很容易。

其他辅料：定制服装的案例

西装外套有许多特殊的造型用元素，最重要的是衬布，这是一种传统西装外套的拼接方式。由一种特殊的弹性面料做成，叫做毛衬。这种面料弹性很大，省道和缝线都会折叠起来；如果是用常规的方式缝线，缝份就不能很好地熨开。下面列出来的是高级定制服装塑型时所用到的主要部件。图 12.12 展示了其中一些部件的使用方法。

· 马尾衬：一种既结实又有弹性的梭织衬布，一般是由棉花和马毛做成。通常用于西服

中胸部和肩部造型的固定，常见于男士西服中。

· 毛衬（也叫海毛衬布或者功能性帆布）：一种结实带弹性的面料，由羊毛和山羊毛制成（图 12.12a）。这种毛衬与服装贴合时，要有技巧，里侧要用手针缝起来（图 12.12a）。

· 帐篷布：是一种在表面稍微有一点凸起的面料，与马尾衬缝在一起，防止马尾衬上的马毛凸起来。这种布同时也能增加额外的填充效果，用来完成整件服装的塑型。

· 无光上浆里衬布：一种用在服装边缘处的硬挺斜纱松散织物，持久耐用。图 12.12b 说明了这种衬布在袖子中的应用，也展示了这种衬布是怎样不用从外面缝合就可以支撑起袖口翻边的。这种衬布同样用在底边部位。这里注意到一个很有趣的事情是，西装外套的袖开衩部分原先是有具备功能性的扣眼的，用来让袖子可以方便翻折上去，但是现在这种设计已经很少见了。

· 里子布：一种斜纹棉布，用来制作口袋、裤襻等起固定作用的部件。可以代替无光上浆里布，用在袖口边的地方。

· 领底布：是一种叫做领底绒的特殊面料，在男士西服中常见，也可以提供加固作用

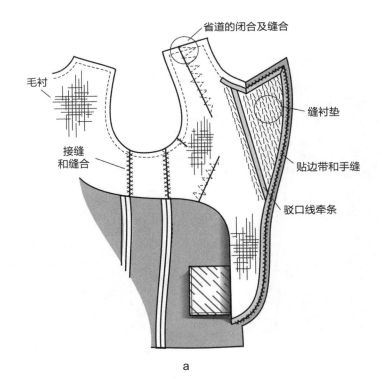
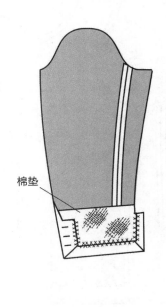

a

b

图 12.12 定制服装中的辅料

并提升穿着效果。这种面料为纯色，可以与服装面料协调或形成对比。女士西服中是用服装本料做领底布。

· 嵌条：一种直纱或斜纱的梭织胶条，用在裤中缝、驳头或前中的地方。

· 垫肩：一种由多层棉布拼成的服装零件，通常会用棉花填充，用来塑造肩部造型。垫肩一般是由三角形面料做成，中间有填充物，经常用在外套的肩部塑型上。版型的设计要与垫肩相匹配。

· 袖头：是在袖子上端的里侧放置的一个布条，有利于形成圆顺的边缘，在袖子边缘起到支撑作用（图 12.13c）。它有利于袖子的悬垂，使袖子不变形。袖头材料通常是棉絮条或者羊毛条。

所有外层面料的贴边以及腰部的马尾衬都是斜纱（图 12.12a），加上去的嵌条可以使这些贴边或衬不被拉伸，从而使其不变形。

图 12.12a 中的别针法是传统定制中最重要的元素；针穿过衬布，仅仅挑住外层面料的一点线别住，保证驳头和驳口能很好地翻卷。翻折线也不会被压平。

图 12.12 是一件缝制工艺很高级的外套，这

种外套的价格可能是几百美金甚至更高，因此，这种服装会进驻高端商场。价格低廉的服装用黏合衬或者其他简单的方法来实现最后成品的效果（图 12.13）。这些服装与价格昂贵的服装用的工艺不同，所以穿起来不好穿，也易变形。

定制服装中用到的黏合衬

图 12.13 所提供的信息是有关于黏合衬是怎样与服装相贴合的方法。实际上，这种衬为服装的廓型提供稳定和支撑作用。

带子部件

缎带、织锦布，以及其他一边是镶边的布条，有时候都叫做带子部件（图 12.14）。这些织物可以装饰服装外观，在童装外套、女士贴身内衣裤，以及休闲服中常见。缎带可以是绸缎组织，是一种新颖的梭织面料，有褶边或者活褶。

斜纹带

斜纹带是另外一种结实的梭织缎带，通常是天然的色彩，一般不用于装饰，而是用于加固缝合线和边缘线。这种斜纹带用在腰部或其

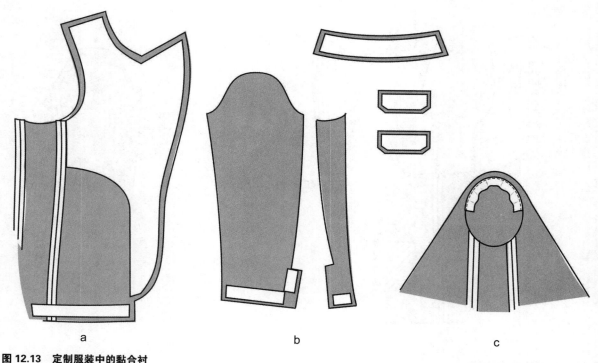

a   b   c

图 12.13　定制服装中的黏合衬

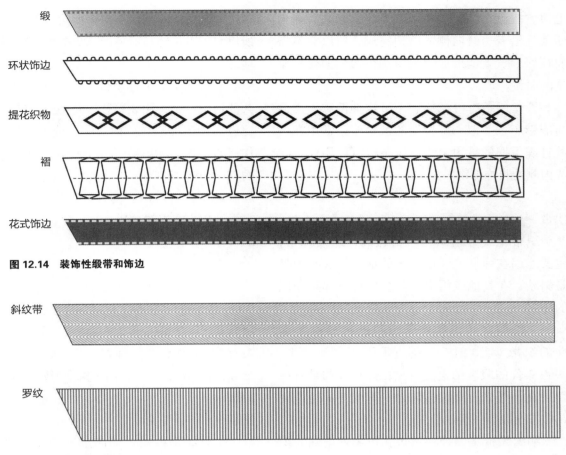

图 12.14　装饰性缎带和饰边

缎

环状饰边

提花织物

褶

花式饰边

斜纹带

罗纹

图 12.15　表面装饰饰边

他需要加固的位置，可以防止面料拉伸。比如在毛衣的肩部缝合处、贴边的翻折线处或者开衩的地方进行加固，在这些部位面料的拉伸是个大问题。这种带子有时候也用做拉绳，或者是睡袍等服装的内侧系绳。

　　斜纹带（图 12.15）同样可以用在领口内侧的边缘带。这种斜纹带也可以用于处理前中拉链边缘。在其他位置的应用，斜纱带也可以起到同样的作用。

　　罗纹带（图 12.15）可以用于腰部贴边、腰带、腰套管，以及羊毛开衫的前中贴边上来加固扣眼和钉纽扣，也可以固定针织服装上的拉链和口袋。这种罗纹带有条纹和图案，具有一定的装饰性（图 12.16）。

缎带和蕾丝压条

　　缎带压条是用在褶边处的狭长轻薄的缎带，可用于暗卷边线迹的预处理（图 12.17）。这种压条可用于覆盖毛边，毛边往里翻折然后固定

内部处理

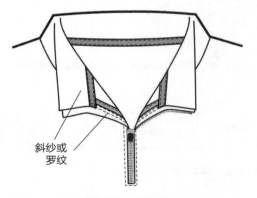

斜纱或
罗纹

图 12.16　领部和拉链处的压条处理

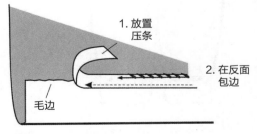

1. 放置
压条

2. 在反面
包边

毛边

图 12.17　包边用压条

毛边。折边在第二步中用暗针法缝起来。因为压条是沿着边线两侧的镶边完成，所以它不需要往回翻折就能形成很平整的折边，即使是厚重的面料。

蕾丝压条有可拉伸和不可拉伸两种，用途与缎带压条类似。可拉伸的蕾丝压条常用在一些针织下摆的折边。蕾丝压条也可以用作边缘或内侧的装饰饰物。

织带

织带是一种组织相对稀疏的梭织装饰带，主要运用在弹性或弧度较大的地方。有些织带是斜纱，在其他应用中，斜纱也可以起到相同的作用。

波纹型花边带和饰带也是两种具有装饰性的织带（图 12.18）。花边带常用在童装中，1950 年代的服装中也能看见；这种装饰带有一种纯真、舒适、简约的魅力。图 12.19a 是这种花边带在服装中运用的例子。

编织织带是一种在贴边和边缘处用到的织带（图 12.18）。编织织带中间可以有很多变化，所以它可以很轻易地翻折，通常用在需要折叠的地方。

饰带和窄的弹性织带（图 12.18）都有着悠久的历史，常运用在军装以及精致的装饰品中。比较适用于面料较厚的服装，或者在服装上用作纽圈。图 12.19 展示了这种饰带在服装中应用的例子。还有其他一些精致的织带在家纺制品和服装中都有应用。具有类似处理效果的织带也常被称为金银线花边。

松紧带

随着松紧带在服装上的应用，其在工业生产中的应用也日益广泛。松紧带由橡胶或合成橡胶制成，从设备里挤压出来后用编织的织物覆盖在表面，或者作为一种扁平的镶边来使用。因为松紧带具有弹性，所以常用于搭接缝处。

松紧线

松紧线是由橡皮筋制成，外层缠绕棉线、

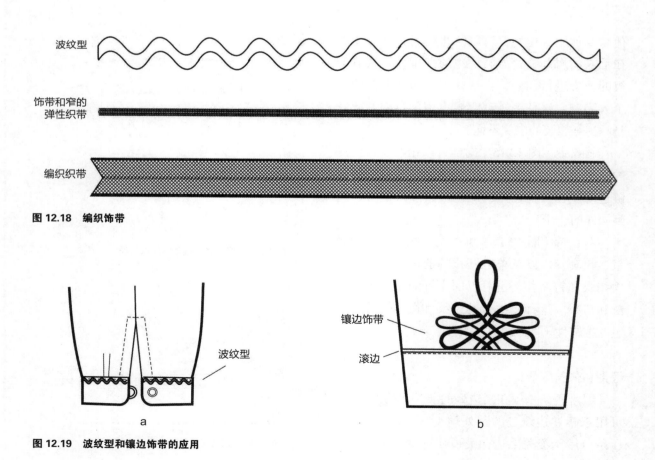

图 12.18　编织饰带

图 12.19　波纹型和镶边饰带的应用

合成线或金银线松紧线，常用在腰部、克夫，以及领子等位置实现松紧功能或装饰作用。松紧线可以使梭织面料服装能适应更大尺码的体型。

基于其设备的设置，松紧线可以制成多股的。松紧线常嵌入到罗纹织物中，用在上装上。

橡皮筋

橡皮筋有圆的，有平的，一般比较狭窄，外层覆盖纱线，可以直接缝到服装上。橡皮筋用在腰部产生褶裥效果或造型，常用在童装中。另一种用在绳扣的连接处的橡皮筋见图13.30，起到闭合作用，或在外套底边处用来防止热量散失。

编织松紧带

编织松紧带的质地比较轻薄，可以用在束腰或不太合身的服装中，由于它的卷曲特性，也经常把宽松紧带缝在外层面料上。编织松紧带可以拉伸，与其他的编织辅料相似，拉伸时变窄，松开时变宽。

梭织松紧带

梭织松紧带常用在腰带和厚重面料服装中。在那些不需要翻折而需要硬挺效果的服装部位，就可以用到这种松紧带。面料拉伸时，这种松紧带可以保持它原来的宽度而不变形。

装饰松紧带

有些松紧带做成条状，有些则印成个性的图案（图12.20）。这种装饰松紧带可以使用比较简单的方法制作，但比那种普通风格的松紧带要求更高的质量。

弹性边装饰松紧带是一种常用在内衣或需要有一层拉伸面料的服装上。图12.21展示的是在内裤裤腿开合处扁平松紧带的应用例子，用双针底边绷缝法缝住。这种方法可以使缝份只有两层，一层是服装外层，一层是松紧带。

松紧边

图12.21是松紧边处理腰头的示意图。内衣类服装经常在腰头应用松紧边。通常将松紧边

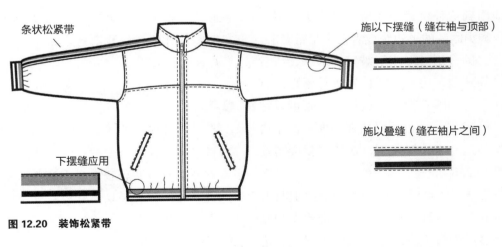

条状松紧带
施以下摆缝（缝在袖与顶部）
施以叠缝（缝在袖片之间）
下摆缝应用

图 12.20　装饰松紧带

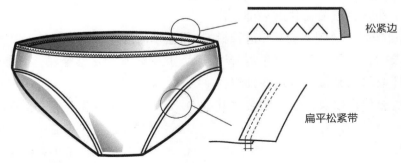

松紧边
扁平松紧带

图 12.21　装饰松紧带和松紧边

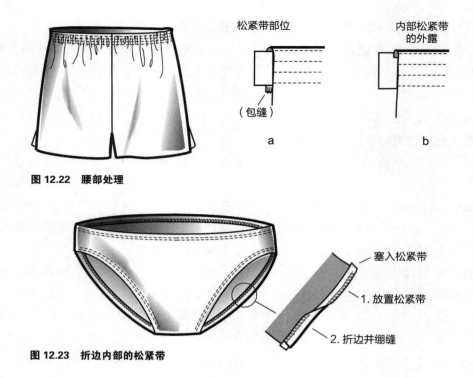

图 12.22　腰部处理

松紧带部位　　　内部松紧带的外露

（包缝）

a　　　　　　b

图 12.23　折边内部的松紧带

塞入松紧带

1. 放置松紧带

2. 折边并绷缝

塞进一个布套里，布套可以是自身面料，也可以是另外一种面料。这种松紧边用在腰头位置时，比如用在梭织四角裤中（图 12.22），也不需要闭合处理，这样可以使腰围的尺寸足够大，以适合臀部的宽度。

其他用到这种松紧带的地方是克夫、下摆开口、抹胸类服装的上边缘或者女士吊带背心。这种松紧边的作用是形成褶皱装饰效果，或者在连裁一片式服装中对腰线位置进行塑型，有时也用在童装和睡衣裤中。这种布套管可以往里翻折（图 12.22a），也可以放在外面。松紧边可以用作贴边，这种情况下，松紧带就会露在外面（图 12.22b）。

扁平松紧带经常用在弹性面料折边的里侧，比如说泳衣。在这种情况下，松紧带要先和布边对齐，然后把折边翻过来，最后用双针底边绷缝固定住。对于那些会被覆盖住的局部，比如折边，经常用到松紧带（图 12.23），这种松紧带看起来是橡胶的，它的外面没有包裹着纱线层。这种价格低廉的松紧带可以用在针织衬衫和毛衣肩部的缝合线，以及针织类服装的其他部位。

总结

如果想要完成一件集外观、功能，以及高质量于一体的理想服装，那么与塑型和支撑有关的各种服装配件和辅料都是重要的要素。针对不同的功能，选择合适的底衬对于制作理想中的外观很重要。学习不同的塑型和支撑辅料有助于设计师实现预期的产品，也能满足目标客户群的需求。

思考问题

1. 里料和内衬之间的区别是什么？
2. 在衣柜里挑选一件衬衫和西装外套。什么样的塑型材料和辅料会用于这些工业生产中？区分每一种材料以及它们在服装中用到的位置，并解释为什么这么用。
3. 羽绒服的缝制技术是什么？

检查学习成果

1. 区分不同的底层面料。对每一种底层面料进行恰当的描述。
2. 解释使用底层面料的最主要原因。
3. 注意区分选择底层面料的具体注意事项。
4. 解释在服装中使用压条的最主要原因。

第 **13** 章

扣合件

本章学习目标

» 辨别服装生产中的各种不同的扣合件

» 从技术层面上理解扣合件在服装生产中的应用

» 为各种缝制产品挑选扣合件，以适用于这些产品的
最终用途

如第 12 章所述，服装配件是指服装上除了面料之外的所有组成部分的统称，包括缝纫线、商标、松紧带，以及辅料等。辅料是指外部的装饰元素，就是装饰在基础服装上的部件，比如纽扣、蕾丝、缎带，以及装饰亮片等。

在本章中，我们会了解到服装生产中最重要的一个部分——扣合件。扣合件包括纽扣、拉链、蕾丝、绳带、搭扣（最常见的一个牌子是维可牢），挂钩按扣类，以及那些在服装开合处能够让穿着者易穿脱的部件。本章节会详细解释下列部件：

- 纽扣和扣眼
- D 形环和套索扣
- 盘花纽扣
- 蕾丝
- 搭扣、魔术贴
- 拉链
- 挂钩
- 按扣
- 绳扣

对于每件服装的设计来说，设计出风格和类型都合适的扣合件是不可或缺的，同时也是一件服装质量的指向标。

纽扣

纽扣是最普遍使用的一类扣合件，纽扣可以穿过扣眼或者别的开口，比如说扣环。要根据服装的风格选择纽扣，同样的，纽扣也会影响到最后的服装效果。

使用纽扣的好处

纽扣作为服装闭合件的使用方法已有几个世纪的历史。纽扣经常是兼具装饰性和功能性，而且形状和材质也非常多样。在很多情况下，会选择用纽扣而不用拉链；比如女士衬衫和多数西服夹克；轻薄面料或毛织物面料服装；另外，对于类似夹克衫廓型的服装来说，拉链会显得过于坚硬和厚重，也会破坏服装本身的结构线。

纽扣大小

从视觉感官上来说纽扣的大小也是很重要的，有时为增加创意性会用到或大或小的纽扣。通常来说，大一点的纽扣比小一些的纽扣有更强的抓合力，因此，当对纽扣进行摆放时，大纽扣之间的距离要远一些。大纽扣一般用在夹克和外套上，小纽扣常用在衬衫或者女士上衣中。

纽扣的大小是根据其直径大小而定的，纽扣的计量单位叫做莱尼。莱尼是一种专门用来计量纽扣大小的特殊计量单位。40 莱尼就是一英寸，所以 1 莱尼就相当于 1/40 英寸，或者是 0.25 英寸。通常不同款式的服装都有一定的纽扣标准尺寸，比如衬衫用到的纽扣尺寸是 18 或者 20 莱尼，大衣纽扣是 30 ~ 50 莱尼，牛仔服纽扣尺寸是 36 莱尼，夹克纽扣通常在 30 ~ 36 莱尼之间，其他款式可以根据需要定制任意规格的纽扣。使用大纽扣可以增加服装的时尚感，但其成本比小纽扣的成本要高，所以，对于成本核算来说，莱尼的大小是很重要的因素。

纽扣类型

纽扣的形状通常都是扁平光滑的，这样有利于穿着者操作。纽扣通常有两种类型：有脚纽扣和有眼纽扣（图 13.1）。有眼纽扣是指线从扣眼里穿过缝在衣服上，通常在睡裤、后系扣套头服装，以及童装上。这种光滑扁平的纽扣穿着很舒服，其中两孔和四孔的样式是最常见的，但是也有一些新奇的样式，比如说三孔的，或者其他结构样式。

有脚纽扣上有一个事先制作完成的扣腿扣环或者线绕小梗。扣腿支撑纽扣在服装上面，这样可以让纽扣高于服装表面，不至于因为纽扣的压力使服装变形。由于有脚纽扣上的线迹是隐藏的，所以可以使服装呈现出很精致的外观效果。

纽扣扣腿（线柱纽扣）

所有的纽扣都对应有一个特定类型的扣腿。对于有眼纽扣来说，一个线绕小梗具有在纽扣和衣服之间提供足够空间的作用（图 13.2a）。

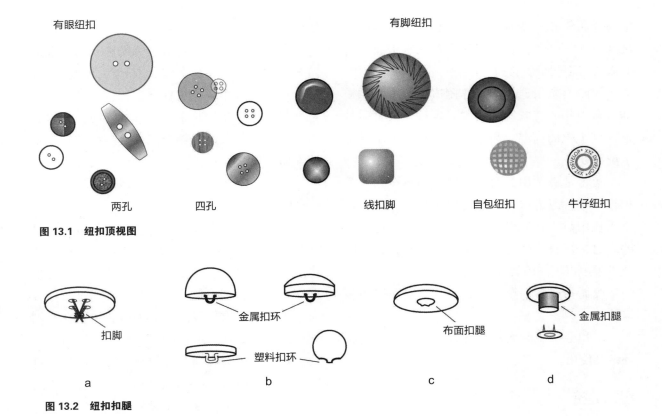

有眼纽扣　　　　　　　　　　　　　　　　　　有脚纽扣

两孔　　　　四孔　　　　　　　　　线扣脚　　　　　自包纽扣　　　牛仔纽扣

图 13.1　纽扣顶视图

扣脚　　　　　金属扣环　　　　　　　　　　　　　布面扣腿　　　　金属扣腿

塑料扣环

a　　　　　　　　　　b　　　　　　　　　　c　　　　　　　d

图 13.2　纽扣扣腿

那种带有模柄扣腿的纽扣上都有用线、金属、或者用纽扣本身材料做成的扣环。自包纽扣（图13.2c）在纽扣中间位置填充面料，就相当于扣腿的作用，与缝纫线相接。

图13.2d中的纽扣叫做牛仔纽扣。这种纽扣很耐用，因此，它通常用在夹克或工装服中。这种纽扣不需要缝合，只需将扣底穿过面料再装上扣面即可。

在选择纽扣的时候，也要考虑扣腿的高度。扣腿所提供的这个空间，是用来调节与服装表面之间的距离的，这样，可以让纽扣很平服地放置在服装表面。

当扣紧纽扣时，纽扣应该在叠层的上方，面料没有拉伸或者扭曲变形的现象，并且保证扣腿或者线绕小梗从表面看不见。扣腿如果太短，当扣紧纽扣时就会导致周围的面料变形扭曲。那种非圆形的有脚纽扣会使服装扭曲变形，就说明扣子和衣服是不匹配的。

纽扣的材质

用于制作纽扣的材料是多种多样的。以前，所有的纽扣都是用天然材料制作而成的，比如骨头、贝壳，或者陶瓷。现在大多数的纽扣都是由聚酯或者尼龙制作的，因为这些材料很容易塑型和染色。下面所列出的是一些经常用到的纽扣制作材料。

木质纽扣常用在休闲服中。这种材质的纽扣不建议用在经常清洗的服装上。

竹质纽扣也是一种常见的材质，它有一些木质材料的温暖感，同时又具有良好的可洗性。

皮质纽扣也经常在休闲服中用到。这种纽扣不可以水洗，也不能干洗，所以在干洗之前，干洗店要用锡箔纸把纽扣包住。具有皮质外观效果的塑料纽扣可以做其替代品。

动物角（或者骨骼）是一种昂贵的材料，对于外观考究的服装来说是很好的选择。而且这种材质在水洗或者干洗时，不必采取其他特殊保护措施。

珠母贝（或者贝壳）对于高档讲究的服装来说，是不错的选择。大部分都可以水洗或者干洗，尽管有一些贝壳类纽扣比较易碎，机洗时会损坏。珍珠纽扣具有很女性化的装饰效果，且不用进行任何染色。塑料纽扣也经常用来替代贝壳纽扣。

金属纽扣有便宜的，也有很贵的，可以水洗和干洗。但是，金属纽扣不宜在水中放置时间太长，否则金属会掉色。

橡胶材质很适合用在休闲服中，也是橄榄球衬衫纽扣的传统制作材料。这种橡胶材质禁不住烘干机的高温，高温容易熔化，但是日常水洗很方便。

塑料是最常用的纽扣材料。塑料纽扣的养护很简单，因为这种材质可以水洗，也可以在烘干机中烘干，或者是干洗。但是，当温度足够高时，塑料依然可以熔化，而且在强力的清洗过程中也可能碎裂或破损。

线绳扣或者编织扣也是经常与盘花纽扣相搭配的。

包扣会用服装面料全部包住，或者与金属环结合使用。

纽扣缝接

对于大部分的纽扣来说，缝接方法是用缝纫机缝纫。适当的缝制方法可以延长服装的使用寿命。有两种用于钉扣机的缝纫类型，一种是链式缝纫（线迹类型是 101 型），另一种是锁式缝纫（线迹类型是 304 型）。基于耐穿性的考虑，应该对 304 型锁式缝纫机进行详细解读，不建议使用 101 缝纫法。

四孔纽扣要单独缝合，可以用双线缝纫，成型的线迹呈 X 形。或者选择另一种方法，用四线进行缝纫，相比双孔纽扣更安全牢固。

纽扣易掉落是顾客不满意的一个主要来源，也是一个很重要的质量指标。例如童装，检查扣子钉缝的强韧度是很重要的一个环节，因为

纽扣可能造成儿童的窒息。

有一些纽扣需要手缝，比如法式前门襟的暗扣。手缝可以在缝合双孔或者四孔纽扣时缠绕出一个线绕小梗，这种方法比较适合那种厚重面料。如果纽扣是手缝的，缝合时，就要确保线绕小梗的长度足够长，而且缠绕的力度足够强韧（图 13.3）。

纽扣位置

在服装上缝合或者钉合纽扣的部位叫做里（底）襟；服装上有扣眼的部分叫做门襟。从传统意义上讲，纽扣在衣服前中的位置，是根据穿着者的性别而定的。我们可以通过搭门方向来表达这种惯例概念，男士服装纽扣在右侧（左搭右），女士服装纽扣在左侧（右搭左）。

基于上述的规则，纽扣都是沿着前中而钉制缝合的（图 13.4a 和 b），或者根据后开衩的类型放置在后中位置。扣眼的位置必须是垂直对齐且水平的，有时也有对角线形的。在水平方向上，扣眼其中一端离前中边缘的距离是 1/8 英寸（图 13.4a 和 13.4b）。

对于绝大多数牛仔裤来说，在前中位置的规定比较特殊，也就是将前门襟边缘视为前中线，将纽扣缝制在底面（图 13.4c）。

前中线距离服装边缘的这一部分叫做扣眼延伸量。为保证适当的比例，大纽扣通常搭配更宽的扣眼延伸量和更大的纽扣间距。值得注意的是，距离边线的这个宽度，通常来说，也是纽扣的宽度（图 13.4a）。最上面纽扣的位置距离衣服最上端应有半个纽扣的距离。

双排扣款式就是有两排纽扣，两排之间

手缝纽扣

将双线针三次穿过四个扣孔

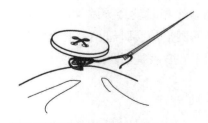

打结前将线绕 5 ~ 6 圈

图 13.3　手缝纽扣

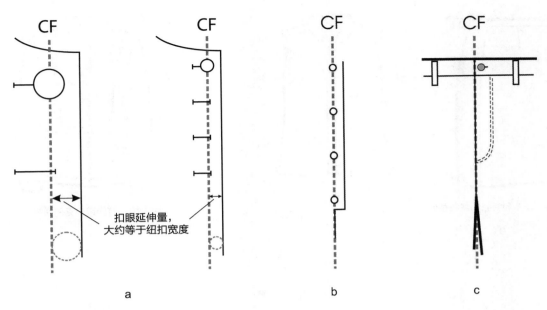

图 13.4　纽扣放置的前中线

的间距等同于一排纽扣到前中线的距离（图13.5a）。有时这种款式每个纽扣都有相对应的扣眼，但是，通常情况是只有距离前中近的那排纽扣配有扣眼。所以，为保证底襟有足够额外的宽量，会有一个暗扣缝制在里侧。图13.5b展示的是一个截面细节。底扣一般都比较小，以便扣合，而且都是塑料材质。

底扣具有比较好的支撑作用，通常用有眼大纽扣、重纽扣，以及那些与疏松梭织面料缝接在一起的纽扣，在皮质面料上也经常用到底扣。底扣也是服装高品质的一个指标。

纽扣在某些部位会在水平方向受力，比如

腰线和胸围线位置（图13.6）。如果纽扣正好在胸围线上，这时，纽扣的位置就应调整在胸围线往下一点，以使服装服贴。

对于有腰带的夹克或者大衣来说，纽扣通常放在腰带的上方或者下方，以达到较好的视觉效果（图13.7）。

对于使用特定纽扣的服装，都会有备用纽扣，有的钉缝在服装里侧，有的因为扣子比较大，就会把备用纽扣放在一个塑料袋里，挂在衣服里侧的标签上。各个型号的纽扣都应该有备用，否则，如果有一个纽扣丢了，夹克的穿着者就要把所有的纽扣都换掉，这就比较繁琐

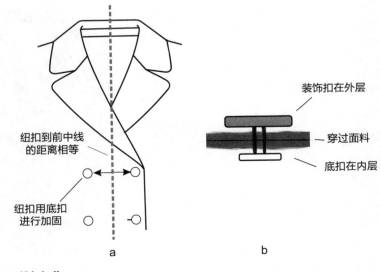

图 13.5　双排扣细节

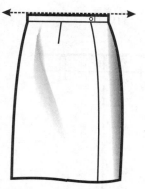

图 13.6　裙子和衬衫的纽扣位置

图 13.7　有腰带夹克的纽扣位置

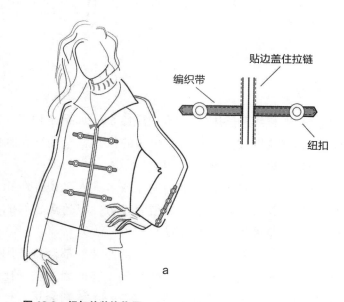

a

b

图 13.8　纽扣的装饰作用

和浪费，尤其是定制纽扣。

纯装饰纽扣

　　纽扣有时也会用于纯装饰的用途。图 13.8a 是纽扣和编织带结合起来用作装饰的例子（实际上前中闭合处用的是拉链）。严格意义上来说，图 13.8a 中的袖口上是一个装饰扣。这种装饰扣在西装夹克中同样适用。在图 13.8b 中，各种类型的纽扣作为镶边装饰用在裙子上。

　　在很多不同的文化中，纽扣都已经用来作为装饰手段使用。伦敦本区有一种传统风格的外套，上面装饰的全是纽扣，称为珠母纽服装（图 13.9）。这并不是一件工业产品，而是一件用珍珠母纽扣手工装饰的服装。这种联想丰富的设计，正是灵感来源于传统文化的又一例证。

图 13.9　装饰纽扣

扣眼

扣眼是能让纽扣穿过去的开口，同时，也需要与所挑选的纽扣相匹配。扣眼的主要类型有锯齿形、锁眼形、裂缝形、包边扣眼，以及隐形扣眼（缝线扣眼）（图 13.10 和图 13.11）。定制服装有时会用到手工制作的纽扣，但是这些纽扣的形状接近于锁眼形扣眼的形状，而且那些通用的标准也同样适用于这些手工纽扣。扣环和扣眼的作用是一样的。

锯齿形和锁眼形扣眼都可以用全自动的机器来制作完成，先缝制出缝线形状，然后再在服装上剪出一个开口。锯齿形扣眼（图 13.10a）是最普遍使用的扣眼，而且造价比较便宜。这种锯齿边可以防止扣眼边缘开线，而且不管是在哪一头打套结，都可以起到加固的作用。这种锯齿形扣眼通常要用到 304 型锁式缝纫法，

否则，扣眼容易全部开线。图 13.10b 展示的是锁眼形扣眼的两个例子，有圆形的前边缘线，可以为纽扣扣腿提供额外的空隙。这种扣眼缝制时会用到一种线，叫做上光线或蜡线（在下面的图中有展示），这种线可以增加稳定性。上光线经常用在牛仔裤、夹克和大衣外套中，当纽扣扣腿比较大时，也会用到这种线。

在面料中用到的那种裂缝形扣眼（图 13.10c）并不需要缝制。使用裂缝形扣眼的面料可以是皮革、人造革，或者是热塑性纤维面料，这些面料都不能够用那种常规类型的扣眼形式，而且这种面料在边缘处也不会磨损。有时，这种裂缝形扣眼的边缘处仅仅只是用塑胶热熔合或者熔化。这种方法适合用在价廉的服用产品上，比如雨衣。包边扣眼（图 13.10d）类似于微型贴边口袋。这两类都是用服装本身面料制作的，也可以用对比色面料，或者皮质面料，这样可以增加外观的美观性效果。这种包边纽扣在里侧的处理同样要仔细小心，也要用手工缝制。轻薄面料或者疏松的梭织面料并不适用于这种类型的扣眼。图 13.10f 中的椭圆形扣眼描述得很详尽，这种扣眼要求很高的缝纫技术。

包边扣眼几乎仅仅在女士服装中见到，而且也是服装高品质的一个标志。因为这种扣眼会用到高技术的缝纫方法，而且包边扣眼的造价昂贵。包边扣眼也经常用在皮质服装中，因为需要用到特殊工艺，所以也作为一个重要的质量指标。

隐形扣眼（缝线扣眼）光滑且不怎么起眼，制作时会留下一个缝不缝合。这个不缝制的缝要在背面用手工缝制，但是比包边扣眼制作简单。当然，有扣眼的地方并不需要用到手缝缝

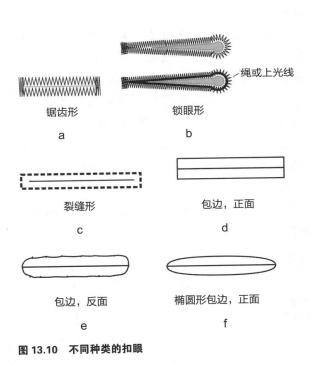

锯齿形　　　　锁眼形　　　绳或上光线
a　　　　　　　b

裂缝形　　　　包边，正面
c　　　　　　　d

包边，反面　　椭圆形包边，正面
e　　　　　　　f

图 13.10　不同种类的扣眼

隐形扣眼　　　　　　　　　　手工扣眼

图 13.11　隐形扣眼和手工扣眼

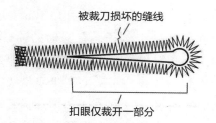

图 13.12　扣眼的质量问题

线，所以这种方法有些罕见。第 5 章图 5.8b 中是一件女士紧身外衣的例子，在图中展示了双排扣款式中隐形扣眼（缝线扣眼）的应用。

图 13.11 中的扣眼是用捻线手工制作的扣眼，它使用在那些由于面料太脆弱而不能使用机缝扣眼的部位，或者是用在包边扣眼的部位，以避免包边扣眼过厚。这种方法在那些紧密的梭织面料中效果较好，不会让面料开线散开。

锁扣眼的最后一步经常会出现问题。当用裁刀裁开缝纫线形成扣眼开口时，或者由于裁刀太钝而不能为套结利索地裁开开口时，扣眼就会太短，从而使系纽扣和解纽扣的时候比较困难，如果不及时修正，会是一个大问题。

扣眼大小

扣眼的长度是根据纽扣的形状而定的。对于平滑的纽扣来说，通常扣眼的长度等于纽扣宽度再加上 1/8 英寸。厚一点的纽扣则需要更宽一些的扣眼，这也取决于所挑选的纽扣是否可以穿过样品面料的扣眼裂缝。

下面列举了三种可能性，即基于纽扣形状而定的三种扣眼大小。

· 平滑纽扣：扣眼长度 = 纽扣宽度 + 纽扣高度

· 圆形纽扣（球形纽扣）：扣眼长度 = 纽扣周长 /2

· 不规则形状纽扣：扣眼长度 = 纽扣宽度 + 纽扣高度 + 额外长度（根据纽扣形状而定）

纽扣的灵活性对于顾客满意度来说是很重要的，这就需要每件新样衣在试穿之前都要进行仔细检验。对于一批服装来说，扣眼太小是一个大问题，会使得这批服装不能按上等品送货到站。如果扣眼太大，则不能系住纽扣。但是通常来说，确切的扣眼长度不必列在工艺单中，因为工厂有职责按照指定的纽扣制作合适的扣眼。

纽扣和扣眼位置

扣眼方向会影响扣眼位置。水平方向的扣眼，其中心点不能放在前中线上，因为纽扣是放在水平扣眼的尾端，而不是在中心上。

水平横向扣眼的位置要排列得很规整，以避免纽扣不能系紧或者滑落（图 13.13a）。因为纽扣位于扣眼前沿水平拉力方向上，尤其是对于紧身服装来说，更重要的是使纽扣固定不走形。

对于垂直方向的扣眼，每个扣眼之间的间距会稍微小一点，但是前门襟依然可以很平整

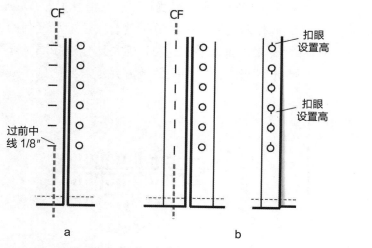
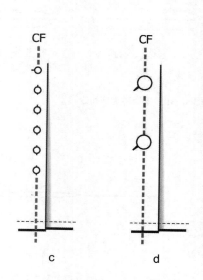

图 13.13　纽扣和扣眼的方向

地舒展开（图13.13b）。基于以上因素，技术弱一点的工厂就需要在这方面进行更精细的操作。这类扣眼的潜在问题是扣眼容易裂开，以至于前门襟会上下来回滑动。

　　有时，最上端的纽扣是水平放置的，其余的则是垂直放置的（图13.13c）。这样可以使前门襟不会滑动，而且这样也更容易系合。

　　图13.13d中的扣眼是斜向的，这种可以作为一种新式的裁剪细节。这种扣眼需要加一些适当的黏合衬以防止其发生拉伸变形。这种扣眼也可以用在斜裁服装中，把扣眼放在沿着纱线的方向上。

扣环

　　扣环一般比较窄，是用于使纽扣和挂钩闭合的部件。图13.14a中就是一个线环，像

这种与纽扣或者挂钩相结合的扣环，一般用在拉链的顶端。扣环通常是由缠绕的斜丝布条制成（也叫做实心带），但是那种编织或者绳绕的扣环也可以拿来使用。这种扣环和挂钩经常在正式礼服或者新娘装中使用（图13.14b和13.14d）。扣环的尾端会缝进接缝里，通常在贴边下面（图13.14c）。需要着重注意的是，尾端处要很坚固，以防止扣环跑出来。这种方法并不能作为一种耐用的纽扣闭合方法，所以只是用在一些受力小的服装部位。

纽扣的加固方法

　　所有的纽扣和扣眼部位都应该进行加固固定，以防止面料拉扯。在那些单层面料的服装中，圆形布片的黏合衬或者本身面料应该放在背面纽扣的下面，因为这些部位容易产生拉力。

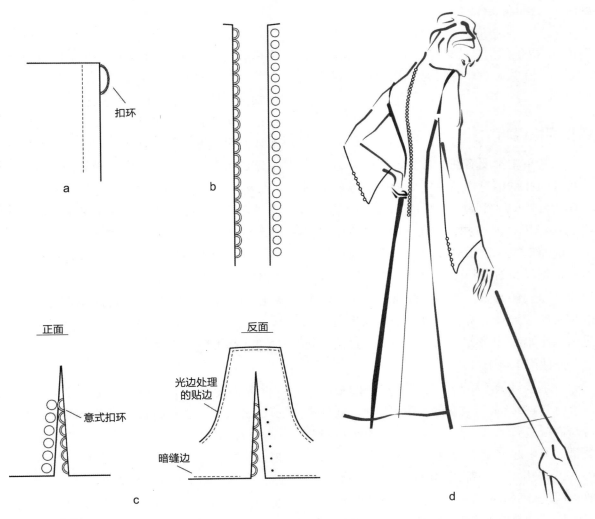

图13.14　扣环

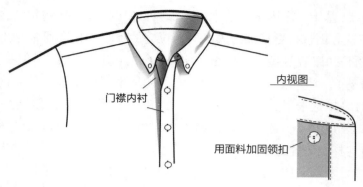

门襟内衬

内视图

用面料加固领扣

图 13.15 纽扣和扣眼的内衬

XYZ 产品研发公司 材料清单							
产品／描述	内容	位置	供应商	尺寸	效果	数量	最小起定量
878G 纽扣， 动物角，四孔		前门襟（8） 克夹（4）	Bee Button	18 莱尼	亚光	12+1	12 罗
878G 纽扣， 动物角，四孔		袖衩（2） 领子（2）	Bee Button	14 莱尼	亚光	4+1	12 罗

图 13.16 纽扣规格说明

图 13.15 提供的信息就是需要加黏合衬部位需要注意的。在衬衫中，内衬是放在领口位置的内侧。

纽扣规格说明

工艺单中都要有纽扣位置的说明，包括一些特殊纽扣的信息以及所需要的所有细节也都要列在材料页的目录中。图 13.16 展示的是一件男式衬衫风格的纽扣，与图 13.15 中的样式相似。Bee 纽扣公司为 XYZ 的产品开发提供样品册，根据样品册选择纽扣类型，样品册上也给出每种纽扣的数量。这些扣位信息说明了每个部位的纽扣数量，所用的纽扣大小也是用莱尼表示，比如说 18 莱尼。纽扣有时候经过消光处理，更适用于男士衬衫。

最小起订量（MOQ）这一栏展示的是依据供应商 Bee Button 所要求的最小起订量。起订量可与商家进行商榷，最终取决于订购纽扣的总数量，最小起订量必须要精细地计算，以免发生额外费用。纽扣都以 MOQ 为单位，比如 10 罗（1 罗 =12 打）。举例来说，如果最小量是 50 罗，那么就要购买此数量的纽扣，不管是否需

要用这么多。如果一个服装订单是 1 200 件女士衬衫，每件衬衫上有 6 颗纽扣，根据这些信息仔细核算是否与最小起订量相符。

如果纽扣已经量化，那么每一种色彩设计都要与最小起订量相匹配。对于拥有大型生产系统的大公司来说，这完全没有问题；但对于一个小规模的公司来说，规定最少量这个环节上就显得很重要，例如，大批量生产的服装中用到的纽扣都来源于同一家工厂。

在产品开发阶段，通常都有替换纽扣，而且都会按照样本做好。纽扣供应商也会制作一些纽扣样品，提供给公司进行展示销售。

D 型金属环和套环

D 型金属环（图 13.17）是一种调节系带细节的金属环。这种金属环用在雨衣上，用来收缩袖口，调整雨衣腰部大小，以及用在一些其他细节的调整上。

套环（图 13.17b）有两个扣环，其中一个是扣在纽扣上的。这种套环主要用在厚重面料的服装上，比如皮草、天然毛纤维，或者外套，

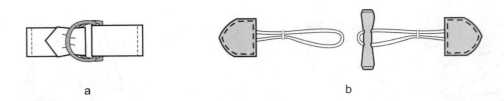

a   b

图 13.17　D 型金属环和套环

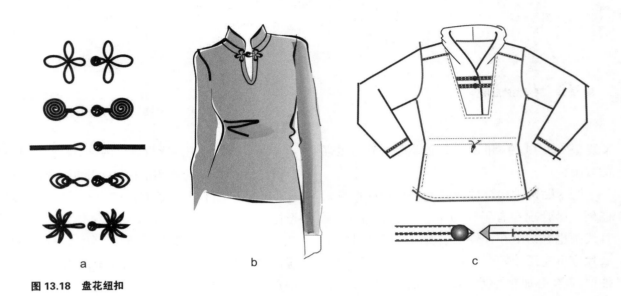

a   b   c

图 13.18　盘花纽扣

因为这些衣服都比较难钉扣眼。

盘花纽扣

　　有一种系扣的方法既有功能性，又具有很强的装饰性，叫做盘花纽扣。实际起到系合作用的是纽扣和扣环。盘花纽扣通常是用绳线、斜纱布绳制成的；制作扣柄的材料和纽扣的材料相同。这种纽扣样式最早出现在中国传统服装中。

　　图 13.18a 所示的是盘花纽扣的一些种类。最中间的直线形纽扣是最简单的。图 13.18b 所展示的毛衣在脖颈的位置上用到了盘花纽扣。图 13.18c 是直线形盘花扣的制作原理，该原理也适用于其他类型纽扣的制作。这个示例说明了对于门襟上的系扣来说，常用的绳线被装饰性的缎带所取代，结扣也被圆扣所代替。

系带

　　系带是指用绳带、织带、缎带穿过孔眼、锁环、挂钩或者扣眼的系扣方法。这种方法可以作为一种装饰性的门襟。这种系带经常只有一端是固定的，所以不能在前中全部用这种方法。

　　这种系带方式也经常用作塑型装置，合体的设计，或者类似褶裥效果（图 6.18），这种系带会拉紧，并在顶端或者底端系住。

魔术贴（维可牢搭扣）

　　标准的魔术贴（也叫做维可牢）包含两个边条，一条是梭织带黏钩的边条，另一边就是梭织或者针织黏扣。扣合时需要的力度很小，尤其对于那些行动不便的人来说，这种方法更有用，因为在扣合的时候不用盯着看。这种搭扣可以用在克夫、领子、袖口滚边等类似可拆卸的部位。在一些童装上，魔术贴的应用也很普遍，主要是因为这种扣合方法对于儿童来说容易操作，而且打开魔术贴时，会听到撕拉的声音，便于判断是否打开。

　　根据服装扣合时所需要的抓合力选择不同扣合强度类型的魔术贴。对于那种中心交叉的

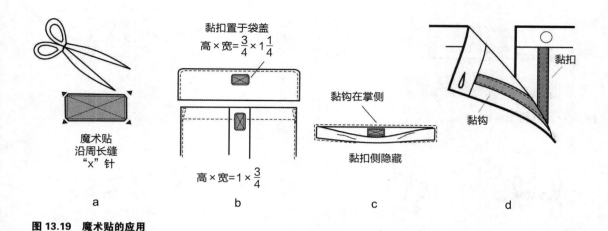

图 13.19　魔术贴的应用

黏扣置于袋盖
高×宽=$\frac{3}{4}$×$1\frac{1}{4}$

高×宽=1×$\frac{3}{4}$

魔术贴
沿周长缝
"x"针

黏钩在掌侧

黏扣侧隐藏

黏扣

黏钩

a　　　b　　　c　　　d

X 线型（图 13.19a 和 b），有必要用附着力很强的嵌条。

　　魔术贴这种扣合件，其缺点是物件本身太僵硬（尽管现在有了较为柔软的扣合件），而且线头也容易卡在挂钩上。所以，熨烫时两边衣片应事先摆放好。在有些部位使用这种扣合件时应该更加精细小心，比如裤子门襟（图 13.19d），这种裤门襟仅仅是用黏合扣粘在一起，而不具有功能性。魔术贴不适用于一些特殊的面料，比如服装中有毛圈边或者蕾丝边，就不适合用这种扣件，因为毛圈边会黏在扣合件上。

　　还有一种魔术贴的组合方式，是在贴边的同一面把两者缝合在一起。这种组合方式摸起来更柔软，而且比常规扣合件的抗起绒性强。

　　对黏钩和黏扣进行分类时应考虑各方面的因素。其中一个因素是拐角处的锋利程度，如果太锋利就需要把四周的尖角剪掉（图 13.19a）。对于童装来说，热切形状的魔术贴也有几种分类，比如没有棱角的圆形或者椭圆形。

　　把黏钩和黏环缝在接触皮肤的那一面时，缝线迹应该隐藏，或者藏缝在面料层中间。图 13.19b 中将黏扣的四周缝在袋盖上，这样更牢固。基于美观的因素，只能缝在袋盖背面，这个细节的详细说明见图 13.19c。

拉链

　　拉链最早出现在 19 世纪末期芝加哥世界博览会上，并在第一次世界大战之后广泛使用。拉链是一种常见又实用的配件，尤其适合用于比较厚重的面料上，还有裤门襟和外套上。隐形拉链的使用则更加普遍。

　　因为拉链比较僵硬，所以不太适合用于轻薄面料。另一方面，尤其对于修身合体服装，特别是针织类服装来说，拉链比纽扣更适用，因为拉链不会有缝隙。图 13.20a 中的这件服装，在开合处用的是纽扣，从图中看出，服装前门襟处有缝隙。再多加几粒纽扣可能会避免这种情况，但是对于穿脱衣服来说就不太方便。在图 13.20b 中的这件使用拉链的服装，拉链处很平滑，而且不会有缝隙。对于设计师来说，在选择最佳设计方案时具有一双慧眼是至关重要的，细节设计会让服装风格更为统一。

常见的拉链类型

　　图 13.21 展示的是最为常见的两种拉链。闭尾拉链常用于裙子、牛仔裤，以及领口开口的上装中（图 13.21a）。这种拉链同样也用在口袋上。

　　开尾拉链（图 13.21b）常用在服装的前门襟或者外套（图 13.21c）上。这种拉链同样能用在一些服装局部，比如兜帽、袖子、裤腿，这样能增加服装的功能性。

　　开尾拉链不适合用在后背开合的上衣，因为那样很难把拉链拉上。学习开尾拉链的使用对于幼童而言是一个过程。把拉链的拉锁头插好对准，对于成年人来说是很容易的，在美国，

图 13.20　拉链与组织的对比

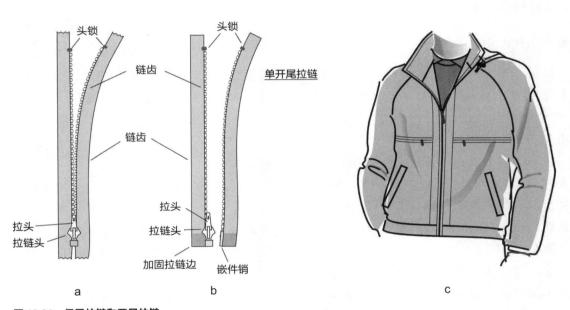

图 13.21　闭尾拉链和开尾拉链

无论是女装、男装，还是童装，拉链都是从左边插进右边的。如果拿到一件衣服，拉链是从右侧扣向左侧（可能会是欧洲生产的服装），穿衣服拉拉链时，手指会有点不习惯。基于上述原因，对于前门襟的开尾拉链进行规范说明时，左侧插入是一个重要的信息点。

　　图 13.22 展示的是一件夹克，通过拉开袖子上的拉链，就可以改成一件马甲。

拉链的规范说明

　　材料清单作为工艺单的一部分，也包含了一些拉链的说明信息（图 13.23）。拉链包括很

图 13.22　拉链可拆卸袖

XYZ 产品研发公司 材料清单								
产品／描述	位置	供应商	拉头	拉头后整理	拉链边颜色	环扣后处理	长度	数量
CFO-56-DA, LEFT INSERT	前门襟	YKK	DA		580	EL-BLK-2	25"	1

图 13.23　开尾拉链工艺单

多组成零部件，所有这些零件都要在工艺单中说明清楚，包括拉链种类、链齿数量和形状，拉链闭合后的外观以及功能。图 13.23 的表中所描述的拉链细节是用在服装前门襟的拉链信息，图表中用来举例的拉链也叫吉田拉链，是一种高品质的拉链品牌。

拉链的组成部分

拉链包含三大部分：链齿、拉链边（布带）、拉链头。

链齿

拉链链齿可以是环扣，或者是金属的，或者是塑料的。环扣链齿是最轻巧的一种链齿，这种链齿一般用在半身裙、连衣裙、口袋，以及轻薄面料上。隐形拉链也是一种环扣型的拉链，隐形拉链拉合上时，链齿链被隐藏起来。

金属链齿都很坚固，在工装以及牛仔服装中的应用普遍。铜链齿的最大优点是耐用和抗腐蚀。铝拉链就不是特别耐用，而且也容易褪色和被腐蚀。

塑料链齿拉链在中等厚度的面料服装中应用最广泛，尤其是在冬天，塑料拉链的优势明显突出，因为这种拉链不会冻住，而且比金属拉链能更好地阻隔冷空气。还有一种更专业的拉链是密闭不透水的，主要用在水下潜水服上。

拉链边（布带）

拉链边都是经过了一些特殊处理，比如防火涂层；抗静电处理；蓝染；牛仔水洗褪色；与服装颜色相匹配；印花图案，例如豹纹图案，或者其他图案图形；反光条；再生聚酯；提花图案；还有编织条纹。

拉链边的变化形式有梭织和针织两种。

梭织拉链边比较结实，但是水洗后会缩水，所以对拉链进行预缩非常重要。这种拉链边通常是纯棉或者棉混纺的材质。梭织的编织条很少与金属链齿搭配在一起，但是有时会与环扣链齿一起用。

针织拉链边具有弹性，更适合与轻薄面料搭配使用。而且针织拉链带也只能和环扣拉链锯齿相匹配。这种拉链带的材质一般是人造纤维，所以针织拉链带不用像梭织拉链带那样需要事先进行水洗预缩。

拉链头

拉链头可是固定锁住，也可以不固定。牛仔裤上的拉链头必须是固定锁住的，不然拉链头就会上下来回滑动。衣服前襟处的拉链头也需要固定住。不固定的拉链头用在口袋上很方便，尤其是拉链水平安放的时候。这时经常用到的是活动式拉链头，这种方法既可以使手方便进出口袋，而且也能保证口袋内物品安全。拉链头拉上，拉链合起来有很好看的外观，所以拉链头也具有很强的功能性。

拉链的种类和功能有很多种。图 13.24a 展示的是一款双开尾拉链，装有这种拉链的服装可以从上下两个方向拉合拉链，让穿着者更加舒适方便。

双头拉链经常用于户外运动服中，可以有效避免热量的散失。这种拉链也常用在行李箱上。图 13.24d 中的拉链是用在那种正反两面都可穿的夹克上。

拉链与服装的缝制

拉链的缝制方法有很多种。单边拉链一

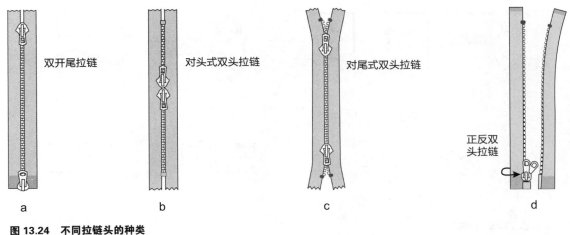

双开尾拉链　　　　对头式双头拉链　　　　对尾式双头拉链　　　　正反双头拉链

a　　　　　　　　b　　　　　　　　c　　　　　　　　d

图 13.24　不同拉链头的种类

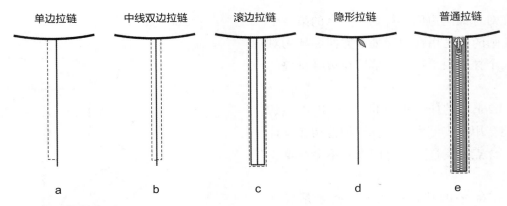

单边拉链　　　中线双边拉链　　　滚边拉链　　　隐形拉链　　　普通拉链

a　　　　　b　　　　　c　　　　　d　　　　　e

图 13.25　不同拉链的应用

般放置在裙子的左侧（图 13.25a），然后两者缝合，这样开口的一侧就会转到后面去。中线双边拉链（图 13.25b）和带滚边的拉链（图 13.25c）一般用在后中、前中，以及袖子等部位。隐形拉链（图 13.25d）常用在一些轻薄面料上。那种常见的普通拉链（图 13.25e）常用在皮革服装中，或者服装中拉链链齿是作为一种装饰出现时，会用这种拉链。图 13.25b、c、e 所展示的方法也通常用在分离式的拉链缝制中，比如用在夹克的前门襟。

通常，拉链应该用在垂直的接缝上，服装弯曲的接缝部位用拉链会比较困难，而且会形成明显的凸起。举例说明，如果在一件单边缝份的裙子中用隐形拉链会使拉链左右两边的服装面料变形。

当拉链坏掉不能用时，这件衣服也差不多该作废了，这也是为什么一个好品质的拉链很重要的原因。

挂钩

挂钩根据其不同的用途划分，有两种不同的类型：一种是线缝挂钩，另一种是机缝挂钩。

线缝挂钩

线缝挂钩缝在衣服上时，通常要把它挂在与之相搭配的挂钩眼上，尽管这种挂钩眼有时是由缝纫线或者面料做成的。这种方法最普遍用于女性文胸背部的挂钩处，这种挂钩在服装表面看不出来。根据需要有时会用在休闲服或者工装服中，或者仅仅是设计需要。

挂钩的拉力强度比纽扣大，而且这种类型的挂钩能确保衣服边缘盖住拉链。在缝制挂钩时需要很仔细，只有这样，从服装外面才看不出挂钩。同时为了增加支撑力，缝纫时也会与内衬相连接。

图 13.26a 展示了挂钩和与之相匹配的扣环

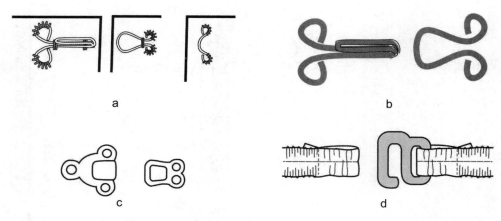

图 13.26　挂钩种类

是怎样在对称的两边固定好的。图示的第一个挂钩眼（圆的）是用在边缘处，方便和挂钩对接；第二个挂钩眼（直的）是用在边缘重叠的部位。

图 13.26b 中的挂钩和扣环则体积更大一点，这种可能会用在皮毛大衣上。这种挂钩在设计上有一个优点，就是两侧合起来时不会有重叠的部位。

图 13.26c 中的挂钩比较大，而且是扁平形状。这种类型常用在牛仔裤或者裙子的腰头位置。

图 13.26d 则是一个塑料彩色的挂钩，挂钩眼是用翻折的松紧带做成的。这种挂钩可以用在泳装上。

机缝挂钩

机缝挂钩（有时也叫做钩闩扣）是用机器缝制的，它能承受很大的拉力，通常用在牛仔裤的腰头位置，对于比较厚重的面料，这种挂钩是首选。

图 13.27 展示的是裤子前门襟以及暗扣的位置普遍用到的一种挂钩形式。这种扣眼在下面的前门襟叫做法式前门襟，多用于做工考究的裤子。裤子上的这个纽扣不是放在门襟的右边，而是在腰头的里侧用手针缝上去的。

按扣

手缝的按扣是由一对子母扣组成，这种设计便于按扣的使用（图 13.28a）。子扣缝在服

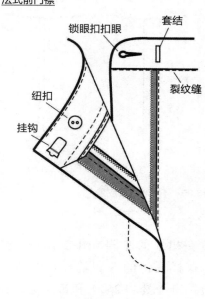

图 13.27　裤子上的机缝挂钩

装的门襟位置，母扣缝在底襟位置。子扣不直接接触人体皮肤，否则当穿着者按上扣子时会感到不舒服。这种手缝按扣也会用在某个拐角处，比如衣服前开口的地方。同样的，按扣也经常用在一些比较隐蔽的闭合部位，或者用在某些可移动的服装部位，比如连衣裙腋下的吸汗垫布。

机缝按扣（图 13.28b）由四个零件组成。这种按扣一般在运动服中替代纽扣使用，因为运动服的结构没必要完全符合人体曲线。在外套上用这种按扣可以增强穿着者戴手套时的操作便捷性。

机缝按扣使用寿命比较长，但是当把这种

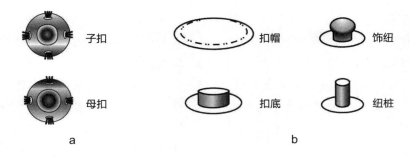

子扣　　　　　扣帽　　　　饰纽

母扣　　　　　扣底　　　　纽桩

a　　　　　　　　　b

图 13.28　按扣

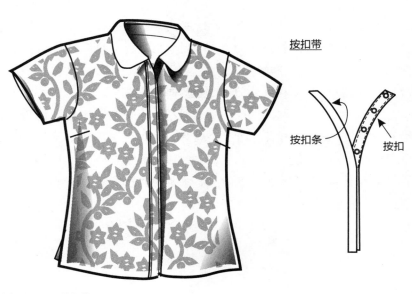

按扣带

按扣条　　　　按扣

图 13.29　按扣带

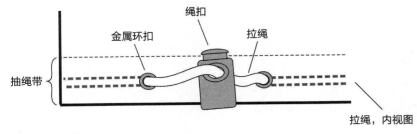

绳扣

金属环扣　　　　拉绳

抽绳带

拉绳，内视图

图 13.30　拉绳和绳扣

按扣用在衣服上时，应注意不要把按扣缝得太紧密，以免衣服皱折，同时应避免按扣的缝纫位置不合适。

　　按扣带是一对梭织边条（类似斜纹带），带条上有两排相对应的按扣（图 13.29）。用这种按扣带可以代替隐形拉链，多用在童装和运动装中，或者婴幼儿服装上。另外其他一些门襟处理也会用到这种按扣带。

　　按扣带经过水洗之后会缩水，所以在用到服装上之前，要先进行水洗预缩。

绳扣

　　绳扣（图 13.30）是一种用于调节服装大小的方法。衣服的抽绳管可以根据绳扣的长度来限定尺寸。绳扣多用在户外服的下摆以及腰部的位置，有时在行李包上也会用到绳扣。这种拉绳一般是用一种叫做弹力绳的松紧带制成的。

总结

为了能使一件服装的设计最终获得成功，设计师根据服装的设计、风格，以及市场定位挑选适合其服装的配件，这一点是非常重要的。在本章中，列举了在服装生产中各种不同种类的零配件的使用方法，并且从技术层面逐步对其进行讲解。

思考问题

1. 设计一件童装上衣，并选择两款与之相匹配的扣合配件。列举说明选择这两款扣合件的原因，以及每款列举出最少两点优点和缺点。

2. 用纽扣当做扣合配件，列举一些这种做法的质量问题。

3. 40莱尼的纽扣和30莱尼的纽扣，用英寸计量，尺寸是多大。1½英寸的纽扣是多少莱尼。

4. 一件女士衬衫需要6粒纽扣，按照这个数量来计算，如果纽扣的最低订单量是50罗，服装的订单量最少是1 200件，试问，两者的数量是否匹配。

5. 给一名坐轮椅的病人患者设计一条裤子和一件上衣。在设计的这两件衣服中，用什么样的扣合配件最合适。列举两种可行的方案，并且说明选择此种方案的原因。

6. 怎样确定扣眼的长度。

7. 当确定纽扣的位置时，需要考虑哪些因素。

8. 当决定扣腿的长度时，需要考虑哪些因素。

9. 列举出挂钩和扣环的使用细则。

检查学习成果

1. 列举在服装生产中用到的不同种类的扣合配件，详细说明每种扣合件的用法。

2. 各种扣眼种类都有什么不同。

3. 纽扣和扣眼是怎么放置的。

14

标签与包装

本章学习目标

» 了解服装产品中保养标签的相关规定

» 了解不同的服装保养方法

» 辨别标签的免标识与违规行为

» 展示如何在服装上缝制标签

» 阐述标签不同的设计角度

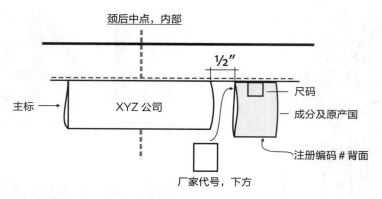

图 14.1　标签的布局

标签设计已经成为服装设计的一个重要标志。服装设计师在标签设计中充分展示自己的创造性，同时也将标签作为一种向顾客传达其品牌独特性的方式。标签以及其他服装配件的缝制方法也越来越有创意。标签在服装上的主要作用是将品牌、纤维含量，以及服装保养等相关信息传达给消费者，而不是作为一种设计点出现。

根据美国法律，尤其是纺织纤维产品鉴定法案（TFPIA）和保养标签规则，要求所有的服装产品应保持标签永久性。联邦贸易委员会（FTC）制定了与服装标签相关的所有规定。最重要的是，政府也经常更改服装标签的相关规定，因此服装制造商和进口商需要随时了解有关服装标签的最新信息和内容。

标签有很多不同的功能。主标是指有品牌标识的标签，这种标签可以提升品牌的价值，同时会传达给消费者产品的价值所在。其他的标签则为顾客提供服装尺码、面料和服装保养等信息，帮助和引导顾客去购买产品。标签中的有些内容是法律中明文要求标注的，如注册编码（RN）和原产国。其他的一些标签，比如工厂贴标等，是用来帮助公司跟踪服装的生产过程和质量问题。

标签的基本规定

标签的基本规定是指与标签相关的基本规则。服装必须要标注的信息有：

· 品牌名称

· 服装尺码

· 原产国

· 注册编码（RN），羊毛产品标识（WPL）或制造商、经销商的名称和地址

· 纤维含量

· 保养信息

此外，每个工厂也会加上自己工厂的标签。图 14.1 为标签一般的布局格式和内容。

品牌名称

品牌名称标签（有时被称为 ID 标签或识别标签）是主标。品牌名称标签在服装上主要放置在上装的颈后中点（图 14.1）和下装的腰后中点的位置。富有创意的品牌名称（名牌）标签可以提升设计的独特性，例如服装上的夹持标签（标签裹在服装下摆贴边及袖口的边缘）和旗唛（标签插入接缝）。品牌名称（名牌）标签的缝制方法有缝纫、刺绣和平面图形设计，与服装配饰和一些金属饰品相互搭配，为服装设计增添一些新情趣。

品牌标签不仅仅包括品牌名称，还体现了字体、颜色和比例的设计。这种标签设计艺术是识别服装品牌的一种比较明显的方法，同时，标签设计所采用的图案也会被广泛宣传。用在标签上的图案，公司有严格的规定，例如海军蓝为背景搭配银色字母，其海军蓝与银色的颜色必须与公司所指定的图案标准相符合。

服装尺码

对服装的整体来说，服装尺码有明确规定。

服装尺码通常所包含的尺寸有：内缝长度、服装大小码等专业性尺寸。服装尺码标签附在主标或保养标签上，顾客很容易找到。每个公司都有自己的一套尺码标准，也就是说 A 公司与 B 公司相比，女装的 M 号（中）标准很可能不同。

原产国

原产国（COO）标签对于在美国之外的国家制造的商品来说非常重要。如果这个标签不见了，可能会导致严重的损失，比如运往美国的货物被美国海关扣押之类的事件。原产国标签需放置在显而易见的位置，一般是接近主标。

总而言之，那些以遮盖或保护身体为目的的纺织品及服装上的标签，要求显示原产国标签。有一些配饰则不用标记原产国，如鞋、手套、帽子，以及其他品类的产品，如吊带、领带和鞋带等。这些品类的共同特点是：他们不是用来覆盖全身或保护躯体。面料商向服装公司出售面料时，标签上也要有原产国标签。

纺织纤维产品鉴别法案要求标签要显示三条不同的信息：纤维含量、生产商或进口商，以及原产国。在美国，这些信息必须永久地贴在所售服装产品上。在美国生产的服装可以不显示原产国标签，但通常情况下也会标上，有时也会将美国旗标签作为一种销售特色。

一些顾客对于原产国与生产质量之间的关系可能会有先入为主的观念，所以，明确产品信息很重要。一些国家因生产高品质产品而众所周知，例如，意大利以其高质量的皮鞋而闻名。然而，在当今服装产品全球化生产的趋势下，服装产品都是由不同国家的团队合作完成的。因此，很难确定一件服装的原产国是哪里，此外，遵循决策规则也很重要。

制造商决定产品的原产国是哪里。这项规定是由"产品的实质性转变"决定的。根据贸易法规第 98 章第 807 项，服装产品应标记"（服装制作公司的国家）制造"。例如，如果由 A 国家准备裁剪材料和织物，但运到 B 国组装，最终服装会被标记为"B 国制造"。

在美国，许多顾客支持本国生产商。在顾客眼中，一个"美国制造"标签会为产品增加更多的价值。他们愿意投入更多的花费来支持国内服装制造商和服装产业。美国制造商被要求在他们的服装上附上"美国制造"的标签。如果服装不是在美国组装但是在美国完成，服装应标记为"（国家名称）制造，美国完成"。

如果服装是在美国本土制造，但是原材料来自其他国家，将标记为"进口面料的美国制造"。"美国制造"只针对那些完全由美国本土制造的原材料，且原材料也来自于美国本土的服装产品。如果美国制造商使用进口坯布，在美国染色、印花和制造，那么他们也没有资格获得"美国制造"标签。如果美国和国外同时进行加工或制造，标签必须清晰地标识出两者：主要部件在美国组装。

服装零部件的缝合顺序也有一定的规章约束，参考 www.ftc.gov for further information 网站。

RN 或 WP 号码

RN 是指注册编码，由联邦贸易委员会发布。根据要求，这些注册编码是分配给居住在美国进行商业活动的居民，他们从事制造、进口、经销或销售纺织品、羊毛或毛皮产品等行业。RN 不是法律的要求，但行业可以在标签或贴标上使用 RN 代替名称，并固定在他们的产品上。

进口产品时，"进口商"可以替代制造商的名称，对于历时较久的制造商，WPL（羊毛产品标识）号码可以代替 RN。对于许多顾客来说，服装产品标签上明确服装制造商很重要，因为顾客会依据这个信息对服装产品的质量进行评估。

鉴于当前的全球化生产模式，同一类别的产品零售商有不同的承包商。在这种情况下，制造商会指定组装服装的承包商，并使用自己的 RN 以及其他号码。RN 数据信息可从 www.ftc.gov/bcp/rn.htm 网站获得。

纤维含量

纤维含量的规定可以这样解释：根据纺织和羊毛法在标签中标注各成分组成 (www.ftc.gov/bcp/edu/pubs/ business/textile/bus21.shtm)。

纤维的通用名称

根据纺织品和羊毛制品的有关条例，纤维含量必须在标签上明确标识出来。根据规定，纤维通用名称必须具体化，按照每种纤维的重量以及其重量所占百分比的大小依次递减排列在标签上。标签上所有成分的字体规格应该一致。

70% 人造纤维

30% 聚酯纤维

如果产品是由一种纤维制成，则可以用"全部"或"100%采用"的字样，例如："100%棉"或"纯棉"。

纤维的任何信息不能有误导倾向，也不能出现偏差。如果一件毛衣的纤维组成是2%的山羊绒和98%的羊毛，则不能标识为"精梳羊绒混纺衫"，除非所有标签和贴标的纤维成分的重量比例信息是一样的。.

如果是非纤维材料，如塑料、玻璃、木材、油漆或皮革等材料，材料信息不需要出现在标签上。也就是制造商不需要公布这些材料的含量信息，如拉链、纽扣、绳扣、闪光饰片、皮革片，印染设计或者任何不是由纱线、纤维或者面料制成，但是用于服装中的服装部件。

百分之五规定

百分之五规定适用于某些纤维含量少于5%或纤维掺杂在服装中，标签则不需要标识纤维名称，应标注为"其他纤维"，而不标注它们的通用名称。

免除百分之五规定

有些服装可以是百分之五规定的例外。羊毛或再生羊毛即使重量比例少于5%也必须具体化。产品中纤维含量少于5%，如果它有功能意义则需标注出其通用名称。例如：加入3%的氨纶纤维将使服装不同于其他未添加氨纶纤维的产品。在这种情况下，它需要明确标注出：

97% 棉

3% 氨纶

如果锦纶在服装中的作用是增加其耐用性，标签则需要明确标识出来，如：

97% 棉

3% 锦纶

在某些复杂情况下，非功能性纤维中单种纤维含量少于5%，但这些功能性纤维的总含量超过5%，也需要标注其比例：

82% 聚酯纤维

10% 棉

8% 其他纤维

或者

90% 聚酯纤维

4% 棉

6% 其他纤维

纤维含量免标识的要求

辅料、一些少量的装饰物、衬里（除非用于取暖）和缝纫线不需要在标签上标注出来。

辅料

用于服装和其他纺织品上的辅料，在以下部件中使用的不需要一一标注：衣领、袖口、编织物、腰带或腕带、荷叶边、嵌条、腰衬、滚边、标签、三角插片、裆布、贴边、附件和针织袜带等。

附件包括用在服装中的弹性材料和缝纫线。如果弹性材料超过服装表面积的20%，纤维含量标签上则需要标识出"不包含装饰物"。如果装饰纹样或者面料设计是面料的主要部分，也可排除在这种情况之外。

如果装饰物不超过辅料表面积的15%，则可以申请这种标签标识的免除权利，如果装饰物的纤维含量没有标识出来，则需要标注为"非装饰物"。

衣领、袖口等这类特殊部位，不论其是不是装饰物，这些部位的纤维含量都不用标注。因此，衣领和袖口上的装饰物，可不计入免除行列。

如果装饰物或服装设计超过产品服装表面积的15%，而且其组成纤维是由不同的原料提取得来，例如100%棉衬衫上覆盖着少于15%的丝绸镶滚边和刺绣，且没有任何关于其他装饰纤维的信息，标签必须显示"局部未标注"如：

全棉

不包括装饰物

或者

100% 棉

不包括装饰品

如果装饰物少于 15%，但是关于服装纤维含量信息涉及到其中一些装饰部位，则必须标记为装饰纤维。例如，在销售衬衫时要预先说明，但还是会把它标记为"丝绸装饰 T 恤衫"，制造商也应在标签上标注辅料的含量。

含有 20% 装饰性丝绸滚边和刺绣的棉衬衫在进行销售时，标签应该标注衬衫衣身以及装饰物的成分，因此，衬衫会有两个纤维成分标签：

衣身—100% 棉

装饰—100% 丝

装饰物

装饰物被定义为"由纤维和纱线组成的一种图案或者一种设计"。

衬里和内衬

通常使用衬里和内衬会有两种原因：服装结构用途和保暖作用。

结构用途：如果添加衬里、内衬、填充材料或者衬垫是出于服装结构的考量，那么不一定要标注它们的纤维成分。然而，如果厂家自愿公开这些信息，那么就必须遵循有关条例的规定。

保暖：如果衬里、里衬、填充材料或衬垫是用于保暖（包括镀金属纺织衬里和里衬，或填充材料，它们包括含量不定的羊毛），在局部某些部位需要标注出它们的纤维含量：

面料：100% 棉

衬里：100% 涤纶

或者

覆盖物：100% 涤纶

填充材料：100% 棉

如果面料和衬里或内衬是使用相同材料制成，则要求单独标注纤维成分：

面料：100% 棉

衬里：100% 棉

如果服装的外层是非纺织材料，则必须明确标注，如橡胶、皮毛或皮革等。此外，衬里、内衬、填充料或衬布仅仅是服装保暖用纺织材料。

局部纤维含量的标注

如果服装的不同部件由不同纤维组成，则每个部件的纤维含量应分别进行标注。

如果服装装饰物或服装边饰创造了服装局部独特的美，且使用了大量的纤维，那么这些纤维不能免标注。这些装饰纤维应作为一个独立的类目在标签上进行标注：

红：100% 棉

蓝：100% 聚酯纤维

绿：80% 棉，20% 丝

装饰物：100% 丝

或

衣身：100% 聚酯纤维

袖子：80% 棉，20% 聚酯纤维

标注弹性纤维

如果服装的纤维成分一部分是弹性纤维，一部分为其他纤维，则弹性纤维必须标识清楚。

标注叠加纤维

在服装的某些部位叠加纤维是为了增加这一部位的坚固性（如袜子的脚跟或脚趾），或者是出于其他目的而在服装中叠加纤维。标签可能会标明基底织物的含量，叠加纤维的名称，标签重量与基底织物的纤维量有关，也与放置标签部位的纤维含量有关：

55% 棉

45% 人造丝

脚跟和脚趾 5% 的锦纶不计入在内

绒织物

有两种标注绒织物纤维的方法，其一是可以将纤维含量做为一个整体来说明。另一种方法是将绒毛和基布的纤维含量分别进行标注。在第二种情况下，需要在整体纤维含量中明确两者的比例。

100% 锦纶绒毛

100 棉基布

（基布 60%，绒 40%）

纤维名称

无论是天然纤维还是人造纤维，纤维必须以专业名称标识。某些人造纤维必须使用专业名称，即使制造商可能会用品牌名称给它们命名。

专业名称按一定顺序排列：

醋酯纤维（三醋酯纤维），腈纶，聚丙烯酸酯类纤维，芳纶，人造蛋白质纤维，弹性纤维，氟聚合物，玻璃纤维，橡胶纤维，溶剂法纤维素短纤维（木浆纤维），三聚氰胺，金属，改性腈纶，酚醛纤维，锦纶，奈特里尔纤维，烯烃，PBI（聚苯并咪唑），PLA（聚乳酸纤维），聚酯纤维，人造丝，橡胶，氨纶，再生蛋白纤维，维纶，黏胶。

许多纤维名称被列在国际标准化组织（ISO）标准 2976：1999（E），"纺织品人造纤维通用名称"中。还有一些尽管没有在纺织条例中列出，但也获得 ISO 名称认可，包括：

海藻，碳，含氯纤维，铜，弹性纤维，橡皮筋，金属纤维，再生纤维素纤维，锦纶，丙纶，黏胶。

这些名称没有出现在委员会条例中。然而，为了满足标签上纤维标注的要求，这些纤维名称也会在标签上使用。

这个标准来自美国国家标准学会：

纽约州纽约市第 43 西街 25 号，4 楼，邮编：10036。

一些纤维名称中通常由委员会制定，它们在 ISO 标准中有不同的名称。例如，ISO 标准体系使用"黏胶"作为"人造纤维"的专业名称，"弹性纤维"作为"氨纶"的专业名称。在这种情况下，其他的名称形式都不可以使用。

如果一种人造纤维由两种或多种不同化学纤维合成，合成或者挤压前，纤维含量应标注明确：

· 它是双组分还是多组分纤维；

· 合成纤维的通用名称，按重量标准进行排序；

· 每个组成部分的比重。

例如：

100% 双成分纤维

（65% 锦纶，35% 聚酯纤维）

优质棉纤维

某种棉花的纤维含量可通过它们的名称进行识别。例如，皮马（Pima），埃及（Egyptian）或海岛（Sea Island），只要信息是正确的。

例如：

100% 皮马棉

如果衬衫只使用了 50% 皮马棉，而制造商希望在标签上（或其他地方）使用"皮马"一词，优质棉花的纤维含量百分比可以标注为"100% 棉（50% 皮马）"或者"50% 皮马棉，50% 陆地棉"，又或者"50% 皮马棉，50% 其他棉"。

如果在服装吊牌上，标注有皮马棉的信息，那么标签应重复纤维含量的信息，包括商标的使用信息，以及皮马棉的使用信息。

羊毛纤维名称

任何由羊或羔羊，以及安哥拉山羊，可什米尔山羊，骆驼，羊驼，美洲驼或骆马剪下的毛都可以被看做是羊毛。如果是被回收利用或是再生羊毛纤维，它们必须标注为再生羊毛。

特殊羊毛纤维

被列为羊毛纤维的纤维，可能通过它们特有的纤维名称来定义，如马海毛、山羊绒、骆驼毛、羊驼毛、美洲驼毛，以及骆马毛。使用羊毛纤维时，必须在标签中标注它们的比例。使用任何特殊再生纤维时，就必须标注为再生：

50% 再生山羊绒

50% 羊毛

或

55% 骆驼毛

45% 羊驼毛

或

40% 再生美洲驼马毛

35% 再生驼马毛

25% 棉

如果已经明确特殊纤维的名称，则在标签上必须明确其纤维成分，同时，在其他纤维说明中也要明确标注。如果纤维成分仅仅标记为羊毛，则特殊纤维的名称不能用于其他非必需的地方（如吊牌），也不会在服装的其他任何地方出现其纤维信息。例如，如果含量标签仅仅标注为"羊毛"，则"高级羊绒服装"这一信息不会附在必需标签或其他标签、标贴上面。

如果一件产品含有少量的山羊绒，而且制造商希望突出这一成分标识，则需要在标签上列出山羊绒的真实比例，例如：

97% 羊毛

3% 山羊绒

其他毛纤维或毛皮纤维

羊毛纤维以外的任何动物纤维都能标注为毛、毛皮纤维或其混合物。如果毛、毛皮纤维的使用多于 5%，则需要标识其动物名称。

由于技术进步，可使用杂交动物的新型毛发，安哥拉羊绒或羊驼骆马这类交配种的动物毛可通过名称识别：

60% 羊毛

40% 安哥拉羊绒

标签上的纤维商标

如果纤维名称出现在标签上，那么在成分标签上也会加上纤维商标。如果服装有纤维标签，则纤维含量必须在标签或吊牌上明确标注：

75% 棉

25% 莱卡®氨纶

如果在标注的纤维含量中没有提供商标信息，商标信息就会出现在标签的其他地方，使用商标时，纤维的通用名称必须与商标一起出现：

例如：

75% 棉

25% 氨纶

美国制造

莱卡®泳衣

莱卡®健身

产品包含的未知纤维

如果在产品整体或局部使用未知纤维，应该标识清楚其不可测量的纤维含量 (www.ftc.gov/bcp/conline/pubs/buspubs/thread.shtm)。

45% 人造丝

30% 醋酯纤维

25% 未知再生纤维

纺织品纤维含量的容差

纤维含量应根据其含量比例准确标识，对于大多数纤维（除了羊毛）来说，纤维含量比例可以四舍五入到最近的整数。例如，61.2% 棉和 39.98% 羊毛可标记为"61% 棉，39% 羊毛"。至于这种计算方法的实际原因，委员会允许纺织产品变成羊毛制品有 3% 的误差率 (www.ftc.gov/bcp/conline/pubs/buspubs/thread.shtm)。

保养标签规则

保养标签阐述了如何清理服装和清洗保养服装时可能出现的限制。由于编织标签的最低起订量 (MOQ) 很大，所以有时会选择一些质量略差一点的标签，如印染标签。如果标签会接触到皮肤，用一种缎面标签可避免其接触皮肤时的不适感。有时也会使用非织造布标签，这是最便宜的选择。

联邦贸易委员会（FTC）的保养标签条例要求制造商和进口商应将保养说明附加到服装上。这个要求已于 2001 年 9 月经过修改更新，并已生效。这项条例经过修改，与美国纺织化学师与印染师协会 (AATCC) 使用的定义与术语一致。更多的保养标签的信息和标签条例可以在 www.ftc.gov/os/statutes/textile/carelbl.shtm 网站上找到。

保养标签的规则要求：所有保养标签必须保持清晰，清洗时能牢固地附着在服装上，这项要求是考虑到服装的寿命因素；制造商是根据实验室中测验实际产品样品所有的配色结果来确定保养标签，所有的辅料和服装上的金属装饰必须能够使用特定的保养方法。

根据服装的不同性能，有不同的保养要求，例如根据服装的用途，面料和纤维的使用以及目标消费群的不同，制定不同的保养措施。服装保养是顾客决定购买服装的重要因素。

联邦贸易委员会的目的是帮助顾客了解如何遵守保养标签的要求。这项规定可以在 www.ftc.go，或者联邦贸易委员会的顾客反馈中心获得——宾夕法尼亚大道 600 号。华盛顿州，

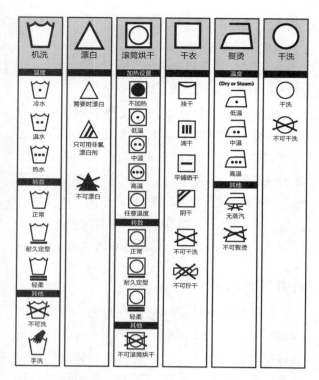

图 14.2 保养符号

来源：www.ftc.gov/opa/1996/12/label.pdf

华盛顿特区，邮编20580，或拨打免费电话1–877–FTC–HELP（1–877–382–4357）。正如前面提到的，美国联邦贸易委员会拥有特定的标签规则 (www.ftc.gov)。图 14.2 提供了保养方法的符号信息。

说明与警示

制造商应提供关于服装的说明与警示，例如：

· 必须详述关于服装保养的说明，或者提醒服装不能用热水清洗。

· 制造商应确保保养标签本身不会对服装产生较大质量的影响。

· 如果有些保养方法与标签上的说明一致，但实际上可能会损害产品，顾客则需要注意。例如，裙子上标识的是洗涤，这时顾客可认为它可以熨烫。但是如果熨烫会损伤裙子，标签应特别注明"请勿熨烫"。

· 服装上的保养标签应在服装的整个穿用过程中永久保持清晰。

合理的依据

所有的保养说明都必须有合理的依据，包

括警示提醒。这意味着制造商应提供标签上所标注信息的证据。例如，标签标识"只能干洗"，就应提供水洗会损坏服装的证据。

这种可靠的证据依赖于很多因素，例如：

· 在某些情况下，经验和行业的专业知识能够作为合理的依据。

· 一些装饰物在干洗或水洗时会受损（例如珠子）或染色，所以，应提供建议清洗的方式。

· 如果服装包含不同的分体部分，制造商应提出可靠的证据来说明服装作为一个整体进行清洗时不会有损害。

服装贴保养标签的时间

所有的制造商，包括本国和进口商，应在销售产品前加上保养标签。

保养标签的位置

保养标签可能按照下列方式附加：

· 应该放在明显的位置或者顾客在购买时容易发现的位置。

· 由于包装原因不能很容易发现标签的情况下，必须显示在外包装或在服装的吊牌上注明其保养信息。

· 附加的标签必须保持永久性和牢固性，同时在服装穿用过程中保持字迹清晰。

· 如果服装的不同部件作为一整套包装在一起，且统一进行销售时（例如一双手套），如果所有部件的标签说明相同，这一套则仅需要一个保养标签。如果套装的某一部分有不同的保养说明或者是这一单品进行单独销售，那么每个单品必须有自己的保养标签。

布匹的保养标签

对于成卷或成匹的面料，进口商和制造商必须提供清晰明确的保养信息。保养内容应适用于单卷或单匹。如果其他品类也出现在面料上，如装饰物，衬里或纽扣，保养信息可以不适用于这些装饰品。

FTC 列出的免除情况

下列服装品类不需要贴永久标签，但是在销售时会贴上临时标签。

· 正反都无口袋的两面穿服装。

· 服装可能经过了简单的洗涤、漂白、染色、熨烫等程序，或者是经过干洗的产品，只需要在说明书和临时标签上显示"水洗或干洗，任何常规方法"。

· 服装不贴任何标签，因为标签会有损服装的外观或穿用性能。这种情况下，制造商必须向 FTC 秘书以书面形式递交免贴标签申请。申请必须包含有标签的产品样品，并且递交一份完善的声明，解释申请的原因。

几项不需要说明书的品类：

· 出售给公司机构用做商业用途的服装，例如：出售给员工的制服，这种服装是员工在参与与工作相关的活动时穿用的，不是员工购买的。

· 制作服装的原材料由顾客提供。

· 完全可以水洗的服装以及零售价低于三美元的便宜服装，根据第（2）条可不用说明书。在任何时候，如果产品不再符合这个标准，这种优惠政策便自动撤销。

违规

违反标签规章的制造商和进口商，每一次违规将被强制执行高达 11 000 美元的罚款。更多关于违规的信息可参考 www.ftc.gov/os/statutes/textile/carelbl.shtm。

额外标签：工厂标签

图 14.3 显示公司向一家工厂提供的跟踪标签，这种跟踪标签提供了工厂、代理机构、购

图 14.3　工厂标签

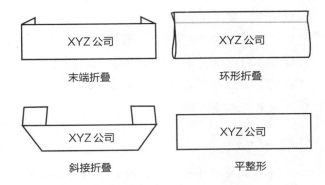

图 14.4　不同主标的应用

货单号、款号、季节和其他库存的跟踪信息。这种标签法律上没有进行规定，但对行业很有帮助，最主要的是避免质量不合格的货物出仓并进行零售。

标签的应用

主标一般有三种折叠形式：末端折叠、环形折叠（有时称中间折叠）和斜接折叠。通常设置在上衣领子的后中部区域以及夏装的后中腰线位置。

如果标签材料允许（不需要缝边），标签可以做成平面。这就要求标签由人造麂皮、塑料或其他非织造布材料制成。

标签材料

标签常用材料：

· 织造布。织造布标签由窄织机制成，提花织物和锦缎标签的质量是最高的。

· 其他材料。主标签使用的其他材料包括塔夫绸、绸缎、编织罗缎或者是印花斜纹牵条、仿麂皮和塑胶。每种材料各有自己的特点，有些适合高级定制的服装，有些适合 T 恤衫，还有一些适用于童装或运动装。

· 热定型锁边。里衬的锁边通过热定型来完成叫热定型锁边，如球帽的里衬设计。热转移标签一般用在针织物、内衣，以及其他使用机织标签会不舒服的位置。

· 可撕的商标。有些像围巾之类的配饰会使用这种商标标签，因为有时候缝制会破坏产品。这些标签可能是黏上去的，但通常情况下

仅仅用于低端产品。

· 热转移。热转移标签日趋流行，因为这种标签本身的颜色不明显（图 14.5），对于内衣和其他紧身运动服装来说是非常有用的。热转移标签也叫无痕标签。

缝制主标签

高端服装的标签不会显露在服装外部，但 T 恤衫等休闲服装例外。对于毛衣来说，除了缝制通常没有其他合适的方式来放置标签。所以缝制时，毛衣表面的缝制线迹要仔细处理，不要破坏毛衣表面。

标签位置：末端折叠

末端折叠标签通常是把标签四周缝在衣服上。操作需要非常谨慎，以避免标签的缝合线露在外面。一般情况下缝制标签的理想状态是标签的缝合线不露在外面。图 14.6a 中的标签是缝在缝边以下 1/2 英寸处，这样缝合线迹会露在外面，这时候就要用到贴边。图 14.6b 中的方法是缝制这种标签的首选方法，将标签缝制在立领的内侧，仅穿透内领，这样缝迹线就不会显露于外侧。

末端折叠标签有时仅缝制在服装的末端。图 14.7 为一款无领服装，领后以贴边结尾。这种情况下，缝迹线不会穿透外层。此图标签为缝制在后中有拉链的连衣裙上的标签。标签的对称面应嵌入边缝中。

毛衣或 T 恤衫是用末端缝制的另外一种常见的例子（图 14.8）。由于毛衣没有贴边或额外加一层面料，毛衣线头会暴露在外面，结尾处用末端缝制可以减少这种情况。

服装的标签有不同的颜色，工厂需要使用两种不同颜色的线——一种用于锁芯，一种用于穿针。在衣服上缝制标签时，需要加入少量的松量（这种情况下为 1/8 英寸）。这些松量对于水手领等类型的服装款式来说，稍微拉紧领子也不会感觉到标签的存在（图 14.8a）。这种结构的好处是：标签还可作为挂耳来使用，比如用在男士休闲衬衫上。图 14.8b 展示的是缝制在主标底部的副标。

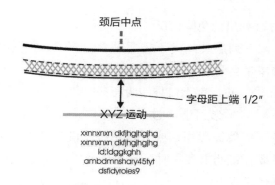

图 14.5　热转移标签

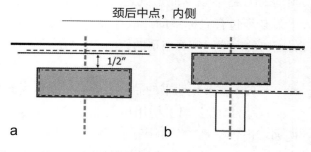

图 14.6　标签位置：末端折叠

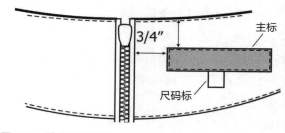

图 14.7　贴边上的标签

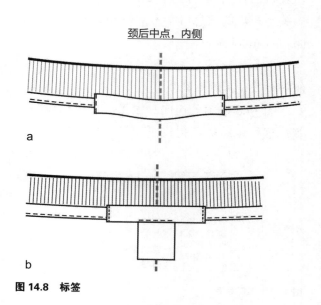

图 14.8　标签

标签位置：环形折叠

环形标签用在裤子或其他服装上，在上装中则是和贴边一起完成。在裤子或夹克上，因标签而增加的额外厚度可忽略不计，但对于一些轻薄质地的服装来说，标签可能会引起不舒适感，比如轻薄针织衫。图 14.1 展示的是环形标签应用的很好例子。

半月形贴边

半月形贴边是一种很流行的贴边形式，尤其是在贴标签的位置应用（图 14.9）。这种贴边常用在针织服装上，能避免标签的缝迹线外露。

内衣

内衣用轻薄材质的环形标签，例如缎纹，可用于质地轻薄的服装。图 14.10 展示了一件男式梭织方形短裤，标签缝制时缝纫线穿过所有面料层，从外面看不见。

外部标识性商标

一些偏休闲风格的服装，它们的标签通常在外部可见（图 14.11）。这里举一个常见的例子——Levi's，它的环形标签（也称为旗唛）缝在裤子后口袋和服装之间（图 14.11a）。常见

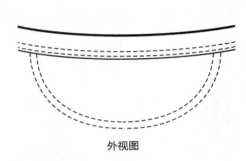

外视图

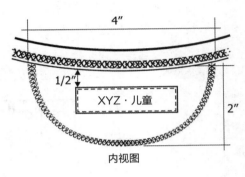

内视图

图 14.9　半月形贴边

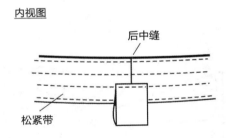

内视图

图 14.10　标签在内衣的松紧带上

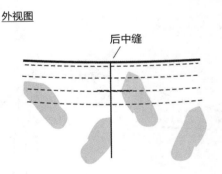

外视图

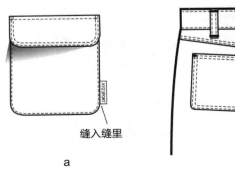

a

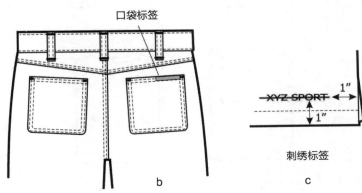

b　　　　　　c

图 14.11　标签的其他应用

标签的贴边方法是将贴边缝制在标签四周（图14.11b）。

刺绣标签通常用在服装外侧（图14.11c）。刺绣的造型有很大的设计自由度，但是不如梭织标签那样能呈现精致的细节。

吊牌、折叠说明、包装

吊牌、折叠说明和包装是产品工艺单中应包含的另外一些信息。顾客仅能看见其中一种（吊牌），由于折叠说明和包装说明会增加成本，所以这些信息只呈现在工艺单中。与标签的内容相似，吊牌也包含重要信息。吊牌除了含有通过图片和图形传递的品牌信息外，还包含颜色代码与名称等细节，这几项内容也通常作为条形码标签的一部分。

如果吊牌是由制造商来制作，则需包含商标吊牌，如纯羊毛标志标签、聚四氟乙烯、其他品牌组件，以及价格标签等。

图14.12a显示如何按照规格参数添加吊牌。通常是用安全别针和细带，或者用枪针（一种将小型塑胶带放置到服装上的机器）将其固定在服装上。通常对吊牌的连接，吊牌上的描述或款式图都有一套行业标准。但有时需列出服装产品通用的标签要求，在设计一种新的服装款式时，可以不采用以前的方法。

在某些位置并不是绝对要使用吊牌。比如一些服装如果是在衣架上被运出，而且使用挂

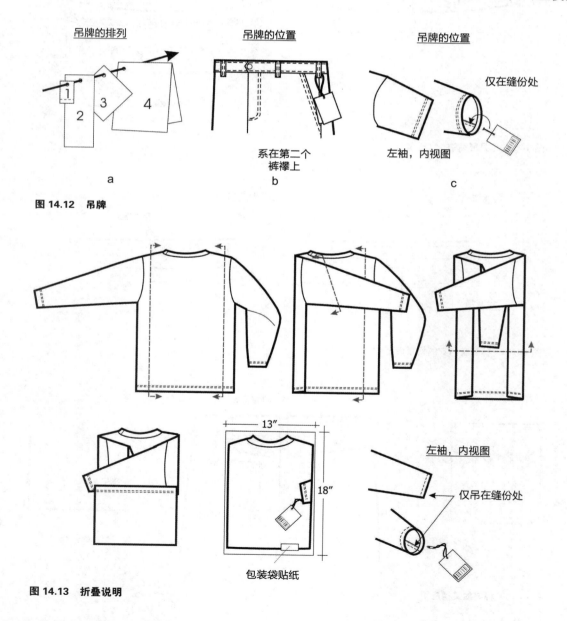

图 14.12 吊牌

图 14.13 折叠说明

衣箱（GOH）这种特殊纸箱进行包装。这种包装方法比扁平包装方法更昂贵，且纸箱中可以装进的物品较少。对于某些服装来说，例如精细剪裁的夹克衫或容易起皱受损的面料，扁平包装将会产生不易熨平的折痕，挂衣箱是专门用来包装这类服装的。

折叠说明可能出现在工艺单或其他文件里，如供应商手册等，但要注意的是，折叠方法要和指定的包装袋、纸巾、折叠夹，以及其他与服装风格匹配的物品搭配使用。图14.13是典型常用的折叠流程，折叠衣服时应将吊牌有条形码的一面向上，以确保服装进行条形码扫描后入库和出库，使得扫描条码作为库存控制的一个环节。

与吊牌的标准相似，折叠服装的说明也是一套完整标准的一部分，且在整套标准中也不需要对折叠要求进行修改，除非用在一种新的服装款式中。

总结

在本章节中，我们学习了有关服装产品标签的不同条例和要求。了解如何标记服装产品的重要性。在全球化服装生产模式下，设计师和专业人士们将标签作为一种交流方式，向团队中每个人以及购买产品的顾客传递产品信息，这也是需正确进行标识标签的原因。通过法律加强信息准确性和及时更新关于服装产品的标签法规以确保交流顺畅。对于标签和包装的法律法规清晰明了，这对制作高质量服装产品来说很重要。具有创意性的标签和吊牌成为一种发展趋势，这也为产品本身创造了更多价值和适销性。

思考问题

1. 带三件衣服（衬衫、裤子和裙子）到教室，依据以下几点分析每个标签：

   a. 列出所有标签及标签款式。

   b. 分析成分标签和保养标签，分析它们是否可以兼容。

   c. 列举放置标签方法和位置。

   d. 列举标签上一些有趣的设计特色。

   e. 列举每个产品的原产国。

   f. 根据美国法律、纺织纤维产品鉴别法案和保养标签规则，列举一些缺失的标签。

2. 为少女设计一件基础T恤衫。制作出所有产品相关标签，需列出标签材料、添加方法和位置。

3. 访问网址 www.ftc.gov/bcp/rn/rn.htm，为在美国5个不同的服装公司获取RN数据。

检查学习成果

1. 列出服装产品标签的一般要求。

2. 列举有关原产国的基础规定。

3. 列举添加标签的10种方式。

第 15 章

人体尺寸、服装尺码和推板放码

本章学习目标

» 了解测量服装产品的有关细则
» 练习测量不同的服装品类
» 了解服装的制作规格
» 向顾客解释说明服装的不同尺码标准
» 以书面形式或口述形式传达工艺单中的尺码和规格
» 了解有关的合体性问题
» 理解推板放码的相关规则

此章包含针对不同服装品类，如上装、下装、内衣、帽子和袜子等的测量指南。测量指南提供如何进行测量的技巧以及所需工具，同时讲述了一些特殊的测量技法。

准确测量是至关重要的，关乎服装的合体性。设计师要明白测量准确性的重要性，并且能够清楚表达自己的期望。

此章也包括如何保存合体测量记录和合体测量评价。探讨根据性别和年龄的不同，对应的各种目标市场的尺码表，其中包含着各自的推板码。

如何进行测量

当人们的设计理念首次被制作成服装，意味着出现了第一个服装原型样板，这是件非常值得高兴的事。有时工厂会对第一个原型进行很精准的解读，使之完全适合尺码模型，并且在其他方面也无需修改。但这仅仅是理想状态，在更多情况下，原型的一些细节需要重新定义、修改。或者，如果是工厂出现失误，则需重新制作一个规格正确的原型。

对一个新原型进行仔细测量，不仅是检查尺码是否正确的一种方式，也是一个审视整体外观、检查缝制质量的机会，同时也可以确保尺寸比例的细节以及制作方法的正确。不同的场合，人体尺寸会有差异。比如，你与家人或朋友在一起度过新年时的身体尺寸，与除夕夜为满足交付日期而在办公室加班时的身体尺寸是有差别的，可以通过有效测量得出在这两种不同情况下的差别。注意，严格遵守交付日期是设计师最重要的工作职责之一。

因此，第一个原型必须仔细测量，并且需依据具体数值检查所有的版型细节。原型需要在真人模特或服装人台上试穿，并且需要及时更新规格表以反映版型变化的需求。这一步骤与测评都是过渡到商业化过程中的重要步骤。每个样品都要测量，记录为"试穿记录"，这是依据工艺单与测量点对每个样品进行检查。这种检查也是判断工厂是否理解测量方法和测量要求的机会。尺寸不合格可能是由诸多原因造成的，也许是样板错误、缝制错误、服装设计的不得当、规格错误或者是由于这些失误和其他因素的结合。评估样品是一个按照要求反复进行比较的过程。测量的正确性和一致性对于服装合体性来说是必不可少的，而且在分析服装测试评论和对服装原型进行修改时，正确的测量也是非常重要的。除了设计部门，生产工厂和质保部门的所有测量必须采用相同标准，这样才能保证结果一致，保证他们彼此之间的交流可以顺畅进行。

测量的设定

测量的基础要求是将服装平放在桌子上进行。测量不同类型的服装用到的工具将在下面进行一一说明。

桌子及表面要求

服装必须平放在桌子上，不能悬挂在桌子边缘。桌子的高度要适中，表面要平滑，桌子最好不是软木或布料织物等材质的，因为这类材质不利于服装完全平放在桌子上。

软尺和测量规则

测量服装时主要的测量工具是软尺。应使用有玻璃纤维涂层材料的软尺，这种材质的卷尺稳定性好。当软尺边缘开始弯曲或卷曲时，那么要用直尺校验其准确性。比较短的直线距离可以用直尺测量，包括袖口、口袋及领子等细节。

其他工具

基础工具包括：
防护用胶带（1/4 英寸宽）
裁缝用画粉
大头针
安全别针
透明格尺（衍缝尺）
L 形直角尺
SPI 针脚计数器
根据具体产品的测量范畴，通常需要：
· 毛衣：针脚计数器用于校对量规和重量。
· 袜子：全国针织品制造商协会（NAHM）

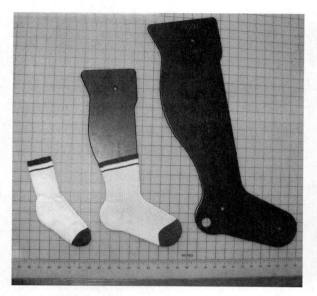

图 15.1　NAHM 袜板

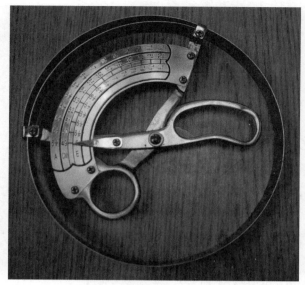

图 15.2　帽子测量工具

袜板采用的是样品尺码。试穿袜子并不是用模特试穿完成。而是在 NAHM 袜板（图 15.1）上试穿，直到确定袜子的尺寸大小，可获得从 3 到 16 的标准尺码。大多数人知道他们鞋子的尺码，但是很少人知道袜子的尺码（表 15.15 是相匹配的鞋和袜子尺码的图表）。

图 15.1 中最左侧是儿童袜，中间为与之相对应的 NAHM 袜板；图片右侧是成年人的尺码袜板；比例有些滑稽（更像卡通人物被蒸汽压路机碾过），但是袜板很实用，可用于测量脚上、脚裸、腿部的袜子是否穿着舒适，如果袜子的样品在 NAHM 袜板上不易穿脱，必须再在另一个尺码的袜板上试穿。NAHM 袜板也是以试穿为目的的模型，作为一种服装试穿方式出现。袜板上脚跟的洞眼（图 15.1）表示提针孔的落点。

帽子：帽环是一种弹簧装置，用于测量帽子内侧的尺寸。它看起来有点像一把剪子，当把它安置在帽圈内侧时，帽环开始收紧，尺码可以从标识的校准数字获得。图 15.2 是一个帽环，使用厘米作单位来标识帽子内侧的尺寸。

有时，每次测量服装的方法可能不同，但是可以通过实践协助建立一套标准的测量技法，从而得出一致的结果。

准备

新的服装原型在进行测量时，必须避免对它们有拉伸的动作或者其他一些类似的失误。所有的服装测量都应在评估之前进行，这样就可以测评出其尺寸是否合格。尤其是针织服装，它们服装尺寸在穿着前后会发生很大变化，因为针织面料可以伸展，所以尺寸也将不准确。

把服装平铺在桌子表面，然后从朝上的一面开始测量。首先要轻轻拍打服装，使之平整不松垮，而且不拉伸或提拉，从反面可以清楚看到衣服平放时出现的问题和服装褶皱。

上衣侧缝位置需要仔细抚平，以确保标识肩高点（图 15.3）的位置准确，没有前后移动。在第 4 章中描述了肩高点的信息，在这里会重复检查其位置。肩高点是服装侧缝对准时服装自然折叠的点，用别针或粉笔标记这个位置，为后续测量提供参考。例如当服装反穿在女装人台或模特身上时，或当测量连帽式服装时（帽子高度自肩高点测量；见图 15.18a），这个肩高点的标记很有用处。图 15.3a、b 和 c 显示肩高点是在装领线上。如果一件服装没有领子，就要测量"至边缘"。

服装的门襟处要处理好，比如拉上拉链，扣上纽扣。横向扣眼的纽扣应拉紧扣眼，像浴袍这类没有纽扣或者拉链的服装，应在工艺单中将其门襟的搭门量具体列举出来（如互搭多少英寸）。背衩处应处理平顺并贴边，或者用别针别好。开衩应位于对襟处。因为毛衣挂在衣

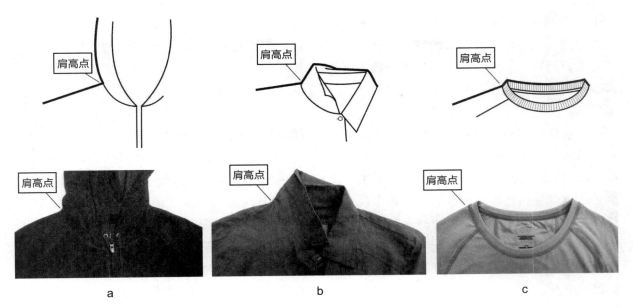

肩高点 肩高点 肩高点

肩高点 肩高点 肩高点

a   b   c

图 15.3 标记肩高点位置

架上容易发生变形，许多针织服装也是这种情况，尺寸就会存在差异，所以应把这类服装折叠起来放置。

测量步骤

根据规格表的顺序，按照以下测量步骤完成测量：

1. 把卷尺放在测量起始点并紧紧按住。卷尺在服装上从起始点到达结束点，在测量时间隔地按压卷尺，同时按压终点以确定尺寸。测量最近的 1/8 英寸。

2. 用铅笔在评估表上记下样品尺寸。

3. 测量时皮尺要经过所有测量点（POM）。

4. 测量时，检查所有测量点是否清晰，工厂也应该了解这些测量过程。假如测量点是从肩高点除去前领围，那么就需要明确是否应测量到缝线边或衣边。在必要时添加说明。图 15.4a 中展示的是领口测量时可能出现的一些疑问。在图 15.4b 详细地列出了测量点。

5. 将手工测量的数据与工厂的尺寸数据相比较，以确保生产工厂能理解这些数据。例如，如果领宽规格是 7 英寸，样品尺寸是 8 英寸，这种误差可能是由于测量起止位置不清楚或工厂制作的样板稍宽造成的，这需要对其尺寸进行修改，以获得下一个样板的尺寸规格。

6. 上装只需测量一只袖子（不是两只），裤子只需测量一条裤缝。

7. 对于曲线接缝处和衣边，卷尺要尽可能小心地沿着接缝处移动，或沿着衣边移动测量。测量时不要拉伸或调整曲线。

立裆、领口和袖窿的外形应准确体现样板的形状，同时，弯曲程度应和样板相同；

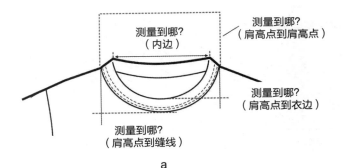

测量到哪？
（内边）

测量到哪？
（肩高点到肩高点）

测量到哪？
（肩高点到衣边）

测量到哪？
（肩高点到缝线）

a

编码	身体测量点	规格
T-P	前领深，到接缝	4 $1/4$
T-Q	后领深，到接缝	3/4
T-R	领宽，接缝到接缝	7 $1/2$

b

图 15.4 清楚理解测量点

图 15.5 为袖窿形态的曲线。对于工厂制作样板来说，曲线也是很关键的，所以，检查样品也就是检查样板。如果服装尺寸出现问题，可能是样板的问题，这样需要工厂再发过来一个样板尺寸。

8. 直角尺寸的测量采用"落差"的测量方法，像袖窿、落肩量，可使用 L 形直角尺测量。图 15.6a 是如何使用直角尺测量袖窿落差的一个例子，也可使用普通尺子和卷尺对这个尺寸进行测量（图 15.6b），两者测量结果应该相同且都正确。图 15.6c 展示了用网格标记服装表面测量点的优点。当肩高点排列在顶部，可从中计算出袖窿差。

大透明格尺（又称绗缝尺，见图 15.7）可以很容易地测量出领深和落肩量，较小的透明尺称为 C 形透视尺，当绗缝尺的边缘从肩高点到肩高点连成一线，落肩量和前领深即可目测出来（在图 15.7 装领线位置由虚线表示），这也使得测量后领深时不用翻转服装（图 15.7）。

9. 衣边密缝的区域，把缝边卷向前片或后片，就可以从一平边到另一平边来测量腰身，不用翻转服装来测量（图 15.8）。

10. 有拉伸量的尺寸需要一些特殊的测量方法。如果在松紧袖克夫处进行有松量（图15.9a）的测量时，要从左边量到右边，这和非松紧服装的测量方式相同。相同袖头的拉伸尺

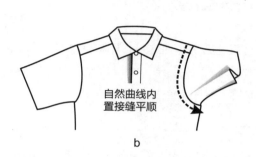

图 15.5　自然曲线内置接缝平顺

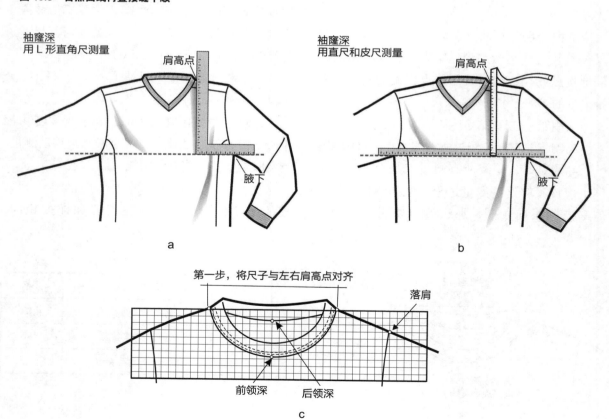

图 15.6　测量袖窿

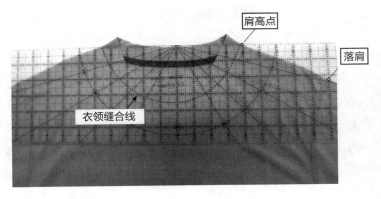

图 15.7 绗缝尺测量

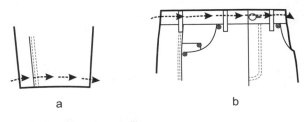

图 15.8 卷缝避免边缘松散

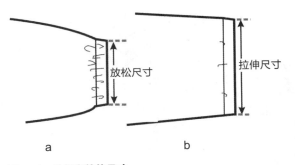

图 15.9 放松和拉伸尺寸

寸（如弹性针织衫）可以完全拉伸到面料的最大伸展量（图 15.9b）。

最小拉伸尺寸是拉伸尺寸的一种特殊形式，用于领口，比如 T 恤衫的领子。其测量方法是对服装进行充分拉伸，但缝边不能拉裂开，这样确保衣领可以扩张到合适的宽度，让头部容易穿脱，最小拉伸尺寸也是童装的一个重要标准。

11. 围度的本意就是周长，是指服装外边缘的周长。XYZ 产品研发公司与其他公司所用的测量方法一样，针织服装的围度尺寸是服装总周长，需整体测量。图 15.10 提供了一些围度尺寸的信息。测量围度尺寸时可使用半度量标尺（尺码已经翻倍）或使用计算器计算整个周长，随后记入标注页。

传统意义上来说，针织品和毛衣的尺寸是指服装两边之间的距离或指围度一半的测量尺寸。这适用于所有服装类别，如男装、女装、

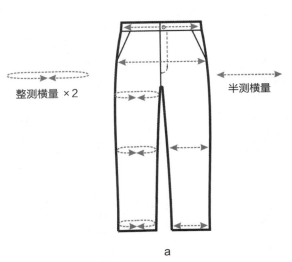

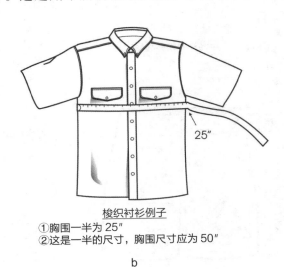

梭织衬衫例子
① 胸围一半为 25″
② 这是一半的尺寸，胸围尺寸应为 50″

图 15.10 整测和半测

童装，大多数公司也按照此步骤进行测量（图15.11）。

测量点是细节交流过程中最重要的方法之一，尤其是样板细节。每个公司都有一到两个人体模型，但其测量点与合体服装并不相匹配。容易混淆的是，裤子上的立裆测量点的终止点有的"到腰头接缝"，有的"到腰头上端"。

图15.12显示的是，规定前裆的测量终止点到腰头接缝（7英寸）。前裆长不包括裤腰头高度，裤腰头是算到裤子总长，共有9½英寸。不知为何，工厂误解这一规定，制作裤子时前裆延伸到裤腰上端，共长7英寸。甚至可以假设一下，如果这是某些低裆的服装款式的前裆长，那样的话，裤腰就会很窄，拉链也不会太长。不谈其他问题，单独这一项失误就会造成难以想象的错误，并且很难采取恰当的挽救措施。

幸运的是，通过在第一个阶段对服装原型

仔细确定测量点的位置，并且在审批工程后期中不改变测量点定位，则可以避免类似问题的发生。

对测量点而言，应避免数量太多。测量点大多数都有标准定位，但必须要添加细节的尺寸，这取决于服装版型的风格。通常，出于对所有尺寸的考量，进行这项工作时应该保证足够的测量点，才可以避免出现差错。图15.13为口袋和袋盖。图15.13a表示每个可能测量到的垂直尺寸，图15.13b表示可确定的三个测量点，且仅有这三个测量点是必要的。过度细化（图15.13a）可导致不必要的工作量或造成测量工作混乱。

XYZ产品研发公司的测量指南

以下介绍的是不同款式的上装和下装标准尺寸指南的一个例子。测量信息是基于我们虚

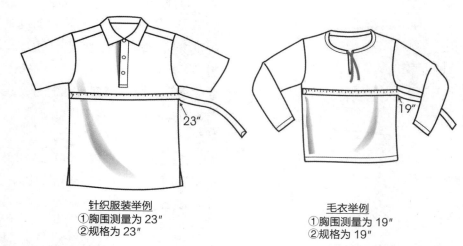

针织服装举例
①胸围测量为23″
②规格为23″

毛衣举例
①胸围测量为19″
②规格为19″

图15.11　半测：针织衫和毛衣

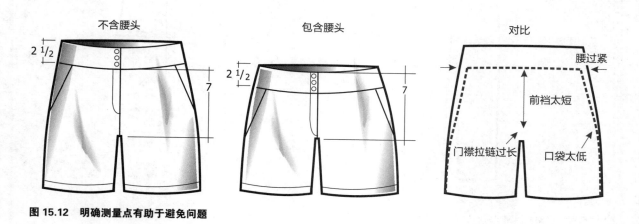

图15.12　明确测量点有助于避免问题

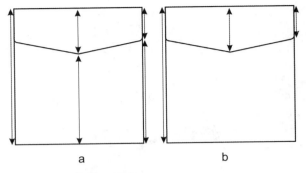

图 15.13　合理设置测量项

构的一家公司——XYZ 产品研发公司。每个公司有一套自己的测量规则，XYZ 公司研发的一套规则在行业中具有一定的代表性。

公司将其研发的标准测量手册发往制作工厂，每位测量服装的工作人员都要按照这个手册进行服装测量，以确保工厂、设计师和技术人员遵循相同方法和测量术语。尽管这套方法看起来很长，但实际上相当简单，主要集中在进行推板的测量点（变化后可产生不同尺码的测量点）。通常，测量工序是由上到下进行，测量基本点也相应的列出。

一般是从前面获得围度尺寸，除非需要用到背面具体细节的尺寸。许多背面尺寸都可从前面测量得到，例如从肩高点获得背长（当测量前身长时很轻松提起下摆，并检查背长）。图 15.7 为用该方法测量后领深的说明。在此之后，服装不需要频繁地重新定位测量点。

XYZ 产品研发公司上衣尺寸测量指南

如前所述，标记为围度的尺寸是测量梭织面料（全测）和针织品以及毛衣（半测）之间的不同。其他测量点完全相同。公司手册的序列码之间存在间隔，这一点并不是很常见，这是为了添加新测量点，删除过时的测量点而预留的位置。

基础上衣的测量点

第一套，从 T-A 至 T-O，是上衣的基本尺寸（图 5.14）。

T-A，肩宽（图 15.14a 和 c）：通过肩部的水平测量，从肩点到肩点，折叠肩部使袖窿顶点吻合。

T-B，落肩（图 15.14d）：从肩高点至肩点，测量其高度间距差。

T-C，前胸宽（横穿）（图 15.14c）：从肩高点定位，测量位置在胸前部（如距肩高点 8 英寸水平穿过胸前）。测量时水平穿过服装胸前，如图所示，从缝边至缝边或从衣边至衣边。

T-D，背宽（横穿）（图 15.14d）：从肩高点定位。测量位置在背部（距肩高点 8 英寸水平穿过背部）。测量时水平穿过衬衫后片，如图所示，从缝边至缝边或从衣边至衣边。

T-G，袖窿深，装袖，连身袖，或鞍形袖（图 15.14a 和 d）：从肩高点测量至腋下点，直角交叉测量。

T-H，胸围（图 15.14a 和 c）：从一边测量至另一边，水平穿过胸部，低于袖窿 1 英寸。

T-I，腰线位置（图 15.14c）：从肩高点测量至腰线位置（如规格中所述）。

T-I-2，腰围（图 15.14c）：在指定的裤腰位置测量，从一侧的衣边测量到另一侧衣边。

T-J，下摆围（图 15.14a，c 和 d）：测量时从一侧衣边至另一侧衣边水平距离。对于有衬衫圆下摆或有摆衩的服装，从圆下摆弧线或开衩的顶点开始测量。

T-K，前身长（图 15.14a）：从前肩高点测量至下摆底边边缘，与前中心线平行。

T-L，后身长（图 15.14d）：在后片从肩高点至下摆底边边缘，与后中心线平行。

T-M，上臂最大围（袖肥）（图 15.14a）：从低于袖窿 1 英寸处开始测量，垂直袖中线。

T-N，肘围（袖肘围）（图 15.14b）：将袖子中点与袖下缝连接起来，然后，沿折叠处开始测量。

T-O，后中袖长，三个点（图 15.14a）：在前面测量，从后中位置装领线水平测到肩点，过肩点，最后水平测到袖口。

T-P 至 T-W 是颈部和领子的一些尺寸（图 15.15）。

T-P，前领深（图 15.15a 和 c）：按照说明，测量时，尺子从肩高点到肩高点穿过内领内宽，下至前中心装领线位置。

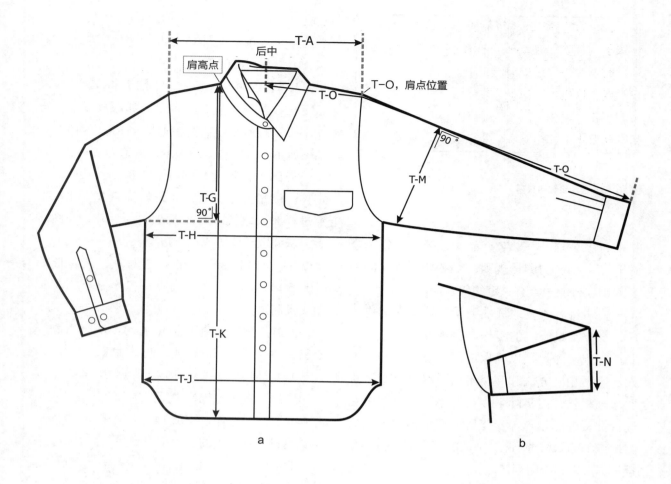

a

b

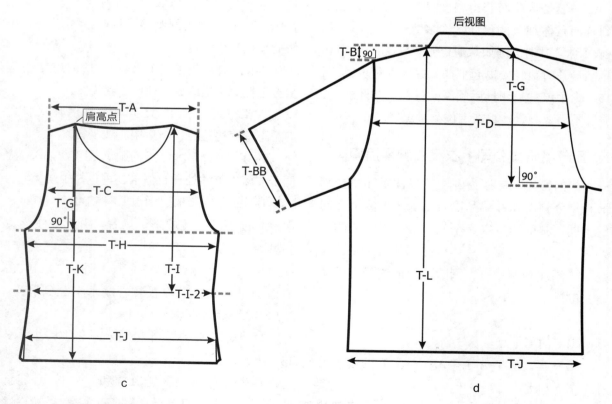

c

d

图 15.14　上衣基本尺寸测量

T-Q，后领深（图 15.15b）：放置尺子时穿过领子内领宽，从肩高点到肩高点。按照说明，测量时从后中心的装领线到肩高点～肩高点连线中点。这也可从前面测量（见图 15.7）。

T-R，领宽（图 15.15b 和 c）：测量时从左侧肩高点水平测量到右侧肩高点。

T-S，两领尖间距（图 15.15e）：所有有纽扣的地方，领子放松平放，从一个领尖到另一领尖进行测量。

T-T，底领长（图 15.15d）：将纽扣解开，并使领子平整，沿着领衬中心，从扣眼外端到纽扣中心测量，沿着贴边领座轮廓线进行测量。

T-U，后领座高（图 15.15d）：在后中心线上，从颈部接缝到衣领接缝进行测量。

T-V，后领面高（图 15.15d）：在后中心线上，从颈部接缝到领上边进行测量。

T-W，领尖（图 15.15d 和 15.16b）：把领子翻起来，从领接缝到外领边，沿着领尖边缘测量。领边缘是圆形的，测量止于领底圆弧前。

衣领款式变化与上衣驳头的测量点

图 15.16 为衣领的款式变化和有驳头服装的测量点位置。图 15.16a 为一个有前中心拉链的衣领，图 15.16b 为一个西服领。

T-P-2.前领深至第一颗纽扣距离（图 15.16b）：测量西服领，放置尺子时需从肩高点至肩高点穿过领内宽，测量时从下至最上端纽扣的中心。

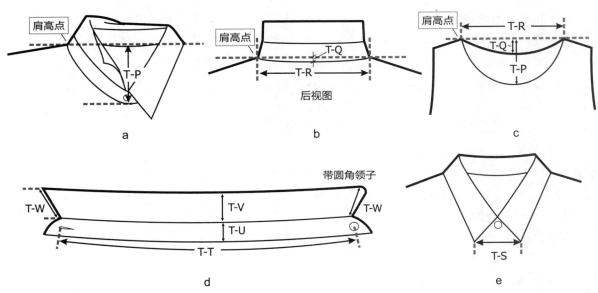

图 15.15　领子基本尺寸的变动

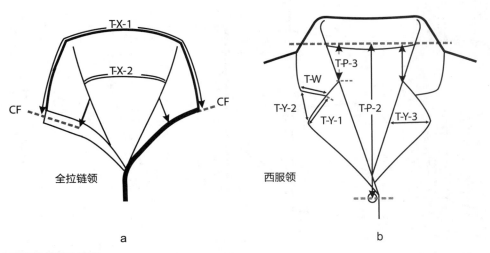

图 15.16　领子和驳头的基本尺寸

T–P–3，串口线位置（图 15.16b）：在驳口线上，从肩高点测量至串口线位置。

T–X–1，上衣领长（图 15.16a）：测量时从衣领一个端点到另一个端点进行测量，在衣领外边缘上，从前中心线到前中心线的进行测量。

T–X–2，装领线长（图 15.16a）：在领边缘上，测量时从衣领一端点测量到另一端点，前中心线到前中心线进行测量。

T–Y–1，领角（图 15.16b）：测量时从领嘴到缝边进行测量（缝边连接衣领至驳头）

T–Y–2，领嘴至领尖（图 15.16b）：测量领尖至驳头终点之间的距离。

T–Y–3，驳头宽（图 15.16b）：测量时从驳口线至领嘴进行测量，与前中线垂直。

上衣袖口和袖头的测量点

图 15.17 为下列袖头的每个测量点。

T–Z–1，平铺袖口围（图 15.17a，b 和 c）：在袖口处测量，平铺，沿边缘由一端至另一端进行测量。弹性或针织服装需保持袖口处于松弛状态。有纽扣袖头的服装，在袖口处测量时，从一边开始测量，到有纽扣且平整的一边结束测量。

T–Z–2，延展袖口围（图 15.17d）：在袖口测量时，始终保持袖口的弹性处于被拉伸状态，从一边测量至另一边。

T–Z–3，袖口接缝的袖子（图 15.17b）：对于袖口接合缝的测量，是从一个袖边到另一袖边进行测量。

T–AA，袖头高（图 15.17a 和 b）：从袖头接合缝测量至袖头底边边缘。

上衣口袋和兜帽的测量点

图 15.18 表示兜帽（a）和口袋（b）的测量点。

T–DD–1，胸前口袋位置（图 15.18b）：从肩高点测量至顶边。

T–DD–2，胸前口袋（图 15.18b）从口袋边缘测量至前中心线。

T–EE，兜帽高（图 15.18a）：标记肩高点位置，之后将兜帽装领线贴合对齐，且将兜帽放置平整。在兜帽前片测量时，在肩高点，从装领线测量至兜帽顶部的折点。

T–FF，兜帽宽（图 15.18a）：对准兜帽装领线并将其放置平整。测量兜帽最宽部分时，从后中边缘开始测量，经过前片边缘，到帽子折边处止。

XYZ 产品研发公司下装测量点

测量服装围度，对于梭织服装来说要进行全测，对于针织服装及毛衣而言，则是进行半测，毛线下装相当罕见，裙子除外。

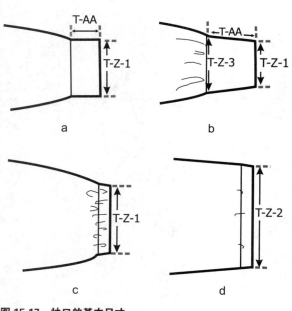

图 15.17　袖口的基本尺寸

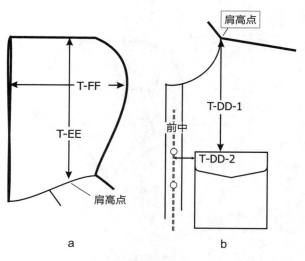

图 15.18　兜帽和口袋的基本尺寸

下装规格的测量点

图 15.19 和图 15.20 提供了裙子测量点的说明。图 15.21 表示裤子的测量点。

B–A，平铺腰围（图 15.19a 和 e）：在裤腰头上端从一边开始直至测量到另一边。收腰型腰围需测量服装上装的曲线。

B–B，拉伸腰围（图 15.19e）：对腰部进行充分拉伸，在裤腰上缘从一边到另一边开始进行测量。

B–D，前腰深，裙子（图 15.20）：裙子腰线侧缝处上翘，连接两侧腰线端点从连接线的中点开始测量，直至裙子前腰上边缘止。

B–E，后腰深，裙子（未图示）：裙子腰线侧缝上翘，连接两侧腰线端点，从连接线的中点开始测量，直至裙子后腰上边缘止。

B–G，前裆长（图 15.19a）：将服装放置平整，保持裆缝平整，从裆点测量至腰头缝。没有腰头的裤子，其测量至顶边。

B–H，后裆长（图 15.19f）：从腰头缝至裆点测量这段弧线。有三角插片的裤子，测量至其接合点；没有腰头的裤子，测量至顶边结束。

B–J，上臀宽（图 15.19d）：使用三点测量技术，在前中心线低于腰线以下 3 英寸处，以及两侧缝的腰线（前中）以下 3 英寸处进行标记，按照衣边 –CF 点 – 衣边的顺序进行测量。如果前片有褶，测量时无需铺开。

B–k–1，臀围，裤子围度（男装方法）（图 15.19b）：使用三点测量技术，在前中心线上低于腰线 8 英寸处，以及服装两衣边处低于腰线 8 英寸处做标记。在充分展开后，从边缘至边缘再至前中线进行测量。

B–K–2，高于裆点 3 ½ 处的臀围—围度尺寸（女装方法）（图 15.19c）：使用三点测量技术，稍微有点 V 形，在内缝以上 3 ½ 英寸处，沿着经纱从衣边测量至前中，再从前中测量至另一衣边。

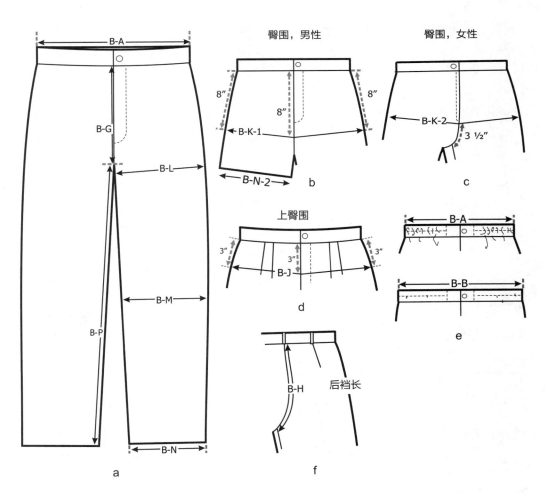

图 15.19　下装的基本尺寸

B-K-3，臀围，裙子围度（图 15.20）：侧缝在腰缝以下 8 英寸的位置进行测量，从一边至另一边之间的水平距离。

B-L，大腿根围（图 15.19a）：裆点以下 1 英寸处，沿着纬向线，从一边至另一边进行测量。

B-M，膝围（图 15.19a）：在男装裆下 16 英寸处或者女装裆下 13 英寸处，从一边到另一边进行测量。

B-N，长裤裤口围（图 15.19a）：沿裤口从一边测量至另一边。

B-N-2，短裤裤口围（图 15.19b）：沿着裤口，从一边测量至另一边。

B-O，裙底摆围（图 15.20）：沿着下摆边缘轮廓进行测量。

B-P，内裤缝长（图 15.19a）：在裤缝内侧，从裆点测量至裤口边缘。

B-Q，裙长（图 15.20）：在前中心线处，从裙腰缝测量至裙下摆。无腰头的裙子，测量至顶边结束。

裙子与裤子的一些尺寸测量技术有所差异。

裙子臀围的测量方法是采用直线尺寸法，而裤子是采用三点尺寸法（图 15.20）。裙子需要测量前腰深和后腰深，而裤子使用立裆尺寸来规定如何上抬或降低裆部，以满足合体性，所以，裤子不需要前后腰深。

下装细节规格测量点

图 15.20 说明了一些裤子或裙子设计细节的基础尺寸测量方法。

B-T，袋口（图 15.21b）：从袋口一边测量到另一边。如果有倒回针，则测量倒回针之间区域。如果镶有铆钉，则测量铆钉间距。

B-U，褶裥深度（图 15.21a）：从褶内至折边进行测量。

B-V，开衩长（图 15.21c）：从衩开口处测量至底边。

XYZ 产品研发公司内衣测量点

图 15.22 展示了内衣的基本尺寸。测量成品内衣使用半测法，围度尺寸也不需要翻倍。下面不再注释哪种尺寸是围度尺寸。

U-A，平铺腰围（图 15.22a）：沿裤腰上缘从一边至另一边测量。

U-B，拉伸腰围（无图示）：保持充分拉伸，从裤腰顶边一边至另一边进行测量。

U-L，大腿根围（图 15.22e）：在裆缝下 1 英寸处，从衣边至另一边进行测量（在直角处至侧缝）。

U-N，裤脚口（图 15.22e）：沿着裤脚底缘，从一边测量至另一边。

U-EE，内裤裆宽（图 15.22a 和 e）：沿着自然裆折叠线，从一边测量至另一边。

U-FF，内裤裆长（图 15.22e）：腰围线前

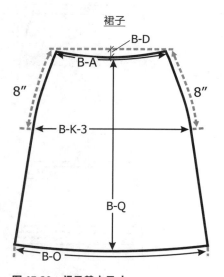

图 15.20　裙子基本尺寸

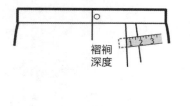
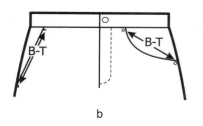
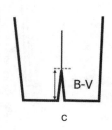

a　　　　　　　　　b　　　　　　　　　c

图 15.21　设计细节的基本尺寸

后对齐。从顶端至裆折叠线的底部进行测量，不需要对其进行拉伸。

U–GG，内裤脚口围（图 15.22b）：边缘对齐，然后平直测量（非拉伸）。

U–HH，内裤侧缝长（图 15.22a 和 e）：沿着侧缝，从顶边至裤口进行测量。

U–II，裤脚口间宽度（图 15.22a）：经过两裤脚口上点测量其间距。

U–JJ，内裤前宽，裆底以上 5 英寸（图

15.22a）：在内裤前底部，裆底以上 5 英寸处进行测量。

U–kk，内裤后宽，裆底以上 5 英寸（图 15.22a）：在内裤后底部，裆底以上 5 英寸处进行测量。

U–LL，内裤前裆缝宽（图 15.22c）：有裆缝的内裤，在接缝上，测量前接缝处宽度。

U–MM，内裤后裆缝宽（图 15.22d）：有裆缝的内裤，测量后接缝处宽度。

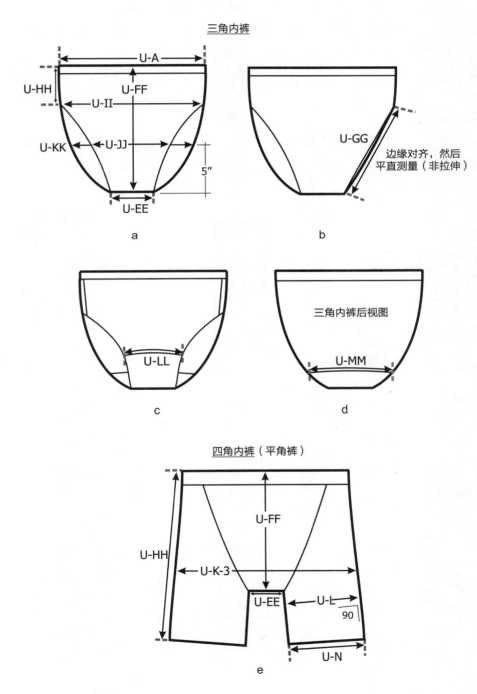

图 15.22　内裤的基本测量点

XYZ 产品研发公司袜子测量点

图 15.23a 阐释了袜子的术语，图 15.23b 和 c 展示的是袜子的基本尺寸。

S–A，袜筒长（图 15.23b）：从袜子上端开始，越过最后面的挑针洞（三角洞），测量至脚跟底。

S–B，足长（图 15.23c）：从脚趾中心经过最后一个挑针洞（三角洞）测量到袜跟终点。

S–C，袜口宽（图 15.23c）：从一边测量至另一边。

S–D，袜筒宽，罗纹袜口下缘向下 1 英寸（图 15.23c）：在罗纹下缘 1 英寸处，从一边至另一边进行测量。

XYZ 产品研发公司帽子测量点

图 15.24 和图 15.25 为鸭舌帽和檐帽的两个非常大众款式的基本尺寸。

H–A，帽顶前后长（图 15.24a 和 15.25b）：由前至后，接缝至缝边进行测量。

H–B，左右帽宽（图 15.24b 和 15.25b）：侧面至侧面、缝至缝、边至边进行测量。

H–C，侧面帽高（图 15.25a）在侧面由上至下进行测量。

H–D–1，前中帽檐、帽盖（图 15.24a）：从外圈边缘测量至接缝处止。

H–D–2，后中帽檐（图 15.25a）：从外圈边缘测量至接缝处止。

H–D–3，侧面帽檐（图 15.25a）：从外部边缘测量至接缝处止。

H–E，帽檐（图 15.25a）：在前中至后中沿帽檐外缘进行测量。注意：这是整个帽檐周长测量的 ½。

H–F，帽盖宽（图 15.24c）：沿着接缝，从一边测量至另一边。

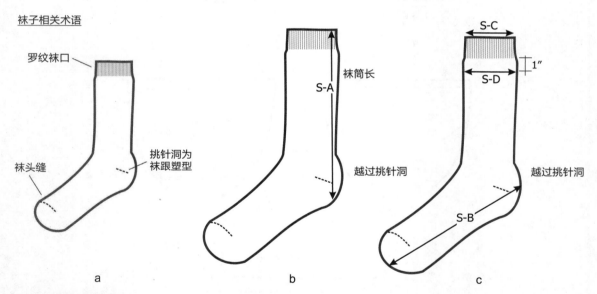

图 15.23 袜子的基本尺寸

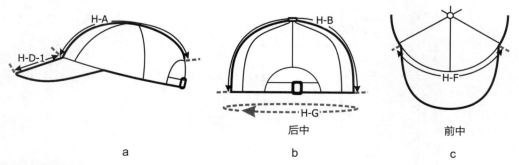

图 15.24 鸭舌帽的基本尺寸

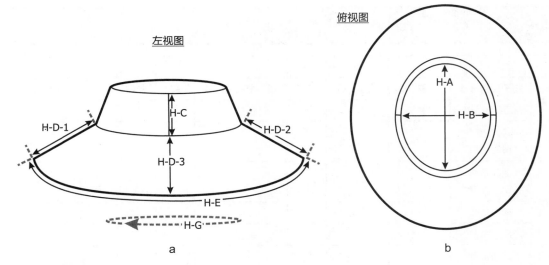

左视图   俯视图

图 15.25　檐帽的基本尺寸

H–G，内侧周长（图 15.24b 和 15.25a）：使用帽环进行测量。

工艺单的使用

当工厂制作出第一个服装原型时，服装尺寸就可进行测量，而且可以按照尺寸规格进行对比。工艺单中的对比尺寸记录在试穿记录页（见第 3 章的图 3.13）。

保留试穿记录

测量服装是评价服装的第一步。图 15.26 展示了一个简单款式的帽子，在上面标识了一些测量点和简单的试穿要求。所有步骤都具有代表性，同时，一些工序对于所有款式都是适用的，不论是一个帽子还是非常复杂的晚礼服。

在测量过程中，时刻记住"与什么进行比较？"是非常重要的，它决定着测量点是否需要调整。表 15.1 中 a 列为测量点编号，b 列为测量点描述，c 和 d 列为标准公差，e 列是样品规格，表格连同最初的样品（应检测的样品）一起发往工厂。

f 列包括第一个原型样品的实际测量尺寸，这些尺寸由设计师或技术人员测量。g 列列出的是服装每个尺寸相对于规格的偏离量。h 列备注如何进行测量编码，i 列记录下一个原型样品的

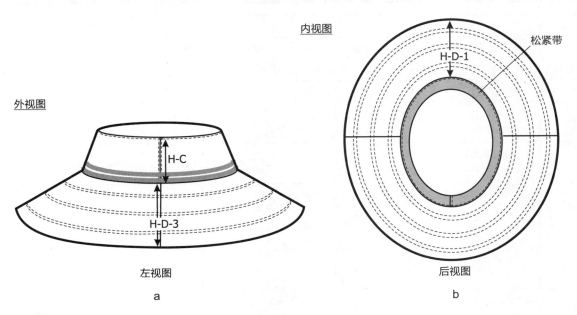

外视图   内视图   松紧带

左视图   后视图

a   b

图 15.26　帽子举例：测量第一个原型

表 15.1 XYZ 产品研发，测量记录

a	b	c	d	e	f	g	h	i
代码	帽子规格尺寸	容差 (+)	容差 (−)	规格	第一个原型尺寸	差	备注	第二个原型规格
H–A	帽顶前后长	$1/4$	$1/4$					
H–B	帽顶宽 两侧间距	$1/4$	$1/4$					
H–C	侧面帽高 （位于缝边）	$1/4$	$1/4$					
H–D–1	前中帽檐	$1/4$	$1/4$					
H–D–2	后中帽檐	$1/4$	$1/4$					
H–D–3	侧面帽檐	$1/4$	$1/4$					
H–e	帽檐周长 （一半）	$1/4$	$1/4$					
H–G	内侧周长，w/ 帽子尺寸	$1/4$	$1/4$					

尺寸。通常，工厂将自己的尺寸与样品一同发往设计公司；其信息价值在于查看工厂是否与公司采用相同的测量方法。如果公司与工厂的尺寸有很大差异，说明测量方法存在一些差别，应立即解决这个问题。

如果备注的编码或下次该做的步骤，标注为 OK，说明该尺寸合格；RTS，意味着返回最初的尺寸规格；修改，意味着要按该测量点修改原始的尺寸规格。

表 15.2 这个测量记录表，是一份填满数字的规格记录表。从填写日期我们可知样品需求是 1 月 2 号发出，第一个样品于三周后的 1 月 22 号送回，可算出平均的周转时间。也显示出样品在同一天测量，评论是在第二天日完成的。

表 15.2 XYZ 研发，测量记录

a	b	c	d	e	f	g	h	i
	测量记录			日期：1/2/XX	1/22/XX	1/22/XX	1/23/XX	1/23/XX
编码	帽子规格尺寸	容差 (+)	容差 (−)	规格	第一个原型尺寸	差	备注	第二个原型规格
H–A	帽顶前后长	$1/4$	$1/4$	$7\,1/8$	$6\,7/8$	$-1/4$	RTS	$7\,1/8$
H–B	帽顶宽 两侧间距	$1/4$	$1/4$	$5\,1/2$	$5\,3/8$	$-1/8$	RTS	$5\,1/2$
H–C	侧面帽高 （位于缝边）	$1/4$	$1/4$	$3\,1/2$	$3\,1/2$	0	ok	$3\,1/2$
H–D–1	前中帽檐、帽盖	$1/4$	$1/4$	$3\,1/8$	3	$-1/8$	修改	3
H–D–2	后中帽檐	$1/4$	$1/4$	4	3	-1	RTS	4
H–D–3	侧面帽檐	$1/4$	$1/4$	$3\,1/8$	3	$-1/8$	修改	3
H–e	帽檐周长 （一半）	$1/4$	$1/4$	21	$21\,1/2$	$+1/2$	RTS	21
H–G	内侧周长，w/ 帽子尺寸	$1/4$	$1/4$	$22\,3/4$	$22\,1/8$	$-5/8$	RTS	$22\,3/4$

测量记录非常有趣，我们可通过比较 e 列和 f 列看出：工厂将所有带边缘的帽檐制作为相同尺寸（3 英寸）是错误的。这个帽子的一个特点是在后面有外加的遮阳物，所以很明显可以看出，下一样品 H-D-2 帽檐在后中的位置需进行尺寸修正，并回归到 4 英寸的规格，所以 h 列用 RTS 标注，编码为 H-D-2。

我们将检查帽檐的所有测量点，并依据这些测量点完成制作一个原型的所有步骤。帽檐的三个测量尺寸：H-D-1，前中帽檐；H-D-2，后中帽檐；H-D-3，侧边帽檐。

表 15.4 中 g 列表明工厂生产的不合格样品的数量，计算样品规格（要求）以及初始原型（收到）的容差。

书写测量评语

除了测量评估，其他帽子样品的规格也要复查，例如：明线缝、细节和配色色卡。这些符号将写进样品评估意见中。书写评论要足够清晰地表达观点，不添加任何不必要的信息。

下面是对表 15.3 的帽子测量进行评价的例子（见表 15.3 规格），这段评语混乱不清，是过度冗长和过度简略的混合版：

"请注意，我们想对帽檐作一些修改。把样品发至工厂做参考。这个修改是对于帽檐结构而言，而非帽檐面料。帽檐 s/b 的边缘仅为一个缝边，没有任何滚边。在你对它进行检查的时候，假如你有任何问题或预见了一些可能会发生的问题，请通知我。需注意的是，在帽顶用明线缝是错误的，应采用绷缝，且缝线要集中在缝边，i/o 双针线程也如此朝向后面。必须保持绷缝的一致性。通常，帽檐底边应为蜂巢状贝壳的颜色，但用在这里是否合适呢？你是否曾尝试用竹子的颜色进行代替？这些工作内容请让我知道。弹性帽圈的内侧应为黄褐色，虽然通常的做法是用黑色。难道这是代替品吗？背部帽檐长度应为 4 英寸，但样品仅有 3 英寸，所以在下一件样品中一定改为 4 英寸"。

"后帽檐长度"已记录在测量记录中，同时，个别测量点的修正在这里不需重述，除非

表 15.3　规格对比

a	b	c	d	e	f
编码	帽子规格尺寸			规格	第一个原型尺寸
H-D-1	前中帽檐、帽盖	1/4	1/4	$3\,{}^1/_8$	3
H-D-2	后中帽檐	1/4	1/4	4	3
H-D-3	侧边帽檐	1/4	1/4	$3\,{}^1/_8$	3

表 15.4　下一个原型的注释规格表

a	b	c	d	e	f	g	h	i
编码	帽子规格尺寸	容差 (+)	容差 (−)	规格	第一个原型尺寸	差	备注	第二个原型规格
H-D-1	前中帽檐、帽盖	1/4	1/4	$3\,{}^1/_8$	3	$-{}^1/_8$	修正	3
H-D-2	后中帽檐	1/4	1/4	4	3	-1	RTS	4
H-D-3	侧边帽檐	1/4	1/4	$3\,{}^1/_8$	3	$-{}^1/_8$	修正	3

对其他的一些内容也进行了修正。

表 15.5 是一个表达清晰的测量评语，这也是第一个帽子原型的评语格式。这份评语的页面格式也更为清晰，测评语句也更为简洁。

在区域（AREA）列，已经给出了服装上的测量项目和位置。PROBLEM 列为问题，SOLUTION 列为解决方法。在之前那份不太清晰的评语中也列举了同样的问题，但更为简单的方式是清楚地写出结论和措施。在工艺单中添加一个参照标准，供技术人员参考，确保工作人员在阅读评语时能够清楚理解其所表达的含义。

在评语中使用一些特定术语，对于一些高频出现的情况很方便。

使用简短、简单的句子或短语更能明确纠正问题。已知的或经许可的缩写可在评论中使用。前中（CF），后中（CB）是既定缩写的一部分，所以这些缩写替代词都可在评语中使用，公司通常将其列在供应商手册中。如果每个人都知道 s/b 和 i/o 所代表的内容可以互相代替，这样就可以节约时间；反之将引起阅读人的困惑。如果出现严重错误，则用下画线、大写字母、粗体字及感叹号标识出。在这个过程中，工厂是重要的合作伙伴，员工都会按特定生产方式进行操作生产。假如可以按照工厂方面的建议修改一些细节，则可提高生产效率。表 15.5 提供了明缝问题的解决方法，工厂双针线缝朝向背部，因为这比绷缝更结实。评估后，对于这件帽子原型而言，无论是其功能性，还是设计性，帽子的尺寸规格都必须与样品一致，或回归到原始的明缝方法。帽子的试戴并不需要大批量在试衣模型上进行，因为它只有一个主要合体测试点，即内侧周长，但是在试戴时，也应该让头部尺寸合适的人进行试戴。服装与帽子样品相比较而言，有更多的测试点需要进行测量，但测量、评估、试穿和评论步骤完全相同。

抄板

公司通常参考其他公司的服装款式，这样可以更好地通过对实物的解析研究其服装的袖子、裤腿形状、衣领及其他细节，而非仅仅依靠杂志图片进行服装设计。这种方式可获得更精确的服装尺寸，并且可以根据公司需求进行修改调整。

有些公司则专门仿制其他公司的款式，生产出的服装被称为翻制品，是接近原版的复制品，通常采用廉价的面料和服装材料，并在批发市场以较低价格出售。

设计很难申请专利，因为设计是被大众广泛认知的，大量的设计理念在商场随处可见，或在以往的设计中能发现踪迹，很少是真正的创新。所以，在美国和许多其他国家，设计在 T 台上展示后，就被认为是公开的。色彩每个

表 15.5　帽子评语案例

评语，第一个原型		
区域	**问题**	**解决方法**
位于边缝的帽高	面线缝为 2N-1/4"——朝向背面，是错误的	恢复至 1/4"，见第一页款式图
帽檐底边	样品颜色为 A，是错误的	请将帽檐底边改为颜色 B，见第 1 页的配色色位
松紧带	样品为黑色	应为棕褐色，见材料清单页的配色总结。如果黑色是替代品请告知
帽檐结构	样品外缘有滚边，是错误的	不做滚边，整洁的完成闭合缝边。将样品发给你做参考，联邦运货号 #1234-5678-9897，请在完成修改后将它返回。见第一页完成外观的款式图

季节都不一样，设计师捕捉其瞬间的想象力和情感，附着于廓型、面料等，使服装设计焕然一新。这不容易申请专利，也不值得进行专利申请，因为服装设计在下一季度就会发生变化。虽然如此，设计的一些元素偶尔会申请专利，通常是一些服装细节或功能性设计，如防水的拉链口袋。这些申请专利的元素很少是流行元素，更多是技术性的。版权是另一种对设计进行保护的措施，这种保护措施适用于视觉或图形元素，例如商标、印花或织物图案。

若翻制品是精确的复制品，包括标签和商标的复制，这显然是违法的仿制品。由于某些高端品牌商品的需求量非常大，因此一些制造商便进行非法生产，并通过惯常的零售途径对外销售，如摊贩和其他隐蔽场所等。有信誉的零售商不会出售这类服装。

如果一个新款式进驻到商场里进行销售，且需求量大，这个款式可能会作为设计部的设计灵感。一件翻制品不能十分精确地复制原版，它更多的是经过版型的调整，然后使之符合公司样品的尺码，调整其服装外形轮廓，进行服装测量以及在人台上进行试穿，最后得到的成品能够确保吸引和适合顾客。

对于翻制品应把它与合体样品同等对待，同时，在服装测量、审查、对其进行尺寸调整并记录到工艺单中这几个方面上，翻制品应该与任何新款式都相同。图 15.27a 为原始款式——洛杉矶的一家时装店的素绉缎晚礼服。图 15.27b 是调整后的款式，采用了大众设计的理念、接缝和肩带造型，使之更适合年轻女性顾客（它的目标顾客）。同时将工艺单发给工厂，以此作为原型进行新款的加工生产。此后，其他所有的生产制作步骤都是相同的。

生产制造步骤：

· 调整胸围、腰围、臀围尺码，使其与 XYZ 产品研发的 8 码样品一致，使其更适合顾客。

· 大腿侧缝位置的深开衩在这里调整为两个稍短的侧缝衩。

· 调整领口弧线及缩小领深，保证顾客在穿着文胸时，文胸不会从这 U 型领中露出。

· 肩带稍微调整，使其不那么夸张。

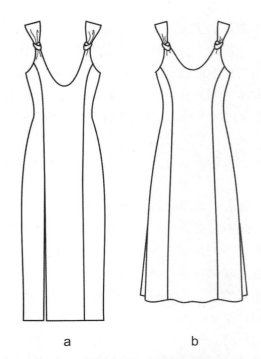

图 15.27　从原创设计师的服装修改而来的款式 (a)　适用 XYZ 的大众市场客户的款式 (b)

· 裙长稍微调短。

· 面料采用人造绉丝而非绉丝。

图 15.27a 的原始裙子是明亮的宝蓝色，在这一季度，XYZ 公司的色调板上没有宝蓝色这一色卡。图 15.27b 裙子的色彩可能是黑色或白色及淡紫色。

按这种方式进行的服装款式制作，可满足目标群体需求并达到其销售目标。

尺码表

服装有很多不同类型的分类方式，包括基于性别、身高、体型和年龄等不同依据进行分类。有些服装分类覆盖性广，有些分类具有特殊性，还有一些分类是具有商机。在整个服装行业中，每种类别的尺码设计都具有一致性，但是不同品类的服装生产商对于每个尺码的尺寸要求会有变化。

少女尺码表

少女类服装包含很多廓型和尺码，是广泛覆盖性尺码范畴的一个例子。这类顾客平均身高约 5 英尺 6 英寸，尺码范围从 2 或 4 码至 18

或 20 码。这里的"码"是什么意思？什么是 8 码？尽管每个公司的定义略有不同，表 15.6 为典型的少女尺码表。由于没有明确的法规，所以即便是刚起步的新公司就可以说"我说 8 码就是 8 码"。但是，如果他们不能给顾客提供合适的服装尺码，那么也不会很成功。基于这个原因，公司经常会采用同一领域的其他公司的尺码。

所有的尺码表上的数据代表的是身体尺寸，而不是服装尺寸。少女尺码绝大多数遵循的档差为 1 英寸。在过去的数十年里，少女尺码在逐渐向更多尺码转变。不同时代的两件相同样式的裙子，胸围、腰围和臀围的尺寸可能相同，但被归为不同的尺码。20 年前 8 码相当于现在的 6 码。这是一种尺码膨胀，通常称为膨胀尺码，我们可能不容易接受这可怕的事实。从 20 世纪 50 年代纸样指定的 8 码尺寸在现在图表中为 14 码。图 15.28 比较了两个不同年代的服装人台，图 15.28a 来自 20 世纪 60 年代，图 15.28b 来自 2010 年。他们的人体尺寸几乎

完全一致，但在在这两个年代分别归为 10 码和 6 码。还有其他一些有趣的差异，所谓的 10 码指在腰部的右下侧有更多"填充"（通过上臀）；现在的 6 码的上臀形状则更为平滑，在髋关节小 1 英寸（38 英寸而非 37 英寸），尽管如此，总比例却非常相似，臀围皆大于胸围 2 英寸多，大于腰围 9 ～ 10 英寸。

在过去，制作服装更多是依赖一个理想的标准比例。最近几年，Alvanon 公司收集了更多的信息，可以完成各种"合体款"，已经成为这一领域的领导者。基于 ASTM（原名美国材料试验协会，现为 ASTM 国际组织）的研究，他们为两款不同合体款式制定了标准和实际的服装人台模型：一种称为"直线式"，一种称为"曲线式"。因为是随机选择的女性群体，所以体型存在很大差异（图 15.29），这两种人台模型描述了女性人群中臀围和腰围的差异。

女性的身体随着时代的变化一直在发生变化，或者我们可以对差异的定义进行改进？不同种族人口对形态的定义不同，很多牛仔裤制

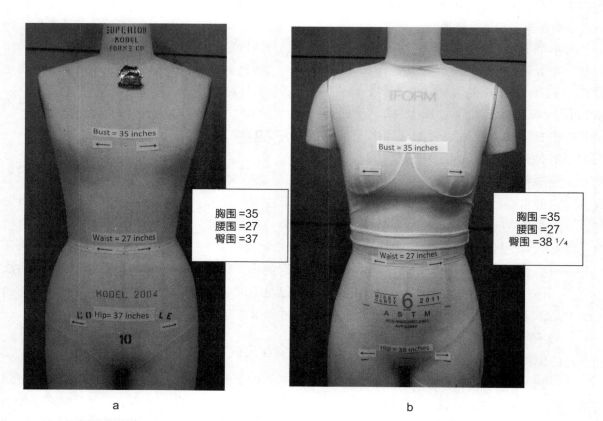

图 15.28　服装人台模型形状比较：a）1960 年和 b）2010 年

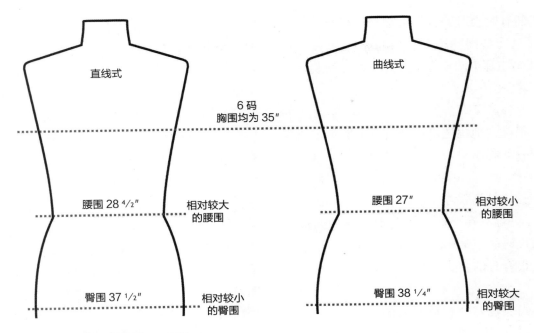

图 15.29 服装人体模型对比：尺码

造商已经开始添加这种说明。依据那些能够反映人体尺寸而随年龄变化的数据，服装公司可以通过进一步改善服装尺码来满足顾客的需求。

样品尺码

所有服装公司都会选择某一尺码来进行产品研发或样品生产。理论上，选择的尺码接近目标尺码范围的中间尺码，这个尺码最能够提供准确的成本和放码信息。虽然如此，但更多时候会选择小一号尺码，这样样品（通常放在衣架展示）会有更多买家。市面上销售的少女服装尺码为 2～18 码，10 码是中间码，但打样尺码常选择 8 码或 6 码。

从尺码表中我们可以了解很多信息。表15.6 包括两种典型的尺码标准——首字母法（遵照字母）和数值法。女装尺码里的数字表并不是指实际的尺寸，男装尺码则不一样。

注意每列字母尺码包含两个数值。用这种方法的好处是：零售商的库存单位（SKU）不用太大，这在理论上可以减少库存风险。但也有一定的弊端，如果服装是修身版型，每个人的合身尺码可能会有很大不同：例如，对于某个顾客来说可能中号太小，大号又太大。牛仔裤和其他厚实面料的裤子一定会出现这种情况，基于服装公司将自担风险，这应在字母尺码中提及，因为相当多的顾客可能找不到适合自身的尺码。

表 15.6 少女尺码表，XYZ 产品研发公司

（首字母）	XS		S		M		L		XL	
（数值）	2	4	6	8	10	12	14	16	18	20
胸围	33	34	35	36	37	$38\frac{1}{2}$	40	$41\frac{1}{2}$	$43\frac{1}{2}$	$45\frac{1}{2}$
腰围	25	26	27	28	29	$30\frac{1}{2}$	32	$33\frac{1}{2}$	$35\frac{1}{2}$	$37\frac{1}{2}$
臀围	35	36	37	38	39	$40\frac{1}{2}$	42	$43\frac{1}{2}$	$45\frac{1}{2}$	$47\frac{1}{2}$

我们有时会对购买哪种字母尺码服装产生疑惑，尤其是网购顾客。中号是指什么？10码、12码还是中间尺码？或者，这件服装是否考虑穿着者的体型？

了解公司尺码表并明确自身尺码为 12 码的人可以很确定地挑选出适合自己的服装。明智的公司一般将小号大小与 8 码相同，中号大小与 12 码相同。换句话说，要根据字母尺码分类来对应具体规格尺寸。因为有些人是 6 码、10 码或 14 码等，在字母尺码范围中找不到代表他们的尺码的字母，所以那些尺码应仅用于一些不是很合身的款式，如弹性面料的轻薄宽松款式。

尺码表也是公司放码表的一种简化版本。从 2 码到 10 码（胸围为 33–34–35–36，等）的这部分尺码，围度尺寸的数值会有 1 英寸的差别；12 码至 16 码之间的尺码，围度尺寸有 2 英寸的差别，是小码差值的两倍。

字母尺码范围中，4 码和 8 码有 2 英寸的差别，但 L 和 XL 的差值是 4 英寸。18 码的人试穿 XL 号有一定挑战性，因为她可能在这两个尺码数值的中间找到适合自己的尺码。因此，要根据面料和款式慎重选择按字母分类的尺码。依据面料和款式进行服装尺码选择，也可能并不适用于所有款式。

有趣的是：放码规则（两尺码之间的差数）也与尺码的一致性有关。如果 8 码（如 28 英寸和 38 英寸）的臀腰差为 10 英寸，对于较大码和较小码则都要保持 10 英寸档差；20 码的胸腰差是 10 英寸，4 码也与之相同。其代表所有女性人体尺寸的平均值，所以大多数女性都在此比例范围内，这也是为何所有尺码都要保持一致性的原因。图 15.30a 代表 00 至 20 码的艾尔朗身体比例。00 码与 20 码的胸、腰、臀比值（数值之差）完全相同。

其他少数人的胸腰差或多或少于 10 英寸，那么找到非常合身的服装可能困难一些。图 15.30b 显示了他们身体比例的特殊性。

不在这个尺码表之列的女性尺寸属于其他的尺寸（例如，小于 2 码，或高于 5 英尺 8 英寸）。这些人群在标准尺码找到合体的服装也会有些难度。

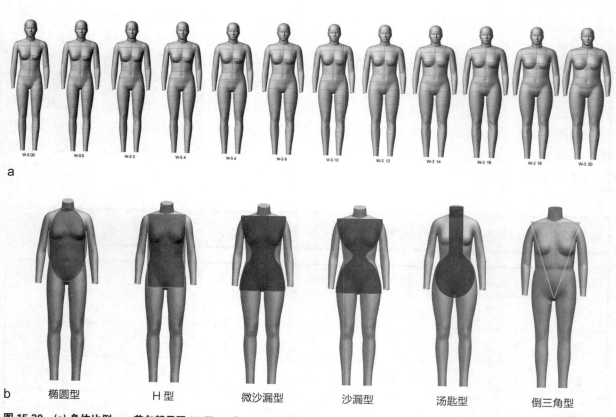

a

b　椭圆型　　　H 型　　　微沙漏型　　　沙漏型　　　汤匙型　　　倒三角型

图 15.30 **(a) 身体比例——艾尔朗尺码 00 至 20 和 (b) 试穿体型差异**

小号尺码表

小码是针对身高大约 4 尺 11 寸至 5 尺 1 寸（约 150～155 cm）的女性。少女和娇小女性与其他人体尺码的不同主要是内缝长和袖长。

表 15.7 表明小码的围度尺寸都比少女码稍小（小 ½ 英寸）。但腰臀差与腰胸差与少女尺码是一样的。娇小体型这一顾客群体对零售商很重要，因为大约半数女性的身高都低于 5 英尺 4 英寸（约 162.6 cm）。娇小体型裤子款式不仅内缝长较短，相应的档长也较短。

大号尺码表

大尺码是针对身高高于 5 尺 7 寸（约 170 cm）的女性，商标上在尺码后加 T。图 15.8 尺码表表明：2 码的女性很少是 5 尺 7 寸或者更高，所以图中表格不再显示那些尺码。由于大号尺码比少女尺码的市场小，它们通常是作为品牌销售时的一种附加服装，款式中也仅选择一定比例来进行大尺码生产。大码裤子的档长相对更长。

加大号尺码表

在美国，加大号尺码是一个正在发展的市场。字母尺码表在相邻尺码间有 4 英寸增量，数字型尺码有 2 英寸的增量。对比大号尺码来说，其尺码范围通常认为属于女性的小号尺码，也就是针对矮个子女性。

为这些尺码范围的人设计款式时，一定要明确他们的体型类型，因为这类女性往往属于不同的廓型：沙漏型、梨型、倒三角形或 H 型。图 15.9 的尺码表是标准的体型分类表，依据沙漏型体型，它的腰臀差为 10 英寸，与少女尺码表相同。公司可能对这个尺寸进行修改，以适应大码女性的体型，或者尝试通过款式的变化来满足各种顾客的需求。例如：如果较多服装款式需适合 H 型体型（腰围和臀围几乎相等）的顾客，那么可以通过增加束身腰带来解决这一需求。这样，相同款式可以适合所有体型，也包括倒三角和沙漏型。

表 15.7　小号尺码表，XYZ 产品研发公司

（首字母）	XS		S		M		L		XL	
（数值）	2p	4p	6p	8p	10p	12p	14p	16p	18p	20p
胸围	32 ½	33 ½	34 ½	35 ½	36 ½	38	39 ½	41	43	45
腰围	24 ½	25 ½	26 ½	27 ½	28 ½	30	31 ½	33	35	37
臀围	34 ½	35 ½	36 ½	37 ½	38 ½	40	41 ½	43	45	47

表 15.8　大号尺码表，XYZ 产品研发公司

（首字母）	XS	S		M		L		XL	
（数值）	4t	6t	8t	10t	12t	14t	16t	18t	20t
胸围	33 ½	34 ½	35 ½	36 ½	38	39 ½	41	43	45
腰围	25 ½	26 ½	27 ½	28 ½	30	31 ½	33	35	37
臀围	35 ½	36 ½	37 ½	38 ½	40	41 ½	43	45	47

表 15.9　加大号尺码表，XYZ 产品研发公司

（首字母）	1X		2X		3X		4X	
（数值）	14W	16W	18W	20W	22W	24W	26W	28W
胸围	40	42	44	46	48	50	52	54
腰围	$32\frac{1}{2}$	$34\frac{1}{2}$	$36\frac{1}{2}$	$38\frac{1}{2}$	$40\frac{1}{2}$	$42\frac{1}{2}$	$44\frac{1}{2}$	$46\frac{1}{2}$
臀围	$42\frac{1}{2}$	$44\frac{1}{2}$	$46\frac{1}{2}$	$48\frac{1}{2}$	$50\frac{1}{2}$	$52\frac{1}{2}$	$54\frac{1}{2}$	$56\frac{1}{2}$

少年尺码表

少年体型类型包括较大的年龄跨度，这个时期他们的体型会不断变化。通常，其身高低于成年人，胸围也小于成年人的尺寸，胸臀差为3½英寸，而在少女尺码中胸臀差是 2 英寸。

相比于少女尺码表，它的臀围和腰围差稍小，仅为½英寸。通常，这个尺码范围的服装适合少年顾客。少年尺码为单数，少女尺码为双数，这有助于识辨尺码。

男性尺码表

男性尺码有一些重要的分类方法。与女性尺码不同，男性尺码表示身体的实际尺寸，不论颈围还是腰围都使用英寸。

梭织礼服衬衣按颈围、臂长来定义尺码，有时按照总体长度定义尺码。领子是衬衫中唯一贴近身体的部位，用它能够预测胸围尺寸。为了给所有的衣领尺寸的服装提供精确的臂长尺寸，零售商的库存单位要多达 26，这样才能满足颈围为 14½ ～ 18½ 英寸，臂长在 32 ～ 35

英寸的这个范围。如果加上"大号"尺码，库存单位则为 41。优秀的男装零售商提供的身长范围为 32 ～ 36 英寸，库存单位在 87 左右。所以为了提供更好的中间尺码，商店需有大量的现货，这是为什么男士礼服衬衫的款式一直没有很多季节性变化的原因之一。

休闲与针织上衣（马球衫、睡衣和内衣）按字母尺码剪裁。相同围度男性的身高变化比其他分类的变化更丰富。所以这种身高变化更适用于短款、普通款、长款等不同长度的裤子。

男性的西装夹克按胸围尺码和身高分类，如 42 或 44。

裤子按腰围分类。臀部尺寸通常不在男子尺码表中提及，但在表 15.11 中列举出来是进行比例的比较。对于男性来说，当其胸围和臀围同为 44 码后，臀围的档差变小。女性的臀腰的标准差值为 10 英寸，而男性的为 6 英寸。这也是无性别尺码极少成功的原因，尤其是下装。由于男性的尺码数值与身体实际尺寸有关，所以向他们介绍膨胀尺码的概念会有点困难。基

表 15.10　少年尺码表，XYZ 产品研发公司

（首字母）	XS		S		M			L		XL
（数值）	00	0	1	3	L	7	9	11	13	15
胸围	$29\frac{1}{2}$	$30\frac{1}{2}$	$31\frac{1}{2}$	$32\frac{1}{2}$	$33\frac{1}{2}$	$34\frac{1}{2}$	$35\frac{1}{2}$	37	$38\frac{1}{2}$	40
腰围	$22\frac{1}{2}$	$23\frac{1}{2}$	$24\frac{1}{2}$	$25\frac{1}{2}$	$26\frac{1}{2}$	$27\frac{1}{2}$	$28\frac{1}{2}$	30	$31\frac{1}{2}$	33
臀围	33	34	35	36	37	38	39	$40\frac{1}{2}$	42	$43\frac{1}{2}$

表 15.11　男性尺码表，XYZ 产品研发公司

（首字母）	小号		中号		大号		XL		XXL	
衬衫										
颈围（数值）	14	14 ½	15	15 ½	16	16 ½	17	17 ½	18	18 ½
胸围（数值）	34	36	38	40	42	44	46	48	50	52
臂长（普通）	32 ½	33	33 ½	34	34 ½	35	35 ½	36	36 ½	36 ½
臂长（高）	34	34 ½	35	35 ½	36	36 ½	37	37 ½	38	38
下装										
腰围（数值）	28	30	32	34	36	38	40	42	44	46
臀围	34	36	38	40	42	44	45 ½	47	48 ½	50

于这个理由，不同品牌的男性尺码数十年都保持高度一致。

童装尺码：女童和男童的尺码表

有趣的是，在儿童尺码中身高与腰围尺寸同等重要。儿童的身高通常有突发性增长过程，这种不同于成年人的增长方式改变了其服装的比例，所以尺码表也不同于成年人的尺码表。例如：在他们成长时期，胸围增加 1 英寸，裤子内缝长可能增长 2 英寸；其他时间段随着胸围增长 1 英寸，内缝长仅增加 1 英寸。女童与男童体重大约 60 磅时，尺码开始出现差别，

而且这种差别会逐年递增，此时男童和女童的尺码不再放在一起，要分开进行分类和定义。R 标志是常规标准尺码（不是苗条或身材高大的人）。

男童尺码表里尺码到达 20 码后，就过渡到男性尺码表里、腰围为 32 码的裤子。其他尺码在图 15.13 展示，但通常零售商仅供应平均尺码（8 至 20 码）。

帽子尺码表

表 15.14 提供了帽子尺码的信息。

表 15.12　女童尺码表，XYZ 产品研发公司

（数值）	7r	8r	10r	12r	14r	16r
身高（英寸）	51	53	55	57	59	62
体重（镑）	59 ~ 61	65 ~ 67	73 ~ 75	83 ~ 85	95 ~ 97	109 ~ 111
胸围	26	27	28	30	31	33
腰围	22	23	24	25	26	27
臀围	27 ½	28 ½	30	32	34	36

表 15.13 男童尺码表，XYZ 产品研发公司

（数值）	8r	9r	10r	11r	12r	14r	16r	18r	20r
身高（英寸）	50	52	54	56	58	61	64	66	68
体重（磅）	59~61	65~68	73~76	80~83	87~90	100~103	115~118	126~129	138~141
胸围	$26\frac{1}{2}$	$27\frac{1}{2}$	28	$28\frac{1}{2}$	$29\frac{1}{2}$	31	32	34	$35\frac{1}{2}$
腰围	$23\frac{1}{2}$	24	$24\frac{1}{2}$	25	$25\frac{1}{2}$	$26\frac{1}{2}$	$27\frac{1}{2}$	$28\frac{1}{2}$	$29\frac{1}{2}$
臀围	$26\frac{1}{2}$	27	28	29	30	32	34	$35\frac{1}{2}$	37

表 15.14 帽子尺码表，XYZ 产品研发公司

	小号	中号	大号	加大号
头围	$21\frac{1}{2}$ ~ $21\frac{7}{8}$	22.25 ~ $22\frac{5}{8}$	23 ~ $23\frac{1}{2}$	$23\frac{7}{8}$ ~ $24\frac{1}{4}$
帽子尺码	$6\frac{7}{8}$ ~ 7	$7\frac{1}{8}$ ~ $7\frac{1}{4}$	$7\frac{3}{8}$ ~ $7\frac{1}{2}$	$7\frac{5}{8}$ ~ $7\frac{3}{4}$

这份尺码表同时适用儿童、男士和女士。

推板

推板是将样品尺码的样板成比例地扩大为更大尺码和缩小至更小尺码的过程。图 15.31 为衣片纸样（右前衣片），所有尺码堆叠在一起（又称为嵌套组合）。这些尺码在某种程度上看起来没有很大差异，但增量乘以 4 倍后（两片前片，两片后片），将包括 4 至 20 码的所有尺码。

与鞋子尺码相对应的袜子尺码表

表 15.15 列举了与鞋子相对应的袜子尺码，

表 15.15 袜子尺码表及相应的鞋子尺码

袜子尺码	鞋子尺码			袜子尺码	鞋子尺码		
	儿童	男人/男孩	女士		儿童	男人/男孩	女士
3	婴儿			9	2~3	3~4	4~5
$3\frac{1}{2}$	0			$9\frac{1}{2}$		$4\frac{1}{2}$~$5\frac{1}{2}$	$5\frac{1}{2}$~$6\frac{1}{2}$
4	0~1			10		6~$6\frac{1}{2}$	$6\frac{1}{2}$~$7\frac{1}{2}$
$4\frac{1}{2}$	$1\frac{1}{2}$~2			$10\frac{1}{2}$		7~8	8~9
5	3~4			11		$8\frac{1}{2}$~9	$9\frac{1}{2}$~$10\frac{1}{2}$
$5\frac{1}{2}$	$4\frac{1}{2}$~5			$11\frac{1}{2}$		$9\frac{1}{2}$~10	$10\frac{1}{2}$~$11\frac{1}{2}$
6	6~7			12		$10\frac{1}{2}$~11	$11\frac{1}{2}$~12
$6\frac{1}{2}$	$7\frac{1}{2}$~$8\frac{1}{2}$			$12\frac{1}{2}$		$11\frac{1}{2}$	$12\frac{1}{2}$~13
7	9~10			13		12~$12\frac{1}{2}$	
$7\frac{1}{2}$	$10\frac{1}{2}$~$11\frac{1}{2}$			14		13~14	
8	12~13		1	15		$14\frac{1}{2}$~16	
$8\frac{1}{2}$	$13\frac{1}{2}$~$1\frac{1}{2}$	$1\frac{1}{2}$~$2\frac{1}{2}$	$2\frac{1}{2}$~$3\frac{1}{2}$	16		$16\frac{1}{2}$~18	

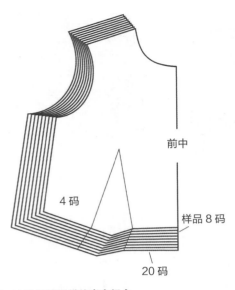 

前中

4 码

样品 8 码

20 码

4 码

20 码

图 15.31　衣片推档纸样的嵌套组合

推板目的

推板增量被称为放码规则，各个品牌间虽然稍有不同，但任何公司都是采用标准的样品尺码和相同的放码规则。这确保了如果顾客穿该品牌的衣服是 18 码，那么他穿该品牌全部款式的服装应该均为 18 码。基于相同目的，大码也应由相应的试衣模型试穿来检查尺码的合体度。

推板的目的是完成所有尺码的同时仍保持原有款式的合适比例。如果样品尺码纸样存在缺陷，那么在放码时，可能会掩盖，也可能会放大。因为这个原因，所以一定要在校准样品尺码纸样没有问题后再进行推板。同时，褶裥、剪口、对位点和纱向等标识可用于确定样品尺码纸样。

推板的工艺技术

过去，一次推板只在一片衣片纸样上完成，然后通过轻微的移动每片并重画到特殊的硬卡纸上。再在排料纸上描出硬卡纸上的纸样来排料。今天，大多数工厂使用电脑进行推板，使纸样的推板和排料更加迅速便捷。

大多数公司有一个系统的推板表格模板；当记录了一件样品尺码，就可以根据推码规则自动填充剩余数据。很多工序已自动化，主要依赖身体尺寸和服装尺码。有些款式需要调整一些信息后再推板。例如裤子，通常装配"所有尺码都相同"的口袋进行推码（图 15.32a，8码和 15.32b，16 码的口袋细节为相同尺寸）。通常裤襻推码和前中心线有一段距离，以致裤襻

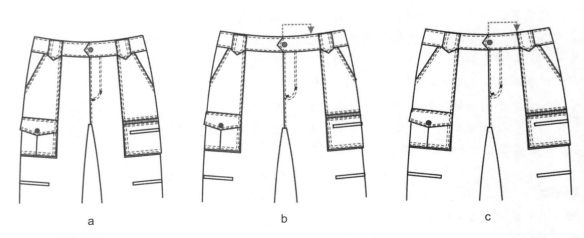

a

b

c

图 15.32　细节推板评估

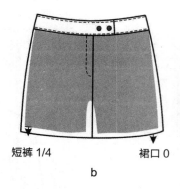

短裤 1/4　　　　　裙口 0

a　　　　　　　　　b　　　　　　　　　c

图 15.33　推板

间结束的位置距离不能太远，腰带不能下落。图 15.32b 展示的裤襻离侧缝太远，所以如果服装上有大贴袋，那么在裤襻处结尾时，必须决定需要采用哪种推码规则。图 15.32c 中的裤子则缝制了放码较宽的口袋，所有裤襻结束在它们应在的位置。图 15.32c 是优质样品的首选，另外需要在 16 码的人台上进行试穿，以观察口袋外形是否美观以及大小是否合适。

　　检验推板的另外一个例子是裙裤，它是短裙，内侧附有短裤。图 15.33a 是外观图，内侧短裤比裙子短 ½ 英寸。如果裙长不参与推码，短裤采用他们的标准推码方法（¼ 英寸），那么短裤达到最大码时，短裤将比裙子长，如图 15.33c，这样就会非常糟糕。

　　推板大多数情况下是直接进行的，但个别情况需要谨慎分析，同时，用大尺码的样品进行生产将有利于证明其推板是否合适，且避免出现生产问题。

总结

　　各种服装品类的测量指南包含：上装、下装、内衣、帽子和袜子，基于每个产品的特征略有不同，深刻理解服装产品测量的原则，可以通过测量不同品类的服装进而获得测量经验。为了在工艺单上清晰地传达尺码和规格等相关的匹配信息，设计师必须对尺码表（基于性别和年龄）这类基础知识牢固掌握。

思考问题

1. 按照以下步骤练习测量衬衫。

　　a. 从家中带一条衬衫进行测量。创建每个品类的规格页，之后设定本章中提到的服装测量点。测量并记录体型。按要求附加细节规格，以确保尺寸和位置的准确。

　　b. 用 1∶8 比例画出前后款式图。与他人交换服装，相互测量对方服装并对比尺寸。参考附录 B 中的规格表以获得公差信息，是否有差值大于公差？

2. 参考以下列步骤练习测量牛仔裤。

　　a. 从家中带一条裤子进行测量。遵循本章中提到的服装测量点，为每个品类创建规格页。测量并记录数据，按要求附加细节规格，确定具体尺寸和位置。

　　b. 用 1∶8 比例画出前后款式图。

　　c. 与他人交换服装，测量对方服装，然后比较尺寸。参考附录 B 中的规格表以获得公差信息，是否有差值大于公差？

　　d. 相互检查测量方法。重复测量直到结果一致（在公差范围内或少于公差）。

3. 选择一顶帽子。遵循本章中所提到的的帽子规格，为其创建规格页。

4. 选择一双袜子。遵循本章中所提到的袜子规格，为其创建规格页。

5. 选择一件内衣，遵循本章中所提到的内衣规格，为其创建规格页。

6. 少女的 16 码如何与女性尺码表比较？

7. 选择你最喜欢的男装、女装或童装零售商：

　　a. 找到该零售商的两个竞争者；

　　b. 访问该公司与它的两个竞争者的网站。列出各个网址（URL）。

　　c. 详细说明选择这两个竞争者的原因。为什么你认为它们是竞争者？它们的优势是什么？每个的品牌定位是什么？

8. 下载它们的号型表并比较试穿的差异。

9. 图 15.6c 中袖窿深的含义是什么。

10. 图 15.7 服装中肩斜、前领深的含义是什么。

检查学习成果

1. 列出一些测量中的注意事项。

2. 阐述测量对服装生产的重要性。

3. 推板的含义及为何使用它？

4. 为什么在童装中使用不同的号型表？

第 16 章

合体与试穿

本章学习目标

» 了解目标顾客试穿和试穿的相关问题
» 以书面或口头形式沟通交流试穿及试穿的相关问题
» 培养批判性思维方式并解决试穿的相关问题
» 了解不同体型的合体度与纸样之间的关系

本章学习的目的是了解产品的合体性对目标消费群的重要性。揭示了影响试穿及其有关问题的各种因素，包括设计特点、外形轮廓及体型等。本章论述了常见的与合体性有关的一些问题，并用批判性思维解决各种试穿问题。

合体的重要性

服装的作用是掩盖身体缺点和展现身体优点。如果我们喜欢的服装是合体的，那么就可以掩盖我们想要掩盖的，展现我们想要展现的。一件衣服是否合适有很多个人因素，很可能对于一个顾客来说是"完全合适"，对于另一个顾客来说或许是完全不合适的。因为体型的差异，有些顾客想要掩盖，有些顾客则想要展现。了解目标客户的需求和期望的公司，才能为顾客提供他们所期望的合体性。持续的合体度是一个服装品牌的重要元素，对于建立顾客忠诚度也是非常重要的。

提供顾客期望的合体度受很多因素的影响，下面是一些常见的影响因素：

- 流行趋势和款式
- 面料（质地、重量、悬垂度和手感）
- 背景：社会、文化、政治和其他事件
- 服装预期功能
- 目标消费群（年龄、性别、体型、生活方式、人口结构、收入）

合体度随目标市场的变化而变化。例如，如果紧身裤是一种潮流，对于目标消费群来说合体的标准就是紧身。然而，同样的潮流对于老年顾客来说（即使围度尺寸与相对应的年轻人相同）会很修身，但不会非常紧。

合体的要素

与服装合体性评价相关的要素包括：松量、对称和合体。

松量

通常情况下，身体的某些区域服装紧贴躯体，而其他区域则十分宽松。设计的关键是合理正确地分配尺寸以达到预期的廓型。设计师需要明白什么样的服装合体度才是自己想要的，明确如何正确分配尺寸去实现这个合体度。

使用松量是为了创造服装的不同廓型和合体度。松量是指服装与穿着者的人体尺寸在某些位置点存在的差异，例如在臀部。松量有两种形式，一种是合体（或穿着）松量，另一种是设计（或造型）松量。合体松量是为了满足基本活动需求而设置的松量；设计（造型）松量是通过添加或减少某些松量来达到某一廓型。

合体松量与样板

松量是指服装与穿着者的人体尺寸之间的差。例如，如果8码人体的臀围尺寸是38英寸，而服装在这个位置的尺寸是40英寸，那么松量就是2英寸。松量是否正确，由设计师或板师按照公司标准、指定面料，以及最终的廓型来判断。任何情况下，设计师必须能够说明多少的松量才能达到预期的设计。这需要通过具体的规格数据来表达，这些数据必须在做第一个原型前确定。

大多数公司有一套标准的原型或样板，根据它可以开发出其他全部的款式。它又称之为原型纸样、基样或基础纸样。这些纸样只提供合体松量（非设计松量），代表着最修身的版型——采用样品尺码的梭织服装属于该版型（如衬衫、裙子或裤子）。其他造型都从基础纸样开始。按基础样板制作的服装，通常看起来非常不时尚，因为它仅包含合体松量，它仅仅作为合体度的参考，而不作为一种款式的开发。

基础样板是采用样品尺码，适合平均体型（公司使用的平均体型），新的基础样板的获得是通过对原样板进行微调或修正后得到的。完善后的基础样板，消除了纸样原来可能存在的错误，以避免影响到后期使用这个基样的每个纸样。基础样板是根据身体的凹凸造型设计而成的。衣身的侧缝类似于省的作用，可以使衣身从上到下至腰部位置逐渐收细。侧缝可以设计成直线，因为身体胸腔的倾斜是垂直向下的。但是，为了更好地适应柔和的下体曲面形状，裙子的侧缝一般设计成弧线。胸、腰、臀、肩胛骨等位置通常利用破缝和省道来完成突出的造型。领口弧线的弯曲很重要，这与我们在第15章学过的服装测量点有关。例如前领深、后领深和领宽。

样板上有很多代表性的测量点，它们是服装试穿过程中的重要参考因素。其中一个是胸高点或胸点（图16.1b），另外一个关键尺寸是腰围的位置，因为它是随人的身高而变化的，而且会影响到衣片的悬垂性。这些部位非常重要，所以要完全根据目标顾客群来确定。设计师充分熟悉了基础样板的规格和比例，才能很好地利用这些数据并用于检查服装的合体性。

基础样板通常是净板，没有缝份。这是为了简化后期的省道处理和设计松量的添加。基础样板变化后，在裁剪样衣前加上缝份。图16.1a是缝合后的服装，图16.1b的纸样上标记了省道和一些参考点（半身纸样：穿着者的右侧）。图16.1b是上半身纸样。

后视图（图16.2a和b）的松量、破缝，以及省道形状与前片的设计原理完全相同。袖子样板包括肘位线（图16.2c），这也是一个重要的测量尺寸，用以避免袖子变得太细而不能弯曲自如。袖子的舒适度以及活动性受袖窿位置

的影响，此外，袖子应完美与衣身对接，悬垂平整且无皱褶。

不同的制造商根据自己的目标消费群以及代表尺码尺寸设计的基础样板略有差异，但所有公司基础样板的特征和作用都相同。

例如，假如尺码为8码，其胸围36英寸，腰围28英寸，臀围38英寸，这些数据表示的是目标消费群的平均尺寸，很少顾客会有精确的三围尺寸。这些数据是很多人统计意义上的平均值，只有极少数人与"平均值"完全一致。

领型有许多变化款式，例如，领尖位置或省的大小和长度等。此外，女性心目中的理想体型会随着很多因素的变化而变化，比如：目前流行的廓型，国人或欧洲人的人体平均值，其他体型等。这都取决于顾客自身的体型特点。好的样板有助于弥补个体顾客尺寸的微小差异。

公司根据他们自己的产品特征，研发一些基础样板。例如，他们不销售连衣裙，就可能不需要连衣裙的样板，但有可能会用到分体式裙子和上衣的样板。针织衫的试穿规则稍微有些不同，通常松量会相应减少，所以如果一个公司专门从事某种类型的针织衫的生产（如单面或羊毛双面针织衫），那么它们通常会研发一

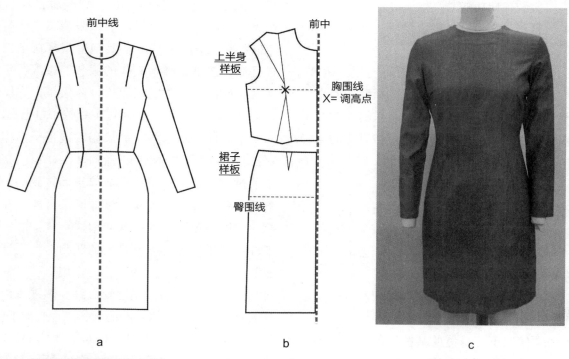

图16.1　基础连衣裙和原型衣片，前身

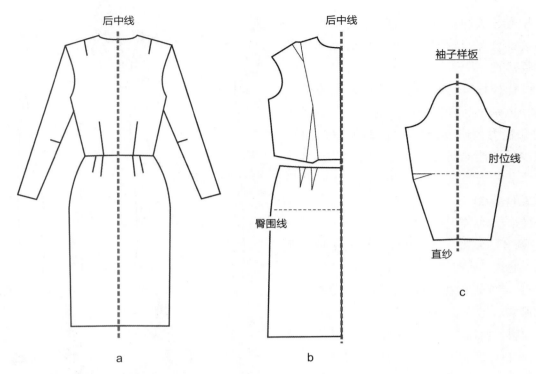

后中线

后中线

袖子样板

肘位线

臀围线

直纱

a

b

c

图16.2　连衣裙样衣，后片纸样和袖子

个适合针织衫的样板。按照图16.1的梭织样板纸样缝制的针织服装，松量太大，穿在8码的顾客身上会过于肥大。因为针织面料本身具有弹性，所以不需要用到肘省等一些细节。由于每种针织织物的弹性不同，或许会也可能不会为每一种都研发样板。对于服装公司来说，还可以选择自己公司流行且合身的款式，将其作为非正式针织服装的基础样板。它的尺寸能作为其他同款服装的标准规格。

样衣对于选择试衣模型也是非常有用的。如果样衣在试衣模型能达到很好的预期，那么它可以用来预测新研发产品的正确与错误。

男装款式本章前面已经提到过，越贴身的服装，基础样板越重要。

典型的男装礼服衬衫比较宽松，但要求翻领和领座要非常贴合，因此，领座的精确弧度对领子的合体度以及松量至关重要。另外，后育克的弧度也是一个合体的控制量。袖山高也同样重要。

袖头也需要合体，通常所有款式都有标准规格。袖头通常有两个纽扣，以便于顾客调节袖口的贴合度。稍微收紧的袖口，使得短臂的人也能穿长袖衫，因为袖口会停在手腕，不会

从手掌上部落下去。这是公司用来适应各种顾客人体尺寸的一种方法。

公司里男装礼服衬衫的基础样板和休闲衬衫的样板不同，能够反映顾客对礼服衬衫稍微不同的预期。例如，那些前领口深较低、衣身廓型为箱型（从胸部至下摆完全是直身造型）的休闲衬衫卖得更好。这些衬衫不太正式，更为舒适，不需要搭配西装、领带，或塞进裤子穿着。

好的版型对裤子销售至关重要，所以男裤和女裤都有一个或几个基础样板。像许多其他公司一样，XYZ公司研发的男裤样品尺码为34码，并不是指所有穿着34码的男士，其腰围尺寸均为34英寸。裤子的合体主要体现在腰围、臀围和裆部尺寸，34码男士的腰围、臀围和裆部的尺寸会有很多的变数，取其平均值再加上松量，就是34码裤子样板的尺寸。男裤样板取决于顾客的喜好，需束腰带裤子的腰围规格可能是35英寸（包含1英寸松量）

如果顾客穿着裤子的位置低至臀部，那么尺码可能是35½英寸（松量为1½英寸），甚至为36英寸（2英寸松量）。这些在制作样板时，均需考虑。

童装款式很少是特别贴合身体的，而且也

不受廓型等相关因素的影响。但基础样板对于确定服装的合体松量非常有用，同时也利于保持品牌版型的一致性。

基础样板松量的选择是开发各种样板的重要工具，也是产品研发所必要的。公司值得花费时间和精力去研发合体、完美的基础样板，它能减少后期产品研发和试穿的时间，并有助于确保服装的合身度，同时也是顾客忠实度和重复购买的基础。

选择松量时，需要考虑：

· 顾客的年龄，针对少年尺码的年轻时尚的顾客，通常穿着时要求较少的松量。

· 服装款式和着装目的，用于运动或训练的弹性服装，通常会比较贴身，采用针织或弹性梭织面料，所以要求较少的松量。

· 面料厚度，轻薄织物的服装要体现其悬垂性，需要加入更多的松量，这样服装会有很好的悬垂效果。相反，厚重的服装需要减少松量，以防止外观肥大臃肿。

· 织物结构，一般来说，针织服装要求较少的松量，比机织更贴近身体，这是由于针织结构具有"拉伸性"。同样的，弹性机织物也要求有较少的松量。

· 容差，对于工厂来说，服装规格允许存在容差，在允许的范围内，松量可以低于或高于规格要求。所以，设定规格时要有容差的意识。例如，如果计划只有1英寸的松量（款式非常修身），且推档规则允许有1英寸的容差，可能造成服装松量为0，成为紧身服装。对于没有弹性的梭织服装，将会非常紧身。所以，规格设定时必须包含更多的松量。容差一般不超过测量点档差的一半。例如，如果臀围推档的档差是2英寸，则容差为+/-1英寸。如果超过这个数值，尺码之间的差异就会变得混乱。对于某一服装设计区域，如男性礼服衬衫的领子、领尖等位置的容差可能很小，比如+/-⅛英寸，这是因为领尖是设计的一个关键部位。

合体松量与面料

面料的特性很大程度上会影响到添加松量的多少以及款式细节。图16.3的例子说明了规

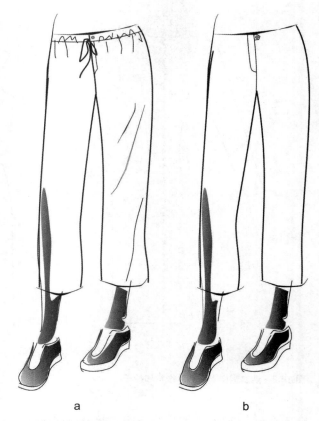

图 16.3 面料厚度和松量

格、细节设计与面料厚度相匹配的重要性。

轻薄织物需要更多面料（更多松量）。图16.3a为一件夏季轻薄织物服装，用抽带束腰。其臀围的规格比图16.3b大1或2英寸，图16.3b为厚重型棉帆布款式。厚重下装织物要求臀围松量较少，因为厚重织物往往会使服装远离身体。用抽带的厚重织物看起来不美观，这样的组合显得"臃肿"而不是"悬垂"。

表16.1提供了图16.3中每个款式的实际尺寸。轻薄织物的裤子裆部稍微长一些，臀部和大腿更为宽松。坐下时使得面料不会太贴服身体，以避免人体太显露。厚重织物的裤子往往比较"抱身"，裤子面料紧贴身体，有较少的松量且外观更好。太多松量会导致视觉上看起来臃肿。

表16.1中突出了图16.3b中裤子需要的一个重要尺寸——"拉伸腰围"。对于板师来说这是一个很重要的信息，比较适用于一些松紧绳或有松紧束腰的款式。松紧带（绳）可以代替省道，这在第6章学习过（图16.3b的帆布款式裤子无褶款式，前片没有省道，是利用裤

表 16.1 比较两种不同织物的松量

编码	8 码裤子的规格尺寸	容差 (+)	容差 (−)	a 轻量服装规格	b 厚重服装规格
B-A	腰部放松	³⁄₄	½	31	32
B-B	腰部拉伸	³⁄₄	½	35	
B-g	前裆（至顶边）	¼	¼	10 ½	10
B-h	后裆（至顶边）	¼	¼	15 ½	15
B-K-2	臀围 @ 内缝以上 3 ½"	³⁄₄	½	43	39
B-l	大腿围 @1"	½	½	27	25

子纸样的后片省道完成这种造型效果，后片省道不能省略）。这些款式前面有门襟，所以拉伸腰围的尺寸不需要超过臀围。对于没有门襟的松紧带裤子，拉伸腰围必须足够大以至于臀部能穿进去，比如规格为 8 码时，至少为 38 英寸。表 16.2 为一些常见的服装类型提供了常用的松量。

女装松量表中胸围松量的不同，取决于服装是否有纽扣或门襟。背后有拉链的裙子合体度稍微小些。设计师必须牢记容差，因为生产的服装可能小于规格是可以接受的。所以，前面讲过的那款有纽扣的衬衫或上衣可以设置 3½ 至 4 英寸的松量。另外，我们需要考虑号型表和款式是以数值还是首字母尺码法进行销售。

按字母尺码销售的产品要求多一点松量，因为它的容差通常会更大。

夹克和外套的松量要根据里面着装的层数来设置。芝加哥人购买冬季大衣时，会"估算"一下松量，因为他们或许打算在里面穿件毛衣或起绒的服装。佐治亚州的人们或许就不需要额外的一层。外套的松量根据使用的隔热材料的不同而不同。例如，羊毛大衣的松量通常比羽绒服要小，胸围松量可能会小 2 ～ 3 英寸，腰部松量差不多。松量太小，穿着会不舒适；松量太大，服装与人体容易错位。

臀部位置受服装款式和面料厚度影响很大。如同我们前面针对图 16.3 讨论的以及图 16.6 中的"合体款式"。如果我们只考虑"合体松量"，

表 16.2 适合梭织服装的松量指南

女式梭织款式，测量面料（非水平拉伸）		
（服装）测量点	服装款式	要求合体松量
袖窿向下 1"处胸围	上衣 / 连衣裙	2 ¹⁄₂" ~ 4"
	夹克衫	3 ~ 4"
袖窿向下 1"处胸围	外套	4 ~ 5"
腰头	裤子 / 裙子	1"
裆点向上 3¹⁄₂"处臀围	裤子 / 裙子	¹⁄₂" ~ 2"
男士梭织款式，面料非水平拉伸测量		
袖窿向下 1"处胸围	衬衫	6" ~ 10"
袖窿向下 1"处胸围	夹克衫	6" ~ 10"
袖窿向下 1"处胸围	外套	6" ~ 10"
腰头	裤子	1"
裆点向上 3¹⁄₂"处臀围	裤子	4" ~ 6"

不考虑"设计松量"，那么可以用表16.2给出的松量指南。

男装和女装的松量有很大差异。男性胸围松量有很大变化的原因是：一个"L"码的男士，其肩膀宽阔，但胸腔很窄，所以即使胸围有很多的松量，他仍需穿"L"码的服装。一般来说，男士比女士喜欢穿更宽松的服装。

图16.4展示了在实际服装中如何加入松量。人体和服装的具体部位以及实际的尺寸都要标识清楚。人体需要适当的松量来满足活动需求。图中人体尺寸采用XYZ产品研发公司少女号型表中的8码尺寸（见15章中表15.6）。

举个例子，图16.4显示人体胸围为36英寸，但样衣的胸围为39英寸（胸围松量为3英寸），人体腰围为28英寸，但实际样衣的上装腰围为37英寸（上装腰围松量为9英寸），而裙子腰围为29英寸（下装腰围松量为1英寸），诸如此类。

设计松量

在任何时尚流行周期中，服装的某些部位总保持是紧身，其他部位总保持是宽松。要达到预期的廓型，就需要设计师能精确掌握尺寸，明确服装哪些位置需要增加松量，哪些位置需要减少松量。

流行元素随着流行周期而不断更新。当廓型变得陈旧，我们的眼球变得审美疲劳，就会开始寻找一些令人兴奋和新颖的元素。对于年轻人，他们会寻找一些他们喜欢的新款式类型，对于年老的人们，则不喜欢或不能穿着这些新款式，比如那些能束腰收腹的低腰牛仔裤。像这些新款式最初是作为高级时装进入时尚流行周期，然后被那些时尚敏感的时尚前卫者捕捉，并开始投入金钱寻求最前沿的款式来垄断市场。慢慢的，这个新款式的廓型成为一种标准，而那些穿着不好看的人也慢慢喜欢它。年老的顾客通过修改也来适应这种流行，渐渐的，这种外观就失去了他的时尚魅力，这时新一轮的流行周期又重新开始了。

由于时尚具有周期性，所以"设计松量"和"合适松量"的涵义可能会有许多重叠，尤其是裤子。图16.5为两款完全不同的裤子，源自不同年代，每个测量点都有所不同。两者都是8码规格，并完全适合相同的试衣模型。每种廓型都定义了（相对的）最近流行的一个时刻，且它们都代表了时尚的盛行与衰退。

每种款式在当时一度被认为是新的东西，它的"适合性"也是毋庸置疑的。一个款式可能在一个时期流行，在另一个时期不流行。但这两种款式不太可能在同一时期都流行。

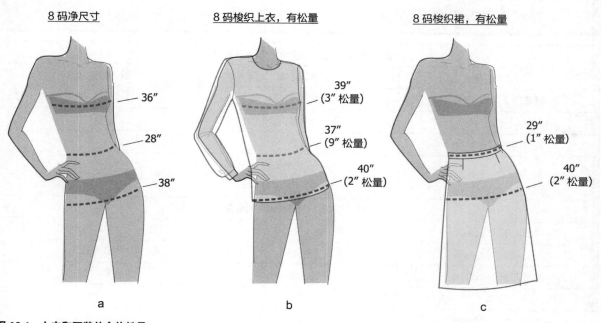

图16.4 上衣和下装的合体松量

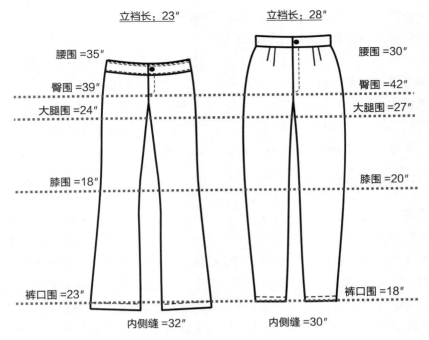

立裆长：23″   立裆长：28″

腰围 =35″   腰围 =30″

臀围 =39″   臀围 =42″

大腿围 =24″   大腿围 =27″

膝围 =18″   膝围 =20″

裤口围 =23″   裤口围 =18″

内侧缝 =32″   内侧缝 =30″

图 16.5   8 码服装合体松量与设计松量的比较

越合体的服装，服装的外形控制越要精准地按照服装尺寸进行工艺设计，而不仅仅是参考设计图来完成。通过比较每个测量点获得变量值，然后根据当前的廓型（图 16.5），判断加入多少合体松量。

那么例如"裤口围"是合体规格还是设计规格？很显然，23 英寸的裤口围与合体无关，这样做完全是设计因素。但如果比 18 英寸的裤口围再小，脚就无法通过，所以对于这个款式，这个宽度是合体规格。随着时代的变化，廓型会从一个极端演变到另一个极端，合体松量的含义，以及合体修身与设计松量的含义也是如此。

设计松量是通过尺寸来定义款式的一种方式，这种松量大于合体松量。图 16.6 的两个款式有类似的基础领口线和许多共同的细节（比如都是长袖，裙长相似，有内置腰头）。

图 16.6a 的款式几乎所有规格尺寸都是来自于基础纸样。

设计规格（见第 15 章"颈部和领子的测量点"）包括：

T–P（前领深）

T–Q（后领深）

T–R（领宽）

B–O（底摆宽）

a   b

图 16.6   设计松量的例子

为了活动，后背设计时可能需要一个背衩或褶。如果款式要求是封闭的，则可能需要侧缝拉链。

图 16.6b，除了 T–P（前领深），T–Q（后领深）和 T–R（领宽），还需要胸围（T–H），袖口放松量和袖口延长量（T–Z–1 和 T–Z–2），袖头高（T–AA）。因为它比基础样板的袖长大，所以也需要袖长（T–O）。两者的腰围可能相同，因为合体度看上去基本相同。

此外，还需要具体的裙摆褶边高度。对于这个款式来说最关键的是：需要所有位置的打褶率，腰围线以上、腰围线以下，以及裙摆的褶能够很协调，形成平顺的衣纹。因为强调腰部的纤细，所以腰部以上应该有体积感，但是整体要美观。腰部以下区域需要褶裥来体现裙子的丰满度，但不要太多，否则臀部看起来太臃肿。褶裥需要有足够的丰满度来体现褶裥的主题。但面料一定不要太多或太少，且必须"看上去"是完美的，这些需要设计师做出正确的判断。

这些元素通过技术规格的编号全部传达给工厂和板师。

松量和廓型

上装和下装会用到不同的松量，通常是合体松量与设计松量的合并使用。

裤子的松量和廓型：图 16.7 是不同廓型裤子的试穿结果。下列造型是通过臀围的松量来定义的（腰围松量保持大约 1 英寸不变）。

修身：½～1 英寸松量

正常：1～2 英寸松量

宽松：2～4 英寸松量

特大号：大于 4 英寸松量

下装中的"特大号"是不常见的廓型，偶尔会出现这种款式，尤其当时尚重点在细腰上时。服装的腰部在较大臀围松量的对比下，显得格外纤细。图 16.7d 穿着特大号款式的腰部比穿修身款式的腰部显得更纤细（图 16.7a），实际上腰围尺寸是一致的。

上衣的松量和廓型：上衣的松量有更多的变化。制造商和设计师要明确服装的最终用途很重要。为确保服装合适度的一致性，所有新原型或采用新面料的重复款式都必须经过试穿。目标顾客应能够在每个款式中买到特定的尺码。图 16.8 显示的是如果一个人为 8 码，那么每种

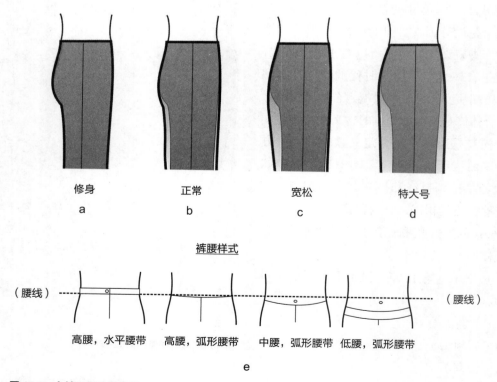

修身
a

正常
b

宽松
c

特大号
d

裤腰样式

（腰线）─────────────────────────────────────（腰线）

高腰，水平腰带　　高腰，弧形腰带　　中腰，弧形腰带　　低腰，弧形腰带

e

图 16.7　女裤不同的合体度

款式的 8 码都应适合她，或宽松或紧身，这些都与款式和设计松量有关。如果她的手臂稍短于标准尺寸，那么所有的长袖她穿着都会有点长。无论是修身还是宽松款式的服装，她依然要购买 8 码的服装。以松量作为设计意图的必须明确传达给消费者，使消费者了解并做出是否购买的决定。例如，如果一件服装是倾向于宽松的新型设计，而顾客不喜欢太宽松的造型，她可以选择购买小一号的。如果一件服装有不同的比例，这对于中间尺码的消费者是最好的选择。但如果所有顾客有相同的反应，购买的是比平时小一码的尺码，那么最小尺码的顾客将没有合适的尺码可选。同样的，最大码也不会太合适，卖得也不会很好。设定设计松量前明确顾客的预期是非常重要的，上述是一个典型的例子。

图 16.8 给出了一些图示指南，有些在邮购目录中能见到。图中根据使用的面料和最终的设计廓型，描述了各种试穿效果。

对称性

检查服装的对称性很重要，这与纱向线和结构线有关。衣身的前后中心线平行方向、从肩点到肘部沿手臂中心向下，以及沿每条腿的中心从上到下都应该是直纱。在衣身的胸部和臀部应该是横纱。纱向合适的服装能垂挂整齐且外观对称。省道、褶和公主线（破缝线）等结构线，以及其他设计线都要仔细检查是否左右对称。育克、口袋及印花或方格应对称，同时，底摆应平整且平行于地面。

可以尝试将服装穿在人体模型上，检查其对称性和细节（图 16.9）。这是很重要的一个步骤，因为通过尺寸检验直线很容易，但很难检查曲线。在三维人体上检查上衣的袖窿和裤子裆部的形状非常重要。只有真人试穿才能够真正测试服装活动的范围及舒适性。

合体

合身度不好的服装经常会产生一些衣缕，出现缕的位置可能是面料不够而被拉紧，也可能是面料太多而松弛导致。面料均匀平整地被拉伸，说明了其松量恰到好处。

合体是指服装平整顺畅，没有任何多余的衣缕或皱褶。一般来说，衣缕指向问题区域。例如，腋下的衣缕表明面料在该位置太多或太小，且需要修改纸样来调整。

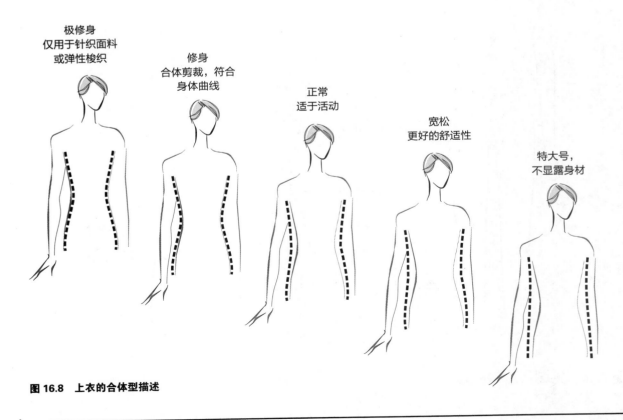

图 16.8　上衣的合体型描述

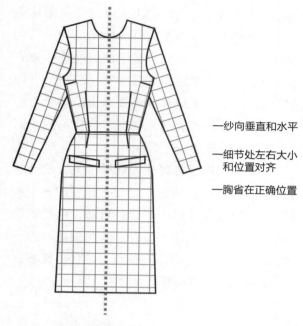

一纱向垂直和水平

一细节处左右大小
和位置对齐

一胸省在正确位置

图 16.9　检查样品的对称性

女装人体模型

　　女装人台或人体模型对于研究合体性问题是一个非常有用的工具。这是在真人模特试穿之前检查样品的一种方法，有助于评价潜在的

纸样问题。带腿的人体模型是最理想的，它有助于裤子、游泳服、内衣、裙装和礼服等服装的试穿检查。可拆卸手臂（图 16.10a）有助于研究袖子的合体度，简化了服装在人体模型上的穿脱过程。用弹性经编织物包覆人体模型，有助于服装在模型上穿脱，从而避免面料黏在模型上导致误差。女装人体模型是检查服装对称性的一种很好的工具，它左右对称且姿势不变。不同于真人试衣模特，人台不会改变，也不会抱怨，还可以在上面插针固定。

　　新的人台都有厂家提供的尺寸清单（也有一些尺寸不包含在内），这将有助于了解如何使用和试穿。图 16.10 显示了应记录在人台或附近供参考的一套尺寸。它有助于将服装上的肩点转移到人台上，在人台上找到对应的位置，根据需要再用针或线做永久标记。其他的标记可放在胸高点和胸围线的位置。暂时性标记可用画线或用标记带进行标记，以作参考。对于女装款式，女装人台应该穿着基础文胸，以便检查穿无袖类服装的覆盖范围。

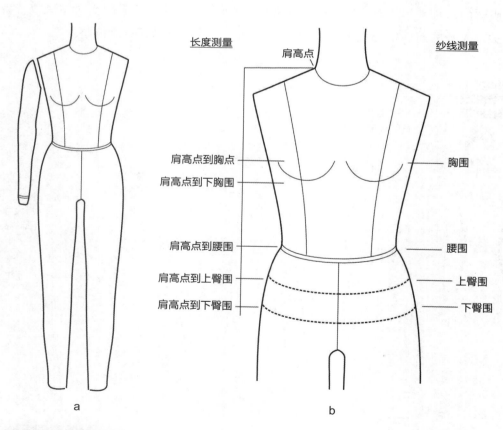

图 16.10　人体模型，其他重要测量点

领宽和领深

人体不同于纸样，没有"肩高点""领深"等许多服装尺寸，而这些尺寸对第一次制作纸样非常有用。但最终，所有这些测量点要按照顾客着装后对应的点进行测量。

合体度问题和纸样的修正

下面探讨合体度问题和一般的纸样修正。有时候，一个问题会涉及规格、缝制和面料等，所以这里的这些数字并不是全面的指南，而仅仅是作为一个纸样制作合理的开始。这部分中，所有纸样和纸样修正都没有缝份。

胸部的横缕：太紧

检查针织上衣上衣缕的位置，包括胸部、腋下和整个前身。如果衣缕出现在两个胸点之间，就说明胸围不够大。在这种情况下，纸样应在侧缝的上端横向加大松量，图 16.11b 为纸样的修正图。如果腰围正确，侧缝修正后不影响腰围，如图所示。为保持纸样的对称性，需同样的修正后片纸样。

该款为针织上衣，每种针织织物的拉伸特性不同。如果新进一种针织面料，公司先前没有测量记录，那么最好设定比第一个原型大的尺码，因为剪掉额外的松量比额外增加松量要容易得多。

这种改变方式在随后的测量记录中标注。由于这是针织款式，所以规格尺寸只需测量一半的数值。在进行试穿记录时，重要的是理解要比较什么。表 16.3 中 a 列为规格尺寸，b 列

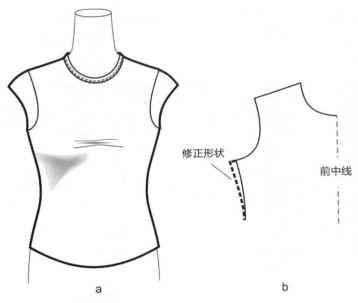
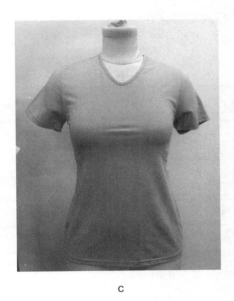

a   修正形状   前中线   b   c

图 16.11　胸部的横缕：胸部太紧

表 16.3　试穿记录：修正胸围

编号	上衣规格尺寸	容差 (+)	容差 (−)	a 规格	b 第一个原型尺寸	c 差	d 备注	E 修正后规格，第二个原型
t-h	胸围（从袖隆处）	¹/₂	¹/₂	16	16	0	修改	17 ¹/₂
t-i	腰部位置	¹/₂	¹/₂	16 ¹/₂	16 ¹/₂	0	OK	15
t-i-2	腰围	¹/₂	¹/₂	15	15	0	OK	15
t-J	底开	¹/₂	¹/₂	18	17 ¹/₂	¹/₂	RTS	18

粗体字表示服装实际测量值，c列表示差值。胸围本来是合乎规格的胸围，但在人台上检查后，发现明显太紧。所以，随后的样品规格（第二个原型，见 e 列）显示其修改为 17½ 英寸。腰部位置和腰围相对于规格值是准确的，在人台上的试穿效果看起来也很不错，所以这些和这两个数据标记为"OK"，继续记入第二个原型规格的 c 列中。

底摆规格为 18 英寸，曾经的样品规格是 17½ 英寸。修改说明中我们将使用 OK，修改和 RTS（恢复到规格）来标注。

衣缕在腋下呈放射状：袖窿深点太高。如果胸围规格正确，而衣缕是在腋下呈放射状发散，则说明袖窿深点过高。表 16.4 的测量记录列出了正确的袖窿深数值，从肩高点开始的袖窿深是 8½ 英寸，但服装上取得的袖窿高度是 7½ 英寸，这是错误的。这表明了在试穿前测量样品的重要性。在规格没有任何错误的前提下，

只能是样品有错。反之，袖窿深规格可能不正确。此外，尤其是针织物服装，穿着后可能会拉伸，且很难准确测量。解决方法是恢复到规格尺寸。前身纸样的款式图（图 16.12b）展示了工厂如何修改纸样（首选的方法），后身纸样应进行相同的修正。

衣缕位于下袖窿处：纸样需要更凹。图 16.13 中衣缕沿着袖窿穿过前身。这种情况说明整体服装稍微偏大而不是偏小，不是在胸围线上，而是在下袖窿的位置。在那个位置，服装的尺寸比身体宽，所以会有多余的面料而产生皱褶。

上胸围的 POM（测量点），它有助于控制袖窿，测量是经过胸围线，从一边袖窿底至另一边袖窿底的尺寸。在纸样上纠正袖窿形状，表明了如何去掉多余面料的方法。

测量记录显示上胸围规格与第一个原型上的规格不同。d 列注释为工厂进行规格恢复。

| 表 16.4 | 试穿记录：修正袖窿深 |

编号	上衣规格尺寸	容差（+）	容差（-）	a 规格	b 第一个原型尺寸	c 差	d 备注	e 修正后规格，第二个原型
t-h	胸围（从袖窿处）	½	½	17	17	0	OK	17
t-g	袖窿深（从肩高点）	½	½	8 ½	7 ½	1	RTS	9

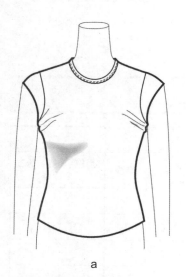

a

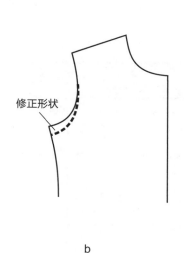

修正形状

b

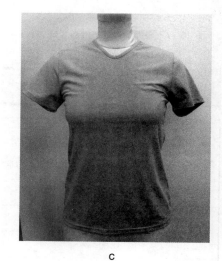

c

图 6.12 袖窿深太高

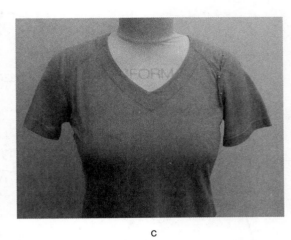

a　　　　　　　　　　b　　　　　　　　　　c

图 16.13　修正前片：更凹

表 16.5 显示了对于第一个原型来说很好的经验法则。从肩点间距尺寸开始（14½ 英寸），上胸宽少 2 英寸（12½ 英寸），背宽少 1 英寸（13½ 英寸）。

衣缕位于领口：领深太高。领深是一个重要的设计点，必须很舒适。图 16.14a 为当领深太高时所产生的现象。形成皱褶的原因是由于装领线下面有太多的面料。

纸样上挖掉一些量（图 16.14b），服装上多余的面料就会消失，这个部位也可以平整。

从侧面看，领子看起来有点宽，不紧贴脖颈。这可能是设计意图，也可能是个错误。应在制作前明确这一点，通过测量记录，我们可以看到这个位置并不符合规格要求。这种情况下，应回归至规格要求，而并不是修改它。图 16.14c 为纸样纠正。

表 16.6 中的（T–R）是针对纸样修正的领宽。领子离颈部太远的样品应回归到规格要求。同样的，如果有套头的款式，必须能套过头部。规格和测量记录包括领围最小拉伸量的测量点。因为它是最小尺寸，负公差为 0，意味着它至少为 12½ 英寸。它能够拉伸至比 12½ 大的尺码，但不能少于它。正公差不能使用，因为它可以接受超过规格。

底摆过宽在下一个例子（表 16.7）中，也可以发现在试穿前进行测量和样品检查的重要性。解决底摆太宽的问题有很多方法。

图 16.15b 在前片衣身纸样上展示了第一种减少底摆的方法。为保持纸样对称，后片纸样也作相同修改。

表 16.5　试穿记录：修正上胸宽

编号	上衣规格尺寸	容差（+）	容差（−）	a 规格	b 第一个原型尺寸	c 差	d 备注	e 修正后规格，第二个原型
t-A	肩点到肩点	½	½	14 ½	**14 ½**	0	OK	14 ½
t-C	上胸宽（从肩高点 6 英寸处）	½	½	12 ½	**14**	1 ½	RTS	12 ½
t-D	背宽（从肩高点 6 英寸处）	½	½	13 ½	**13 ½**	0	OK	13 ½

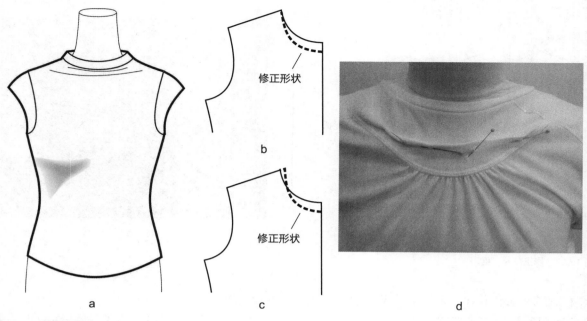

图 16.14　领深和领宽

表 16.6　试穿记录：修正领深

编号	上衣规格 尺寸	容差 (+)	容差 (−)	a 规格	b 第一个原型尺寸	c 差值	d 备注	e 修正后规格，第二个原型
t-p	前领深，到缝边	½	½	2	2	0	修改	3 ½
t-r	领宽，一边缝边至另一个缝边	½	½	6 ¾	8	1 ¼	RTS	6 ¾
	最小领部拉伸量	n/A	0	12 ½	12	1.2	RTS	12 ½

表 16.7　试穿过程：修正底摆

编号	上衣规格尺寸	容差 (+)	容差 (−)	a 规格	b 第一个原型尺寸	c 差值	d 备注	e 修正后规格，第二个原型
t-h	底摆	½	½	19	20	1	RTS	19
t-i	前身长（从肩高点）	½	½	24	24	0	OK	24

　　表 16.8 展示了这个问题发生的另一原因——服装太短。由于服装太短，底摆的位置刚好在臀部，那么在臀突点位置服装有些紧。解决方法不是改变底摆规格尺寸，而是修正服装的长度，就可以使底摆很好的合身。表 16.8 显示了如何把这些内容传达给工厂。

　　有些情况下，胸围、腰围和臀围的规格可以修改，但最后的造型可能是不对的。图 16.16a 为腰的位置太低所产生的问题。腰部最细部位的侧缝太低从而导致转折点之上的面料产生褶皱，穿着时需要不断地下拉服装。修正的方法是：腰部位置（图 16.16b）上抬，同时

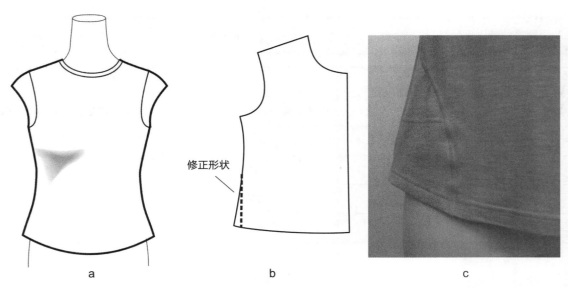

a b c

图 16.15　底摆宽

表 16.8　试穿记录：服装太短

编号	上衣规格尺寸	容差 (+)	容差 (−)	a 规格	b 第一个原型尺寸	c 差值	d 备注	e 修正后尺寸，第二个原型
t-h	底摆	½	½	19	19	0	OK	19
t-i	前身长（从肩高点）	½	½	24	22	2	RTS	24

增加臀围位置的宽度，使之平滑地过渡到底摆。

　　图 16.16 所有的围度规格都达到要求，但根据试穿情况，下一原型的腰部位置会有所修改。

图 16.16b 为前身纸样的修正。为保持纸样对称，后片纸样也作相同修改。表 16.9 显示了如何将这些信息传达给工厂。

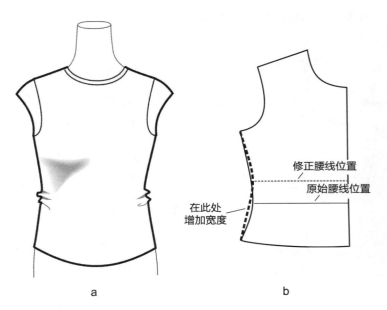

修正腰线位置
原始腰线位置
在此处增加宽度

a b

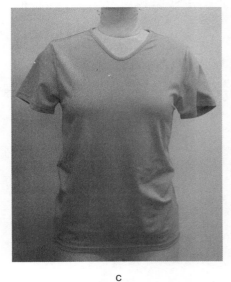

c

图 16.16　腰线位置

表 16.9　试穿记录：腰部位置太低

编号	上装规格尺寸	容差 (+)	容差 (−)	a 规格	b 第一个原型尺寸	c 差	d 备注	e 修正后尺寸，第二个原型
t-h	胸围（从袖窿处）	8 ½	8 ½	17 ½	17 ½	0	OK	17 ½
t-i	腰部位置	8 ½	8 ½	16 ½	16 ½	0	修改	15
t-i-2	腰围	8 ½	8 ½	15	15	0	OK	15
t-J	底摆	8 ½	8 ½	18	18	0	OK	18

袖子

为了合体，袖子应尽可能地与设计所要求的一样细长，同时又不能限制手臂活动。当手臂自然放松下垂时，梭织服装的袖子应呈平顺的筒状。

针织织物如果是相似的合体度，那么松量通常比梭织的小。如果服装打算穿在外面或穿在一些衣服里面，应与同穿的服装相匹配。写试穿评语时，设计师可以参考袖子纸样的具体部分。图 16.17 在纸样上显示袖肥水平线。在服装上测量袖肥时需低于袖窿 1 英寸，如第 15 章尺寸指南中标识的。测量服装时降低位置，是由于缝边厚度原因。当下降 1 英寸测量时，应除去袖窿缝头测量净尺寸，否则尺寸会有误差。

袖山越高，袖肥越窄，反之亦然。一种证明方法是像图 16.18a 一样将袖子形状画在卡纸上。沿着外边缘将袖子形状挖出来，然后将袖子沿着袖肥和纱向线裁开，至贴近最边缘的位置，但保留一点连接，然后在边缘拉开袖肥线（图 16.18b），可看到袖山高的落差（图 16.18c）。然而，外边缘的周长或长度没有改变。

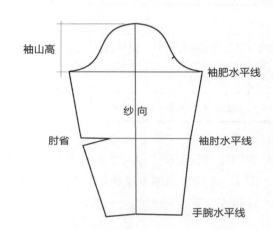

图 16.17　袖子样板术语

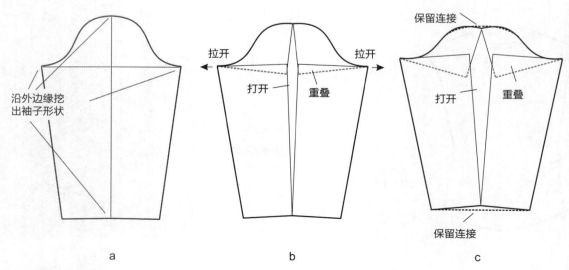

a　　　　　　　　　b　　　　　　　　　c

图 16.18　袖山高和袖肥

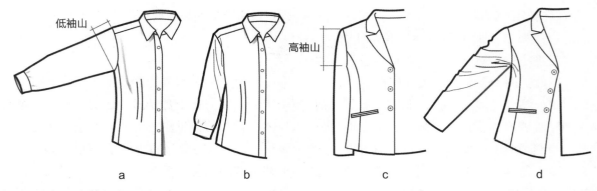

图 16.19　袖山高与活动性

这个图很好地表示了袖山高和袖肥之间的关系。

图 16.19a 至 d 展示了袖山高如何影响袖子的活动。图 16.19a 和 b 是低袖山大袖肥的袖子，且有很大的绱袖角度，为手臂提供了很大的上抬空间，即便是手臂抬至很高也不会拉伸到衬衫的前衣片。反之，当放下手臂时，会有多余的面料堆叠在袖窿区域。

而像西装外套，就是高袖山窄袖肥的袖子（图 16.19c 和 d），这种袖子在一定程度上是限制手臂运动的。当手臂举起，袖山开始折叠，服装的前衣身跟随袖子被"抓住"并向外抬起。当袖子下落时，袖子相当平顺，没有折皱，没有浮突或衣缕。事实上，完全平顺的袖子是高品质服装的标识；但这会阻碍较大的活动性。袖窿深也对手臂的活动有很大影响。有助于增加高袖山服装运动性能的一种途径是确保袖窿的高度能够使穿着者舒适。这个款式中，袖窿深对衬衫袖子活动性有很大影响。对于任何服装，如果袖窿深太低，同样会影响运动幅度。

衬衫

图 16.20 是男士衬衫的合体区域和一般细节。有一定的松量是该款式的特点。经典梭织衬衫不应该过度合体。如果是面料自身给出的松量（如针织或弹性机织物），那么可利用垂直省道和破缝使之更贴合身体，但必须保证肘部、背部，以及其他部位的运动功能性及舒适性。

男士衬衫是传统服装，随着时间的推移，款式变化非常慢。实际上只有很少的款式变化点，如领尖点位置和两领尖的间距。其他规格

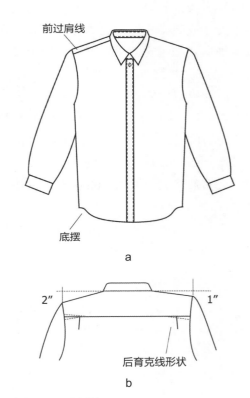

图 16.20　男衬衣中的合体点

通常是公司标准，且两种男士衬衫间没有太多改变。有一个例外的合体款式类型，如窄型衬衫。

领子有时被称为"男士衬衫的灵魂"，所以必须完全对称和平顺。试衣模型将证实样衣是否舒适，如果领深和领座长完全按照规格值，那么它会适合尺寸相对应的顾客。领座的容差很小，通常为¼英寸，所以工厂在测量这一尺寸时要非常小心。毕竟，领座是衬衫的实际尺寸（如 15½ 颈围），所以必须协调与胸围的比例关系。

男士衬衫的某些区域能显著地提升外观形

象，所以应仔细检查：

落肩：如果落肩（肩的倾斜角度）太大，袖子将过度下垂。对于男装，落肩标准尺寸通常是2英寸。图16.20b为1英寸时的袖子的状态以及袖子增加过多落肩量的状态：服装的肩部落到穿着者肩部位置时，腋下会产生面料的堆叠。当然，对于肩部非常方正或肌肉发达的顾客，减少落肩是可取的，因此，各个公司会调整它们的规格，以适应目标客户。

前过肩线：肩线的位置应定位在肩点向前大约1英寸或2英寸处，更具有吸引力，而且可以增加肩宽的视觉效果。可以在图16.20a中比较肩线向前和没有向前的效果。

后肩育克：后肩育克的面料根据纸样的形状修剪，如后视图所示（图16.20b），它和肩省起着相同的作用，可以使背部和袖子更加合身，减少皱褶。图16.20b中左侧的方法可以很好地作用于大多数面料。图16.20b中右侧方法更适合方格布。

底摆：底摆通常小于胸围2英寸（全测），所以没有太多面料需要折进去。

裤子

因为受很多因素的影响，裤子做到合体有一定的难度。女士裤子通常比男士裤子更贴合身体，款式的松量更小。通常女士裤子号型间距很小，所以特大号和特小号之间的差距很小。裤裆精准的弧度至关重要，且不能仅仅用尺寸来确定。良好的合身性取决于臀、腰、大腿和裆的关系。

人们对裤子的合体度很敏感，如果发现一家能够满足他们喜好的公司，就很容易变成这家公司的忠实消费者。所以，对于公司来说，保持版型的一致性很重要，而且不同款式要适合相同的顾客，这是决定公司在裤子行业成功的关键。

图16.21为裤子纸样的几个部分。当试穿评语传达到工厂且无需修改时，使用一致的术语很重要。

与裤子合身有关的问题有很多种情况。具体解决方案参考如下例子。

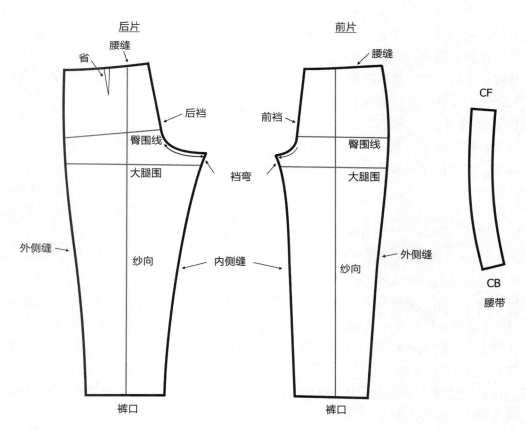

图 16.21 裤子样板专业术语

下垂或绷紧：松垮或紧绷

导致前上裆处向上拉伸的两个影响因素：一是松垮，一是绷紧。图 16.22 展示的是侧缝位置太松垮而造成的效果。纸样上解决的方法是减少侧缝间的围度（图 16.22b）。纸样后片也减少相同的数值。产生这种情况的另一个原因是前裆弯太浅（图 16.22b）。图 16.23 是类似的外观问题——绷紧缕，但产生的原因与上不同。

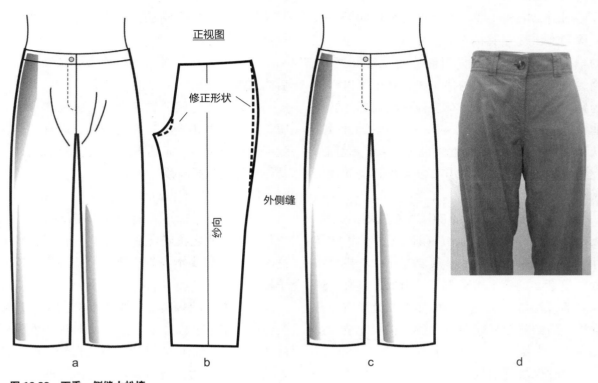

图 16.22 下垂：侧缝太松垮

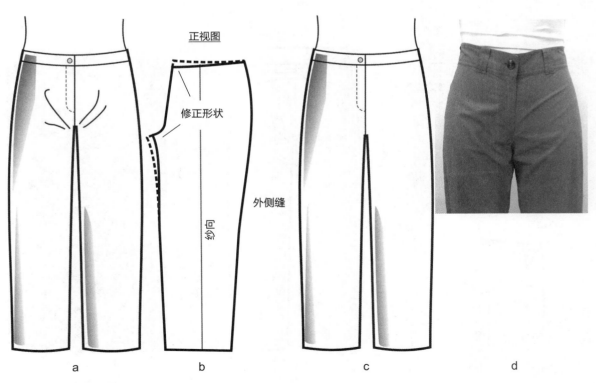

图 16.23 下垂：前裆过短

产生这种情况的原因是前上裆长太短，或者是腰围位置或者是裆弯位置的原因，可能是两者都出现问题。

后裆太短或太长

图 16.24c 和 d 是一个常见的纸样问题——后裤裆部出现辐射状衣缕，是由后裆过短引起的。有时候错误的纸样对制造商是有好处的，因为它可以减少面料的使用量，甚至可以标记为紧身产品。实际上，有这种造型问题的裤子非常适合臀部扁平的人，面料被拉近裆底区域，从而更合身。从一个角度来说，这未必不舒服，但一定是不美观的。图 16.24a 是为解决问题所做的纸样修改。

这个问题仅看后裆长的尺寸是发现不了的。无论最后穿着合适与否，后裆长尺寸皆为 15 英寸。这也是为什么服装必须要穿在试衣模型或真人模型上的一个重要例子。有时，即使 8 码样品的裤裆弯形状正确，但如果此处没有充分推档，问题就会显现在更大的推档尺码上。这是为什么要复查所有尺码的一个原因。

同时也是基础纸样重要性的一个例子，基础纸样可以直接放在工厂生产用纸样的上面进行对比。

图 16.24c 也显示了相关的问题，后裆弯上端太陡峭的结果。导致它在后片产生皱褶，且在后中线产生水平褶皱（恰好在裤腰下面）。除非是设计意图，否则在腰部后中缝与腰线应成直角（图 16.24b）。

后裆过浅

如果后裆过浅，臀后部就会感觉非常不舒服。虽然臀部不会有过紧的感觉，但时常会感觉后面需要调整，尤其当坐下再起立时。有时，其他部位也需要调整。

图 16.25 的照片显示了可以改善的各个区域：

1. 后裆下落。应在后中线上增加一定的裆长量，以"使之正确合适"（平直延伸至腰线），这时需确认腰头本身没有错，仅是纸样裁片低于腰线。

2. 有弹性的裤腰会产生一些碎褶（这是腰头弹性的结果，且必须接受）。弹性腰头在某些裤装中是一个流行的设计细节，它能为裤子带来销售量，因为消费者喜欢这种简易的束腰方

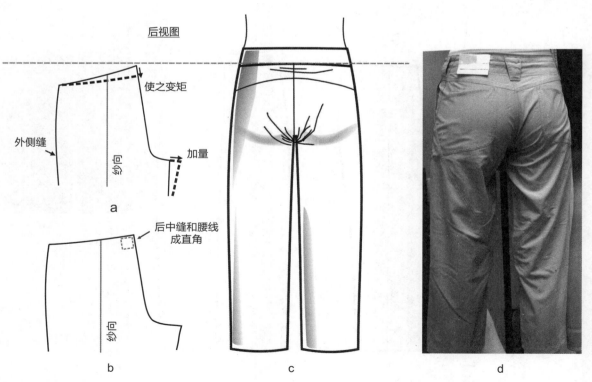

图 16.24 后裆太短

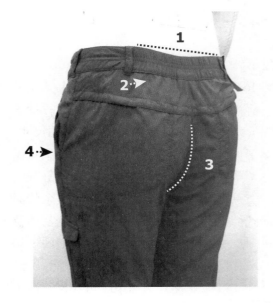

图16.25　后档过浅

式，而且预期会有更多的潜在消费群。然而，为了款式能"销售顺畅"，功能性和整体的美观性都是非常重要的。

3. 后中档底的位置有多余的面料。纸样上也应如图所标示的形状重新修改后档弯形状（另外过多的省道也可会出现与图示相同的效果）。

4. 点3的位置重新塑型会导致臀围尺寸减少，这样会导致裤子有一点紧，所以需要在侧缝位置增加量来补偿。在低于箭头4的部位非

常光滑平顺说明太紧，而箭头上方更宽松一些。但这也可能是由于前口袋（未图示）突然打开，在高于点4的位置释放出一些松量的结果。如果不是这个原因，那么出现这种现象并不是好的效果。在纸样的侧缝增加更多松量可以使口袋平整。这是一个如何对设计的一个或多个位置进行修改的例子。如果公司有不错的原型纸样作为开始，且纸样的变化由经验丰富的板师来操作完成，那么就会很大程度上减少样衣后

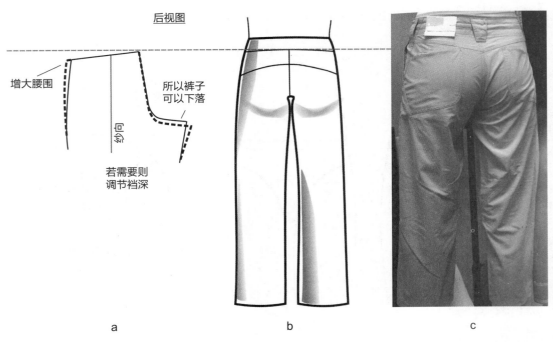

图16.26　腰太小

期的修改。

腰围过小

图 16.26 显示的是当腰围过小时容易产生的问题。前裆有多余的量，而后裆又太高。裤子整体感觉太小。这里最重要的是修正腰围尺寸。调整腰部尺寸才能使整个裆部合身。如果只做腰部的调整，裤子整体可能向下移动至舒服的位置。如果整件裤子穿得较低，那么多余的面料又回到裆部，所以裤子的上端又回到初始位置。腰围过小是一个常见的问题。这如同一句俗语"只有拉上拉链才知道裤子的腰围是不是合适"（图 16.26c 中图片与图 16.24d 相同，裤子问题不止一个，解决方法也不止一个）。

图 16.27b 中现象是由于腰围过小而压缩腰间皮肉，从而产生赘肉效果，解决方法就是加大这个部位的围度。

试穿

成功设计的最大考验就是试穿。设计规格是否需要调整，工厂对规格的解释是否需要纠正以及合体度方面的问题都在试穿过程中发现。

试穿评估

试穿和样品评估过程会受到以下因素影响：

· 规格和容差的设置（制造商的要求）。这里面包含设计师对服装的设计意图。

· 实际测量服装，标记不同于规格的位置和差异。

· 试衣模特的身材与尺码表、理想的样衣尺码顾客的差异。

理想的试穿过程应该是：试衣模特与尺寸表的体型和尺寸完全一致，样衣的每一个尺寸严格符合规格尺寸，当然有一个前提是原始规格是准确无误的，并且完全与面料重量和服装功能匹配。然而，实际上这种条件很难满足，所以试衣论证会是比较所有的差异，然后决定下一个样品该在什么地方如何改变。

选择试衣模特

如果从代理公司找模特，可以将模特的一些关键尺寸要求发给代理，代理会筛选尺寸接近的人，然后将他们发给服装公司进行确认。获得模特尺寸的第一步是测量，机构的一些挑选政策应提前进行确认。

模特可携带模特卡（与明信片相似，有头像和至少三处身体部位的照片）以供记录。模特卡通常附有身体尺寸，如胸围、腰围和臀围，但模特卡上的尺寸往往不准确，要求必须对试穿模特进行准确的尺寸测量。为了测量，要求模特穿基础内衣。

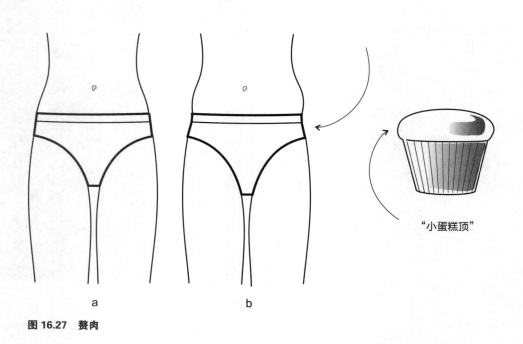

"小蛋糕顶"

a   b

图 16.27　赘肉

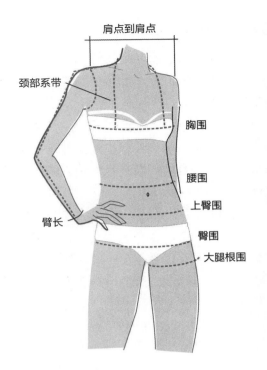

图 16.28　人体测量规则

肩点到肩点

颈部系带

胸围

腰围

上臀围

臀长

臀围

大腿根围

每个模特都有一张填写的尺寸表。模特在姿势、肌肉和形态方面有很多个体差异，这使得某些合体位置很难仅通过尺寸预测。图16.28为一些重要的人体测量点。

试衣模特的测量标准如下：

· 肩宽：手臂自然下垂，从后背测量，从一个肩点测量至另一个肩点。

· 胸围：测量胸部位置最大围度的尺寸。

· 颈部系带：围绕颈点至两个胸点测量。

· 腰围：围绕腰部最细位置水平一周进行测量。

· 上臀围（腹围）：围绕腰围线以下3英寸水平一周测量。

· 臀围：围绕臀部最丰满的位置水平一周测量。

· 大腿根围：接近裆点，围绕大腿最丰满的位置水平一周测量。

· 臂长：开始于后颈椎点（颈部第七颈椎点），测量至肩点，然后沿着手臂的外侧（肘部微微弯曲）测量至手腕下方尺骨突出点。

· 内缝：要求模特在将卷尺一端固定于裤横裆线位置，不穿鞋子，直接测量至水平地面。

· 身高：从头的顶部测量至水平地面。

· 体重记录：体重计上测得的模特的体重。这对日后的试穿论证会有帮助，因为如果模特体重没有变化，则不需再次测量。如果体重波动多于两磅，需再次测量模特。

测量结束后，让符合条件的模特试穿一件基础原型或紧身的梭织服装，这些服装均具有良好的合身性。这些服装最好用于所有模特的测试，这样才有可比性。应保留前、后和侧面图片以备日后查看。

试穿之前：试穿准备

样品进行检验前要先进行测量。这是设计团队真正了解审查什么以及审查时要看什么的唯一途径。在设计师检查样品前，板师通常会提前测量。如果时间允许，需在试衣人台上试穿，首先检查服装整体的对称性和一般细节所在的位置。超出容差的尺寸应在测量记录的页面上注释清楚。

试衣间

在试衣间安放一面足够长的镜子是非常有用的，这样试衣模特能够自己看到穿着服装的外观效果，需要时还能够加以评论和给出建议。毕竟，模特代表着顾客和顾客的一些预期。另外，还应该有一张足够大的桌子，可以使评估者坐在上面，并且可以对试衣模特有非常清晰的视野。通常论证会上还要有一套工具，包括卷尺、粉笔和扎针等，这些工具可放置于箱子中，以备试穿评价时使用。

第一个原型试穿

每个公司对每个试穿的款式有不同的要求，但设计师、采购者和其他决策者（通常为技术助理）通常也会参与。如果需要，安排人去拍摄服装的前面、侧面和细节（比如领子的合体度）的图片对后期会很有帮助。这些照片可用来比较某一个位置两次的差异，或者比对季节间的合体性。对于外套和毛衣，修正时应考虑服装的最终用途。例如，对于外套，应在里面穿上衬衫和背心，以证实有没有足够的松量。

通常安排这么多人参与的论证会议是很繁

琐的一件事，所以前期的准备就显得尤为重要。参会的所有人要能读懂模特身上试穿的服装的所有尺寸，并能用别针进行修正处理。

同时，装饰物和其他视觉元素也要一一检查和确认。任何需要修改的尺寸都要协商好。

模特的工作非常重要，一个好的模特在试穿过程中会提出很有益的意见。试衣模特可能对服装的某些方面做出评论和建议，如服装穿着的难易程度；口袋位置以及大小；坐、站立和活动时服装的舒适性；以及其他与穿着、外观和销售等相关的问题。其他时间，模特的工作就是长时间的站立，这时设计团队需要仔细审视服装，并讨论试穿的服装上不清楚的地方，并确定在不同部位即使做很小的变动会产生何种影响。

由于模特是按时间支付费用的，所以如果有的问题可以不用穿着就可以检验，比如两口袋间距离或袖克夫应该多高，那么针对这些问题的讨论可以放在试衣结束后进行。会议本身应在规定的时间内完成。会议结束后，要更新测量记录，并将评语和第二个原型样品发往工厂（如果有必要）。

第二次试穿

第二个样品同样要预先测量，先前已经确认的测量点可以快速略过。检查时注意是否超出容差的尺寸。确认细节的对称性。论证会结束后，要再次更新测量记录，评语要发送至工厂并申请试制品（或者其他试穿样品，如有必要）。当款式要销售或投入生产计划，那么要按照尺码规定对样衣进行推板放码。它们的检验方式相同，都穿在尺码合适的试衣模特上进行，此外，当款式一切准备就绪，可以批准试生产。

试生产检验

会议之前，浏览测量记录并测量样品。会议中，只检查不合格的产品。这时，不能改变任何设计或尺寸。服装早已核算过成本，大多数的改变都会对利润产生不利影响。如果出现问题，需咨询代理商，看看如何处理。这时，生产部门应督促生产，确保出货不会延误。

检查细节案例

我们拿一件长袖T恤衫作为实际例子（图16.29），来检验细节。质量问题是最重要的，它将贯穿这次检验的全过程。图16.29为一款在试穿模型上检验的原型服装——长袖棉毛T恤衫。其主要问题是：领口看起来被拉伸了。领子边缘采用衣身本身的面料进行滚边，其接缝使用双针绷缝并折叠。

可能的解决方法：

· 纸样检查：如果针织装饰物的纸样比领口长很多，当滚边时，领口被拉伸，放松时或许就不能回归原形。通过检查纸样可以确认是否存在这个问题；实际上，针织装饰纸样应比领口短，所以它可以在缝纫的时候被拉伸。

· 纸样检查：肩斜可能太大。如果肩斜太大，它往往会抬高领口线（图16.29）。通过检查纸样能够确认是否出现这个问题。

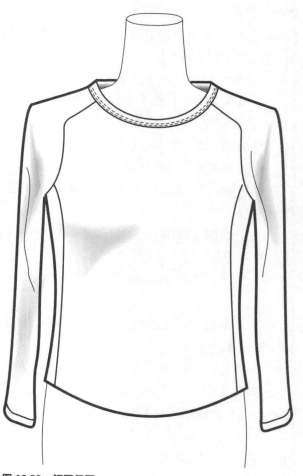

图 16.29　领围问题

- 面料检查：双罗纹面料对于它本身面料滚边来说可能太重，而其他面料的领子装饰可能会使厚度变小。这可能有助于放松后回归至原形。使用 1×1 罗纹代替本身面料滚边可能会避免问题的出现。

- 结构检查：卷边压脚的设置是"差动送料"，这个过程中领口边缘以不同的速度通过压脚。如果出现面料被拉伸可能是设置有问题。面料的弹性越大，需要的差动越大。

如果不清楚问题的来源，与公司的技术人员讨论后将照片发往工厂，以寻求解决方案。

总结

本章涵盖了合体度和试穿问题的各个方面。合体度与许多因素有关。清楚地理解合体度以及影响合体度的参数，是为顾客提供理想产品的关键。合理的解决合体度相关问题，了解和掌握服装产品各个方面的知识是必需的。

思考问题

1. 设计松量与合体松量的差别是什么

   a. 用自己的语言来解释其差别。梭织衬衫的胸围、腰围和臀围的松量分别是多少？梭织裙子的腰围和臀围的松量是多少？

   b. 在图 16.4 为什么裙子腰围比衬衫腰围规格小那么多？

   c. 测量一条裙子或裤子的臀围以及你自己的臀围，比较两者尺寸的差异并确定合适的松量。

2. 什么时候裤子的膝围是设计测量点？什么时候是合体度测量点？裤脚口什么时候是设计测量点？什么时候是合体度侧量点？根据自己的裤子，为它们提出建议的规格。

3. 如果裤子的前裆过短或过长，那么该如何解决合体度问题？

4. 看图 16.21 的图解。哪条线是缝线，哪个是卷边？明确哪两条缝缝合（内缝、外缝、前裆和后裆、腰头）。仔细观察你带来的那条成品裤子，会从中找到答案。

5. 与你的搭档合作。各自从家中带一条裙子和一件衬衫。测量你们的身体尺寸和衣服尺寸，并与搭档一起讨论这两件服装的设计松量和合体松量。

6. 帽子上端的高度如何影响设计细节和合体度？

   a. 选择你最喜欢一个帽饰网络零售商。选择三种产品，按帽高的高中低顺序排列。

   b. 根据帽高的高低，解释它们的类别和风格的差异。

7. 在试穿论证会之前需要考虑哪些因素？

检查学习成果

- 列出服装要实现完全合体所要考虑的各种因素。
- 列出各种决定松量的相关因素。
- 列出上衣和下装的松量标准。

附录 A

接缝和针法标准

　　接缝标准（第 339 ～ 344 页）说明了不同的接缝结构及其应用场合。两个例子分别是 LSI 和 LSar（第 343 页）。图片显示了两种可选择的缝纫方式，工厂可以根据所需效果选择合适的方式来进行工装裤腰围位置的缝纫。

　　针法标准（第 345 ～ 347 页）中列出了不同机器缝制出的不同线迹的类型。

接缝标准

接缝制图—索引

工序	接缝	页码	工序	接缝	页码
缝合与缝边线迹（通常为 301）	SSae	5	将护胸缝到工装背带裤上	LSar	5
来去缝 –401	SSd	6	将护胸缝到工装背带裤上	LSl	5
缝制裤子上的贴袋（通常 301）	SSc	6	缝合叠布层	SSv	6
包边（双线包边缝 –301 或 401）	BSe	2	缝合驳领	LSa	4
包边（双线卷边缝 –301 或 401）	BSd	2	缝合驳领（上端布边向外翻）	LSb	4
包边（底边包缝 –406）	BSb	2	裙子的里料	SSbc	6
包边（卷边缝 – 通常 301）	BSc	2	制作腰带襻（牛仔裤，卡其裤等）	EFh	2
包边（包缝 –602 或 605）	BSa	2	制作细肩带	EFu	3
包边（假包边缝 – 两个工序）	BSg	2	制作肩带或腰带（单针）	EFj	3
包边（假包边缝 – 两个工序）	BSj	2	制作肩带或腰带（单针）	EFp	3
包边（卷边缝 –301 或 401）	BSa	2	制作肩带或腰带（单针）	EFy	3
卷边缝（501– 单线包边）	FSf	5	制作肩带或腰带（单针）	EFz	3
对接缝 & 贴边 – 通常 301 锁边	SSF	6	制作肩带或腰带（双针 – 两片）	EFad	3
中心褶裥（裁剪中心褶裥 –401/301）	EFv	2	制作肩带或腰带（双针 – 两片）	EFn	3
中心褶裥（缝合 – 通常 401）	LSm	4	制作肩带或腰带（将线迹隐藏）	SSaz	6
凸缝 – 通常 301 或 401	LSq（b）	4	缝合贴袋 –301	LSd	4
仅包缝（绷缝 –406）	SSh（b）	6	制袋（折边或制作牛仔裤前插袋）	SSl	6
裆缝（607 平缝）	FSa	5	制袋（贴袋 – 两道工序）	LSs	4
裆缝（606 绷缝）	LSA	4	绗缝线迹 & 面线线迹 – 通常 301 线迹	SSe	5
牛仔裤上的裆缝 – 通常 301	LSas	4	缝合 & 凸缝	LSq	4
省（不剪开 – 通常 301）	OSf	5	缝合 & 面线线迹	LSq	4
装饰线	OSa	5	带滚边	SSk	5
装橡筋带 – 三线或四线 401	SSt	6	带滚边 & 面线线迹	SSaw	5
装橡筋带 –406 或 407– 内衣	LSa	4	带滚边 & 面线线迹	SSav	5
拉链贴边	SSj	5	缝合 & 包缝	SSh	6
装边（假装边叠缝）	SSw	6	缝合（第一部分分为两个工序）	SSa	5
装边或折边叠缝（双针或三针 401）	LSc	4	缝合（常规）	SSa	5
绷缝（606）	FSa	5	缝合后镶边	SSag	6
平缝（607）	FSa	5	缝合后固定牵条	SSab	5
来去缝	SSae	5	锁边 – 通常用 503，504 或 505	EFd	3
普通缝纫	SSa	5	绱袖（两道工序）	LSr	4
下摆锁边（包边）	SSp	6	肩带 – 双针 –301 或 401	SSat	6
下摆锁边（粗缝）	SSn	5	镶边 – 通常 301	SSaa	5
下摆锁边	EFe	3	仅镶边 – 第二部分分为两个工序	SSag（a）	6
橡筋带下摆	Eff	3	仅有面线线迹 – 第二部分分为两个工序	SSe（b）	5
橡筋带下摆（双针）	EFg	3	腰带（一片 – 包边 – 牛仔）	BSc	2
橡筋带下摆（双针）	EFq	3	腰带（一片）	LSk	4
下摆滚边	LSn	4	腰带（两片布片）	LSg	4
卷边缝 – 双针针织折边	EFa Inv	2	腰带（两片里料）	LSj	4
卷边缝 – 包边缝折边	EFc	2	腰带（带松紧带 – 三针或四针）	SSt	6
卷边缝 – 包边缝折边（卷边缝）	EFm	2	腰带（带松紧带 –406/407）	LSa	4
卷边缝 – 包边缝折边（锁边）	EFl	2	腰带（在接缝处车明线）	BSf mod	2
卷边缝 – 穿橡筋带（双针）	EFr	3	育克（一道工序 – 折叠）	LSe	4
卷边缝	EFb	2	育克（一道工序 – 折叠）	LSf	4
卷边缝（锁边）	EFa	2	育克（两道工序）	SSq	6
缝合 & 前贴边（平缝机）	LSz	4	假包边缝	SSw	6

第 1 页 / 共 6 页

来源：American & Efird, Inc., www.amefirrd.com

接缝示意图	751a代码	Iso4916代码	常规应用	要求	接缝示意图	751a代号	Iso4916代号	常规应用	要求
	BSa	3.01.01	地毯包边，布边包边等	需规定包边完成后的成品宽度	面线隐藏在接缝中	BSf mod	—	在接缝处车明线，在腰带上车明线	线迹可以被完全隐藏，可能需要特殊床定距器
	BSa	3.01.01	装汗衫等的领子和袖子，通常使用602或605包缝	1）如果使用602或605线迹，需要规定针距；2）需要规定完成后的成品宽度	两道工序	BSg	3.14.01	假卷边缝折边	需要规定折边宽度
	BSb	3.03.01	装T恤领子，内裤边等。通常使用406底线绷缝	1）如果使用406线迹需要规定针距（如1/8"，3/16"）；2）需规定包边完成后的成品宽度	两道工序	BSj	3.05.06	假卷边缝折边	需规定折边宽度，如1/2"折边宽
	BSc	3.05.01	装衬衫的大袖衩时，对外衣进行滚边等，可以使用301锁式线迹或401链式线迹	1）需规定包边宽度；2）需要用到卷边叠边缝器	牛仔裤腰带	BSc	3.05.01	用于牛仔裤的腰带等，可以使用401链式线迹或301锁式线迹	1）需规定针距，如1-3/8"针距；2）需规定折边宽度，如1-5/8"折边宽；3）需用到卷边叠边缝器
	BSd	3.01.02	在外衣上进行锁边包边	1）需规定针距；2）包边宽度如1/4"；需用到卷边叠边缝器		BSe	3.05.05	对外衣进行缝合折边	1）需规定针距，如3/8"针距；2）需规定折边宽度，如1/4"折边宽度；3）需用到卷边叠边缝器
双针折边	EFa	6.02.01	衬衫前身下摆折边	需要规定折边宽度	暗缝折边	EFl		对裙子、长裤、外套、床罩等进行折边，通常使用103暗缝线迹	需要规定折边宽度
	EFa Inv	6.02.07	T恤，Polo衫的折边等。通常使用406线迹	1）需规定折边宽，如1"折边宽；2）需规定针距1/4"针距	裤襻	EFh		制作牛仔裤或通常裤子的裤襻等，通常使用406裤襻线迹	1）需要规定针距，如1/4"针距；2）需要规定裤襻的宽度，如3/8"到裤襻缝器
卷边折边	EFb	6.03.01	衬衫、牛仔、运动衫折边等	1）需规定折边宽度；2）通常需要卷边压脚或折边定位器	暗缝折边	EFm		对裙子、长裤、外套、床罩等使用。通常使用103暗缝线迹	需要规定折边宽度
暗缝折边	EFc	6.06.01	T恤底摆、内衣等折边，通常使用503线迹	1）需要规定折边宽，如1"折边宽；2）通常需要折边定位器	中心褶裥	EFv		裁剪中心褶裥，通常运用两排401线迹（也可参考LSm进行中心褶裥制作）	1）需规定针距，如1"针距；2）需规定褶裥宽度，如1/2"中心褶裥宽；3）需用到中心褶裥叠缝器

来源：American & Efird, Inc., www.amefird.com

接缝示意图	751a 代码	Iso4916 代码	常规应用	要求
锁边	EFd	6.01.01	裤子、门襟、挂面锁边等	需要规定锁边宽度，如 3/16"
锁边 & 折边	EFe		毛巾、薄纱窗帘锁边等	1）需规定锁边宽度，如 3/32"；2）需要运用折边 P.F
折边 & 镶边	EFf	7.24.02	婴儿裤子的折边以及放入松紧带等	需规定折边宽度
	EFg	7.24.03	婴儿裤子的折边以及放入松紧带等	1）需规定针距，如 1/4"；2）折边宽度，如 1/2"；3）需要用到卷边缝器 & 松紧带牵引棒
	EFq	7.26.05		
松紧带通道	EFr	7.26.05		

接缝示意图	751a 代码	Iso4916 代码	常规应用	要求
制作细条	EFu	8.07.01	制作长条，线迹需要隐藏不可见	需要规定长条宽度
	EFj	8.05.01	运用卷边缝制作长条或裤襻	需要规定长条宽度
	EFn	8.19.01	运用卷边缝制作长条或裤襻	1）需要规定针距；2）需要规定长条宽度
	EFp	8.06.01	运用卷边缝制作长条或裤襻	需要规定长条宽度
	EFad	8.17.01	里料运用卷边缝制作裤襻	需要规定长条宽度
	EFy	8.03.03	运用卷边缝制作长条或裤襻	需要规定长条宽度
	EFz	8.03.04	运用卷边缝制作长条或裤襻	需要规定长条宽度

来源：American & Efird, Inc., www.amefird.com

左半部分

接缝示意图	751a 代码	Iso4916 代码	常规应用	要求
搭接缝纫	LSa	2.01.01	缝合针织克夫，通常使用 605 或 607 线迹	1）缝纫定距器或修边器来保持布边整齐；2）需要规定针距，如 1/3" 针距
折边叠缝	LSb	2.02.01	与 LSq 不太相同：在 LSq 里，衣片已经被缝合或凸缝	需要规定线迹与上门襟布边的距离，如 1/8"
缝合贴袋	LSc	2.04.06	牛仔裤、衬衫、夹克等，通常使用双线式线迹	1）需要规定针距和缝迹宽，如 1/4" 针距，3/8" 线迹宽；2）需要运用有合适大小的卷边叠缝器
缝合贴袋	LSd	5.31.01	用于制作贴袋，袋口贴边等，通常使用 301 锁式线迹	1）需要规定边缝，如 1/16" 或 3/32"；2）运用带屈服部件的压脚来保持制服缝边与布边的距离
缝合贴袋	LSs	2.05.02	装套装或牛仔外套的大贴袋	1）需要确定宽度，如 3/32"；2）需要叠缝器
缝合育克	LSe	1.22.02	将后育克缝到衬衫外套，与 SSq 不尽相同	1）第一道工序 - 高技术工序；2）需要确定宽度，如 3/32"
缝制门襟	LSm	7.62.01	将门襟装到衬衫	1）需要确定宽度，如 1"；2）需要确定门襟的宽度，如 1 1/2"；3）需要叠缝器
	LSn		不常见	
缝合 & 镶边	LSz	2.14.02	为针织内裤前片或保暖内衣缝合和镶边	1）通常使用 607 平缝机让面线分离；2）需要面线镶边叠缝器

右半部分

接缝示意图	751a 代码	Iso4916 代码	常规应用	要求
添加松紧带	LSa	2.01.01	裤子或内裤的松紧带，通常使用 406 或 407 线迹，缝合针织克夫，通常使用 605 或 607 包缝线迹	1）需要缝纫定距器或修边器来保持布边整齐；2）需要规定针距，如 1/4" 针距
缝合 & 凸缝	LSq	2.02.03	牛仔裤、丝光卡其裤，夹克两侧缝等	1）第一道工序 - 需要规定线迹宽度；2）第二道工序 - 需要确定针数和针距
	LSk	7.32.03	喇叭裤腰带；制作窗帘 & 浴帘等	1）需要确定针距；2）定宽条宽；3）需要上部条形叠缝和下部条形的叠缝器
两片腰头	LSg	7.57.01	装丝光卡其裤或工装裤的腰头	1）需要确定针距；2）定腰带宽度；3）需要一个包含上部条形叠缝和下部条形叠缝的叠缝器
两片腰头	LSj	7.76.01	装丝光卡其裤或工装裤的腰头	1）需要确定针距；2）需要确定腰带宽度；3）需要一个包含里料定距器的上部条形叠缝器和下部条形叠缝器
	LSf		在一道工序内将后育克合到衬衫	需要确定缝定线与布边间距，如 1/16" 或 3/32"
	Lsas		牛仔裤和卡其裤裆缝	需要确定针距，如 1/4"
	LSbj	5.30.01	牛仔裤前袋贴边	贴边需要在缝合前清除
绱袖	LSr	2.06.02	将袖子合到衬衫	1）第一道工序 - 需要规定缝线宽度，第二道工序 - 需要叠缝；2）需要规定面线间距

接缝示意图	Iso4916 代码	751a 代码	常规应用	要求	接缝示意图	751a 代码	Iso4916 代号	常规应用	要求
(图)	2.28.03	LSl	将工装背带裤的护胸在第一道工序缝制到工装裤上	1）需要确定针距；2）条宽需要确定	(图) 绷缝	FSa	4.01.01	对内衣、羊毛衣、训练服等进行绷缝，通常使用607线迹	
(图)		LSar	将工装背带裤的护胸在第一道工序缝制到工装裤上	1）需要确定针距；2）条宽需要确定	(图)	FSf		用501线迹进行布边的缝纫	
(图) 作省	6.05.01	OSf	在长裤、丝光卡其裤或衬衫上作省等	需要确定省宽和省长，如宽3/8"，长3"	(图) 布边缝	OSa	5.01.01	牛仔裤后袋的装饰线迹马鞍缝	需要确定装饰线迹在布料上的位置
(图) 常规缝纫	1.01	SSa	针织与梭织中最常见的缝线结构	1）需要确定间距以保持合体；2）缝纫定距器或修边器来保持布边整齐	(图) 装饰线迹	SSj	1.11	将拉链装到门襟和面料间	1）需要确定间距以保证合体性；2）需要运用缝纫定距器以保证布边的整齐；3）需要拉链压脚
(图) 缝纫&镶边		SSab	用固定带缝合肩部；为夹克上挂面	1）需要确定固定带宽；2）需要确定线迹间距	(图) 滚边	SSk	1.12	用于服装，家纺的滚边	1）需要确定间距以保证大小合适；2）需要运用缝纫定距器以保证布边的整齐；3）滚边需要沟型压脚
(图) 为布边镶边		SSaa	门襟装拉链；袖缝上的固定助边带	1）需要确定固定带宽；2）需要确定线迹间距	(图) 缝纫, 折叠 & 明线	SSax	1.18/1.19	对枕头进行缝纫及滚边；睡衣等	1）需要确定间距；2）定面线间距；3）需要运用重叠缝
(图) 衍缝 & 面线	1.06.02	SSe	制作衬衫的领子和克夫，来去缝前袋，为卡其裤前袋等	1）在第一道工序和第二道工序需要确定缝线间距；2）运用缝纫定距器来保持布边平整；3）第一道工序有中间工序	(图) 缝纫, 折叠 & 明线	SSaw	2.19.02	缝纫或对窗帘进行滚边；将后育克缝合到日常衬衫、裙子上	1）需要确定缝纫线间距；2）需要确定明线间距
(图) 来去缝	1.06.03	SSae	对夹克，裙子的挂面进行边缝	1）在第一道工序和第二道工序需要确定缝线间距；2）运用缝纫定距器来保持布边平整；3）第一道工序有中间工序	(图) 折边	SSn	1.20.01	针对易受缝线影响而移动的面料	1）需要运动折边叠缝定距器或定距宽度，如3/8"折边；2）需要确定折边宽度

来源：American & Efird, Inc., www.amefird.com

接缝示意图	751a 代号	Iso4916 代号	常规应用	要求	接缝示意图	751a 代号	Iso4916 代号	常规应用	要求
缝纫，折叠＆凸起	SSq	2.42.04	将后育克或袖子缝合到衬衫等，与LSe相似但只有两步	1) 需要运用定位器和巨幅压定脚；2) 需要运用最佳的间距定距离，如 1/16 或 3/32 英寸	折边缝	SSp	1.21.01	用于缝制易受线迹影响而产生滑动的面料	1) 需要运用折叠叠缝器；2) 需要确定折边宽度，如 3/8" 折边宽
对接缝＆镶边	SSf	4.08.02	鞋子上对接缝或镶边缝	1) 需要在第一道工序确定线间距；2) 需要在第二道工序确定针距和镶边宽度		SSs	7.09.01	折边或缝合到拉链条	1) 需要确定布条宽度；2) 需要确定缝线间距
缝合＆包缝	SSh	4.04.01	用于针织上衣以及内衣的固定和装饰	1) 建议在第一道工序使用 504 线迹，第二道工序使用针距为 1/4" 的 406 线迹；2) 需要在包缝机上运用针定距离器	上松紧带	SSt	7.09	用于将松紧带缝制到短裤或运动服	1) 需要确定松紧带宽度；2) 通常使用 2、3、4 排 401 链式线迹－需要确定针距，如 1 1/4" 针迹，4 排松紧带 1/4" 针距
缝合，之后镶边	SSag	4.10.02	为 T 恤的肩部和领子镶边	1) 需要确定镶边的成品宽度；2) 需要确定镶边宽；3) 在缝纫时需要运用镶边缝器和镶边定距器	里料克夫	SSbc	1.03.01	将里料缝合到衬衫的克夫上	如果必要，需要确定这边的宽度
为衬衫、运动装等制作松紧带	SSat	5.06.01	将松紧带缝纫到衬衫前衣片等	1) 需要确定镶边成品宽度，如 3/4"，镶边宽；2) 需要确定针距宽，如 1/2" 针距宽		SSb	1.04	不常见	
假卷边缝	SSw	2.04.06	用于衬衫、裙子的侧缝等	制作卷边缝的常规方法：1) 折边处需在 1～2 股范围内－需要确定折边宽；2) 需要确定面线开端与端间距		SSaz	8.11.01	制作肩带，腰带等	1) 需要确定成品宽度；2) 需要在"细条"机上进行制作
假卷边缝	SSw(b)		用于衬衫、裙子的侧缝等	制作卷边缝的常规方法：1) 需要确定面线开端和端在 1～2 股间不均匀分布；2) 需要确定开端和面线间距		SSl	1.08	用于制作牛仔裤前袋	1) 需要运用折边叠缝器使底摆胶线一致；2) 需要确定折边宽度；3) 如果针数大于 1，则需要确定针距，如 1/4"
假卷边缝	SSd	1.07	不常见	1) 卷边缝的常规方法；2) 需要确定折边宽度；3) 需要确定开端和面线间距		SSc	1.06.01	不常见，SSe 更常见	
	SSv	5.01	不常见						

来源：American & Efird, Inc., www.amefird.com

针法图示 面线	针法图示 底线	ISO 4915 代码	常规应用	要求	针法描述
单线链式线迹 	 （链式图示）	101	西装假缝；封袋	需要确定针数	针法由一根线穿过面料利用分离器与自身线环在底面相互连接形成线圈而实现
单线链式线迹或锁式线迹 用于钉扣，扣眼或套结  *当要求缝纫安全时，选择304锁式线迹更好	（图示）	101 或 304	钉扣，扣眼，套结	1) 钉扣-需要确定扣眼每圈的针数，如8，16，32；2) 扣眼-需要确定长度和宽度，如1/2"等；3) 套结-需要确定扣的长度和宽度	针织衬衫-扣眼长度一般为1/2英寸，大约用85～90针水平固定在服装上
单线暗缝线迹 	正面和底面均为不可视线迹	103	暗缝折边，卷边，制作裤襻	需要确定：1) 针数3～5；2) 没有跳针或2-1跳针缝	针法由一根线在面料表面与自身线环相互连接形成线圈而实现。过面线水平穿过底线
锁式线迹-最常用的针法 	反面底线 	301	面线，单线缝合，直线缝合	需要确定针数	针法由一根线穿过面料后在中心和轴线相互连接形成锁结。面线和底线水平穿过底线
"之"字形锁式线迹 	 （图示）	304	内衣，运动服，婴儿服装，训练服	需要确定：1) 针数；2) 锯齿宽度或"之"字形宽度（1/8",3/16",1/4"）	针法由针和线轴形成，线和线在连接缝的中心并形成对称的"之"字图案，可以用于分离套结的制作
链式线迹 	反面线圈 	401	单线链式线迹-主要用在梭织服装中	需要确定针数	针法由一根线穿过面料并与一个线圈相互连接在底部拉紧而形成
"之"字形链式线迹 	反面线圈 	404	"之"字形链式线迹，用于婴儿服装和儿童服装；折边，面线等	需要确定：1) 针数；2) 锯齿宽度或"之"字形宽度（1/8"）	针法由一个针和一个线圈在底面相连接并形成对称的"之"字形图案

第 1 页 / 共 3 页

来源：American & Efird, Inc., www.amefird.com

针法图示		ISO 4915 代码	常规应用	要求	针法描述
面线	底线				
双针底线绷缝 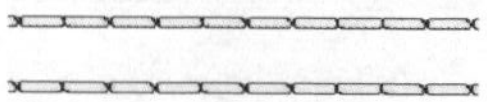	底面线圈 	405	折边，装松紧带，绷缝，制作裤襻	需要确定：1) 针距（1/8", 3/16", 1/4"）；2) 针数	针法由双线穿过面料并与底面一个线圈相互连接而成。线圈在针线之间打结，使得缝线又在底面绷缝
三针底线绷缝 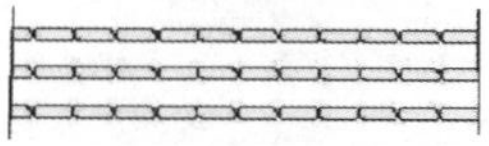	底面线圈 	407	将松紧带缝制到男士或男孩针织内裤	需要确定：1) 针距（1/4"）；2) 针数	针法由三线穿过面料并与底面一个线圈相互连接而成。线圈在针线之间打结，使得缝线仅在底面绷缝
双线链式线迹（绷缝） 	底面线圈 	408	将口袋贴边缝制到牛仔裤，丝光卡其裤或一般长裤上		针法由双线穿过面料并与底面两个线圈相互连接而成。一个顶层线圈在正面使两根线交织。
单线布边倒针 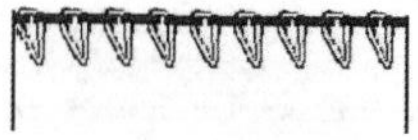		503	锁边或暗缝折边	需要确定：1) 锁边宽，如 1/8", 3/16", 1/4"；2) 针数	针法由一根纱线和一个在布边的倒针线圈连接而成。仅用于锁边和暗缝折边
常规包缝 / 三线包缝 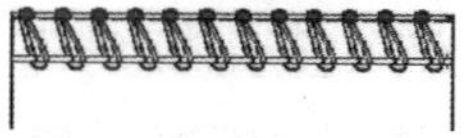		503	单线包边缝	需要确定：1) 锁边宽，如 1/8", 3/16", 1/4"；2) 针数	针法由一根纱线和两个在布边的倒针线圈连接而成。仅用于锁边和暗缝折边
双线布边倒针 / 三线包缝 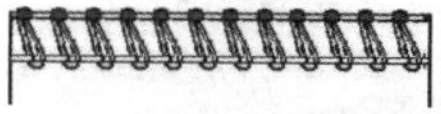	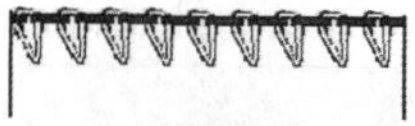	505	双倒针锁边	需要确定：1) 锁边宽，如 1/8", 3/16", 1/4"；2) 针数	针法由一根纱线和两个在布边的倒针线圈连接而成。仅用于锁边
仿安全针  / 双针包缝		512	缝切弹性针织、梭织面料	需要确定针数	针法由两根纱线和两个在布边形成的倒针线圈连接而成。512-右侧针只穿过面部线圈。线迹与514线迹拥有不同链断
双针四线包缝  / 双针包缝		514	缝切弹性针织、梭织面料	需要确定针数	针法由两根纱线和两个在布边形成的倒针线圈连接而成。514-两根针都穿进入面部线圈，比512线迹更佳，因为其链断更好

来源：American & Efird, Inc., www.amefird.com

针法图示		ISO 4915 代码	常规应用	要求	针法描述
面线	底线				
四线安全缝 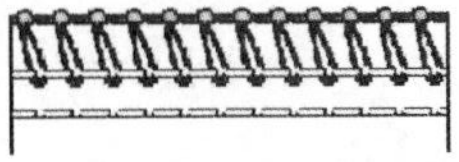	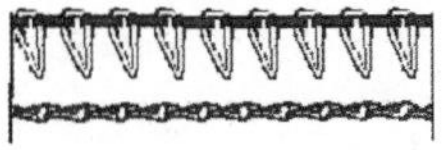	515 (401+503)	安全缝，缝合接织和针织面料	需要确定：1) 针距，如 1/8" −1/8", 3/16" ；3/16" −1/4"; 2) 针数	组合线迹由单线链式线迹（503）和双针包缝线迹（401）同时形成。比516针包缝线迹运用更少的纱线；然而，许多仿手工线迹更偏向516线迹
五线安全缝 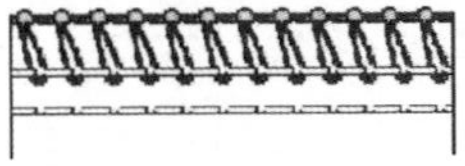		516 (401+504)	安全缝，缝合接织和针织面料	需要确定：1) 针距，如 1/8" −1/8", 3/16" ；3/16" −1/4"; 2) 针数	组合线迹由单线链式线迹（401）和一个三线包缝（504）同时形成
双针四线包缝 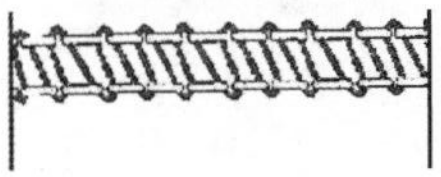		602	衬衫，婴儿服折边等	需要确定：1) 针距，如 1/8", 3/16", 1/4"; 2) 针数	针法由两根纱线，一个面部包缝线和一个三线线圈组成
三针五线包缝 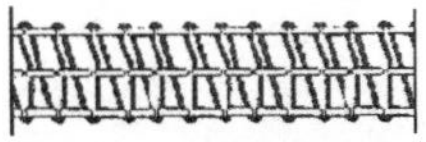	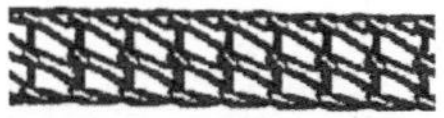	605	搭接缝、包缝、针织衫的折边	需要确定：1) 针距，如 1/4"; 2) 针数	针法由三个纱线，一个面部包缝线和一个底部线圈组成
四针六线包缝 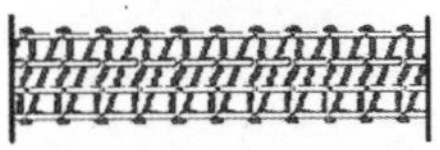	绷缝 	607	对接缝或搭接缝，缝合针织衫、内衣或羊毛衫等	需要确定针数	针法由四根纱线，一个底部包缝线和一个面部包缝线组成。更偏向选择606包缝线迹，因为它能更好地保持机器稳定性

来源：American & Efird, Inc., www.amefird.com

附录 B

XYZ 产品研发公司工艺单

关于工艺单的注释

本节展示了 8 个用于指导生产的工艺单案例：女士背心（第 349 ～ 359 页）、女士短裙（第 360 ～ 368 页）、女士长裤（第 369 ～ 376 页）、男士短袖（第 377 ～ 385 页）、男士衬衫（第 386 ～ 394 页）、帽 子（第 395 ～ 400 页）、男士毛衣（第 401 ～ 408 页）、滑雪服（第 409 ～ 424 页）。

第一张女士背心工艺单包含了一个试穿记录表及评价意见表。其他工艺单因为提出了新款式，故没有展示试穿记录及评价意见表。

根据本书提出的规则，针织类服装（例如男士短袖）采用半测法，梭织类服装采用全测量。

英寸标注法（例如 2 英寸、3/4 英寸等）仅用在示意图而非样品测量页或放码页面。因此，文中用英寸标注法更清晰，因为这会影响到公式的设定。

关于如何去测量的示意图可以提供一定的信息，但却不能面面俱到（例如，不包含后视图）。如果对于工艺单样品测量点存在疑惑，可以参考第 15 章。

女士背心工艺单

XYZ 产品研发公司
前视图

原编号 # MWT1770　　　　　　尺码范围：女士 4–18

款号 #　　　　　　　　　　　　样品尺码：8

季节：20XX 秋季　　　　　　　设计师：莫妮卡·史密斯

款式名称：梭织背心　　　　第一次发送日期：2/2/20XX

合体类型：常规　　　　　　　　修改日期：

品牌：XYZ　　　　再加工（翻板）：A7777 薄型平纹毛织物

状态：原型 –1

原编号 # MWT1770	尺码范围：女士 4-18
款号 #	样品尺码：8
季节：20XX 秋季	设计师：莫妮卡·史密斯
款式名称：梭织背心	第一次发送日期：2/2/20XX
合体类型：常规	修改日期：
品牌：XYZ	再加工（翻板）：A7777 薄型平纹毛织物
状态：原型 -1	

原编号 # MWT1770

款号 #

季节：20XX 秋季

款式名称：梭织背心

合体类型：常规

品牌：XYZ

状态：原型 -1

尺码范围：女士 4-18

样品尺码：8

设计师：莫妮卡·史密斯

第一次发送日期：2/2/20XX

修改日期：

再加工（翻板）：A7777 薄型平纹毛织物

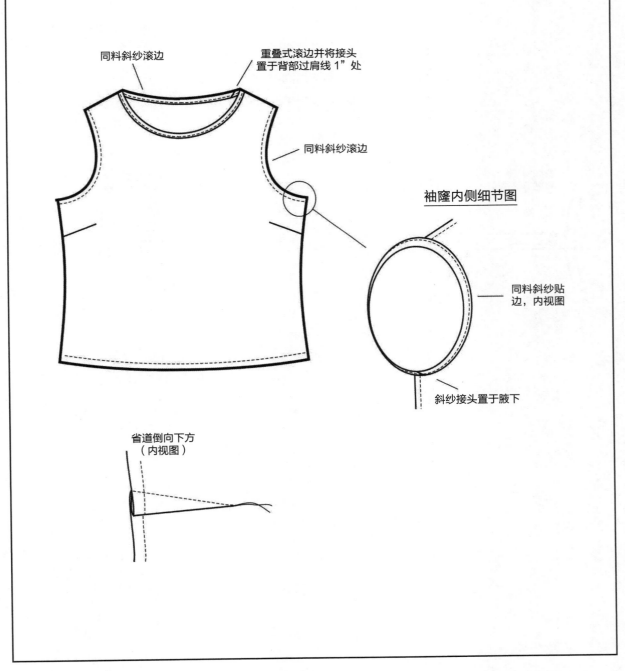

同料斜纱滚边

重叠式滚边并将接头
置于背部过肩线 1" 处

同料斜纱滚边

袖窿内侧细节图

同料斜纱贴
边，内视图

斜纱接头置于腋下

省道倒向下方
（内视图）

原编号 # MWT1770	尺码范围：女士 4-18
款号 #	样品尺码：8
季节：20XX 秋季	设计师：莫妮卡·史密斯
款式名称：梭织背心	第一次发送日期：2/2/20XX
合体类型：常规	修改日期：
品牌：XYZ	再加工（翻板）：A7777 薄型平纹毛织物
状态：原型 −1	

肩部内侧

文胸肩带固定带细节图

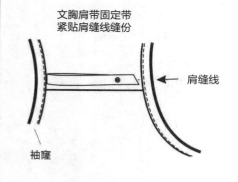

文胸肩带固定带
紧贴肩缝线缝份

肩缝线

袖窿

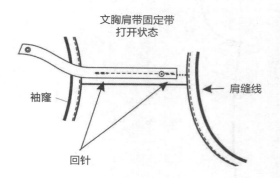

文胸肩带固定带
打开状态

袖窿

肩缝线

回针

服装设计师技术手册：从服装设计到产品包装的技术全讲解

原编号 # MWT1770
款号 #
季节：20XX 秋季
款式名称：梭织背心
合体类型：常规
品牌：XYZ
状态：原型 −1

尺码范围：女士 4−18
样品尺码：8
设计师：莫妮卡·史密斯
第一次发送日期：2/2/20XX
修改日期：
再加工（翻板）：A7777 薄型平纹毛织物

测量点，梭织——测量细则及容差

代号	上衣测量规格	容差（+）	容差（−）	尺码 8
T−A	肩宽	1/4	1/4	15
T−B	落肩	1/4	1/4	1
T−C	前胸宽	1/4	1/4	13
T−D	背宽	1/4	1/4	14
T−G	袖窿深	1/4	1/4	8 1/2
T−H	胸围（低于袖窿 1 英寸）	1/2	1/2	40
T−I−2	腰围	1/2	1/2	38
T−I	腰线位置	1/2	1/2	15 1/2
T−J	下摆围	1/2	1/2	40
T−K	前身长	1/2	1/2	24
T−L	后身长	1/2	1/2	24
T−O	后中袖长	—	—	N/A
T−M	袖肥	—	—	N/A
T−Z−1	袖口围	—	—	N/A
T−P	前领深	1/4	1/4	5
T−Q	后领深	1/4	1/4	1
T−R	领宽	1/4	1/4	10
	胸省至袖下	1/4	1/4	4
款号测量规格				
肩带宽		1/8	1/8	2 1/2

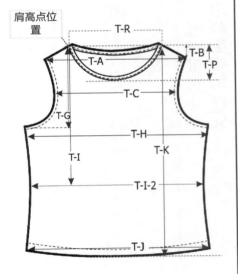

肩高点位置

所有缝线仅供参考

XYZ产品研发公司
放码页面

原编号# MWT1770
款式#
季节：20XX秋季
款式名称：梭织背心
款式类型：常规
合体类型：XYZ
状态：原型 -1

尺码范围：女士 4-18
样号尺码：8
设计师：莫妮卡·史密斯
第一次发送日期：2/2/20XX
修改日期：
再加工（翻板）：A7777 薄型平纹毛织物

测量点，梭织——测量细则及容差

样品尺码

代码	上衣测量规格	容差(+)	容差(-)	4	6	8	10	12	14	16	18
T-A	肩宽	1/4	1/4	14 1/2	14 3/4	15	15 1/4	15 5/8	16	16 3/8	16 3/4
T-B	落肩	1/4	1/4	1	1	1	1	1	1	1	1
T-C	前胸宽	1/4	1/4	12 1/2	12 3/4	13	13 1/4	13 5/8	14	14 3/8	14 3/4
T-D	背宽	1/4	1/4	13 1/2	13 3/4	14	14 1/4	14 5/8	15	15 3/8	15 3/4
T-G	袖隆深	1/4	1/4	8	8 1/4	8 1/2	8 3/4	9	9 1/4	9 1/2	9 3/4
T-H	胸围（低于袖隆1英寸）	1/2	1/2	38	39	40	41	42 1/2	44	45 1/2	47 1/2
T-I-2	腰围	1/2	1/2	36	37	38	39	40 1/2	42	43 1/2	45 1/2
T-I	腰线位置	1/2	1/2	15	15 1/4	15 1/2	15 3/4	16	16 1/4	16 1/2	16 3/4
T-J	下摆围	1/2	1/2	38	39	40	41	42 1/2	44	45 1/2	47 1/2
T-K	前身长	1/2	1/2	23 1/2	23 3/4	24	24 1/4	24 1/2	24 3/4	25	25 1/4
T-L	后身长	1/2	1/2	23 1/2	23 3/4	24	24 1/4	24 1/2	24 3/4	25	25 1/4
T-O	后中袖长	—	—			N/A					
T-M	袖肥	—	—			N/A					
T-Z-1	袖口围	—	—			N/A					
T-P	前领深	1/4	1/4	4 3/4	4 7/8	5	5 1/8	5 1/4	5 3/8	5 1/2	5 5/8
T-Q	后领深	1/4	1/4	1	1	1	1	1	1	1	1
T-R	领宽	1/4	1/4	9 1/2	9 3/4	10	10 1/4	10 1/4	10 1/2	10 1/2	10 3/4
	胸省至袖下	1/4	1/4	3 3/4	3 7/8	4	4 1/8	4 1/4	4 3/8	4 1/2	4 5/8
款号测量规格											
	肩带宽	1/8	1/8	2 1/2	2 1/2	2 1/2	2 1/2	2 1/2	2 1/2	2 1/2	2 1/2

XYZ 产品研发公司
材料清单

原编号 # MWT1770　　　　　　　　　　尺码范围：女士 4-18
　　款号 #　　　　　　　　　　　　　　样品尺码：8
　　季节：20XX 秋季　　　　　　　　　设计师：莫妮卡·史密斯
款式名称：梭织背心　　　　　　第一次发送日期：2/2/20XX
合体类型：常规　　　　　　　　　　修改日期：
　　品牌：XYZ　　　　　　再加工（翻板）：A7777 薄型平纹毛织物
　　状态：原型 −1

产品 / 描述	成分	部位	供应商	宽度 / 重量 / 尺码	后整理	数量
平纹乔其纱，110D tex，27 x 116	100% 黏胶	大身	泰国 Imprimee	135cm，200g/m^2	桃色，可水洗	
内层衬布	—	—	—	—	—	
文胸肩带，款号 A22	100% 聚酯纤维	肩部—详见细节页	Parma	—	—	2
缝线－大身配色	100% 聚酯纤维	缝合与锁边	A&E	60'S x 3(tex 30)		
编织对折标，#IDC12		后中领位	标准标签，工厂来源			1
编织对折标，#CCO14		左侧缝	标准标签，工厂来源			1
吊牌		右腋下				1
零售牌						1
塑料袋及标签（扁平封装袋子）		详见标签指南	采购于工厂	H X W=18 X 15	贴纸粘贴于塑料袋底部	1
吊牌绳		详见标签指南	采购于工厂			1

色彩设计总结

色号 #	大身主色					
477	珊瑚色					
344B	浅蓝绿色					

XYZ 产品研发公司
缝制页面

原编号 # MWT1770	尺码范围：女士 4-18
款号 #	样品尺码：8
季节：20XX 秋季	设计师：莫妮卡·史密斯
款式名称：梭织背心	第一次发送日期：2/2/20XX
合体类型：常规	修改日期：
品牌：XYZ	再加工（翻板）：A7777 薄型平纹毛织物
状态：原型 -1	

裁剪信息：无绒毛，双向裁剪，纵向

对格：NA

每英寸针数（SPI）11+/-1

部位	类型	缝合线型	缝纫后处理	明线	黏合衬	扣合件
领口	斜纱滚边，1/4"	锁式线迹		止口缝		
肩缝	Fr/Sm	锁式线迹		—		
袖窿	斜纱贴边	锁式线迹		1/4"		
侧缝		五线安全缝		—		
下摆	卷边缝（两次）	锁式线迹		1/2"		
扣合件						

XYZ 产品研发公司
标签与包装

原编号 # MWT1770　　　　　　　　尺码范围：女士 4-18
款号 #　　　　　　　　　　　　　　样品尺码：8
季节：20XX 秋季　　　　　　　　设计师：莫妮卡·史密斯
款式名称：梭织背心　　　　第一次发送日期：2/2/20XX
合体类型：常规　　　　　　　　修改日期：
品牌：XYZ　　　　再加工（翻板）：A7777 薄型平纹毛织物
状态：原型 -1

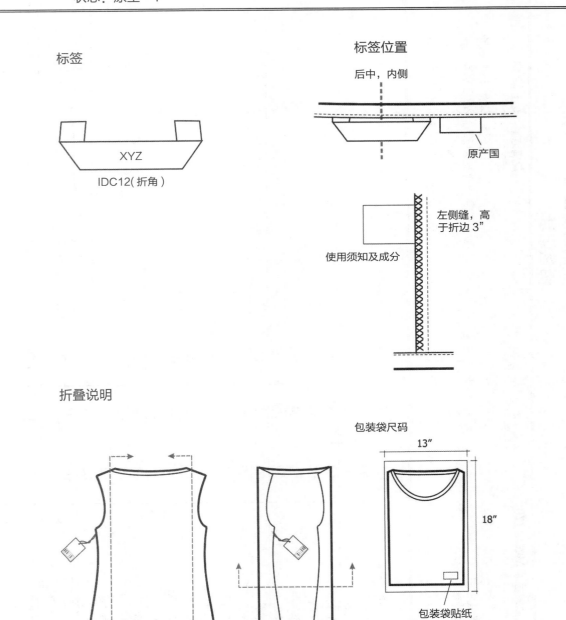

标签

XYZ

IDC12（折角）

标签位置

后中，内侧

原产国

使用须知及成分

左侧缝，高
于折边 3"

折叠说明

包装袋尺码

13"

18"

包装袋贴纸

XYZ产品研发公司
测量记录

原编号 # MWT1770
款号 #
季节：20XX秋季
款式名称：梭织背心
合体类型：常规
品牌：XYZ
状态：原型 -1

尺码范围：女士 4-18
样品尺码：8
设计师：莫妮卡·史密斯
第一次发送日期：2/2/20XX
修改日期：
再加工（翻板）：A7777 薄型平纹毛织物

日期：

代码	上衣测量规格	容差（+）	容差（-）	规格	第一版测量	差异	标注	修改规格，第二版	第二版测量	差异	标注	新规格
T-A	肩宽	1/4	1/4	15								
T-B	落肩	1/4	1/4	1								
T-C	前胸宽	1/4	1/4	13								
T-D	背宽	1/4	1/4	14								
T-G	袖窿深	1/4	1/4	8 1/2								
T-H	胸围（低于袖窿1英寸）	1/2	1/2	40								
T-I-2	腰围	1/2	1/2	38								
T-I	腰线位置	1/2	1/2	15 1/2								
T-J	下摆围	1/2	1/2	40								
T-K	前身长	1/2	1/2	24								
T-L	后身长	1/2	1/2	24								
T-O	后中袖长	—	—	NA								
T-M	袖肥	—	—	NA								
T-Z-1	袖口围	—	—	NA								
T-P	前领深	1/4	1/4	5								
T-Q	后领深	1/4	1/4	1								
T-R	领宽	1/4	1/4	10								
	胸省至袖下	1/4	1/4	4								
	款号测量规格											
	肩带宽	1/4	1/4	2 1/2								

原编号 # MWT1770　　　　　　　　　尺码范围：女士 4-18
款号 #　　　　　　　　　　　　　　　样品尺码：8
季节：20XX 秋季　　　　　　　　　　设计师：莫妮卡·史密斯
款式名称：梭织背心　　　　　　　第一次发送日期：2/2/20XX
合体类型：常规　　　　　　　　　　　　修改日期：
品牌：XYZ　　　　　再加工（翻板）：A7777 薄型平纹毛织物
状态：原型 -1

日期	
样本类型 /ID#	预生产
状态	批准预生产
细节	

日期	
样本类型 /ID#	尺码设置
状态	批准预生产，使用生产标准的面料和辅料
细节	

日期	
样本类型 /ID#	销售样本
状态	批准设置尺码，范围为 32-40
细节	

日期	
样本类型 /ID#	原型 -1
状态	批准销售样本，拓版
细节	

日期	
样本状态	第一版的要求

女士短裙工艺单

XYZ 产品研发公司
前视图

原编号 # MWB1771　　　　　　　　尺码范围：女士 4-18

款号 #　　　　　　　　　　　　　样品尺码：8

季节：20XX 秋季　　　　　　　　设计师：伊丽沙白·尼古拉

款式名称：梭织短裙　　　　　　第一次发送日期：2/1/20XX

合体类型：常规　　　　　　　　　修改日期：

品牌：XYZ　　　　　　再加工（翻板）：7 盎司斜纹面料

状态：原型 -1

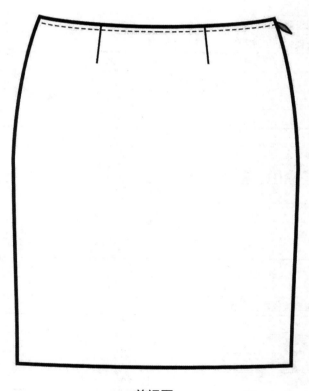

前视图

原编号 # MWB1771

款号 #

季节：20XX 秋季

款式名称：梭织短裙

合体类型：常规

品牌：XYZ

状态：原型 -1

尺码范围：女士 4-18

样品尺码：8

设计师：伊丽沙白·尼古拉

第一次发送日期：2/1/20XX

修改日期：

再加工（翻板）：7 盎司斜纹面料

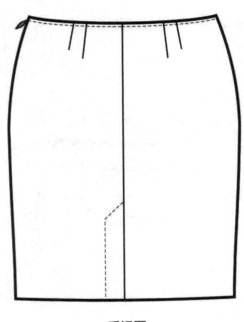

后视图

侧视图

原编号 # MWB1771	尺码范围：女士 4-18
款号 #	样品尺码：8
季节：20XX 秋季	设计师：伊丽沙白·尼古拉
款式名称：梭织短裙	第一次发送日期：2/1/20XX
合体类型：常规	修改日期：
品牌：XYZ	再加工（翻板）：7 盎司斜纹面料
状态：原型 -1	

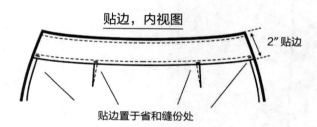

贴边，内视图

2″ 贴边

贴边置于省和缝份处

省道的细节图，全规格

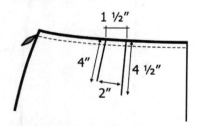

1 ½″

4″   4 ½″

2″

前片和后片的省道在面料中部，全规格

XYZ 产品研发公司
细节视图

原编号 # MWB1771
款号 #
季节：20XX 秋季
款式名称：梭织短裙
合体类型：常规
品牌：XYZ
状态：原型 −1

尺码范围：女士 4–18
样品尺码：8
设计师：伊丽沙白·尼古拉
第一次发送日期：2/1/20XX
修改日期：
再加工（翻板）：7 盎司斜纹面料

扣襻细节

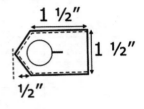

拉链顶部内视图

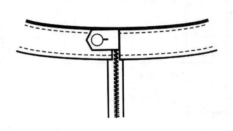

后衩内视图

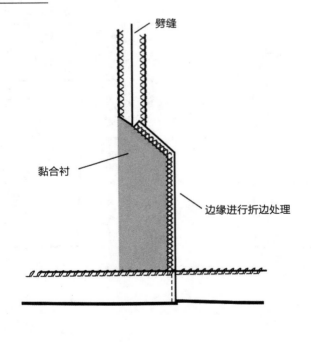

XYZ 产品研发公司
样品测量点

原编号 # MWB1771

款号 #

季节：20XX 秋季

款式名称：梭织短裙

合体类型：常规

品牌：XYZ

状态：原型 −1

尺码范围：女士 4–18

样品尺码：8

设计师：伊丽沙白·尼古拉

第一次发送日期：2/1/20XX

修改日期：

再加工（翻板）：7 盎司斜纹面料

测量点，梭织——测量细则及容差

代码	短裙测量规格	容差（+）	容差（−）	样品尺码
B–A	腰围	1/2	1/2	31
B–B	前腰深	1/4	1/4	1
B–K2	臀围	1/2	1/2	39
B–Q	裙长	1/4	1/4	23
B–O	裙底摆围	1/2	1/2	38
	款号测量规格			
	衩宽	1/4	1/4	5
B–V	衩高	1/4	1/4	1 1/2

所有缝线仅供参考

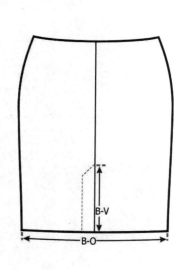

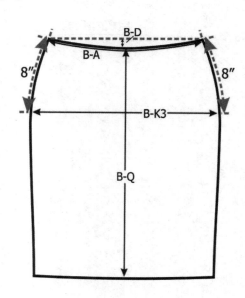

XYZ产品研发公司
样品测量点

原编号 # MWB1771
款号 #
季节：20XX 秋季
款式名称：梭织短裙
款体类型：常规
品牌：XYZ
状态：原型－1

尺码范围：女士 4-18
样品尺码：8
设计师：伊丽沙白·尼古拉
第一次发送日期：2/1/20XX
修改日期：
再加工（翻板）：7 盎司斜纹面料

测量点，梭织——考量细节及容差

代号	短裙测量规格	容差（+）	容差（－）	4	6	8	10	12	14	16	18
B-A	腰围	1/2	1/2	29	30	31	32	33 1/2	35	36 1/2	38 1/2
B-B	前腰深	1/4	1/4	1	1	1	1	1	1	1	1
B-K2	臀围	1/2	1/2	37	38	39	40	41 1/2	43	44 1/2	46 1/2
B-Q	裙长	1/4	1/4	22 1/2	22 3/4	23	23 1/4	23 1/2	23 3/4	24	24 1/4
B-O	裙底摆围	1/2	1/2	36	37	38	39	40 1/2	42	43 1/2	45 1/2
	款号测量规格										
	视宽	1/4	1/4	5	5	5	5	5	5	5	5
	视高	1/4	1/4	1 1/2	1 1/2	1 1/2	1 1/2	1 1/2	1 1/2	1 1/2	1 1/2

原编号 # MWB1771　　　　　　　　尺码范围：女士 4-18

款号 #　　　　　　　　　　　　　　样品尺码：8

季节：20XX 秋季　　　　　　　　　设计师：伊丽沙白·尼古拉

款式名称：梭织短裙　　　　　　　　第一次发送日期：2/1/20XX

合体类型：常规　　　　　　　　　　修改日期：

品牌：XYZ　　　　　　　　　再加工（翻板）：7 盎司斜纹面料

状态：原型 -1

产品 / 描述	成份	部位	供应商	宽度 / 重量 / 尺码	后整理	数量
斜纹 32/2 x 32/2，116x62	100% 棉	大身	Luen Mills	58" 可缩减，7 盎司	衣物水洗	
隐形拉链		腰部左侧	日本 YKK	7"		1
四孔纽扣	仿牛角	腰部左侧	Spirit 纽扣	款号 w345t，20L	半无光	1
夹层，无纺黏合衬	—	襻扣、衩	CCP	款号 246	—	
缝线 – 大身配色	100% 聚酯纤维纱	缝合 & 锁边	A&E	60's x 3 (tex 30)		
缝线 – 大身配色	100% 聚酯纤维纱	明线	A&E	40's x 3 (tex 45)		
缝线 – 纽扣配色	100% 聚酯纤维			24's x 2		
梭织对折标，#IDC12		后中腰贴边	标准标签，工厂来源			1
梭织对折标，#COO14		左侧缝	标准标签，工厂来源			1
吊牌		右侧缝贴边				1
零售牌						1
塑料袋及标签（扁平封装袋子）		详见标签指南	工厂来源	H X W=18 X 15	贴纸粘贴于塑料袋底部	1
吊牌绳		根据标签结构而定	工厂来源			1

XYZ 产品研发公司
缝制页面

原编号 # MWB1771　　　　　　　　尺码范围：女士 4-18
款号 #　　　　　　　　　　　　　样品尺码：8
季节：20XX 秋季　　　　　　　　设计师：伊丽沙白·尼古拉
款式名称：梭织短裙　　　　　　　第一次发送日期：2/1/20XX
合体类型：常规　　　　　　　　　修改日期：
品牌：XYZ　　　　　　　　　　　再加工（翻板）：7 盎司斜纹面料
状态：原型 -1

裁剪信息：无绒毛，双向裁剪，纵向

对格：NA

每英寸针数（SPI）11+/-1

部位	类型	缝合线型	缝纫后处理	明线	里衬
后裙片	缝合				
侧缝	缝合				
腰带	腰带和贴边缝合	锁式线迹	三线包缝	1/4"	
腰带贴边	包边		三线包缝	1/4"	
后中缝	缝合	五线安全缝	--		
后裙片开衩	1 1/2"		卷边缝	锁式线迹	可熔
下摆布边			三线包缝		
下摆折边		暗缝边线	1"		
扣合件					
纽扣	拉链处，内侧	X 型锁式线迹			
扣眼	倒回针				
襻扣				止口缝	可熔

原编号 # MWB1771	尺码范围：女士 4-18
款号 #	样品尺码：8
季节：20XX 秋季	设计师：伊丽沙白·尼古拉
款式名称：梭织短裙	第一次发送日期：2/1/20XX
合体类型：常规	修改日期：
品牌：XYZ	再加工（翻板）：7 盎司斜纹面料
状态：原型 −1	

标签

小号

使用须知及成分，标签码 CC014

标签位置

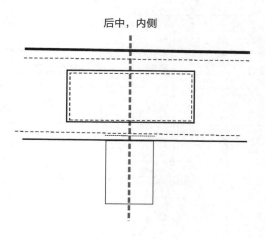

后中，内侧

折叠说明

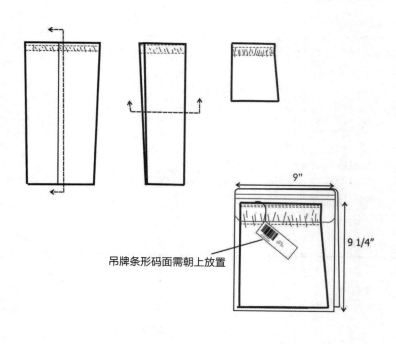

9"

9 1/4"

吊牌条形码面需朝上放置

女士长裤工艺单

XYZ 产品研发公司
前视图

原编号 # MWB1720

款号 #

季节：20XX 秋季

款式名称：女士梭织长裤

合体类型：常规

品牌：XYZ 女士日常

状态：原型 -1

尺码范围：女士 4-18

样品尺码：8

设计师：莫尼·万·达森伯格

第一次发送日期：1/7/20XX

修改日期：

再加工（翻板）：9 盎司粗斜棉布

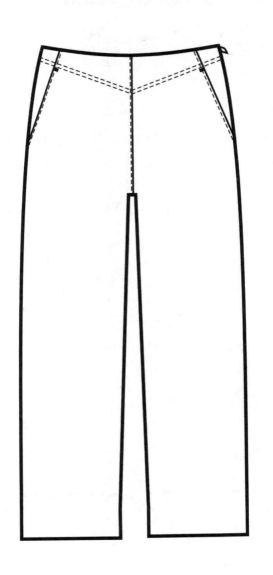

XYZ 产品研发公司
后视图

原编号 # MWB1720	尺码范围：女士 4-18
款号 #	样品尺码：8
季节：20XX 秋季	设计师：莫尼·万·达森伯格
款式名称：女士梭织长裤	第一次发送日期：1/7/20XX
合体类型：常规	修改日期：
品牌：XYZ 女士日常	再加工（翻板）：9 盎司粗斜棉布
状态：原型 –1	

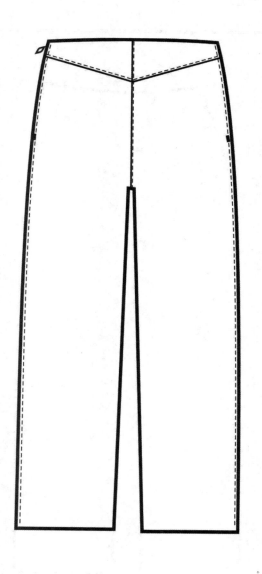

原编号 # MWB1720　　　　　　　　　尺码范围：女士 4-18

款号 #　　　　　　　　　　　　　　样品尺码：8

季节：20XX 秋季　　　　　　　　　设计师：莫尼·万·达森伯格

款式名称：女士梭织长裤　　　　　第一次发送日期：1/7/20XX

合体类型：常规　　　　　　　　　　修改日期：

品牌：XYZ 女士日常　　　　　　　再加工（翻板）：9 盎司粗斜棉布

状态：原型 -1

前视细节图

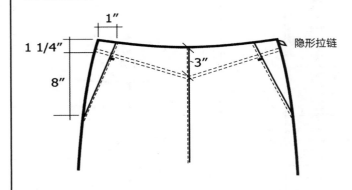

后视细节图

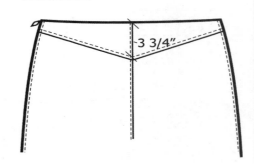

原编号 # MWB1720　　　　　　尺码范围：女士 4–18

款号 #　　　　　　　　　　　　样品尺码：8

季节：20XX 秋季　　　　　　　设计师：莫尼·万·达森伯格

款式名称：女士梭织长裤　　　　第一次发送日期：1/7/20XX

合体类型：常规　　　　　　　　修改日期：

品牌：XYZ 女士日常　　　　　　再加工（翻板）：9 盎司粗斜棉布

状态：原型 −1

测量点，梭织——全测

代码	裤子测量规格	容差（+）	容差（−）	尺码 8
B–A	腰围	1 1/4	1	32
B–G	前裆长（到腰线）	1/4	1/4	10
B–H	后裆长（到腰线）	1/4	1/4	15 1/2
B–K–2	臀围（裆底向上 3 1/2"）	1 1/4	1	40
B–L	大腿根围	1/2	1/2	25
B–M	膝围	1/4	1/4	21
B–N	裤口围	1/4	1/4	20
B–Q	裤内侧缝长	1/2	1/2	31
款号测量规格				
详见细节页				

B–K–2

3 1/2"

从 V 型尖端开始测量

所有缝线仅供参考

B–A

B–G

11"

B–L

B–Q

B–M

B–N

XYZ产品研发公司
放码页面

原编号# MWB1720
款号#
季节：20XX秋季
款式名称：女士梭织长裤
合体类型：常规
品牌：XYZ女士日常
状态：原型－1

尺码范围：女士4-18
样品尺码：8
设计师：莫尼·万·达森伯格
第一次发送日期：1/7/20XX
修改日期：
再加工（翻板）：9盎司粗斜棉布

测量点，梭织——考量细则及容差

样品尺码

代号	上衣测量规格	容差（＋）	容差（－）	4	6	8	10	12	14	16	18
B-A	腰围	1 1/4	1	30	31	32	33	34 1/2	36	37 1/2	39 1/2
B-G	前裆长（到腰线）	1/4	1/4	9 1/2	9 3/4	10	10 3/8	10 3/4	11 1/8	11 1/2	12
B-H	后裆长（到腰线）	1/4	1/4	15	15 1/4	15 1/2	15 7/8	16 1/4	16 5/8	17	17 1/2
B-K-2	臀围（裆底向上 3 1/2"）	1 1/4	1	38	39	40	41	42 1/2	44	45 1/2	47 1/2
B-L	大腿根围	1/2	1/2	23 1/2	24 1/4	25	25 3/4	26 3/4	27 3/4	28 3/4	30
B-M	膝围	1/4	1/4	20	20 1/2	21	21 1/2	22	22 1/2	23	23 1/2
B-N	裤口围	1/4	1/4	19 1/2	19 3/4	20	20 1/4	20 1/2	20 3/4	21	21 1/4
B-Q	裤内侧缝长	1/2	1/2	31	31	31	31	31	31	31	31

款号测量规格

XYZ 产品研发公司
材料清单

原编号 # MWB1720 尺码范围：女士 4-18
款号 # 样品尺码：8
季节：20XX 秋季 设计师：莫尼·万·达森伯格
款式名称：女士梭织长裤 第一次发送日期：1/7/20XX
合体类型：常规 修改日期：
品牌：XYZ 女士日常 再加工（翻板）：9 盎司粗斜棉布
状态：原型 -1

产品 / 描述	成分	部位	供应商	宽度 / 重量 / 尺码	后整理	数量
靛蓝单宁，32/2×32/2，116×62	96% 棉 4% 氨纶	大身	Luen Mils UFTD-9002	58″可缩减，9 盎司	衣物水洗，30 min	—
口袋	65% 聚酯纤维 35% 棉，45d×45d，110×76	口袋	K.Obrien 公司	58″	放缩处理	—
夹层，无纺黏合衬	100% 聚酯纤维	腰带，襟	PCC	款号 246	—	—
拉链	隐形	侧缝	日本 YKK	6 1/2″	见下文	1
缝线—大身配色	100% 聚酯纤维丝	缝合 & 锁边	A&E	tex 30	—	—
缝线—商标配色	100% 聚酯纤维丝	后袋	A&E	tex 30	—	—
缝线—对比（CONTRAST）	100% 聚酯纤维丝	明线	A&E	tex 30	—	—

色彩设计总结

色号 #	大身主色	拉链类型	拉链后处理	明线
477	水洗黑—酶	580	环扣	A-448
344B	深单宁—酶	560	环扣	R-783

XYZ 产品研发公司
缝制页面

原编号 # MWB1720	尺码范围：女士 4-18
款号 #	样品尺码：8
季节：20XX 秋季	设计师：莫尼·万·达森伯格
款式名称：女士梭织长裤	第一次发送日期：1/7/20XX
合体类型：常规	修改日期：
品牌：XYZ 女士日常	再加工（翻板）：9 盎司粗斜棉布
状态：原型 -1	

裁剪信息：同一方向，经向

水平对格：NA

垂直对格：NA

其他对格：NA

每英寸针数（SPI）缝合 11+/-1，锁边 8+/-1

部位	类型	缝合线型	缝纫后处理	明线	里衬
后裆，前裆	缝合 & 褶缝	五线安全缝	五线安全缝	1/16	—
后育克	缝合 & 褶缝	五线安全缝	五线安全缝	1/4	
前腰贴边	缝合 & 褶缝	锁式线迹	双线锁式线迹	1/4	—
侧缝	缝合	五线安全缝	五线安全缝	1/16（局部）	
套结	详见细节图	—	—	—	—
口袋，前侧	掌面，与袋布相连	1/4" 双明底线包缝		—	—
口袋袋布	在底部法式缝	锁式线迹	—	1/4"	—
裤口	折边	暗缝		在 1 1/2" 处	—
扣合件					
侧缝拉链	缝合	锁式线迹，隐形拉链缝制方法			

原编号 # MWB1720	尺码范围：女士 4–18
款号 #	样品尺码：8
季节：20XX 秋季	设计师：莫尼·万·达森伯格
款式名称：女士梭织长裤	第一次发送日期：1/7/20XX
合体类型：常规	修改日期：
品牌：XYZ 女士日常	再加工（翻板）：9 盎司粗斜棉布
状态：原型 –1	

产品 / 描述	图片	部位	供应商	宽度 / 重量 / 尺码	后整理 / 描述	数量
编织对折标，#IDS15	#1	后中腰带内侧	标准标签，工厂来源	标准尺码	永久定型	1
产地标（原产国）	#1	后中腰带内侧	标准标签，工厂来源	标准尺码	永久定型	1
保养方法标	#1	后中腰带内侧	工厂来源	恰当的，详见标签指南	永久定型	1
吊牌 – 运动装	#3	—	Phimoela 吊牌公司	详见标签指南	可移除的	1
条码贴纸	#3	塑料袋 1，吊牌 1	Nakanishi 编码系统	详见标签指南	粘在吊牌反面	2
零售牌	#3	标准位置，详见标签指南	Nakanishi 编码系统	详见标签指南	可移除的	1
吊牌绳	#3	详见标签位置指南	工厂来源	详见所寄样品	黄铜色	1
塑料袋（扁平封装袋子）	#3	—	工厂来源	H X W=18 X 15	贴纸粘贴于塑料袋底部	1

标签

折叠说明

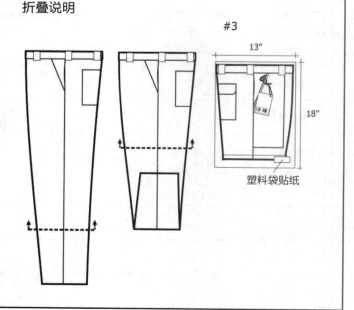

#1
距离布边 1/2"

#3

13"

18"

塑料袋贴纸

男士短袖工艺单

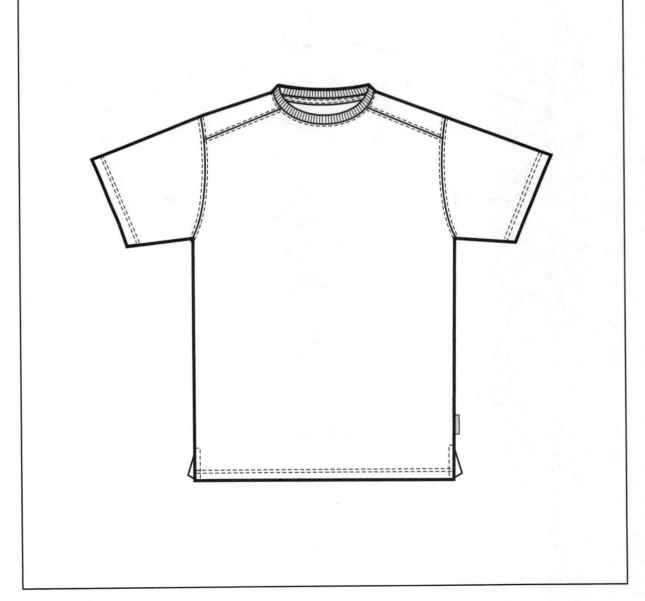

XYZ 产品研发公司
前视图

原编号 # SKT4343	尺码范围：男士 S-XXL
款号 #	样品尺码：L
季节：20XX 秋季	设计师：珂赛特·尚帕涅
款式名称：运动短袖	第一次发送日期：1/21/20XX
合体类型：标准短袖	修改日期：
品牌：XYZ 运动	再加工（翻板）：运动衫
状态：原型 -1	

XYZ 产品研发公司
后视图

原编号 # SKT4343	尺码范围：男士 S-XXL
款号 #	样品尺码：L
季节：20XX 秋季	设计师：珂赛特·尚帕涅
款式名称：运动短袖	第一次发送日期：1/21/20XX
合体类型：标准短袖	修改日期：
品牌：XYZ 运动	再加工（翻板）：运动衫
状态：原型 −1	

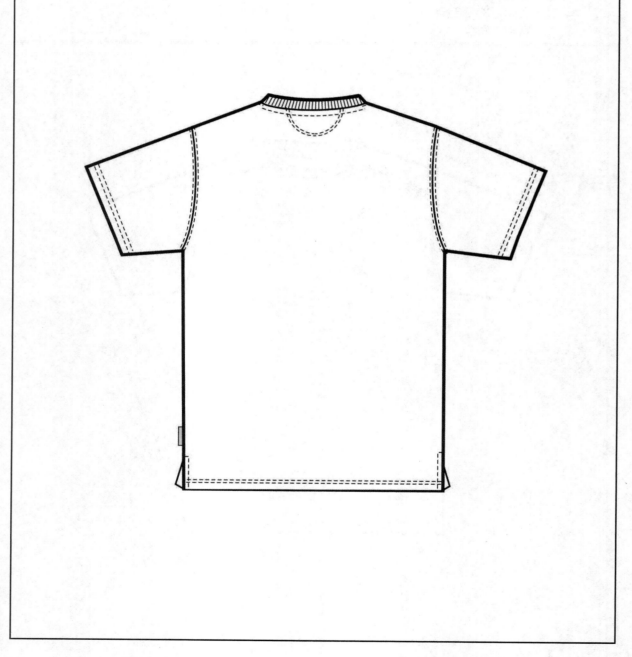

原编号 # SKT4343   尺码范围：男士 S–XXL

款号 #   样品尺码：L

季节：20XX 秋季   设计师：珂赛特·尚帕涅

款式名称：运动短袖   第一次发送日期：1/21/20XX

合体类型：标准短袖   修改日期：

品牌：XYZ 运动   再加工（翻板）：运动衫

状态：原型 −1

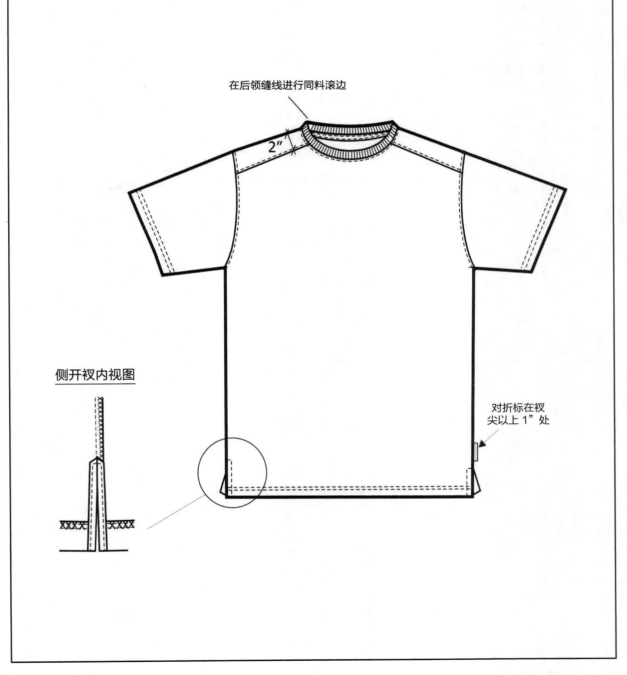

在后领缝线进行同料滚边

2″

侧开衩内视图

对折标在衩尖以上 1″处

XYZ 产品研发公司
细节视图 2

原编号 # SKT4343　　　　　　　　　尺码范围：男士 S-XXL
款号 #　　　　　　　　　　　　　　　样品尺码：L
季节：20XX 秋季　　　　　　　　　　设计师：珂赛特·尚帕涅
款式名称：运动短袖　　　　　　第一次发送日期：1/21/20XX
合体类型：标准短袖　　　　　　　　修改日期：
品牌：XYZ 运动　　　　　　再加工（翻板）：运动衫
状态：原型 −1

线迹细节，后领

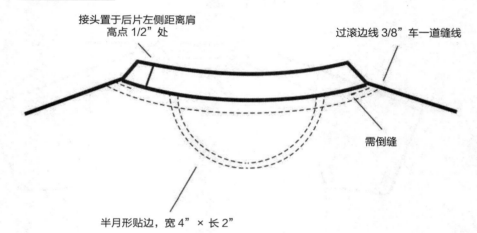

接头置于后片左侧距离肩
高点 1/2" 处

过滚边线 3/8" 车一道缝线

需倒缝

半月形贴边，宽 4" × 长 2"

对重叠部分进行包缝

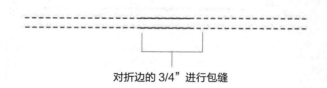

对折边的 3/4" 进行包缝

原编号 # SKT4343　　　　　　　　　　尺码范围：男士 S–XXL

款号 #　　　　　　　　　　　　　　样品尺码：L

季节：20XX 秋季　　　　　　　　　设计师：珂赛特·尚帕涅

款式名称：运动短袖　　　　　　第一次发送日期：1/21/20XX

合体类型：标准短袖　　　　　　　　　修改日期：

品牌：XYZ 运动　　　　　　　再加工（翻板）：运动衫

状态：原型 –1

测量点，针织——半测细则及容差

代号	上衣测量规格	容差（+）	容差（–）	规格
T–A	肩宽	1/4	1/4	19 1/2
T–B	落肩	1/4	1/4	2
T–C	前胸宽	1/4	1/4	17 1/2
T–D	背宽	1/4	1/4	18 1/2
T–G	袖窿深	1/4	1/4	12 1/2
T–H	胸围（低于袖窿 1 英寸）	1/2	1/2	23 1/2
T–I	腰线位置	1/2	1/2	18
T–I–2	腰围	1/2	1/2	23
T–J	下摆围	1/2	1/2	23 1/2
T–K	前身长	1/2	1/2	29
T–L	后身长	1/2	1/2	29
T–O	后中袖长	1/2	1/2	20 1/2
T–M	袖肥	1/4	1/4	9 1/2
T–Z–1	袖口围	1/4	1/4	8 1/2
T–P	前领深	1/4	1/4	4 1/4
T–Q	后领深	1/4	1/4	3/4
T–R	领宽	1/4	1/4	7 1/2
款号测量规格				
T–U	后中领座高	1/8	1/8	1
—	侧开衩高	1/8	1/8	2

所有缝线仅供参考

XYZ产品研发公司
放码页面

原编号 # SKT4343
款号 #
季节：20XX秋季
款式名称：运动短袖
合体类型：标准短袖
品牌：XYZ运动
状态：原型 -1

尺码范围：男士 S-XXL
样品尺码：L
设计师：珂赛特·尚帕涅
第一次发送日期：1/21/20XX
修改日期：
再加工（翻板）：运动衫

测量点，针织——半测量细则及容差

样品尺码

代号	上衣测量规格	容差（+）	容差（-）	S	M	L	XL	XXL
T-A	肩宽	1/4	1/4	18 1/2	19	19 1/2	20 1/4	21
T-B	落肩	1/4	1/4	2	2	2	2	2
T-C	前胸宽	1/4	1/4	16 1/2	17	17 1/2	18 1/4	19
T-D	背宽	1/4	1/4	17 1/2	18	18 1/2	19 1/4	20
T-G	袖窿深	1/4	1/4	12	12 1/4	12 1/2	12 7/8	13 1/4
T-H	胸围（低于袖窿1英寸）	1/2	1/2	21 1/2	22 1/2	23 1/2	25	26 1/2
T-I	腰线位置	1/2	1/2	17	17 1/2	18	18 1/2	19
T-I-2	腰围	1/2	1/2	21	22	23	24 1/2	26
T-J	下摆围	1/2	1/2	21 1/2	22 1/2	23 1/2	25	26 1/2
T-K	前身长	1/2	1/2	27	28	29	30	31
T-L	后身长	1/2	1/2	27	28	29	30	31
T-O	后中袖长	1/2	1/2	19 1/2	20	20 1/2	21	21 1/2
T-M	袖肥	1/4	1/4	8 1/2	9	9 1/2	10	10 1/2
T-BB	袖口围	1/4	1/4	7 1/2	8	8 1/2	9	9 1/2
T-P	前领深	1/4	1/4	3 1/2	3 5/8	3 3/4	4	4 1/4
T-Q	后领深	1/4	1/4	3/4	3/4	3/4	3/4	3/4
T-R	领宽	1/4	1/4	7 1/4	7 3/8	7 1/2	7 5/8	7 3/4
款号测量规格								
	后中领座高	1/8	1/8	1	1	1	1	1
	侧开衩高	1/8	1/8	2	2	2	2	2

服装设计师技术手册：从服装设计到产品包装的技术全讲解

XYZ 产品研发公司
材料清单

原编号 # SKT4343 尺码范围：男士 S−XXL

款号 # 样品尺码：L

季节：20XX 秋季 设计师：珂赛特·尚帕涅

款式名称：运动短袖 第一次发送日期：1/21/20XX

合体类型：标准短袖 修改日期：

品牌：XYZ 运动 再加工（翻板）：运动衫

状态：原型 −1

产品／描述	成分	部位	供应商	宽度／重量／尺码	后整理	数量
平针织物	85% 棉 /15% 聚酯纤维	大身	Tri-Worth 特殊布料	60" 可减	衣物水洗，30 min	
1 X 1 罗纹	85% 棉 /15% 聚酯纤维	领边	Tri-Worth	—	—	
缝线 − 大身配色	100% 聚酯纤维	缝合与锁边	A&E	60's x 3（tex 30）		
外部梭织对折标，#IDC12		详见标签指南	标准标签，工厂来源			1
梭织对折标，#CC14		领部后中	标准标签，工厂来源			1
尺码牌 #S−4		详见标签指南				1
带绳吊牌 − 运动		右腋下				1
吊牌绳		详见标签指南	工厂来源			1
塑料袋及标签（扁平封装袋子）		详见标签指南	工厂来源	H X W=18 X 13	贴纸粘贴于塑料袋底部	1

色彩设计总结

色号 #	大身主色	外部标签
3441	石灰蓝	深蓝色
3957	炭灰	银色

XYZ 产品研发公司
缝制页面

原编号 # SKT4343	尺码范围：男士 S–XXL
款号 #	样品尺码：L
季节：20XX 秋季	设计师：珂赛特·尚帕涅
款式名称：运动短袖	第一次发送日期：1/21/20XX
合体类型：标准短袖	修改日期：
品牌：XYZ 运动	再加工（翻板）：运动衫
状态：原型 −1	

裁剪信息：无双向

对格：NA

每英寸针数（SPI）11+/−1

部位	类型	缝合线型	明线	缝纫后处理	黏合衬	扣合件
肩部	缝合与锁边	四线包缝	1/4"双底线包缝			
领宽	缝合与锁边	三线包缝	双线链式线迹			
袖窿	缝合与锁边	四线包缝	1/4"双底线包缝			
侧缝 / 腋下	缝合	四线包缝				
半月形贴边	缝合	1/4"双线包缝				
同料包边	后领		锁式线迹			
开衩	卷边缝		1/4"锁式线迹			
开衩	从衩的顶端倒缝		锁式线迹			
袖口折边	3/4"折边		1/4"双线包缝			
底摆折边	1"折边		1/4"双线包缝			

XYZ 产品研发公司
标签与包装

原编号 # SKT4343

款号 #

季节：20XX 秋季

款式名称：运动短袖

合体类型：标准短袖

品牌：XYZ 运动

状态：原型 -1

尺码范围：男士 S-XXL

样品尺码：L

设计师：珂赛特·尚帕涅

第一次发送日期：1/21/20XX

修改日期：

再加工（翻板）：运动衫

折叠说明

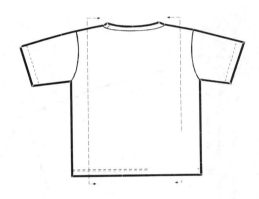

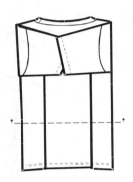

塑料袋贴纸

男士衬衫工艺单

XYZ 产品研发公司
前视图

原编号 # SWT4343　　　　　　　　尺码范围：男士 S-XXL

款号 #　　　　　　　　　　　　　　样品尺码：L

季节：20XX 秋季　　　　　　　　　设计师：瑞塔·威尔森

款式名称：梭织衬衫　　　　　　　第一次发送日期：1/11/20XX

合体类型：标准衬衣下摆　　　　　修改日期：

品牌：XYZ 运动　　　　　　　　　再加工（翻板）：YD2W3, 条纹

状态：原型 −1

原编号 # SWT4343　　　　　　尺码范围：男士 S-XXL

款号 #　　　　　　　　　　　样品尺码：L

季节：20XX 秋季　　　　　　　设计师：瑞塔·威尔森

款式名称：梭织衬衫　　　　第一次发送日期：1/11/20XX

合体类型：标准衬衣下摆　　　　修改日期：

品牌：XYZ 运动　　　　再加工（翻板）：YD2W3, 条纹

状态：原型 −1

XYZ 产品研发公司
细节视图

原编号 # SWT4343

款号 #

季节：20XX 秋季

款式名称：梭织衬衫

合体类型：标准衬衣下摆

品牌：XYZ 运动

状态：原型 −1

尺码范围：男士 S–XXL

样品尺码：L

设计师：瑞塔·威尔森

第一次发送日期：1/11/20XX

修改日期：

再加工（翻板）：YD2W3, 条纹

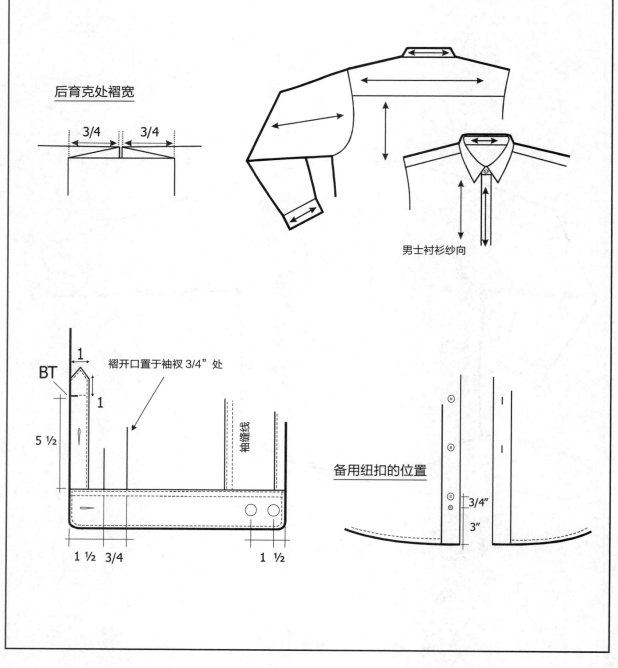

后育克处褶宽

3/4   3/4

男士衬衫纱向

褶开口置于袖衩 3/4” 处

BT

1

1

5 ½

袖缝线

1 ½   3/4   1 ½

备用纽扣的位置

3/4”

3”

原编号 # SWT4343	尺码范围：男士 S–XXL
款号 #	样品尺码：L
季节：20XX 秋季	设计师：瑞塔·威尔森
款式名称：梭织衬衫	第一次发送日期：1/11/20XX
合体类型：标准衬衣下摆	修改日期：
品牌：XYZ 运动	再加工（翻板）：YD2W3, 条纹
状态：原型 –1	

前中

领间距 = 0"
容差（＋）1/4"
容差（－）0"

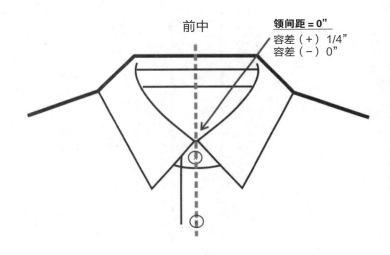

原编号 # SWT4343
款号 #
季节：20XX 秋季
款式名称：梭织衬衫
合体类型：标准衬衣下摆
品牌：XYZ 运动
状态：原型 −1

尺码范围：男士 S-XXL
样品尺码：L
设计师：瑞塔·威尔森
第一次发送日期：1/11/20XX
修改日期：
再加工（翻板）：YD2W3, 条纹

测量点，梭织——测量细则及容差

代号	上衣测量规格	容差 (+)	容差 (−)	规格
T−A	肩宽	1/4	1/4	21
T−B	落肩	1/4	1/4	2
T−C	前胸宽	1/4	1/4	19
T−D	背宽	1/4	1/4	20
T−G	袖窿深	1/4	1/4	13
T−H	胸围（低于袖窿1英寸）	1/2	1/2	50
T−I−2	腰围	1/2	1/2	48
T−I	腰线位置	1/2	1/2	18
T−J	下摆围	1/2	1/2	49
T−K	前身长	1/2	1/2	31
T−L	后身长	1/2	1/2	31
T−O	后中袖长	3/8	3/8	36
T−M	袖肥	1/2	1/2	19
T−N	袖肘围	1/2	1/2	16
T−Z−1	袖口围	1/4	1/4	9 1/2
T−P	前领深	1/4	1/4	4
T−Q	后领深	1/4	1/4	1/2
T−R	领宽	1/4	1/4	17 1/2
	款号测量规格			
T−W	领尖	1/8	1/8	2 3/4
T−S	两领尖间距离	1/8	1/8	3
T−U	后中领座高	1/8	1/8	1 1/8
T−V	后中领面高	1/8	1/8	2 1/8
	后育克到肩高点	1/4	1/4	4
T−AA	袖头高	1/4	1/4	2

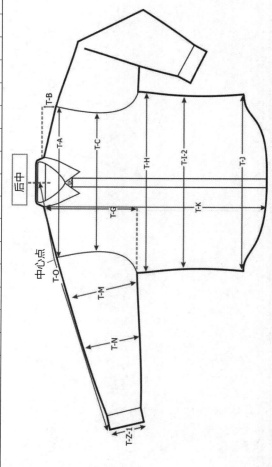

所有缝线仅供参考

XYZ 产品研发公司
放码页面

原编号 # SWT4343
款号 #
季节：20XX 秋季
款式名称：梭织衬衫
合体类型：标准衬衣下摆
品牌：XYZ 运动
状态：原型 -1

尺码范围：男士 S-XXL
样品尺码：L
设计师：瑞塔·威尔森
第一次发送日期：1/11/20XX
修改日期：
再加工（翻板）：YD2W3, 条纹

测量点，梭织——测量细则及容差

代号	上衣测量规格	容差(+)	容差(-)	S	M	L	XL	XXL
T-A	肩宽	1/4	1/4	20	20 1/2	21	21 3/4	22 1/2
T-B	落肩	1/4	1/4	2	2	2	2	2
T-C	前胸宽	1/4	1/4	18	18 1/2	19	19 3/4	20 1/2
T-D	背宽	1/4	1/4	19	19 1/2	20	20 3/4	21 1/2
T-G	袖隆深	1/4	1/4	12 1/2	12 3/4	13	13 3/8	13 3/4
T-H	胸围（低于袖隆 1 英寸）	1/2	1/2	46	48	50	53	56
T-I-2	腰围	1/2	1/2	44	46	48	51	54
T-I	腰线位置	1/2	1/2	17	17 1/2	18	18 1/2	19
T-J	下摆围	1/2	1/2	45	47	49	52	55
T-K	前身长	1/2	1/2	29	30	31	32	33
T-L	后身长	1/2	1/2	29	30	31	32	33
T-O	后中袖长	3/8	3/8	34	35	36	37	37
T-M	袖肥	1/2	1/2	18 1/4	18 5/8	19	19 1/2	20
T-N	袖肘围	1/2	1/2	15 1/2	15 3/4	16	16 3/8	16 3/4
T-Z-1	袖口围	1/4	1/4	9	9 1/4	9 1/2	9 3/4	10
T-P	前领深	1/4	1/4	3 1/2	3 3/4	4	4 1/4	4 1/2
T-Q	后领深	1/4	1/4	1/2	1/2	1/2	1/2	1/2
T-T	领座长	1/4	1/4	16 1/2	17	17 1/2	18 1/4	19
代号	**款号测量规格**							
T-W	领尖	1/8	1/8	2 3/4	2 3/4	2 3/4	2 3/4	2 3/4
T-S	两领尖间距离	1/4	1/4	3	3	3	3	3
T-U	后中领座高	1/8	1/8	1 1/8	1 1/8	1 1/8	1 1/8	1 1/8
T-V	后中领面高	1/8	1/8	2 1/8	2 1/8	2 1/8	2 1/8	2 1/8
	后肩克到肩高点	1/4	1/4	4	4	4	4	4
T-AA	袖头高	1/8	1/8	2	2	2	2	2

XYZ 产品研发公司
材料清单

原编号 # SWT4343	尺码范围：男士 S–XXL	
款号 #	样品尺码：L	
季节：20XX 秋季	设计师：瑞塔·威尔森	
款式名称：梭织衬衫	第一次发送日期：1/11/20XX	
合体类型：标准衬衣下摆	修改日期：	
品牌：XYZ 运动	再加工（翻板）：YD2W3, 条纹	
状态：原型 −1		

产品 / 描述	成分	部位	供应商	宽度 / 重量 / 尺码	后整理	数量
山药色条纹，150/1 x 44/1，34x23	100% 棉	大身	Metro Ltd	44" 可缩减 / 165gm/m2	桃色，可水洗	
夹层，无纺黏合衬	—	领子，克夫，前中门襟	工厂来源	—	—	
纽扣，四孔镶边		前中门襟及克夫	Parma	18L	半无光	12+1
纽扣，四孔镶边		袖衩	Parma	14L	半无光	2+1
缝线 – 大身配色	100% 聚酯纤维	缝合和锁边	A&E	60's x 3(tex30)		
梭织对折标，#IDC12		领部后中	标准标签，工厂来源			1
梭织对折标，#CCO14		左侧缝	标准标签，工厂来源			1
吊牌 – 运动		右腋下				1
零售牌						1
塑料袋及标签（扁平封装袋子）		详见标签指南	工厂来源	H X W=18 X 13	贴纸粘贴于塑料袋底部	1
吊牌绳		详见标签位置指南	工厂来源			1

XYZ 产品研发公司
缝制页面

原编号 # SWT4343　　　　　　　　　　尺码范围：男士 S-XXL
　　　款号 #　　　　　　　　　　　　　　样品尺码：L
　　　季节：20XX 秋季　　　　　　　　　　设计师：瑞塔·威尔森
款式名称：梭织衬衫　　　　　　第一次发送日期：1/11/20XX
合体类型：标准衬衣下摆　　　　　　　修改日期：
　　　品牌：XYZ 运动　　　　　再加工（翻板）：YD2W3, 条纹
　　　状态：原型 -1

裁剪信息：详见细节页示意图

对格：门襟处需对格

每英寸针数（SPI）12+/-1

部位	类型	缝合线型	明线	缝纫后处理	粘合衬	扣合件
领子	缝合与锁边	锁式线迹	卷边缝	锁式线迹	PCC 243, 无纺	
领座	缝合与锁边	锁式线迹	卷边缝		PCC 243, 无纺	B/H,zz，水平面
门襟	缝合与锁边	锁式线迹	卷边缝		PCC 243, 无纺	B/H,zz，垂直面
后育克	缝合与锁边	锁式线迹	卷边缝			
袖隆	缝合与锁边	锁式线迹	假折边叠缝			
肩	缝合与锁边	锁式线迹				
侧缝	假折边叠缝	假折边叠缝	假折边叠缝	假折边叠缝		B/H,zz，水平面
克夫		锁式线迹	卷边缝			B/H,zz，垂直面
袖衩	缝合 & 锁边	锁式线迹	卷边缝，两次	止口缝		
底摆		锁式线迹	1/4" 双线包缝			

XYZ 产品研发公司
标签与包装

原编号 # SWT4343　　　　　　　　　尺码范围：男士 S-XXL

款号 #　　　　　　　　　　　　　　样品尺码：L

季节：20XX 秋季　　　　　　　　　　设计师：瑞塔·威尔森

款式名称：梭织衬衫　　　　　第一次发送日期：1/11/20XX

合体类型：标准衬衣下摆　　　　　　修改日期：

品牌：XYZ 运动　　　　　再加工（翻板）：YD2W3, 条纹

状态：原型 −1

标签　　　　　　　　　　　　　　　　标签位置

IDS15（两端折叠）

后中、内视图

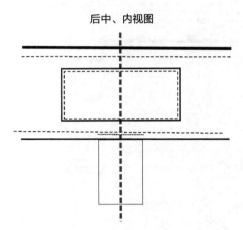

折叠说明

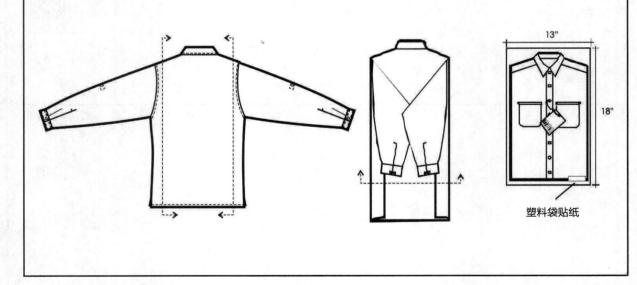

塑料袋贴纸

帽子工艺单

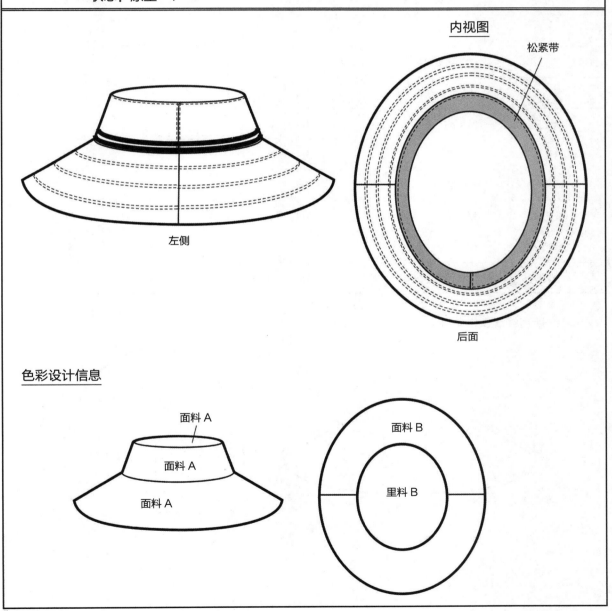

原编号 # HAT1780	尺码范围：S/M,L/XL
款号 #	样品尺码：S/M
季节：20XX 秋季	设计师：卡罗琳·麦克米伦
款式名称：户外帽	第一次发送日期：2/1/20XX
合体类型：一	修改日期：2/22/20XX
品牌：XYZ	再加工（翻板）：府绸
状态：原型 −1	

内视图

松紧带

左侧

后面

色彩设计信息

面料 A

面料 A

面料 A

面料 B

里料 B

原编号 # HAT1780	尺码范围：S/M,L/XL
款号 #	样品尺码：S/M
季节：20XX 秋季	设计师：卡罗琳·麦克米伦
款式名称：户外帽	第一次发送日期：2/1/20XX
合体类型：一	修改日期：2/22/20XX
品牌：XYZ	再加工（翻板）：府绸
状态：原型 −1	

测量点，梭织——测量细则及容差

代码	上衣测量规格	容差（＋）	容差（－）	样品规格 S/M
H–G	内圈周长	1/4	1/4	22 3/4
	款号测量规格			
H–A	帽顶前后长	1/4	1/4	7 1/8
H–B	帽顶宽	1/4	1/4	5 1/2
H–C	帽顶高	1/4	1/4	3 1/2
H–D–1	帽檐前中	1/4	1/4	3 1/8
H–D–2	帽檐后中	1/4	1/4	4
H–D–3	侧面帽檐	1/4	1/4	3 1/8
H–E	帽檐周长（一半）	1/4	1/4	21

所有缝线仅供参考

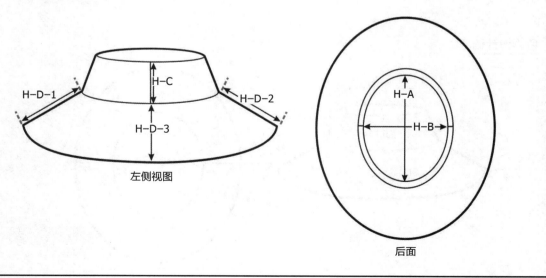

左侧视图

后面

原编号 # HAT1780　　　　　　　　尺码范围：S/M,L/XL
款号 #　　　　　　　　　　　　　样品尺码：S/M
季节：20XX 秋季　　　　　　　　设计师：卡罗琳·麦克米伦
款式名称：户外帽　　　　　　　　第一次发送日期：2/1/20XX
合体类型：一　　　　　　　　　　修改日期：2/22/20XX
品牌：XYZ　　　　　　　　　　　再加工（翻板）：府绸
状态：原型 −1

代码	测量点			样品规格		
	上衣测量规格	容差（＋）	容差（−）	样品规格 S/M		样品规格 L/XL
H−G	帽檐周长（内圈周长）	1/4	1/4	7 1/8		7 3/8
	款号测量规格					
H−A	帽顶前后长	1/4	1/4	5 1/2		5 5/8
H−B	帽顶宽	1/4	1/4	3 1/2		3 1/2
H−C	帽顶高	1/4	1/4	3 1/8		3 1/8
H−D−1	帽檐前中	1/4	1/4	4		4
H−D−2	帽檐后中	1/4	1/4	3 1/8		3 1/8
H−D−3	侧面帽檐	1/4	1/4	21		21 3/4
H−E	帽檐周长（一半）	1/4	1/4	22 3/4		23 1/2

XYZ 产品研发公司
材料清单

原编号 # HAT1780	尺码范围：S/M,L/XL
款号 #	样品尺码：S/M
季节：20XX 秋季	设计师：卡罗琳·麦克米伦
款式名称：户外帽	第一次发送日期：2/1/20XX
合体类型：一	修改日期：2/22/20XX
品牌：XYZ	再加工（翻板）：府绸
状态：原型 -1	

产品 / 描述	成分	部位	供应商	宽度 / 重量 / 尺码	后整理	数量
府绸	85% 棉，15% 聚酯纤维	帽顶，帽檐	Luen Mills UFTD-9702	58" 可缩减，7 盎司		
60 x 60 平布	100% 棉	帽顶里料				
内层衬布，无纺黏合衬	—	帽檐	CCP	款号 246	—	
松紧带	100% 聚酯纤维	防汗带		1 1/4		
罗缎	100% 聚酯纤维	外层，帽顶边缘	普通丝带	1		
缝线	100% 聚酯纤维纱	缝合 & 锁边	A&E	60"s x3(tex30)		
梭织对折标，#CCO13		详见标签指南	标准标签，工厂来源			1
梭织对折标，#CCO14		详见标签指南	标准标签，工厂来源			1
吊牌		详见标签指南				1
塑料袋及标签		10 个一堆	工厂来源	H X W=18 X 15	贴纸粘贴于塑料袋底部	1
吊牌绳		详见标签指南	工厂来源	代码 425		1

色彩设计总结

色号 #	面料 A	面料 B	里料 B	松紧带	罗缎	明线 A
1077	淡紫色	蜂蜜色	蜂蜜色	棕黄色	黑 / 白	A-448
2354	竹黄	蜂蜜色	蜂蜜色	棕黄色	黑 / 白	R-783
4355	蜂蜜色	蜂蜜色	蜂蜜色	棕黄色	黑 / 白	W-784

XYZ 产品研发公司
缝制页面

原编号 # HAT1780
款号 #
季节：20XX 秋季
款式名称：户外帽
合体类型：一
品牌：XYZ
状态：原型 -1

尺码范围：S/M,L/XL
样品尺码：S/M
设计师：卡罗琳 · 麦克米伦
第一次发送日期：2/1/20XX
修改日期：2/22/20XX
再加工（翻板）：府绸

裁剪信息：无绒毛，双向裁剪，纵向

对格：NA

每英寸针数（SPI）缝合 11+/−1，锁边 11+/−1

部位	类型	缝合线型	明线	缝纫后处理	粘合衬	扣合件
帽顶，上部	缝合与锁边	锁式线迹	三线包缝	止口缝，帽顶边缘		NA
帽顶，侧面	缝合与锁边	锁式线迹	三线包缝	双线锁式线迹		NA
帽檐上端及底层	缝合外层布边	锁式线迹	三线包缝	六排双线		
帽檐侧缝		链式线迹		止口缝		可熔
帽檐与帽顶接缝	缝合与包缝	锁式线迹		止口缝		
里料	缝合与锁边	四线包缝	四线包缝	无		
松紧带	缝合与锁边	锁式线迹	三线包缝	止口缝		
底摆	折边	锁式线迹	卷边缝	在 1/2” 处		

帽子工艺单，第 5 页 / 共 6 页

XYZ 产品研发公司
标签

原编号 # HAT1780
款号 #
季节：20XX 秋季
款式名称：户外帽
合体类型：—
品牌：XYZ
状态：原型 −1

尺码范围：S/M,L/XL
样品尺码：S/M
设计师：卡罗琳·麦克米伦
第一次发送日期：2/1/20XX
修改日期：2/22/20XX
再加工（翻板）：府绸

标签位置

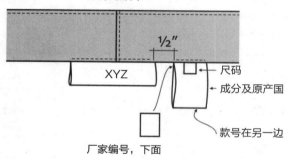

松紧带后中

½″

XYZ

尺码

成分及原产国

款号在另一边

厂家编号，下面

吊牌位置

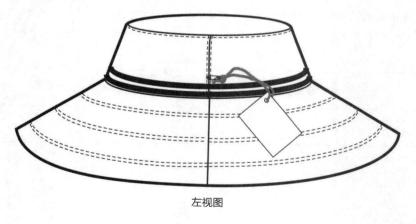

左视图

男士毛衣工艺单

XYZ 产品研发公司
前视图

原编号 # SM-12-1857　　　　　　尺码范围：男士 S-XXL
款号 #　　　　　　　　　　　　样品尺码：M
季节：20XX 秋季　　　　　　　　设计师：格林达
款式名称：男士　　　　　　　第一次发送日期：1/5/20XX
合体类型：日常 / 毛衣　　　　　修改日期：
品牌：XYZ 男士　　　　　　　再加工（翻板）：12gg
状态：原型 -1

原编号 # SM-12-1857	尺码范围：男士 S-XXL
款号 #	样品尺码：M
季节：20XX 秋季	设计师：格林达
款式名称：男士	第一次发送日期：1/5/20XX
合体类型：日常 / 毛衣	修改日期：
品牌：XYZ 男士	再加工（翻板）：12gg
状态：原型 −1	

XYZ 产品研发公司
细节视图

原编号 # SM-12-1857   尺码范围：男士 S-XXL

款号 #   样品尺码：M

季节：20XX 秋季   设计师：格林达

款式名称：男士   第一次发送日期：1/5/20XX

合体类型：日常 / 毛衣   修改日期：

品牌：XYZ 男士   再加工（翻板）：12gg

状态：原型 -1

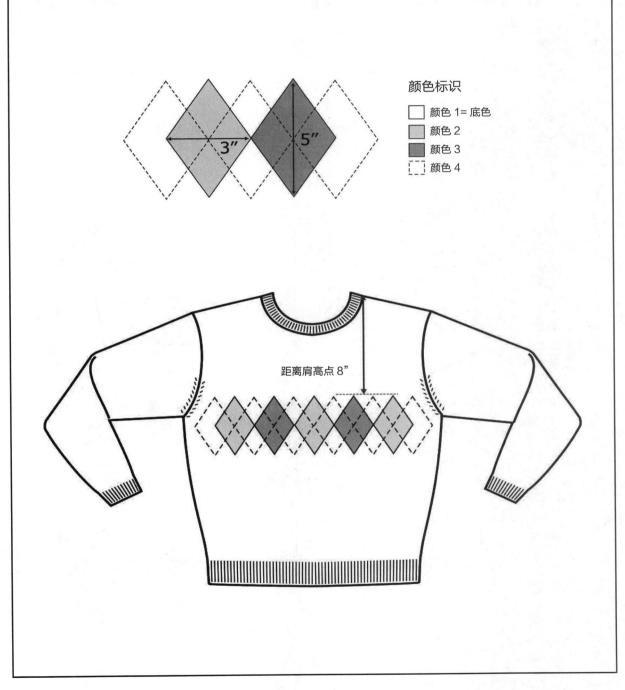

颜色标识

颜色 1= 底色

颜色 2

颜色 3

颜色 4

距离肩高点 8"

男士毛衣工艺单，第 3 页 / 共 8 页

附录 B   403

原编号 # SM-12-1857	尺码范围：男士 S-XXL
款号 #	样品尺码：M
季节：20XX 秋季	设计师：格林达
款式名称：男士	第一次发送日期：1/5/20XX
合体类型：日常 / 毛衣	修改日期：
品牌：XYZ 男士	再加工（翻板）：12gg
状态：原型 −1	

测量点，男士毛衣——半测细则及容差（黑体字部分）

代码	上衣测量规格	规格	容差（＋）	容差（−）
T−A	肩宽	18 1/4	1/2	1/2
T−B	落肩	1 1/4	1/4	1/4
T−C	前胸宽	17 1/4	1/2	1/2
T−D	背宽	18	1/2	1/2
T−E	袖隆深	12	1/4	1/4
T−F	**胸围**	22	1	1
T−G	**腰围**	n/a	1	1
T−G2	腰线位置	n/a	1/2	1/2
T−H	**下摆**	19 1/4	1	1
T−I	前身长	28	1/2	1/2
T−J	后身长	28	1/2	1/2
T−K	后中袖长	34 1/2	3/8	3/8
T−L	袖宽	8 1/2	1/4	1/4
T−Q	袖肘围	6 3/4	1/4	1/4
T−M	**袖口**	3 3/4	1/4	1/4
T−N	前领深	4 1/2	1/4	1/4
T−O	后领深	1	1/4	1/4
	领围（半）	n/a	1/2	1/2
T−P	领宽	8	1/4	1/4
	袖山高	n/a	1/4	1/4
H−2	每打重量			
H−3	纬密			
H−4	经密	14		
H−5				

款号测量规格			
后中领口滚边宽	1	1/8	1/8
克夫宽	2	1/4	1/4
下摆罗纹宽	2 1/2		

所有缝线仅供参考

缩写说明

CF= 前中

CB= 后中

HPS= 肩高点

LS= 长袖

XYZ 产品研发公司
放码页面

原编号 # SM-12-1857
款号 #
季节: 20XX 秋季
款式名称: 男士
合体类型: 日常/毛衣
品牌: XYZ男士
状态: 原型 -1

尺码范围: 男士 S-XXL
样品尺码: M
设计师: 格林达
第一次发送日期: 1/5/20XX
修改日期:
再加工（翻板）: 12gg

测量点，针织——半测细则及容差

代码	上衣测量规格	S	<3">	M.	<3">	L样品尺码 42-44	<3">	XL	<3">	XXL	<3">	容差（+）	容差（－）
T-A	肩宽	16 3/4		17 1/2		18 1/4		19		19 3/4		1/4	1/4
T-B	落肩	1 1/4		1 1/4		1 1/4		1 1/4		1 1/4		1/4	1/4
T-C	前胸宽	15 3/4		16 1/2		17 1/4		18		18 3/4		1/4	1/4
T-D	背宽	16 1/2		17 1/4		18		18 3/4		19 1/2		1/4	1/4
T-E	袖隆深	11 1/4		11 5/8		12		12 3/8		12 3/4		1/4	1/4
T-F	胸围	19		20 1/2		22		23 1/2		25		1/2	1/2
T-G	腰围	—		—		n/a		—		—		1/2	1/2
T-G2	腰围位置（至肩高点）	—		—		n/a		—		—		1/2	1/2
T-H	下摆	16 1/4		17 3/4		19 1/4		20 3/4		22 1/4		1/2	1/2
T-I	前身长	26		27		28		29		30		1/2	1/2
T-J	后身长	26		27		28		29		30		1/2	1/2
T-K	后中袖长	33 1/4		33 7/8		34 1/2		35 1/8		35 1/8		1/2	1/2
T-L	袖宽	8		8 1/4		8 1/2		8 7/8		9 3/8		1/4	1/4
T-Q	袖肘围	6 1/4		6 1/2		6 3/4		7 1/8		7 1/2		1/2	1/2
T-M	袖口	3 1/2		3 5/8		3 3/4		3 7/8		4		1/4	1/4
T-N	前领深	4 1/4		4 3/8		4 1/2		4 5/8		4 3/4		1/4	1/4
T-O	后领深	3/4		7/8		1		1 1/8		1 1/4		1/4	1/4
T-P	领围（半）	—		—		n/a		—		—		—	—
T-R	领宽	7 1/2		7 3/4		8		8 1/4		8 1/2		—	—
	款号测量规格												
	后中领口滚边宽	1		1		1		1		1		1/4	1/4
	克夫宽	2		2		2		2		2		1/8	1/8
	下摆罗纹宽	2 1/2		2 1/2		2 1/2		2 1/2		2 1/2		1/8	1/8

左右侧缝容差相差 1/4"

XYZ 产品研发公司
材料清单

原编号 # SM-12-1857　　　　　　尺码范围：男士 S-XXL

款号 #　　　　　　　　　　　　样品尺码：M

季节：20XX 秋季　　　　　　　设计师：格林达

款式名称：男士　　　　　　　第一次发送日期：1/5/20XX

合体类型：日常 / 毛衣　　　　修改日期：

品牌：XYZ 男士　　　　　　　再加工（翻板）：12gg

状态：原型 -1

产品 / 描述	成分	部位	供应商	宽度 / 重量 / 尺码	后整理	数量	纱线描述
纱线，颜色 1	88% 丝绸 /10% 尼龙 /2% 氨纶	大身（主）	SP 贸易公司	W4R56-Y	n/a	n/a	12/120s/20D
纱线，颜色 2	同颜色 1 纱线	详见色彩设计总结					
纱线，颜色 3	同颜色 1 纱线	详见色彩设计总结					
纱线，颜色 4	同颜色 1 纱线	详见色彩设计总结					

服装附件

产品 / 描述	成分	部位	供应商	宽度 / 重量 / 尺码	后整理	数量	纱线描述
松紧带	n/a	肩部	工厂来源	1/4"	透明处理	0.2 码	可洗，干洗

色彩设计总结

颜色 1	色号	颜色 2	颜色 3	颜色 4	肩带配色 1		标签
	4473	深蓝色	白色	黑色	灰蓝色		灰色
白色	2677	深蓝色	红色	黑色	白色		灰色
深蓝色	0572	灰蓝色	白色	黑色	深蓝色		灰色
黑色	6037	红色	灰蓝色	白色	黑色		灰色

服装设计师技术手册：从服装设计到产品包装的技术全讲解

XYZ 产品研发公司
缝制页面

原编号 # SM-12-1857	尺码范围：男士 S-XXL
款号 #	样品尺码：M
季节：20XX 秋季	设计师：格林达
款式名称：男士	第一次发送日期：1/5/20XX
合体类型：日常 / 毛衣	修改日期：
品牌：XYZ 男士	再加工（翻板）：12gg
状态：原型 –1	

裁剪信息：详见细节页示意图

对格：前中需对格

部位	结构	连接 / 缝合方式	缝纫后处理
大身	平针 12gg		
袖子	平针 12gg		2 排做一次标记
袖隆	前后各减去 3/4"	缝合	2 排做一次标记
肩部	含 1/4" 松紧带	缝合	无标记
侧缝		缝合	无标记
布边			
领部	1 x 1 罗纹，单层	缝合	无标记
袖子 / 克夫	两排 1 x 1 罗纹，氨纶线在边缘（详见工艺单）		
底摆	两排 1 x 1 罗纹，氨纶线在边缘（详见工艺单）		
拉链式开口	n/a	n/a	
拉链式贴边	n/a	n/a	
对格		**扣合件**	
垂直对格	n/a	n/a	n/a
水平对格	n/a	n/a	n/a
其他			

原编号 # SM-12-1857	尺码范围：男士 S-XXL
款号 #	样品尺码：M
季节：20XX 秋季	设计师：格林达
款式名称：男士	第一次发送日期：1/5/20XX
合体类型：日常 / 毛衣	修改日期：
品牌：XYZ 男士	再加工（翻板）：12gg
状态：原型 −1	

标签

IDS15（末端折叠）

标签位置

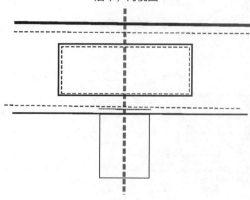

后中，内视图

折叠说明

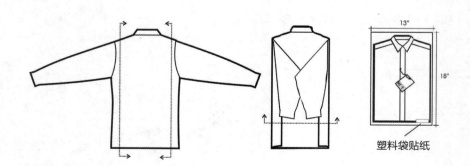

塑料袋贴纸

13"

18"

滑雪服工艺单

XYZ 产品研发公司
前视图

原编号 # SO-3LS 772

款号 #

季节：20XX 秋季

款式名称：外衣

合体类型：三层

品牌：XYZ 运动

状态：原型 -1

尺码范围：女士 XS-XL

样品尺码：M

设计师：格林达

第一次发送日期：1/3/20XX

修改日期：

再加工（翻板）：防水透气

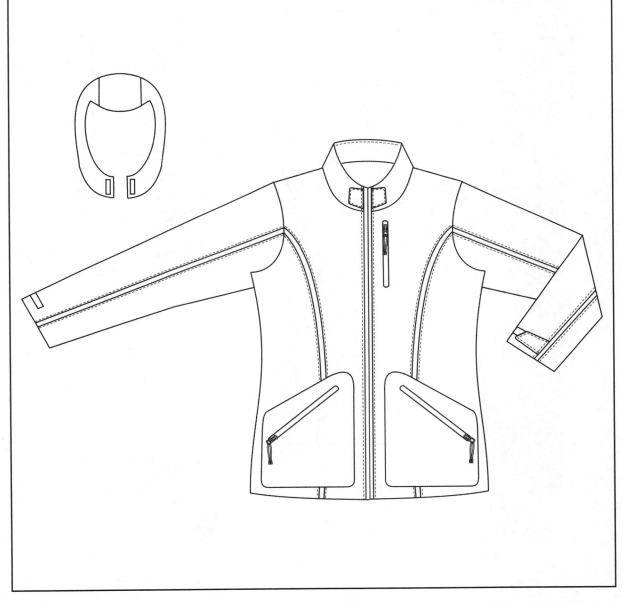

原编号 # SO-3LS 772	尺码范围：女士 XS-XL
款号 #	样品尺码：M
季节：20XX 秋季	设计师：格林达
款式名称：外衣	第一次发送日期：1/3/20XX
合体类型：三层	修改日期：
品牌：XYZ 运动	再加工（翻板）：防水透气
状态：原型 −1	

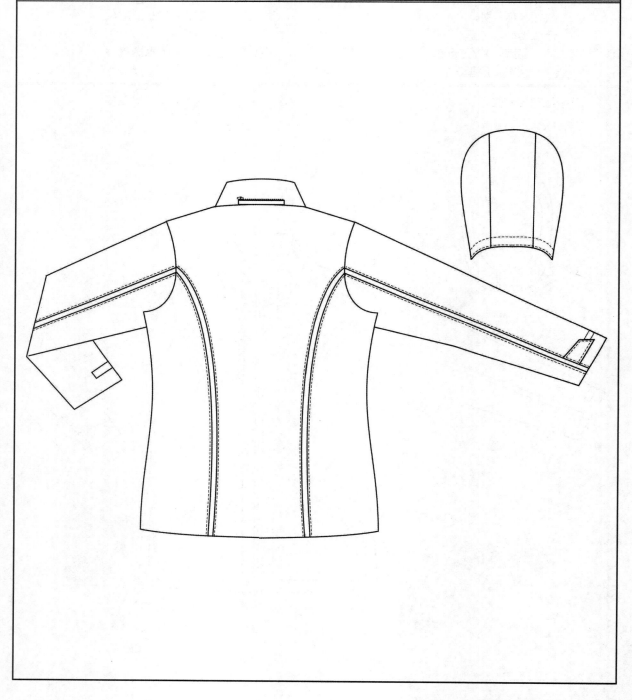

原编号 # SO-3LS 772	尺码范围：女士 XS-XL
款号 #	样品尺码：M
季节：20XX 秋季	设计师：格林达
款式名称：外衣	第一次发送日期：1/3/20XX
合体类型：三层	修改日期：
品牌：XYZ 运动	再加工（翻板）：防水透气
状态：原型 -1	

正面细节视图及术语

所有拉链都以闭合形态展示

领面

领底

兜帽襻

胸袋

4 ½"

1 3/4"

1 1/2"

3 ½"

开缝拉链，宽 3/4"

长条宽 5/8"

腕襻距离布边 1"

手袋

长条距离前中 4"

布条盖住前中拉链

兜帽襻放大图

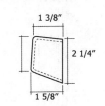

1 3/8"

2 1/4"

1 5/8"

腕襻放大图

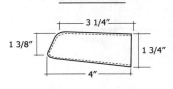

3 1/4"

1 3/8"

1 3/4"

4"

兜帽襻结构图

1. 将襻缝在长条缝中

兜帽边，与魔术
贴相合体

魔术贴距离上
端和下端 1/8"

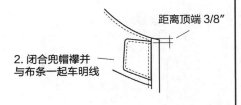

距离顶端 3/8"

2. 闭合兜帽襻并
与布条一起车明线

原编号 # SO-3LS 772　　　　　　　尺码范围：女士 XS-XL

款号 #　　　　　　　　　　　　　　样品尺码：M

季节：20XX 秋季　　　　　　　　　设计师：格林达

款式名称：外衣　　　　　　　　　第一次发送日期：1/3/20XX

合体类型：三层　　　　　　　　　修改日期：

品牌：XYZ 运动　　　　　　　　　再加工（翻板）：防水透气

状态：原型 −1

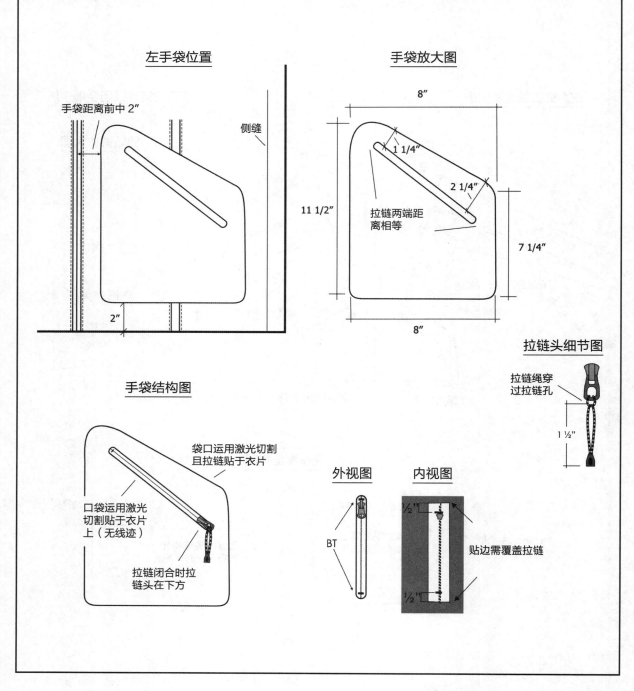

左手袋位置

手袋距离前中 2″

侧缝

2″

手袋放大图

8″

1 1/4″

2 1/4″

11 1/2″

拉链两端距离相等

7 1/4″

8″

拉链头细节图

拉链绳穿过拉链孔

1 ½″

手袋结构图

袋口运用激光切割且拉链贴于衣片

口袋运用激光切割贴于衣片上（无线迹）

拉链闭合时拉链头在下方

外视图

内视图

½″

½″

BT

贴边需覆盖拉链

XYZ 产品研发公司
兜帽细节视图

原编号 # SO-3LS 772

款号 #

季节：20XX 秋季

款式名称：外衣

合体类型：三层

品牌：XYZ 运动

状态：原型 -1

尺码范围：女士 XS-XL

样品尺码：M

设计师：格林达

第一次发送日期：1/3/20XX

修改日期：

再加工（翻板）：防水透气

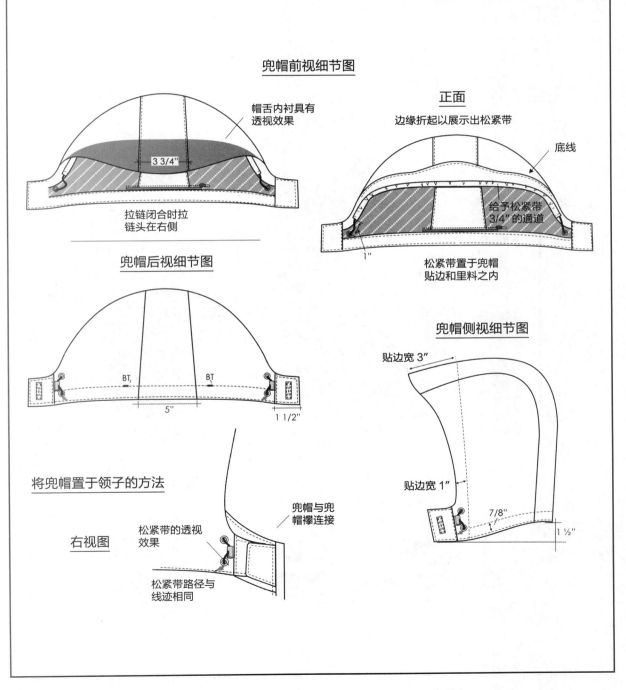

兜帽前视细节图

帽舌内衬具有透视效果

3 3/4"

拉链闭合时拉链头在右侧

兜帽后视细节图

BT

BT

5"

1 1/2"

将兜帽置于领子的方法

右视图

松紧带的透视效果

松紧带路径与线迹相同

兜帽与兜帽襻连接

正面

边缘折起以展示出松紧带

底线

给予松紧带 3/4" 的通道

1"

松紧带置于兜帽贴边和里料之内

兜帽侧视细节图

贴边宽 3"

贴边宽 1"

7/8"

1 ½"

原编号 # SO-3LS 772	尺码范围：女士 XS-XL
款号 #	样品尺码：M
季节：20XX 秋季	设计师：格林达
款式名称：外衣	第一次发送日期：1/3/20XX
合体类型：三层	修改日期：
品牌：XYZ 运动	再加工（翻板）：防水透气
状态：原型 −1	

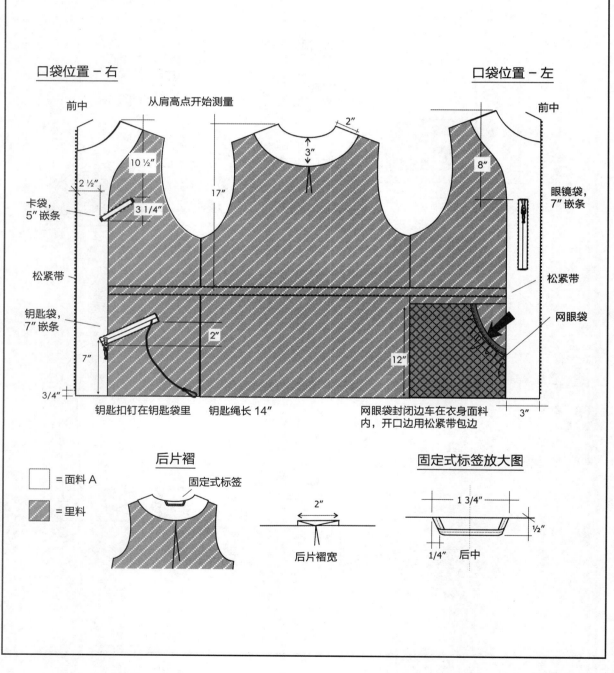

口袋位置 − 右　　　　从肩高点开始测量　　　　　　　　　　口袋位置 − 左

前中　　　　　　　　　　　　　　　　　　　　　　　　　前中

2″

3″

10 ½″　　　　8″

2 ½″

卡袋，5″嵌条　　　3 1/4″　　　17″　　　眼镜袋，7″嵌条

松紧带　　　　　　　　　　　　　　　　　　　松紧带

钥匙袋，7″嵌条　　　　2″　　　网眼袋

7″　　　　　　　　　　　　12″

3/4″　　　　　　　　　　　　　　　　3″

钥匙扣钉在钥匙袋里　　钥匙绳长 14″　　网眼袋封闭边车在衣身面料内，开口边用松紧带包边

后片褶　　　　　　　　　　　固定式标签放大图

□ = 面料 A

▨ = 里料

固定式标签

2″　　　　1 3/4″

½″

后片褶宽　　1/4″　后中

原编号 # SO-3LS 772

款号 #

季节：20XX 秋季

款式名称：外衣

合体类型：三层

品牌：XYZ 运动

状态：原型 -1

尺码范围：女士 XS-XL

样品尺码：M

设计师：格林达

第一次发送日期：1/3/20XX

修改日期：

再加工（翻板）：防水透气

松紧带 / 绳扣

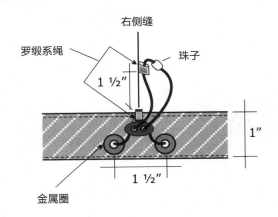

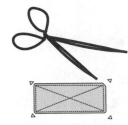

魔术贴——剪去直角边

先在魔术贴四周车线，再车
一个 X 型以固定

松紧带通道细节图

在罗缎或斜纹牵条处的
松紧带需打两个结

罗缎或斜纹牵条和松紧带形
成夹层，车缝前进行粗缝

原编号 # SO-3LS 772	尺码范围：女士 XS-XL
款号 #	样品尺码：M
季节：20XX 秋季	设计师：格林达
款式名称：外衣	第一次发送日期：1/3/20XX
合体类型：三层	修改日期：
品牌：XYZ 运动	再加工（翻板）：防水透气
状态：原型 -1	

热熔缝制部位以灰色表示

（拉链，手袋，底边折边及袖子）

原编号 # SO-3LS 772　　　　　　　　　尺码范围：女士 XS-XL

款号 #　　　　　　　　　　　　　　　　样品尺码：M

季节：20XX 秋季　　　　　　　　　　　设计师：格林达

款式名称：外衣　　　　　　　　第一次发送日期：1/3/20XX

合体类型：三层　　　　　　　　　　　　修改日期：

品牌：XYZ 运动　　　　　　　再加工（翻板）：防水透气

状态：原型 -1

对这些部分进行压胶处理

原编号 # SO-3LS 772　　　　　　　　　　尺码范围：女士 XS-XL

款号 #　　　　　　　　　　　　　　　　　样品尺码：M

季节：20XX 秋季　　　　　　　　　　　　设计师：格林达

款式名称：外衣　　　　　　　　　　第一次发送日期：1/3/20XX

合体类型：三层　　　　　　　　　　　　修改日期：

品牌：XYZ 运动　　　　　　　　再加工（翻板）：防水透气

状态：原型 −1

领子颜色分布

XYZ 产品研发公司
样品测量点

原编号 # SO-3LS 772　　　　　　　　　尺码范围：女士 XS-XL
　　　款号 #　　　　　　　　　　　　　样品尺码：M
　　　季节：20XX 秋季　　　　　　　　　设计师：格林达
　　款式名称：外衣　　　　　　　　第一次发送日期：1/3/20XX
　　合体类型：三层　　　　　　　　　　　修改日期：
　　　品牌：XYZ 运动　　　　　　　再加工（翻板）：防水透气
　　　状态：原型 -1

测量点，女士外衣——半测细则及容差（黑体字部分）

代码	上衣测量规格	规格	容差（+）	容差（-）
T-A	肩宽	16 1/2	1/2	1/2
T-B	落肩	1 1/2	1/4	1/4
T-C	前胸宽	14 1/2	1/2	1/2
T-D	背宽	16	1/2	1/2
T-E	袖窿深	9 1/2	1/4	1/4
T-F	**胸围**	42	1	1
T-G	**腰围**	38	1	1
T-G2	腰线位置（至肩高点）	15 1/2	1/2	1/2
T-H	**下摆围**	46	1	1
T-I	前身长	32	1/2	1/2
T-J	后身长	32	1/2	1/2
T-K	后中袖长	33	3/8	3/8
T-L	**袖宽**	18	1/4	1/4
T-Q	**袖肘围**	13	1/4	1/4
T-M	**袖口**	10	1/4	1/4
T-N	前领深	4	1/4	1/4
T-O	后领深	3/4	1/4	1/4
	领围（半）	8 3/4	1/2	1/2
T-P	领宽	8	1/4	1/4
H-1	兜帽长	14	1/4	1/4
H-2	兜帽宽	10	1/4	1/4
H-3	前中兜帽	6	1/4	1/4
H-4	兜帽正面	11 1/2	1/4	1/4
H-5	兜帽前面到后面	19 1/2	1/4	1/4
	款号测量规格			
	领尖	3	1/8	1/8
	后中领高	2 3/4	1/8	1/8

所有缝线仅供参考

缩写说明

CF= 前中

CB= 后中

HPS= 肩高点

LS= 长袖

原编号 # SO-3LS 772	尺码范围：女士 XS-XL
款号 #	样品尺码：M
季节：20XX 秋季	设计师：格林达
款式名称：外衣	第一次发送日期：1/3/20XX
合体类型：三层	修改日期：
品牌：XYZ 运动	再加工（翻板）：防水透气
状态：原型 -1	

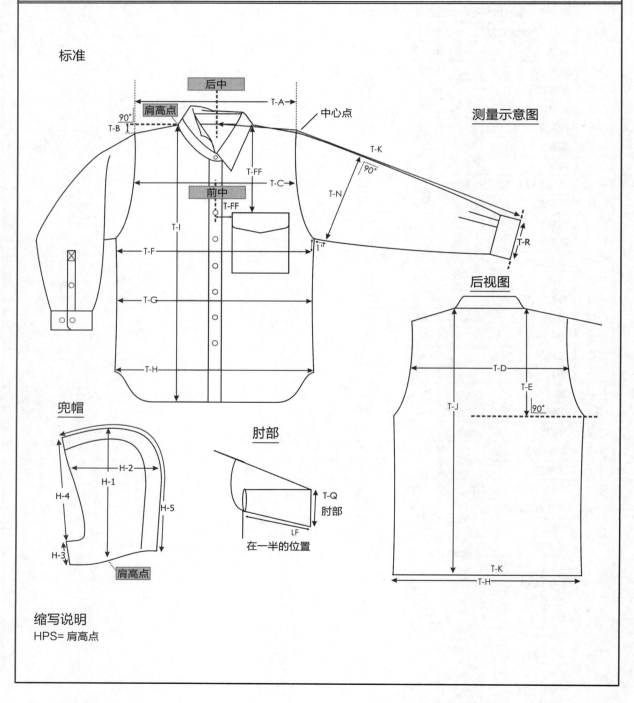

标准

测量示意图

后视图

兜帽

肘部

缩写说明
HPS= 肩高点

XYZ 产品研发公司
放码页面

原编号 # SO-3LS 772
款式号 #
季节：20XX 秋季
款式名称：外衣
合体类型：三层
品牌：XYZ 运动
状态：原型 -1

尺码范围：女士 XS–XL
样品尺码：M
设计师：格林达
第一次发送日期：1/3/20XX
修改日期：
再加工（翻板）：防水透气

梭织——测量细则及容差

测量点, 代码	上衣测量规格	XS (0-2)	<2">	S (4-6)	<2">	M 样本尺码 (8-10)	<3">	L (12-14)	<3">	XL (16-18)	容差 (+)	容差 (-)
T-A	肩宽	15 1/2		16		16 1/2		17 1/4		18	1/4	1/4
T-B	落肩	1 1/2		1 1/2		1 1/2		1 1/2		1 1/2	1/4	1/4
T-C	前胸宽	13 1/2		14		14 1/2		15 1/4		16	1/4	1/4
T-D	背宽	15		15 1/2		16		16 3/4		17 1/2	1/4	1/4
T-E	袖窿深	9		9 1/4		9 1/2		9 7/8		10 1/4	1/4	1/4
T-F	胸围	38		40		42		45		48	1/2	1/2
T-G	腰围	34		36		38		41		44	1/2	1/2
T-G2	腰线位置（至肩高点）	14 1/2		15		15 1/2		16		16 1/2	1/2	1/2
T-H	下摆	42		44		46		49		52	1/2	1/2
T-I	前身长	30		31		32		33		34	1/2	1/2
T-J	后身长	30		31		32		33		34	1/2	1/2
T-K	后中袖长	31		32		33		34		34	1/2	1/2
T-L	袖宽	17 1/4		17 5/8		18		18 1/2		19	1/2	1/2
T-M	袖口	9		9 1/2		10		10 3/4		11 1/2	1/2	1/2
T-N	前领深	3 3/4		3 7/8		4		4 1/4		4 1/2	1/4	1/4
T-O	后领深	3/4		3/4		3/4		3/4		3/4	1/4	1/4
T-P	领围（半）	7 3/4		8 1/4		8 3/4		9 1/2		10 1/4	—	—
	款号测量规格											
	领尖	2 3/4		2 3/4		2 3/4		2 3/4		2 3/4	1/4	1/4
	后中领座高	3		3		3		3		3	1/8	1/8
	领宽 0	3		3		3		3		3	1/8	1/8

左侧缝与右侧缝的容差相差 1/4"

XYZ 产品研发公司
材料清单

原编号 # SO-3LS 772　　　　　　　　尺码范围：女士 XS-XL

款号 #　　　　　　　　　　　　　　　样品尺码：M

季节：20XX 秋季　　　　　　　　　　设计师：格林达

款式名称：外衣　　　　　　　　　第一次发送日期：1/3/20XX

合体类型：三层　　　　　　　　　　　修改日期：

品牌：XYZ 运动　　　　　　　再加工（翻板）：防水透气

状态：原型 −1

卷材

产品 / 描述	成分	部位	供应商	宽度 / 重量 / 尺码	后整理 / 颜色	数量	描述	测量单位
面料 A（颜色 1）	100% 聚酯纤维	大身（主要）	SiemonTex	58" 可缩减	持久强防水剂	2.2yd		码
面料 B（颜色 2）	100% 聚酯纤维	领子	SiemonTex	58" 可缩减	持久强防水剂	0.25yd		码
面料 C（颜色 3）	100% 聚酯纤维	袖子，大身布条	SiemonTex	58" 可缩减	持久强防水剂	0.05yd		码
面料 D（颜色 4）	100% 聚酯纤维	领部布条	SiemonTex	58" 可缩减	持久强防水剂	0.02yd		码
塔夫绸	100% 尼龙	里料	Formosa 塔夫绸	48" 可缩减	n/a	2.4yd		码
网眼	100% 尼龙	里袋	冠军	54" 可缩减	全黑	0.2yd		码
浅棕经编针织物	100% 尼龙	眼镜袋	工厂来源		全黑	0.22yd		码

服装配件

产品 / 描述	成分	部位	供应商	宽度 / 重量 / 尺码	后整理 / 颜色	数量	描述	测量单位
拉链，前中	n/a		YKK	#5 DA8LH1		1 pc.	一边分离，左手可插入	件
拉链，口袋	n/a	手袋	YKK	7" 反向线圈		2 pc.		件
拉链，口袋	n/a		YKK	5" 反向线圈		1 pc.		件
拉链，口袋	n/a		YKK	7"		1 pc.		件
拉链头，滑盖	n/a				仿古镍灰	7 pc.	DFL	件
拉链头，绳	n/a	所有拉链	Ing-Tron		白色或黑色	6 pc.	XYZ-104873	件
魔术贴	n/a			3/4"	全黑	0.47 yd		码
压胶带	n/a			5/8"				码
松紧带	n/a	腰部				1		码
绳扣	n/a	腰部				1		件
珠	n/a	腰部				1		件
熔合金属圈	n/a	腰部，兜帽				6		件
弹性包边	n/a	网眼袋顶端			全黑	0.3		码
钥匙扣环	n/a	钥匙袋			全黑	1		件
钥匙绳	n/a	钥匙袋				0.5		件
罗缎	100% 尼龙	通道				0.2		码
吊牌 – 运动	n/a	右腋下				1		件
零售牌	n/a	右腋下				1		件
塑料袋及标签（扁平封装袋子）	n/a	详见标签指南	工厂来源	H X W=18 X 13	贴纸粘贴于塑料袋底部	1		件
吊牌绳	n/a	详见标签位置指南	工厂来源			1		件

色彩设计总结

颜色 1，面料	色号	颜色 2，领子	颜色 3，布条：衣身，袖子，领子	颜色 4，布条—领子	颜色 3，口袋拉链	颜色 4，前中拉链	松紧带	颜色 1，里料
深艳色	4473	深艳色	白色	黑色	501	580	黑色或白色	深艳色
海妖色	2677	破晓色	白色	黑色	501	580	黑色或白色	海妖色
破晓色	0672	深艳色	白色	黑色	501	580	黑色或白色	破晓色
黑色	6037	深艳色	白色	黑色	501	501	黑色或白色	黑色
白色	2880	破晓色	白色	黑色	580	580	黑色或白色	白色

XYZ 产品研发公司
缝制页面

原编号 # SO-3LS 772　　　　　　　　尺码范围：女士 XS-XL

款号 #　　　　　　　　　　　　　　样品尺码：M

季节：20XX 秋季　　　　　　　　　设计师：格林达

款式名称：外衣　　　　　　　第一次发送日期：1/3/20XX

合体类型：三层　　　　　　　　　　修改日期：

品牌：XYZ 运动　　　　　再加工（翻板）：防水透气

状态：原型 -1

裁剪信息：详见细节页示意图

对格：门襟需对格

每英寸针数（SPI）12+/-1

部位	类型	缝合线型	缝纫后处理	明线	粘合衬	扣合件
领子	缝合	锁式线迹	压胶		PCC243, 无纺	
领座	缝合	锁式线迹	压胶		PCC243, 无纺	
门襟	缝合	锁式线迹	压胶		PCC243, 无纺	
后育克	缝合	锁式线迹	压胶			
袖窿	缝合	锁式线迹	压胶			
肩部	缝合	锁式线迹	压胶			
侧缝 / 袖下缝	缝合	锁式线迹	压胶			
襻	缝合与锁边	锁式线迹	卷边	修边		
袖衩		锁式线迹	卷边	止口缝		
下摆						

原编号 # SO-3LS 772	尺码范围：女士 XS-XL
款号 #	样品尺码：M
季节：20XX 秋季	设计师：格林达
款式名称：外衣	第一次发送日期：1/3/20XX
合体类型：三层	修改日期：
品牌：XYZ 运动	再加工（翻板）：防水透气
状态：原型 -1	

标签

IDS15（末端折叠）

标签位置

后中，内视图

折叠说明

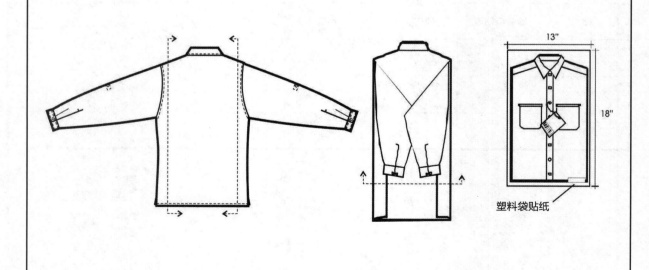

13"

18"

塑料袋贴纸

XYZ产品研发公司, 成本预算表 - S 20xx

原编号 #	2366T
款号 #	
类别	
款式名称	女士米利裤
日期	11-5-20xx
第一版原型成本	$15.82
第二版成本	
最终版成本	
修改日期	

颜色基调
灰色=XYZ产品研发公司
红色=工厂

季节	20xx春季
设计师	
设计师助理	
工艺单设计师	

面料产品	描述	供应商	用途	宽度	净用量	弹性量	真实用量, 码	费用类型	单价	备注	总价
FVFTT29QD	85% 聚酯纤维 14% 氨纶	Ever-Bright	大身	52"	1.716	8%	1.853	离岸价格	$2.60		$4.82
#9734	100% 尼龙	PengLi	腰带内层	57"	0.280	8%	0.302	离岸价格	$2.10		$0.64
#22703			门襟	60"	0.100	8%	0.108	离岸价格	$0.60		$0.06
P1025				39"	0.32	8%	0.340	离岸价格	$0.40		$0.14
											$5.65

配件	描述	供应商	用途/部位	规格	净数量	弹性量	真实数量	费用类型	单价		总价
B71M15-EFB0-80	AG707(01) 牛仔扣	Texfil	前中	—	2.00	5%	2.10	离岸价格	$0.08		$0.17
RT-MR741	9.5mm 铆钉	JJJ	侧缝手袋	—	2.00	5%	2.10		$0.04		$0.08
#3C DA	单向自动锁扣	YKK	门襟	—	1.00	5%	1.05		$0.13		$0.14
#3 MGTH	3YF 单向自动锁扣	YKK	手袋	—	1.00	5%	1.05		$0.41		$0.43
M029F13	编织主标	BW	后中腰带	—	1.00	5%	1.05		$0.04		$0.04
M133F13	3/8" logo 带	BW	右侧内手袋	—	0.25	5%	0.26		$0.34		$0.09
WPN	保养方法标	BW	主标下	—	1.00	5%	1.05		$0.07		$0.07
水洗-98	水洗标	BW	保养方法标侧	—	1.00	5%	1.05		$0.05		$0.05
LT021	1" x3/4" 工厂标	工厂来源	水洗标后	—	1.00	5%	1.05		$0.05		$0.05
XYZ-S11	吊牌	BW	详见工艺单	—	1.00	5%	1.05		$0.08		$0.08
TBD	款式/用料牌	BW	详见工艺单	—	1.00	5%	1.05		$0.10		$0.10
塑料袋	塑料袋	工厂来源	最终包装	—	1.00	5%	1.05		$0.25		$0.26
贴纸	Upc/塑料袋贴纸	工厂来源	在吊牌或塑料袋上	—	2.00	5%	2.10		$0.03		$0.06
缝线	缝线	外套	服装	—	1.00	5%	1.05		$0.05		$0.53

包装 (卡通/快速标签/卡通 opp 胶带/吊牌绳/塑料夹/信息单/其他) | $0.50
总价 | **$2.66**

$8.31

意见表		
第一版原型成本	第二版成本	第三版成本

11/02/12: 最初的预算基于手算一版原型, 不是最终版

所有面料		
要价, 面料		
要价, 配件		
特殊处理		
$来料加工费	$最少	
利润		
费用配额		
离岸价格		$15.82

词汇表

手风琴褶（accordion pleating）： 贴合身体的窄褶，类似手风琴的形状。

运动裤（active pant）： 用于跑步、骑自行车和其他活动的裤子。

代理（agent）： 联系服装公司和工厂的中间机构。服装公司的设计团队为新设计提供完整的技术包，代理负责选择最适合生产的工厂并确定价格，代理从中收取一定比例的佣金，货物生产完成并交付到港口航运。

尺码（alpha sizing）： 用字母指定的大小，如 S–M–L（小、中、大）。

多色菱形花纹（argyle）： 针织术语，嵌花针织的一种形式。

袖窿线（armscye）： 衣服上缝衣袖的孔。

娃娃裙（baby doll dress）： 一种短裙或者有褶皱，从育克悬垂下来的适用于女孩或女人的风格。20 世纪初儿童和婴儿衣服常用的样式。

均衡（balance）： 衣服穿挂的平衡性、均衡性。

门襟翻边（band）： 用于领口、裙子或裤子的边缘。

打枣，套结（bartack）： 锯齿增强针用于需要增加强度的区域，如口袋开口边缘和皮带环。

方平组织（basket weave）： 以平纹组织为基础，沿着经纬两个方向延长组织点所形成的组织。

喇叭脚裤（bell bottoms）： 从膝下张开的裤子，20 世纪 60 年代流行，是由传统的海军制服演变而成的。

喇叭袖（bell sleeve）： 也叫天使袖，袖子在肩部和袖口张开。

带料，腰衬（belting）： 制作皮带、腰带等的布料。

蓓莎领，披肩领（bertha collar）： 一种超大的衣领，外边缘有时由花边制成。

滚边，镶边（binding）： 织物边缘整理的方法，指用一块单独的织物包裹着毛边。

收口，套口（binding off）： 针织术语，用于完成最后的边缘，如领子的边缘。

一字领，船领（boat neck）： 一种较高，且宽的领型，源于法国水手的毛衣。

紧身胸衣（bodice）： 一种介于肩和腰部之间的塑型女性服装。

书面缝（booked seam）： 一种接缝，其中边缘处理为暗缝，接缝联接法为平缝，接缝后破开缝份。

厚实织物（bottom weight）： 做下装（裤子）用的织物。

滚边缝，包边缝（bound seam，BS）： 一种接缝类型，其中的毛边被一条狭窄的布料所覆盖。

蝶结领（bow collar）： 20 世纪 20 年代流行的衣领风格。带领口的一端，延伸成领带，通常绑成领结形。

弓纬疵布（bowed）： 在织造过程中，织物的中心比边缘送布更快或更慢引起的面料变形。

箱形褶，工字褶（box pleats）： 褶皱均匀间隔，并在交替方向进行熨烫压制。

文胸扣（bra strap keeper）： 胸罩或背心上的用于扣合的环形物。

织带，滚带（braid）： 一种用斜丝制作成的布条，常用于弯度较大的部位。

翻折止点（break point）： 领子从衣服边翻折的转折点。

开骨（busted）： 裤外侧骨位的保险线，也叫蝴蝶缝。

锚链绣（cable stitch）： 一种刺绣针法。

卡夫坦长袖服装（caftan）： 传统的卡夫坦长衫指长袖或者半袖的及踝外套、裙子，以自由流畅的线条为标志。

引线式标注（callout）： 常用于服装细节标注或服装技术图。

疏毛，梳理（carding）： 将纤维中的杂质除去的方法。

洗水唛（care label）： 描述如何清洁衣物的标签，以及在加工过程中可能有什么限制。

立体袋，也称风琴袋（cargo pocket）： 带风琴褶皱的贴袋，以增加容量。

延续款（carry-over styles）：从一个季节到下个季节，一系列重复的样式。

垂荡领（cascade collar）：领口饰有荷叶边的领型。

抽带管（casing）：装嵌条或橡筋的缝入部位。

拷边，关边（cast off）：腋下收口处理。

旗袍（cheongsam）：中式合体女装，配有立领、侧开衩。

连续车缝裁片（chain off）：完成接缝后继续缝合，创建一条线链以保证针脚安全。

链式线迹（chainstitch）：梭织服装缝制中，缝线按一定规律相互联结，形成牢固而美观的线迹。

童工（child labor）：低于法律规定的最小工作年龄的儿童。每个国家在最低年龄方面都有不同的标准。根据美国的童工法，在没有父母同意的情况下工作的最低年龄为16岁。

旗袍领（Chinese collar）：见**中式领（Mandarin collar）**。

卷边缝（clean finished seam）：常用于两块布的接合。

成群褶裥（cluster pleats）：褶皱排列成组，通常由一个大的箱形褶和旁边的几个剑褶制成。

外套式连裙装（coatdress）：从外衣或风衣借鉴来的款式，通常有肩章、腰带等。

领尖撑，插骨片（collar stay）：男士衬衣衣领内的插片，为领子塑型，防止边缘卷曲。

色彩板（color story）：与主题相关的颜色（用于搭配服装产品的色彩）。

配色师，色彩设计师（colorist）：设计团队的成员，与趋势预测公司合作研究颜色趋势，并开发色彩图板，以在每季初向其余团队成员呈现色彩方向。

色彩设计，色彩方案（colorway）：对于单款服装，提供相应的颜色。对于多配色的服装，提供不同的色彩搭配。对于织物印花，提供每款印花的特定颜色组合。

梳毛（combing）：一种去除较短纤维以产生细腻、平滑感和更均匀纱线的过程。

商品化进程（commercialization process）：将概念转化为实际产品并将其引入市场的过程。

概念板（concept board）：包含草图、色板和其他灵感的演示板。开始的演示概念板通常包括插图、颜色、织物色板、印花和装饰细节。

结构细节（construction detail）：技术包中有如何缝制和组装服装各个部分的具体信息，并标注了相应符号。

合腰款（contour waist style）：腰部适合身体轮廓的裙子或裤子。

两用领，开关领（convertible collar）：也称睡衣领，或夏威夷衬衣领，是一种没有领座的领子。

横列（courses）：纬编中的水平行针。

包缝线迹（coverstitch）：用于覆盖毛边或接缝的针脚的类型，用于缝合针织内衣、运动服和贴身服装。

覆盖力（covering power）：在针织中，遮盖力与张力有关；张力越高，覆盖力越大。有良好遮盖力的纱线能做出较厚的织物。

速写，草图（croquis）：描摹的图形轮廓。

横丝缕（crosswise grain）：与经纱垂直的纱线。

群众采购（crowd sourcing）：通过征求与公司无关的人而不是传统的雇员或供应商来创造产品的新方法。互联网技术使公司有可能从网上社区征求意见。

水晶褶（crystal pleats）：很细小的热定型褶裥。

克夫，袖口（cuff）：常用在袖子或裤腿底部开口处。

裙裤，开衩裙（culotte）：裙和裤的结合款式。

裁剪成型（cut-and-sew）：相对于全成型的针织服装成衣法。

省道，缝褶省（dart）：一种用于收起多余的面料使衣服符合身体形状的方法。

省宽（dart depth）：省道的总宽度，在接缝线上测量。

省倒伏（dart folding）：省道是通过折叠多余的面料而产生的，不同部位省量倒伏方向不同。

省长（dart length）：省道的总长，沿省边从省口量到省尖点。

松量设计（design ease）：依廓型要求设计各个部位的松紧度。

开发时间（development window）：产品开发的时间要求。

道蒂服（dhoti [doe' tee]）：印度传统服装，是一种在腰部收紧的裤子。

抽褶裙，旦多尔装（dirndl skirt）：裙身有褶皱，并由直腰带在腰间固定。

小提花织物（dobby）：用小织布机织造的小几何图案织物。

德尔曼袖（dolman sleeve）：也叫蝙蝠袖，和服袖的变形，没有腋下插角。

双面织物（double-face fabric）：在毛衣中，正面和反面看起来都一样的针织衫，如1×1罗纹组织。

双面提花（double jacquard）：一种提花方法，因为没有每行双色的限制而比单提花法具有更复杂的图案。双面提花组织在具有两个针床的针织机上编织而成，其花纹组织可在织物的一面行成，也可以同时在织物的两面形成。

羽绒，鸭绒（down）：鸭子和鹅的绒毛，最为常见。

牵拉线（drag line）：一般是指服装某个地方过紧或多布，引起皱褶形成的线。

松紧绳（drawcord）：插在衣服套管内的一条绳子，常用在衣服需要塑型的地方。比如腰围、袖子下摆或领口。

绘图惯例（drawing conventions）：绘制不同元素的标准方法，如接缝、顶针等。用于使技术图一致，易于理解。

照比例绘制（drawing to scale）：按照成衣尺寸绘制。

束腰裤（drawstring pant）：一种带腰头，腰头有螺纹，用绳带系紧的裤子。

双重分销（dual distribution）：公司通过批发和直营店两种模式销售产品，这使他们能够拥有更多的消费者，并也能在他们自己的店铺更全面地展示他们的品牌信息。

色匹配（dyed to match，DTM）：用于描述颜色匹配，如针织滚边、纽扣和其他需要匹配颜色的细节。

吃势（easing）：类似于抽褶，但看不到褶皱。常用于袖山头和公主线。

布边线缝（edge finish，EF）：一种用于处理单层面料布边的方法。

止口缝，暗缝（enclosed seam）：一种接缝类型。

定位印花（engineered print）：在服装特定位置设计的纹样。

圆眼纽扣（eyed buttons）：有孔可缝的扣子，双孔和四孔纽扣最常见。

排料（fabric layout）：最大限度提高面料利用率的面料剪裁方案。

贴边（facings）：处理服装单层布料毛边的方法。

排料废布（fallout）：排布时各片面料间的布料，最终成为废料。

时装插画（fashion sketch，fashion illustration）：时装草图，通常是理想化的比例。

扣合件，拉链（fastener）：纽扣，拉链，花边，钩环（尼龙搭扣最常见），挂钩等是服装常见的开口方法，使穿着者易于穿脱。

联邦商务委员会（Federal Trade Commission，FTC）：美国政府为促进消费者保护而设立的独立机构。

长丝纱（filament yarns）：由长丝加工而成的纱线。

服装附件（findings）：用于服装缝制的所有小件，不包括面料和包装。在技术包的BOM（物料清单）上明确列出的。

合体松量（fit ease）：服装上尺寸略大于人体，刚好使人感觉舒适并方便活动。

复尺记录（fit history）：技术包中的内容，用于记录每件样衣的尺寸复合数据。

袋盖（flap）：口袋的一部分，覆盖着开口边缘。

平面图（flat）：专业二维平面图，按比例绘制，可能包含缝制和结构信息。

绷缝（flat seam，FS）：一种缝合方法，一般有五根线，其中三根线相互缠绕形成锁链线迹，另外两条线呈直线。常用于把边缘折边后边包住边缘边车好，或把两块没有包边的裁片拼缝起来。

款式图（float）：没有人模的简化的服装图，常与时装插画结合使用。

浮线（float thread）：单面提花织物中，未使用的纱线沿着背面浮动。

卷边压脚（folder）：一种特殊的设备，便于缝纫时精准地折缝。

预测公司（forecast companies）：专门研究颜色及其趋势的公司，提前18到24个月推出预测时尚趋势的书籍。

离岸价格（Free on Board，FOB）：服装制造价格，包括剪裁、缝制、整理、打包、装箱并送货物到港口的价格。不包括海运运费、关税和运输到目的地仓库等费用。

法式省（French darts）：省道位置在侧缝，开始于腰部以上几英寸，结束于胸围附近。

来去缝（French seam，SSae）：也叫法式缝，来回车两道，把缝份留在里面，车完的裁片无毛边，因此裁片也不需锁边。

盘扣（frog）：起源于中国，最早出现在中国传统服装上。通常是用绳子做的，扣眼与扣子采用相同的材料。

全成型（full-fashioning）：直接以立体方式一次性编织出整件产品。

服装扭斜（garment bias）：非正45°斜丝。

打褶裙（gathered flared skirt）：一种夸张丰满的裙子，是克里斯汀·迪奥使用的廓型，二战后流行。

打褶裥（gathering）：将长边与短边缝合的方法，通过打褶收掉两条边的差量。

打褶率（gathering ratio）：长边与短边的比值。

加乌乔裤（gaucho）：一种膝下宽大的裤子，通常配靴子穿着，腿部不裸露。

毛线织物的针数（gauge，或cut）：毛衣术语，指每英寸的针数；也是缝行之间距离的缝纫术语。

上光线（gimp）：加固纽孔用的柔软线。

全球化，全球性（globalization）：整体分工合作，在世界不同地区的生产、销售和分销。

三角布（godet）：一种三角形的布料，用以放宽衣裙下摆，以使穿戴者运动便利或使廓型更丰满。

多片裙（gored skirt）：扇形裙片制作的裙子，褶是由衣片而不是省道形成的。

拼片（gores）：服装内的纵向分割，通常为锥形衣片缝合，用以塑型。

领圈（gorge）：衣服上与领子缝合的线。

测样（go-see）：使用一个适合的模型来测量样本尺寸的适合程度。

放码规则（grade rules）：不同型号服装间的尺寸关系，在技术包中有详细说明。

图形设计师（graphic designer）：负责设计包装、标签、吊牌、徽标、刺绣和产品标牌的设计师。

本色布（greige）：尚未染色和后整理的面料。

三角形衬料（gusset）：三角形或菱形面料，用以填补、加固或放大衣服。

吉普赛裙（gypsy skirt）：也称宽摆裙。

马尾衬（hair canvas）：适用于经典的夹克造型，由一种特殊的有弹性的织物制成。

手感（hand）：织物的手感，纺织品的性能，有助于预判适合做成什么样的服装。

手工织布（handloom）：手工织造格子图案面料。

手工织机（hand-loom machines）：手工操作的针织机。

手针编织（hand pin knitting）：学者所用的术语，类似于今天的手工编织，，以区别于其他古老的技术。

小样（hand sample）：用于获得认可的样品。

衣架，挂钩（hanger）：面料挂卡。

哈伦裤（harem pant）：脚踝上有堆积的裤子。

帽环（hat ring）：用于测量帽子的装置。

高级女式时装（haute couture）：选用高级面料，配以高品质的手工，定制适合客户形象的产品。多数情况下，是由高级定制工作室如克里斯汀，香奈儿和纪梵希为顶级客户设计制作的少量服装。

从抽褶部分凸出的褶端（heading）： 造褶纹的技术。

贴边，卷边，下摆（hem）： 服装的边缘，最常见的是折边下摆。

底边缘，下摆线（hemline）： 裙子、衣服等的底边，是服装完成的长度。

人字形斜纹（herringbone twill）： 一种斜纹织物。

肩高点（high point shoulder，HPS）： 衣服平放时，颈部边缘或肩缝的端点。

窄摆裙（hobble skirt）： 指下摆较窄的裙子。保罗·波烈使这个设计在 1910 年代流行。起初下摆非常紧窄，只能小步行走。

尼龙搭扣（hook and loop）： 也称魔术贴，一面是细小柔软的纤维，另一面是刺毛。

横向结合（horizontal integration）： 产品生产过程中各部分独立。例如一件衣服的装饰物和面料来自不同的公司，裁剪、组装和包装在其他地方完成。

沙漏型（hourglass）： 指 19 世纪到 20 世纪初女性穿着紧身衣以使腰部收紧，凸出臀部和胸部的造型。1947 年在迪奥的"新面貌"中再现。

嵌花编织（intarsia）： 可以使用多种颜色的羊毛衫编织技术，不同的颜色通常缠绕在线轴上，以防被缠住。

内衬（interfacing）： 起支撑作用的介于服装面料和里料间的材料，也常用于衣领，袖口，腰带等部位。

夹层（interlining）： 面料和里料间的保暖层，起保暖作用，也为了做出绗缝效果。

双罗纹组织（interlock）： 由两个独立的 1×1 罗纹组织织物组合成的布料。织物相对稳定，可两面使用，表面光滑。

多线绷缝线迹（interlock stitches）： 同包缝线迹（cover stitch）

暗褶（inverted pleats）： 也称内工字褶，褶量暗藏，褶边相对烫平。

提花织物（jacquard）： 指将经纱或纬纱按照规律要求沉浮在织物表面或交织的错落变化，形成花纹或图案的织物。

短马裤（jodhpurs）： 骑马用的裤子，在髋部放大，从膝到脚踝收紧。

紧立领（jonny collar）： 也称作意大利领。领子设置成 V 形领口的衣领。

J 字针（J-stitch）： 用于裤子的一种针法。

朱丽叶袖（Juliet sleeve）： 顶端泡袖状，下部贴体的短袖型。

无袖连衣裙，工作夹克（jumper）： 穿在有袖衬衫外的无袖连衣裙。

助行裥（kick pleats）： 常用在小腰身裙子的底摆，提供步行时的松量。

苏格兰褶裥短裙（kilt）： 格子图案的周身带有褶裥的短裙。

连袖，和服袖（kimono sleeve）： 衣袖与衣身连裁，腋下有缝。

灯笼裤（knicker）： 带有宽松褶的裤子，膝部有扣带。19 世纪末到 20 世纪初，常被当作男子高尔夫球服的一部分。

剑褶（knife pleats）： 也叫平褶或单向褶，褶皱倒向相同。

针织品（knit）： 通过纱线圈套形成的织物。

手织样（knitdowns）： 供客人确认张力、纱线重量及花型等的样品。

翻制设计（knock-off）： 对原作的复制，通常选用廉价的面辅料，以更低的价格面向大众市场。

色样（lab dip）： 染色织物的小样，与标准色卡匹配（例如潘通色卡），色彩师负责此过程。

系扎（lacing）： 绳、带等通过孔、扣眼、钩或扣眼罗纹闭合。

卸岸价格（landed price）： 包括卸货费用在内的服装价格，其中包括关税、海运运费、运输到目的地国仓库的费用。

骑缝（lapped seam，LS）： 一种缝法，指把两层布料的毛边包转在内，一般用于衣服领子、衬衣袖头、裤腰、裙腰等。

舌针（latch-hook needle）： 19 世纪的专利，今天还应用于纬编机。

打标记（lay-up）：多层面料铺放好后，剪裁之前，将裁剪标记放在最上层。

交付周期（lead time）：设计至交货到零售店的时间，也包括订购面料和其他辅料的时间。

直丝缕（lengthwise grain）：也叫经纱，织造面料前固定在织布机上的纱线。

波浪边（lettuce-edge hem）：边缘在包边过程中被拉长，形成的边缘褶皱效果。

莱尼（lignes）：一种专门计算纽扣尺寸规格的计量单位。40莱尼大小的纽扣为一英寸。

生产计划（line plan）：每个季度所有服装品类的生产计划表，包括预估产量、色彩设计、成本估算，以及产品定价。

里子（lining）：一种比服装面料轻薄的服装衬料，用在服装内侧的局部位置或者全身使用，以此完成服装内侧的缝制，同时对服装制作过程的缝份也可起到掩盖作用。

套口（linking）：毛衣的一种缝制方法。这种套口的制作需要专门的针织服装机器——链接器。

双反面（凹凸）组织结构（links-links）：是一种线迹结构形式。这种结构的形成需要用到具有双针面板的自动化织机，并且用同一套双经钩针，这可以使下针和反针在一条凸纹上同时编织。

锁式线迹（lockstitch）：用连锁针完成的一种线迹，相当于把上线和底线都当成底线来用。

套口机（looper）：一种单针或者多针串联的缝纫设备。

圈结线（looper thread）：一种链形的底线，或者用在包边缝上的包边线。

中式领（Mandarin collar）：也叫旗袍领（Chinese collar），是一种立领，且在前中位置不闭合。

马克（mark）：针织衫上一种线迹的术语，编织针织衫时，遇到所编织的部位较窄时，会用到这种线迹。正在编织的这个线就会转到旁边的编织针上，从而编织出一种明显的线迹，叫做马克。

排料图（marker）：是一张将所有衣片板用最节省面料的排列方式排放在上面的纸，裁布时把这张排料图放在一摞面料之上，然后进行批量裁剪。

企划员（merchandiser）：通常是指负责设计团队的人，他们的工作是对市场进行分析，从上一季度的销售情况中找出最受欢迎的款式，然后为设计师提供设计思路。企划员的作用如同购买者与设计师之间的桥梁，同时也对销售情况以及每一品类的零售情况起到监督作用。

最小拉伸量（minimum stretched）：针织服装上用于计量拉伸尺寸的特有方法，这个方法经常在领开口处用到，比如T恤衫领。通过这个测量方式可以确保当衣领套过头部时，衣领有足够的拉伸量以保证穿着时的舒适。

漏针（miss stitch）：在针织服装中，这种针法是一种图案间隔的装饰针，而且漏针的地方不会有纱线。当机针又折回时，漏针处就会形成浮线。

斜接（miter）：缝纫线在有图案或者条纹布接缝处形成的角度。

企领（mock neck）：一种比较合体的领子，常见于针织套衫，有时也会用在梭织面料中，这时企领在后颈处系合。

快时尚时装（moda pronto）：见成衣（ready-to-wear）。

单丝（monofilament）：一根人工合成纤维的单线，比如钓鱼线。

全国针织品产业协会（National Association of Hosiery Manufacturers，NAHM）：一个标准机构，这一机构可以确保袜子统一的码数标准，对3—16码进行标准化规范。

全国性商标（national brands）这类商标是全国范围内发布；是众所周知的，并且消费者也信赖这种特有的商标、质量标准以及产品价格。

数字型尺码（numeric sizing）：尺码范围为数字，例如4，6，8，10，12等。

单向排版（one-way direction）：是指放在面料上的衣片都是按照一个方向码放的。

缝骨口袋（on-seam pocket）：一种设计成一条线的口袋。

装饰（ornamentation）：对于任何纤维、

纱线或者饰边等，都能明确传达出某种纱质或者面料的设计以及图案。

工装裤（overall）：一种上半身类似围裙的形状，并且有两个吊带的裤子，这种裤子源自于农民所穿的裤子。

包缝（overedge）：一种在缝份上用三角环绕形的线迹进行缝纫的针法；一般是用裁剪小刀把缝份裁成合适的宽度。

包缝机（overedger）：进行包缝的机器叫包缝机，也叫作拷边机（serger）。

垫衬缘边（padded hem）：在缝份与服装之间，用柔软的面料或者斜裁的布料对缝份边进行贴边处理，这样便可避免出现明显的折痕。

阔腿女裤（palazzo pant）：一种宽大柔软的两腿分开式裙裤，或者是长裙裤，这种裤子在 20 世界 60 年代末以及 70 年代初流行。

裤子（pant，trouser）：一种两腿分离式、从腰部到脚踝包裹身体的服装。

抽绳式腰头（paperbag waist）：在裤子（以及裙子）的腰线部位密集抽褶，这个名称就是来源于其外观。

贴袋（patch pocket）：一种贴在服装外侧的一片式口袋。

制板师（pattern maker）：在样品部对样衣进行打板的人员，依据版型可以对样衣进行调整和试穿。

农妇装（peasant dress）：这类服装在领口处抽褶收紧，插肩袖处也有褶皱，而且裙子也至少是两层褶裙。

宽摆裙（peasant skirt）：也叫吉普赛裙（gypsy skirt），是一种多层褶的长裙，在很多国家的乡村都可见到这种穿着，尤其是东欧地区。

锥形裤（pegged pant）：一种在上半部分造型宽松，下半部分裤腿收紧的裤子。

楔形裙（pegged skirt）：也叫陀螺裙（peg-top skirt），是一种在臀部膨松宽大，底摆窄小的裙子。

设计手稿（personal sketch）：设计灵感或是设计思路的手绘图。

匹染织物（piece-dyed fabric）经过染色的坯布面料。

绒（pile）：是由三种纱线构成的面料组织结构：经纱、纬纱，以及表面一层圈结纱线。比如天鹅绒和灯芯绒都属于绒类面料。针织面料同样可以织成绒类面料，在针织组织中加入绒毛纱线即可。

朝圣领（pilgrim collar）：也称作清教徒式领（puritan collar），是一种前中开口的宽圆领。

锯齿边接缝（pinked seam）：一种缝份边缘被切割成"之"字形（锯齿形）的接缝。

细绉（pin tucks）：一种有细窄褶的面料，每个褶不超过 1/8 英寸，经常用作嵌入式装饰。

门襟、袖衩（placket）：一种用在袖克夫闭合处或是用在衬衫前中部位的服装结构。在衣领前中或者后中处的开口位置，一般也会用纽扣、装饰片，或者其他装饰物进行装饰。

平缝（plain seam）：在叠缝中最普遍的缝纫方式。这种缝纫方法是把衣片的正面相对，然后缝合在一起。

平纹组织（plain weave）：经纬纱的编织结构是均衡分布对齐的，从而形成一种简洁的十字型图案。

电镀（plating）：是编织毛线衫上的一个术语，是通过一种特殊的喂入方式把两种不同颜色的纱线编织成一股线。为了保持服装外形，电镀也可用来生产氨纶弹性纤维纱线。

打裥宽度（pleat depth）：是指一个褶从最外侧到最内侧的距离。

褶裥（pleats）：是指面料上各种样式的褶，是把面料本身进行对折，然后在一端通过熨烫、缝纫，或者用接缝的方式进行固定，把另外一端松开，便形成一个褶裥。

羽绒（plumules）：羽毛的一部分，且最适合用来做填充料。

网眼效果（pointelle）：毛衫的一个术语，通过转移针法形成一个完整图案，形成网眼效果。

测量点（points of measure）（POM）：指服装上的测量点，这些在规格说明书中都有详细定义，并且也标注了测量位置，比如"在袖窿下 1 英寸的胸围处"。

开领连衣裙（polo dress）：一种休闲的针

织款式，带针织平领的连衣裙。

蓬蓬裙（pouf skirt）：一种在底摆处收紧的蓬松短裙；这种膨大的裙子其外形夸张，包括各种样式，同时这种裙子也有其特定的穿着场合。

试生产样衣（preproduction sample）：在正式投产之前先进行的样衣生产，在实际工厂生产中以确保各种制作标准以及制作细节准确。一旦样衣检查通过，便可进行大规模生产。

高级女装成衣（prêt-á-porter）：见成衣（ready-to-wear）。

公主线连衣裙（princess-seamed dress）：这种连衣裙通过分割线的结构使造型合体，而不是运用省道处理，这类连衣裙通常没有腰线。

公主线（princess seaming）：是一条从上衣一直延展到底边的分割线，能塑造出一种苗条修长的服装廓型。

商标（private label，store brand）：由零售商生产的一种长形标签，而带有这种标签的服装只允许在该品牌专卖店出售。

产品生命周期管理（Product Lifecycle Management，PLM）：这是一种电脑程序，这个程序使得整个生产周期的信息成为一体，从产品概念、产品设计、产品完善，再到起源，最终到生产制作。

原型衣（prototype sample）：运用规格表中所列举的制作指导所生产的最初服装样衣。

穿孔卡（punch-card）：一种手摇针织机的引导器，可以为每片织的衣片增加颜色、图案，以及裁剪成既定尺寸。

双反面线圈组织（purl stitch）：用于毛线衫的反面平纹线圈组织。

高级软件项目质量管理（quality assurance professional）：品质保证部可以确保面料以及辅料的标准能够通过检测，同时能解决已完成制作的服装质量问题。高级软件项目质量管理与设计师团队之间工作交流密切，有助于投产高质量的产品。

插肩袖（raglan sleeve）：也叫连肩袖（saddle sleeve），是指袖子在裁剪时，有一部分与衣身相连，并且直到领口处结束。接缝边缘是从腋下至领口处的一条接缝。

成衣（ready-to-wear，RTW）：法语中的高级女装成衣（prêt-á-porter），意大利语中的快时尚时装（moda pronto），这种服装是现成的，可以拿来直接穿着，而且是现在服装生产与销售中所占比例最大的一类服装。成衣是基于标准尺码进行批量生产的服装。

里斯条（reece welt）：见手巾袋。

注册号（registration number，RN）：是一种由联邦贸易委员会授予的北美公司注册号。这个注册号是根据注册公司在美国所属类型产业而进行授予分配的，适应于生产行业、进口贸易、储运行业，或者纺织品、毛织品、裘皮制品行业。

代表（rep，representative）：指公司的销售代表，既不是公司内部员工（受雇于公司，公司发薪资），也不是独立工作者（个体经营，由委员会发工资），通常是整个地区的销售代表。这些销售代表会在其所在地区对客户进行逐一拜访，介绍新的产品线，然后会出席区域贸易展，在这个展览上，各个零售商都会给出他们的批发订单。

循环图案（repeat）：一类距离间隔相等的印花图案。

回流（reshoring）：是一个将各种产品的制造过程回归公司所在国家的潮流（如美国），而不是为了节约成本将各工序外发到其他国家，由此缩短了生产周期，而且通过缩短样衣制作和样衣审核的时间，使产品开发过程更加通畅。

罗纹组织（rib knit structure）：毛衣织物的术语，是用反针对那些相互交叠的毛线进行编织而形成的。这种方法需要用到双针板机器。最常见的例子是，一个正面编织与一个反针编织相互交叉，最后形成1×1罗纹。

常用面料（running style）：是指那些容易从工厂获得的面料，指已经出售给老顾客，并且会持续不断地重复进行订购的面料。

连肩袖（saddle sleeve）：见插肩袖。

瑟法里装（safari dress）：这种装束起源于非洲带束带以及有各种褶裥样式贴袋的衬衫式夹克；在1967年，伊夫·圣·洛朗对这种款式进行了改进。

安全线缝（safety stitches）：是一种把401链式线迹与500式缝线结合在一起的缝线，主要用来对毛边进行锁边。

海军领（sailor collar）：由传统的海军服衍生出来的领子，其后面的衣领被裁成正方形，向前逐渐形成V形。这种领型通常会系一个蝴蝶结，在童装、校服，以及戏剧服装中较常见。

样衣评估说明（sample evaluation comments）：在制作下一个样品之前，需要添加到规格表中的一些信息，包括备注、说明、修改版本、样衣更新，以及试穿记录等。

样衣工（sample maker）：是指针对给定的款式进行样衣缝制的人，这些人既不是公司内部雇佣的员工，也不是工厂里负责制作的工人。样衣工要具有比较熟练的缝纫技术，而且熟知产品所用到的所有缝纫设备的缝纫工艺。

打样状态（sample status）：指样衣制作的阶段，比如第二个样衣，或者最终样衣。

莎笼裙（sarong skirt）：这种裙子起源于一块单一面料围裹在腰部位置系合的款式；现代莎笼裙进行了一些改进，使其更接近该名称所表达的外观形状，但是不需要进行大小调节。

缎纹（satin weave）：一种表面为一层长皱褶的面料，其特征表面富有光泽。

平面蕾丝（schiffli lace）：是一种带有小孔网眼绣花的蕾丝织物，其布边是圆齿装边缘。

缝，接缝（seam）：用缝纫线把两片以及两片以上的衣片缝合在一起的方式叫做缝；或者是一条缝纫的线迹，把布边与面料缝合（相当于一个省道）。

缝份（seam allowance）：缝合线与衣片裁剪最外边缘的距离。

哨牙（seam grin）：接缝线拉开时，在外面会露出的缝合线就是哨牙。

缝合线（seamline）：标识在衣片上需要进行缝合的线条。

布边（selvedge）：面料的边缘，其纱向与面料经纱方向相同；在编织面料时，布边是经纱与纬纱相互交错编织的。

包边缝纫机（serger）：见包缝。

平整服装（Set）：指一件熨烫平整的服装。

装袖（set-in sleeve）：最基本的一片袖样式。这种袖子是与衣身的袖窿进行缝合。

有柄纽扣（shank button）：一种预先制作好的质地较硬的扣柱或者线柱的纽扣。扣柱可以使纽扣高出服装表面一定长度，以使纽扣距离扣眼有一定距离，不至于磨损衣服。

青果领（shawl collar）：一种西装领型，这种领子在后中缝合，没有单独的驳头，紧贴服装的前门襟。

抽褶（shirring）：一种处理服装多余松量的方法，类似于抽绳。抽褶的形态由不少于两排的衣褶组成。抽褶是一种比较柔美的服装结构处理方法，尤其是在服装的局部位置，它的作用是代替省道进行造型处理，例如袖克夫位置的抽褶处理。

仿男士女衬衫（shirtwaist）：是一种基于西服式衬衫款式的一种经典衬衫，具有带领座的领子，袖克夫，前开襟等都是这类衬衫的特征。这种衬衫一般是由梭织面料制成，并且都有束腰带。

廓型（silhouette）：服装的外轮廓造型。

单面提花（single jacquard）：一种在面料的单列多色纱线方向上增加颜色以及花纹图案的方法。之所以叫做单面提花，是因为这种面料是用单面机床机器编织的。与双面提花相比，这种单面提花面料，其在面料正面编织提花的纱线，如果在背面用不到的话，会在背面形成浮线。

跳码样/尺码设置（size set sample）：一种尺码的等级划分方法，例如少女尺码分为4，8，10，12，14，或者最典型通用的尺码4，8，12，16，这些尺码的划分说明这种方法是很适用的。

纱向歪斜（skewed or torqued）：从梭织面料的布边开始，一直到面料其他地方都可以看到面料纱线出现错落交叉的现象，就是纱向歪斜。

袖山（sleeve cap）：衣袖或者袖板的一个区域，位于二头肌上部。

衬裙式连裙装（slipdress）：这种裙子是晚礼服的一种，里面添加了贴身内衣，并且这类裙子一般都是细吊带，有蕾丝边，选用轻薄的丝绸面料制作而成。基本上都是用斜裁的方法制作的。

开衩（slit）：一种直且长的服装开口，通常垂直于腰线，这种开衩便于服装的穿着。这种开衩的边缘比较整齐。开缝也是一种带衬垫的开衩。

服装原型（sloper）：是一种合体的服装基础版型，是从其他的服装版型中研究探索出来的，也叫作基本纸样，或者原型纸样。

社会职责（social responsibility）：是指个人或者团体的社会伦理道德。这一道德准则适用于任何产品研发以及销售的流程。

镶边饰带（soutache）：一种又窄又软的带条。

按规格采购（specification buying）：（也称自主贴标制造）是指零售商有自己的产品开发部门，有其独有的款式。

说明书（specifications，specs）：指某种产品的书面说明，包括完成一件服装所包含的所有产品规格信息。这种说明书也叫作规格表。

短纤维（staple fibers）：一种由很短的纤维拧在一起形成的纤维组，也可能是天然纤维与人造纤维的混合纤维。

每英寸针数（stitches per inch，SPI）：是指1英寸长度内所有的针数；也是缝纫产品的一项质量指标。

缉线（Stitch-in-the-ditch）：在之前已经缝好的缝纫线迹上再缉一条线迹，这条缝在衣身与滚边之间。

织袜机（stocking frame）：一种可以让操作者快速地来回反复进行编制的编织设备。1589年由牧师威廉·李（William Lee）所发明，现在这种机器也可称为平面纬编针织机。

库存单位（stock-keeping unit，SKU）：是货品库存清单的标识。为使整条服装生产线做好详细的规划，库存单位是用来对各种服装品类进行估量的方法，包括服装的颜色以及尺码型号等。举例来说，一款女士衬衫有三种颜色以及三个尺码，并且每个尺码有9件存货。

零售商品牌（store brand）：见自有品牌。

打样（strikeoff）：印花图案的样品。

货号（style number）：对每类服装而言，表明种类的数字或者字母编号。其中一些服装款式较为时髦，因此货号的数字或者字母多表示服装的面料、穿着季节、男女款式，亦或是其他的服装信息；有一些服装种类则只是根据规格表中所标识的信息进行简单的编号。

款式总结（style summary）：这一总结一般放在每页规格表的最上端，内容包含的信息很多，分别为款式型号、穿着季节、服装面料、服装尺码、服装合体度、上市的最早时间，以及最后的款式更新时间，以及样品状态或者是产品研发的阶段。

辐射式褶裥（sunburst pleats）：是指在服装上从一端开始逐渐向外扩散的一类褶，这就意味着一开始褶的形态较小，越往底端褶越大。

背心裙（sundress）：一种无袖的大摆裙，上身可搭配短袖外套。

叠缝（superimposed seam，SS）：是一种缝线类型，把两片或者两片以上的衣片重叠放在衣片的一端，衣片边缘码放整齐，然后整齐地缉缝。

斜襟裙（surplice）：也叫作斜裁裙（wrap dress），是一种多层的裙子，通常在肩部或者腰线位置进行打褶。

血汗工厂（sweat shop）：指一种不利于健康、艰苦且有危险的工作环境，工人甚至无法享受法律的合理保护。工人所面对的状况是劳动时间长且工资低。这种工厂里也会出现童工。

三角针（swing tack）：这种针法把服装底边边缘与衣身用三角形线迹连接在一起。

打结扣（tailored knot）：一种可以不让省道散开的线结扣。

线圈反面（technical back）：平针组织的反面结构。

工艺设计师（technical designer）：这一职位的员工来自公司的设计部门，主要负责制定服装规格表，适时召开产品会议，根据需求修改服装CAD板，总结意见评论；以及更加近距离地指导产品研发过程。

线圈正面（technical face）：平针组织的正

面结构。

平面图（technical flat）： 一个款式的比例恰、准确无误的草图。这一内容会在规格表的首页中标明，这种图可以是前后视图，如有需要，亦可有侧面视图。

技术包（technical package）： 也叫作规格表（tech pack），是指技术规格的说明，或者款式档案，是服装生产的计划蓝图和技术指导。其中包含了服装原型发展过程的所需细节。

规格表（tech pack）： 见技术包。

帐篷装（tent dress）： 一种夸张的支架式服装造型。这种造型一开始用在巴黎世家的外套中，后来在 1950 年代，可同时在外套以及裙子中使用。

拉幅机（tenter）： 是一种服装设备，把面料一端的布边用大头针固定住，然后让面料通过拉幅机进行绷布，在布边会留下拉幅机绷布过程形成的小针眼。

绷布（tentering process）： 这一过程用来拉平面料起皱的地方，或者矫正纱线方向，以及一些其他的最后收尾工作。

纺织品设计师（textile designer）： 这一职位主要负责为服装产品研发新型面料。对于纺织品设计师而言，其知识储备需包含色彩搭配、设计理念、印花技术、纱线纤维、面料组织，以及服装 CAD 等，这些知识都会有用。

纺织纤维制品鉴定条例（Textile Fiber Products Identification Act，TFPIA）： 这是一项强制规定，其内容包括三项：纤维含量、生产商或是进口商、国家或原产国。在美国所有在售的服装制品中，必须有这三个条目的标识。

纺织实验室技术员（textile lab technician）： 隶属于质量保证部门，这些技术员根据服装产品的质量检测标准，对服装面料进行质量检测。

容差（tolerance）： 指服装的说明规范里所标注的服装宽松量，在标准的数量值范围内，可大可小。

出货样（top of production sample，TOP）： 指产品线中第一批做好的服装样品。选取至少一件样品送去质保部，质保部对样品进行检测、评估，与试产样品进行比较，然后决定这批服装是否可以进行售卖。

明线（topstitching）： 服装正面可见的缝纫线迹，与接缝线相平行。

轻薄织物（top weight）： 宽松上衣或女士衬衫用面料。

纱线扭短（torqued）： 面料纤维或缝线在编织面料时发生的扭曲。比如在梭织面料中，十字交叉的纱线从面料的一端布边开始就已经倾斜了。

展销会（trade show）： 是一个大型的室内展览，主要是展出公司研发的最新产品，参展公司对其潜在顾客进行新品推销。贸易展览有服装商业中心，宣传公司，以及贸易协会共同赞助。

梯形裙（trapeze dress）： 这一裙装最早由伊夫·圣·洛朗在 1958 年设计出来，其外形裙长及膝，造型夸张膨大，一种下摆逐渐加宽的窄肩裙装。

辅料（trims）： 一种加在基础服装上的外部装饰手法，比如装饰纽扣、蕾丝边、缎带边，或者装饰片。

裤子（Trouser style）： 一种有腰带而且较宽松的西装裤。

正斜丝（true bias）： 与经纱方向或者纱线十字交叉点成 45°角的纱线方向；梭织面料的这个方向纱线的弹性拉伸度最大。

校准（trueing）： 对于服装图案能否顺畅连接的检测。

喇叭裙（trumpet skirt）： 一种长裙，且在臀部位置合体贴身，然后在膝盖处裙摆散开。

褶宽（tuck depth）： 指褶的折叠量，对成品服装的表面褶进行测量得出。

塔克（tucks）： 也叫开花省，指把相互平行的面料褶皱进行缝纫，面料成拉紧状态，这些褶分布平均。这种活褶一般用来处理比较大的服装松量。

打褶缝（tuck seam）： 一种重叠的缝迹线，缝纫的线迹比较宽，形成了打褶缝的形态。

集圈组织（tuck stitch）： 一种毛线衫的针法，就是当编织钩针在漏掉前一针时，再重新挑起一针的织法。

丘尼克连身衣（tunic dress）： 一种在古代穿的长宽松服装，可以有腰带，也可没有。另一种较短款也可与分离式的窄裙进行搭配穿着。

翻边（turned-back hem）： 一种普遍的处理服装边缘的方法，主要是把衣边翻折回服装里面，然后固定住。

斜纹牵条（twill tape）： 一种比较牢固的梭织条带，用于增加衣边与缝边的硬挺度。

斜纹组织（twill weave）： 一种平行的梭织斜纹纹理，纬纱穿过一条经纱，然后再返回来穿过两条或两条以上的经纱，以此反复编织形成的斜纹组织。

衬里（underlining）： 一层衬在服装下面的面料；其作用是增强服装面料的硬挺度，并且遮盖缝制细节。

缝前熨烫（underpressing）： 进行缝纫之前的准备过程。

暗定针（understitching）： 一种把缝线与服装里层进行固定的针法，同时也可避免衬里移动。

美国联邦标准（U.S. federal standard）： 起初设立这种制度是为了提高缝纫产品的制作规范性，比如针对那些承包生产军装的厂家，后来这项标准对整个服装产业都有颇大益处。

供应商手册（vendor manual）： 一本邮寄给代理商的公司手册，一般包括以下几点：质量保证标准，审计程序，航运和纸箱标准，公平劳动规则，如何衡量标准，常见术语和定义，包装和标签的方法，样品时间预期等。

开衩（vent）： 见裂口。

纵向整合（vertical integration）： 指一家公司拥有产品制造的所有设施，包括生产面料。

凸条纹（wales）： 针织品的垂直纹路。

经纱（warp）： 见直纱。

经编（warp knitting）： 一种编织方法，其用到的编织设备是让纱线以"之"字形的方式沿着面料竖直方向进行编织。这类经编面料，包括经向斜纹毛织巾，拉歇尔经编织物，米兰尼斯经编织物都是用这类经编针织机编织的。

穿着者的左右（wearer's right or left）： 从穿着者的角度来看（而不是旁观者）的方位，表明服装某些细节在左还是在右的术语。

纬纱（weft）： 见横纱。

纬编（weft knit）： 用平行横向纱线编织的针织面料和毛衣循环结构；其编织机则是带有锁钩针的单面固定机床针织机。常见的针织结构是平针组织、罗纹组织、连锁组织。

单贴边袋（welt pocket）： 一种口袋类型，这种口袋其开口可以只是一条开缝，也可以从开口里伸进口袋里。一般都是由自动缝纫设备完成制作的。

湿法工艺（wet-process）： 一类特殊的制作工艺，比如软化、预缩，或者进行特殊染色以及漂洗。

毛细作用（wicking）： 对于任何纱线或者面料的一种处理方法，先吸收水分，然后再进行分散，可以加速水分蒸发。

翼形领（wing collar）： 一种领形较高，质地较硬的衬衫领，延展到前中时领子变低。

粗纺毛线（woolen yarns）： 这类毛线纱线是粗梳的而不是精梳的，而且纱线纤维也是毛状短纤维。粗纺毛线更适合毛衣编织，并且更柔软暖和。

机织织物（woven）： 一种由经纱和纬纱纱线在织机上按照一定的规律进行编织形成的织物。

纱线支数（yarn count）： 表示纱线重量，这个标准根据纱线重量以及从各种纤维中选取的元素而定的。

纱染（yarn dye）： 纱线在进行编织之前先进行染色。格子图案的面料通常都是染过色的纱线编织的。

育克（yoke）： 一块横向分割的衣片，用于造型以及款式需要。

齿状线缝（zigzag stitch）： 一种缝线类型，面线和底线在缝线中心处交汇，然后形成一种锯齿形的线迹。

佐特套装（zoot suit）： 一种裁剪考究的华丽西装，包括一件宽垫肩长至大腿或及膝的外套，一条裤口收紧的宽松打褶长裤。这类西装起源于洛杉矶，流行于1940年代的美国。

译者后记

　　本书第3、第6～16章由李健翻译，其中第8章由张茜协助翻译；第1、2、4、5章由邵新艳翻译。

　　李健、邵新艳就职于北京服装学院，副教授，从事服装造型设计、服装结构、服装纸样与工艺的教学工作多年；张茜就职于北京服装学院，从事针织服装设计与工艺的相关教学工作多年。

　　在翻译过程，还得到了余佳佳、翟无忧、徐梦娜、刘海金、吴婧溪等研究生的协助，在此，一并表示衷心的感谢。

　　由于时间仓促，本书的翻译不可避免地存在一些不足与疏漏，欢迎读者指正，并与我们交流，译者邮箱：fzylj@bift.edu.cn。